第四次全国中药资源普查（湖北省）系列丛书
湖北中药资源典藏丛书

总 编 委 会

主　　任：涂远超

副 主 任：张定宇　姚　云　黄运虎

总 主 编：王　平　吴和珍

副总主编（按姓氏笔画排序）：

王汉祥　刘合刚　刘学安　李　涛　李建强　李晓东　余　坤

陈家春　黄必胜　詹亚华

委　　员（按姓氏笔画排序）：

万定荣　马　骏　王志平　尹　超　邓　娟　甘啟良　艾中柱

兰　州　邬　姗　刘　迪　刘　渊　刘军锋　芦　妤　杜鸿志

李　平　杨红兵　余　瑶　汪文杰　汪乐原　张志由　张美娅

陈林霖　陈科力　明　晶　罗晓琴　郑　鸣　郑国华　胡志刚

聂　晶　桂　春　徐　雷　郭承初　黄　晓　龚　玲　康四和

森　林　程桃英　游秋云　熊兴军　潘宏林

湖北宜城
药用植物志

主 编

胡宗华　林祖武　许萌晖

副主编

徐善全　徐　涛　杨重钧　胡富贵

李秀芳　曾　斗　刘建涛　史楚杰

参 编

李小兵　袁　涛　答国政

摄 影

史楚杰

华中科技大学出版社
http://press.hust.edu.cn
中国·武汉

内容简介

本书是宜城市第一部资料齐全、内容翔实、分类系统的地方性专著和中药工具书。

本书以通用的植物学分类系统为纲目，共收载药用植物451种，介绍其形态特征、拍摄地点、生物学特性、生境分布、药用部位、采收加工、功能主治、用法用量等内容，并配有植物彩色图片。

本书图文并茂，具有系统性、科学性和实用性等特点。本书可供中药植物研究、教育、资源开发利用及科普等领域人员参考使用。

图书在版编目（CIP）数据

湖北宜城药用植物志/胡宗华，林祖武，许萌晖主编．－－武汉：华中科技大学出版社，2025.1.
ISBN 978-7-5772-1472-6

Ⅰ．Q949.95

中国国家版本馆CIP数据核字第20248BB804号

湖北宜城药用植物志   胡宗华　林祖武　许萌晖　主编
Hubei Yicheng Yaoyong Zhiwuzhi

策划编辑：罗　伟
责任编辑：李艳艳
封面设计：廖亚萍
责任校对：朱　霞
责任监印：周治超

出版发行：华中科技大学出版社（中国·武汉）　　电话：(027)81321913
　　　　　武汉市东湖新技术开发区华工科技园　　邮编：430223
录　　排：华中科技大学惠友文印中心
印　　刷：湖北金港彩印有限公司
开　　本：889mm×1194mm　1/16
印　　张：25　插页：2
字　　数：670千字
版　　次：2025年1月第1版第1次印刷
定　　价：328.00元

本书若有印装质量问题，请向出版社营销中心调换
全国免费服务热线：400-6679-118　　竭诚为您服务
版权所有　侵权必究

序

宜城市位于湖北省西北部，汉江中游，汉江纵贯其南北，因为气候适宜，盛产稻谷，素有农业"小胖子"县之称。宜城地处北纬31°26′～31°54′，为植物生长适宜地区，域内药用植物资源丰富，主要分布有湖北麦冬（山麦冬）、半夏、白鲜、远志、虎杖、杜仲、金银花、苍术、沙参、艾等，为湖北麦冬的主产区之一；野生半夏、白鲜、远志等品质优良，储量丰富，是这些药用植物的大面积推广种植适宜区。1983—1984年，宜城市进行了第三次中药资源普查工作，共记载中药115种，按药用性质分为9类，但因当时的技术、人员和自然条件等因素限制，仅有手抄本留存，未能全面、准确地反映当时宜城市的中药资源状况。

宜城市是第四次全国中药资源普查湖北省第四批普查县（市、区）之一，于2018年启动普查工作，宜城市中医医院为宜城市中药资源普查工作的具体承担单位，在宜城市委、市政府和市卫生健康局的大力支持下，迅速组建专班，精选专业人员，全面开展宜城市第四次中药资源普查工作。普查队队员按照普查方案要求，深入山区、丘陵、湖泊等不同普查区域，不畏艰险，披荆斩棘，克服种种困难，终于完成了宜城市第四次中药资源普查工作。此次普查过程中，宜城市普查队队员共走访了宜城市8个镇、2个街道办事处，完成了46个样地、200个样方套、1400个样方的调查工作，普查植物品种451种。其中，包含《中华人民共和国药典》收载的药材品种山麦冬、半夏、远志、白鲜皮、苍术、虎杖、半枝莲、杜仲等。本次普查工作是继1983年第三次全国中药资源普查以来，第一次较为系统、全面地记录了宜城市的植物资源数据，共制作植物腊叶标本400多份，拍摄植物、生态环境及野外作业照片24859张。同时，普查队队员走访调查了全市中药种植基地、药材收购点和民间中医，收集、整理民间经方验方6个，于2020年8月通过了湖北省对宜城市第四次中药资源普查的工作验收。在宜城市中医医院的精心组织下，将普查得到的资料进行了整理，完成了本书的编撰工作。

该书共收集宜城市植物451种，植物品种下设形态特征、拍摄地点、生物学特性、生境分布、药用部位、采收加工、功能主治、用法用量等条目，附有植物彩色照片，图文并茂，帮助读者辨识植物，是宜城市第一部详细介绍域内药用植物的著作，为宜城市中药资源开发、利用和保护提供了珍贵的资料。本书的出版，体现了宜城市第四次中药资源普查队队员的敬业精神和智慧，必将为宜城市中药产业的发展振兴和中药示范县的建设做出积极贡献。

博士，教授，博士生导师
湖北中医药大学药学院院长

前　言

宜城市，湖北省辖县级市，由襄阳市代管。位于湖北省西北部、汉江中游，总面积2115 km²，因"三山两水五分田"格局而呈"蝴蝶状"，汉江将全境自然分割为东、西两大部分，以汉江为界，分别往东部、西部呈平原、丘陵、山地变势，阶梯式延伸。东西两面环山高起，中部河谷平原，北高南低，向南敞开。东部属大洪山余脉，北端山脉呈东西走向。南端多南北走向，微向西南倾斜，与襄阳市、枣阳市、随州市交界处到汉江冲积平原为低山丘陵区。西部属荆山余脉，多呈南北走向，为丘陵区。海拔在150 m以上的山地面积431.1 km²，占总面积的20.4%，海拔在50～150 m的丘陵面积1622.9 km²，占总面积的76.8%；海拔在50 m以下的平原面积约为59 km²，占总面积的2.8%。宜城市属亚热带季风性湿润气候，四季分明。春、秋季短，冬、夏季长。境内各地年降水量为800～1000 mm，年平均降水天数为116.4天。降水分布趋势是东西山区多于中部丘陵平原区，北部少，南部多。年平均气温为15～16 ℃，境内各地年平均气温相差不超过0.5 ℃。宜城市现辖11个镇（街道）、234个村（社区）、1个省级经济开发区和1个襄阳市级精细化工园区。

2018年年初，宜城市启动第四次中药资源普查。2020年，中药资源普查工作顺利结束。本次普查已知全市拥有药用植物451种，其中蕨类植物11种，裸子植物3种。蕴藏量较高的中药材有湖北麦冬（山麦冬）、白鲜、白蔹、白果、天葵、苍术、半夏、葛根、艾、益母草、夏枯草、金银花、桔梗等。

宜城市中药资源丰富，具有多样性。我们在实地调查过程中发现很多原始山林遭到了不同程度的破坏，如毁林造田、毁林开矿、焚烧树木等，严重影响了生态环境及中药资源分布，导致一些野生品种濒临灭绝。

本书所收录的植物形态特征除了少数根据实际观察有所修改外，从形态描述的科学性出发，基本参照《中国植物志》、《湖北植物志》、中国植物图像库。对于药品采收加工、功能主治及用法用量除参照《中华人民共和国药典》外，还参照了《中药大辞典》。本书收录植物的功能主治，仅供医药专业人员研究之用，未经医师指导切勿乱用。

由于编者水平有限，书中难免存在疏漏之处，恳请广大读者批评指正。

编　者

目录

蕨类植物门

一、木贼科 ... 002
  1. 笔管草 ... 002
二、海金沙科 ... 003
  2. 海金沙 ... 003
三、凤尾蕨科 ... 004
  3. 井栏边草 ... 004
四、凤尾蕨科 ... 005
  4. 湖北金粉蕨（变种）... 005
  5. 凤了蕨 ... 005
五、蹄盖蕨科 ... 006
  6. 鄂西介蕨 ... 006
六、铁角蕨科 ... 007
  7. 胎生铁角蕨 ... 007
七、鳞毛蕨科 ... 008
  8. 贯众 ... 008
  9. 黑鳞鳞毛蕨 ... 009
  10. 对马耳蕨 ... 009
八、水龙骨科 ... 010
  11. 石韦 ... 010

裸子植物门

九、银杏科 ... 014
  12. 银杏 ... 014
一〇、松科 ... 015
  13. 马尾松 ... 015
一一、柏科 ... 016
  14. 柏木 ... 016

被子植物门

一二、蜡梅科 ... 020
  15. 蜡梅 ... 020
一三、胡桃科 ... 021
  16. 胡桃 ... 021
  17. 化香树 ... 022
  18. 枫杨 ... 023
一四、杨柳科 ... 024
  19. 垂柳 ... 024
一五、壳斗科 ... 025
  20. 栗 ... 025
  21. 锐齿槲栎（变种）... 026
  22. 槲树 ... 026
一六、榆科 ... 027
  23. 朴树 ... 027
  24. 榔榆 ... 028
一七、杜仲科 ... 029
  25. 杜仲 ... 029
十八、桑科 ... 030
  26. 楮构 ... 030
  27. 构 ... 030
  28. 异叶榕 ... 031
  29. 葎草 ... 032
  30. 柘 ... 032
  31. 桑 ... 033
一九、荨麻科 ... 034
  32. 苎麻 ... 034
二〇、檀香科 ... 035
  33. 百蕊草 ... 035
二一、蓼科 ... 036
  34. 荞麦 ... 036
  35. 扛板归 ... 037

36. 丛枝蓼 …… 037	三一、毛茛科 …… 062
37. 香蓼 …… 038	68. 乌头 …… 062
38. 何首乌 …… 039	69. 女萎 …… 063
39. 萹蓄 …… 040	70. 威灵仙 …… 064
40. 虎杖 …… 040	71. 翠雀 …… 064
41. 齿果酸模 …… 041	72. 芍药 …… 065
二二、商陆科 …… 042	73. 牡丹 …… 066
42. 垂序商陆 …… 042	74. 白头翁 …… 067
二三、紫茉莉科 …… 043	75. 茴茴蒜 …… 068
43. 紫茉莉 …… 043	76. 石龙芮 …… 068
二四、粟米草科 …… 044	77. 猫爪草 …… 069
44. 粟米草 …… 044	78. 天葵 …… 070
二五、马齿苋科 …… 044	79. 唐松草 …… 070
45. 马齿苋 …… 044	三二、小檗科 …… 071
二六、石竹科 …… 045	80. 南天竹 …… 071
46. 麦仙翁 …… 045	三三、木通科 …… 072
47. 无心菜 …… 046	81. 木通 …… 072
48. 球序卷耳 …… 047	82. 三叶木通 …… 073
49. 石竹 …… 047	三四、防己科 …… 074
50. 麦蓝菜 …… 048	83. 木防己 …… 074
51. 孩儿参 …… 049	三五、睡莲科 …… 075
52. 女娄菜 …… 050	84. 睡莲 …… 075
二七、苋科 …… 051	三六、三白草科 …… 076
53. 牛膝 …… 051	85. 蕺菜 …… 076
54. 空心莲子草 …… 052	86. 三白草 …… 077
55. 反枝苋 …… 052	三七、金粟兰科 …… 077
56. 青葙 …… 053	87. 及己 …… 077
57. 细穗藜 …… 054	三八、马兜铃科 …… 078
58. 藜 …… 054	88. 马兜铃 …… 078
59. 小藜 …… 055	89. 寻骨风 …… 079
60. 土荆芥 …… 056	三九、山茶科 …… 080
61. 菠菜 …… 057	90. 油茶 …… 080
二八、木兰科 …… 057	四〇、藤黄科 …… 081
62. 鹅掌楸 …… 057	91. 赶山鞭 …… 081
63. 光叶拟单性木兰 …… 058	92. 金丝桃 …… 082
64. 玉兰 …… 058	四一、罂粟科 …… 083
二九、五味子科 …… 059	93. 紫堇 …… 083
65. 铁箍散 …… 059	94. 延胡索 …… 084
三〇、樟科 …… 060	95. 虞美人 …… 084
66. 樟 …… 060	96. 罂粟 …… 085
67. 山胡椒 …… 061	

四二、十字花科 ... 086
- 97. 芸薹 ... 086
- 98. 芥菜 ... 087
- 99. 甘蓝 ... 087
- 100. 荠 ... 088
- 101. 弯曲碎米荠 ... 089
- 102. 播娘蒿 ... 089
- 103. 菘蓝 ... 090
- 104. 萝菜 ... 091

四三、景天科 ... 092
- 105. 费菜 ... 092
- 106. 珠芽景天 ... 092

四四、虎耳草科 ... 093
- 107. 绣球 ... 093
- 108. 扯根菜 ... 094

四五、海桐科 ... 095
- 109. 海桐 ... 095
- 110. 崖花子 ... 095

四六、蔷薇科 ... 096
- 111. 龙牙草 ... 096
- 112. 贴梗海棠 ... 097
- 113. 野山楂 ... 098
- 114. 蛇莓 ... 099
- 115. 枇杷 ... 099
- 116. 棣棠 ... 100
- 117. 海棠花 ... 101
- 118. 石楠 ... 102
- 119. 委陵菜 ... 102
- 120. 翻白草 ... 103
- 121. 麦李 ... 104
- 122. 梅 ... 104
- 123. 桃 ... 105
- 124. 樱桃 ... 106
- 125. 李 ... 106
- 126. 火棘 ... 107
- 127. 豆梨 ... 108
- 128. 木香花 ... 109
- 129. 月季花 ... 109
- 130. 小果蔷薇 ... 110
- 131. 金樱子 ... 111
- 132. 野蔷薇 ... 112
- 133. 粉团蔷薇 ... 112
- 134. 插田泡（原变种）... 113
- 135. 茅莓 ... 114
- 136. 地榆 ... 114
- 137. 粉花绣线菊 ... 115

四七、豆科 ... 116
- 138. 合萌 ... 116
- 139. 合欢 ... 117
- 140. 山槐 ... 118
- 141. 紫穗槐 ... 118
- 142. 土圞儿 ... 119
- 143. 落花生 ... 120
- 144. 紫云英 ... 120
- 145. 云实 ... 121
- 146. 筅子梢 ... 122
- 147. 紫荆 ... 123
- 148. 黄檀 ... 123
- 149. 皂荚 ... 124
- 150. 野大豆 ... 125
- 151. 米口袋 ... 126
- 152. 长柄山蚂蟥 ... 127
- 153. 木蓝 ... 127
- 154. 扁豆 ... 128
- 155. 截叶铁扫帚 ... 129
- 156. 细梗胡枝子 ... 129
- 157. 小苜蓿 ... 130
- 158. 苜蓿 ... 131
- 159. 硬毛棘豆 ... 131
- 160. 豌豆 ... 132
- 161. 葛 ... 133
- 162. 决明 ... 134
- 163. 槐叶决明 ... 134
- 164. 苦参 ... 135
- 165. 槐 ... 136
- 166. 红车轴草 ... 137
- 167. 白车轴草 ... 137
- 168. 广布野豌豆 ... 138
- 169. 蚕豆 ... 139
- 170. 小巢菜 ... 139
- 171. 确山野豌豆 ... 140
- 172. 歪头菜 ... 141

173. 绿豆	141
174. 豇豆	142
175. 紫藤	143
四八、牻牛儿苗科	**144**
176. 野老鹳草	144
四九、亚麻科	**145**
177. 亚麻	145
五〇、大戟科	**145**
178. 铁苋菜	145
179. 毛丹麻秆	146
180. 泽漆	147
181. 地锦草	148
182. 通奶草	148
183. 大戟	149
184. 叶底珠	150
185. 算盘子	151
186. 白背叶	151
187. 蜜甘草	152
188. 蓖麻	153
189. 地构叶	154
190. 乌桕	154
191. 油桐	155
五一、芸香科	**156**
192. 枳	156
193. 白鲜	157
194. 竹叶花椒	158
195. 花椒	159
五二、苦木科	**159**
196. 臭椿	159
五三、楝科	**160**
197. 楝	160
五四、远志科	**161**
198. 瓜子金	161
199. 远志	162
五五、马桑科	**163**
200. 马桑	163
五六、漆树科	**164**
201. 黄连木	164
202. 盐肤木	165
五七、无患子科	**166**
203. 三角槭	166
204. 鸡爪槭	167
205. 茶条槭	167
206. 复羽叶栾	168
五八、凤仙花科	**169**
207. 凤仙花	169
五九、冬青科	**170**
208. 枸骨	170
六〇、卫矛科	**171**
209. 苦皮藤	171
210. 南蛇藤	172
211. 卫矛	173
212. 白杜	173
六一、鼠李科	**174**
213. 勾儿茶	174
214. 长叶冻绿	175
215. 枳椇	176
216. 圆叶鼠李	176
217. 酸枣	177
六二、葡萄科	**178**
218. 三裂蛇葡萄	178
219. 白蔹	179
220. 乌蔹莓	180
221. 蘡薁	181
222. 毛葡萄	181
六三、锦葵科	**182**
223. 苘麻	182
224. 陆地棉	183
225. 木槿	184
六四、椴树科	**184**
226. 扁担杆	184
六五、梧桐科	**185**
227. 马松子	185
六六、瑞香科	**186**
228. 芫花	186
229. 结香	187
六七、胡颓子科	**188**
230. 佘山羊奶子	188
六八、堇菜科	**189**
231. 鸡腿堇菜	189
232. 球果堇菜	190
233. 长萼堇菜	190

234. 三色堇 ... 191
235. 紫花地丁 ... 192
六九、葫芦科 ... 193
236. 冬瓜 ... 193
237. 西瓜 ... 194
238. 甜瓜 ... 195
239. 南瓜 ... 195
240. 丝瓜 ... 196
241. 苦瓜 ... 197
242. 栝楼 ... 198
七〇、千屈菜科 ... 199
243. 南紫薇 ... 199
244. 千屈菜 ... 200
七一、石榴科 ... 201
245. 石榴 ... 201
七二、柳叶菜科 ... 202
246. 柳叶菜 ... 202
247. 丁香蓼 ... 203
七三、八角枫科 ... 204
248. 八角枫 ... 204
七四、山茱萸科 ... 205
249. 红瑞木 ... 205
250. 毛梾 ... 206
七五、五加科 ... 207
251. 细柱五加 ... 207
252. 常春藤 ... 207
253. 刺楸 ... 208
七六、伞形科 ... 209
254. 莳萝 ... 209
255. 白芷 ... 210
256. 北柴胡 ... 211
257. 蛇床 ... 212
258. 芫荽 ... 212
259. 鸭儿芹 ... 213
260. 野胡萝卜 ... 214
261. 水芹 ... 215
262. 前胡 ... 215
263. 变豆菜 ... 216
264. 小窃衣 ... 217
七七、杜鹃花科 ... 218
265. 杜鹃 ... 218

七八、报春花科 ... 219
266. 点地梅 ... 219
267. 矮桃 ... 220
268. 山罗过路黄 ... 221
269. 狭叶珍珠菜 ... 221
270. 疏头过路黄 ... 222
七九、柿科 ... 223
271. 柿 ... 223
272. 君迁子 ... 224
八〇、山矾科 ... 225
273. 日本白檀 ... 225
八一、木樨科 ... 226
274. 金钟花 ... 226
275. 茉莉花 ... 227
276. 女贞 ... 228
277. 木樨 ... 228
278. 紫丁香 ... 229
八二、夹竹桃科 ... 230
279. 牛皮消 ... 230
280. 地梢瓜 ... 231
281. 夹竹桃 ... 231
282. 杠柳 ... 232
283. 络石 ... 233
284. 徐长卿 ... 234
八三、茜草科 ... 235
285. 细叶水团花 ... 235
286. 风箱树 ... 236
287. 拉拉藤 ... 236
288. 蓬子菜 ... 237
289. 栀子 ... 238
290. 茜草 ... 239
291. 六月雪 ... 239
八四、旋花科 ... 240
292. 打碗花 ... 240
293. 菟丝子 ... 241
294. 土丁桂 ... 242
295. 心萼薯 ... 242
296. 牵牛 ... 243
297. 圆叶牵牛 ... 244
八五、紫草科 ... 245
298. 粗糠树 ... 245

299. 梓木草 ... 245
300. 弯齿盾果草 ... 246

八六、马鞭草科 ... 247
  301. 兰香草 ... 247
  302. 马鞭草 ... 248

八七、唇形科 ... 248
  303. 藿香 ... 248
  304. 金疮小草（原变种） ... 249
  305. 臭牡丹 ... 250
  306. 夏至草 ... 251
  307. 宝盖草 ... 252
  308. 益母草 ... 253
  309. 鳖菜 ... 254
  310. 薄荷 ... 255
  311. 牛至 ... 255
  312. 紫苏 ... 256
  313. 夏枯草 ... 257
  314. 丹参 ... 258
  315. 三花莸 ... 259
  316. 半枝莲 ... 260
  317. 韩信草 ... 261
  318. 针筒菜 ... 262
  319. 血见愁 ... 263
  320. 黄荆 ... 264

八八、茄科 ... 264
  321. 辣椒 ... 264
  322. 曼陀罗 ... 265
  323. 枸杞 ... 266
  324. 苦蘵 ... 267
  325. 喀西茄 ... 267
  326. 白英 ... 268
  327. 茄 ... 269
  328. 龙葵 ... 270

八九、玄参科 ... 271
  329. 弹刀子菜 ... 271
  330. 白花泡桐 ... 272
  331. 阴行草 ... 272

九〇、紫葳科 ... 274
  332. 凌霄 ... 274
  333. 灰楸 ... 274
  334. 梓 ... 275

九一、爵床科 ... 276
  335. 爵床 ... 276

九二、车前科 ... 277
  336. 车前 ... 277
  337. 婆婆纳 ... 278
  338. 水苦荬 ... 278
  339. 爬岩红 ... 279

九三、忍冬科 ... 280
  340. 忍冬 ... 280
  341. 金银忍冬 ... 281
  342. 异叶败酱 ... 281

九四、荚蒾科 ... 282
  343. 接骨草 ... 282
  344. 聚花荚蒾 ... 283
  345. 珊瑚树 ... 284
  346. 烟管荚蒾 ... 284

九五、桔梗科 ... 285
  347. 湖北沙参 ... 285
  348. 聚叶沙参 ... 286
  349. 桔梗 ... 286
  350. 蓝花参 ... 287

九六、菊科 ... 288
  351. 藿香蓟 ... 288
  352. 艾 ... 289
  353. 茵陈蒿 ... 290
  354. 白莲蒿 ... 291
  355. 马兰 ... 292
  356. 苍术 ... 292
  357. 婆婆针 ... 293
  358. 鬼针草 ... 294
  359. 丝毛飞廉 ... 295
  360. 矢车菊 ... 296
  361. 野菊 ... 297
  362. 菊苣 ... 298
  363. 刺儿菜 ... 298
  364. 秋英 ... 299
  365. 夜香牛 ... 300
  366. 大丽花 ... 301
  367. 华东蓝刺头 ... 302
  368. 鳢肠 ... 303
  369. 一年蓬 ... 303

370. 白头婆 …… 304	一〇二、菝葜科 …… 332
371. 大吴风草 …… 305	406. 菝葜 …… 332
372. 茼蒿 …… 306	一〇三、百部科 …… 333
373. 向日葵 …… 306	407. 大百部 …… 333
374. 菊芋 …… 307	一〇四、石蒜科 …… 334
375. 泥胡菜 …… 308	408. 薤白 …… 334
376. 旋覆花 …… 308	409. 葱 …… 334
377. 抱茎小苦荬 …… 309	410. 韭 …… 335
378. 鼠曲草 …… 310	411. 石蒜 …… 336
379. 漏芦 …… 311	一〇五、薯蓣科 …… 336
380. 千里光 …… 312	412. 盾叶薯蓣 …… 336
381. 毛梗豨莶 …… 313	一〇六、鸢尾科 …… 337
382. 苦苣菜 …… 313	413. 射干 …… 337
383. 钻叶紫菀 …… 314	414. 马蔺 …… 338
384. 兔儿伞 …… 315	415. 小鸢尾 …… 339
385. 万寿菊 …… 316	一〇七、灯芯草科 …… 340
386. 鸦葱 …… 316	416. 野灯芯草 …… 340
387. 蒲公英 …… 317	一〇八、鸭跖草科 …… 341
388. 狗舌草 …… 318	417. 饭包草 …… 341
389. 苍耳 …… 319	418. 鸭跖草 …… 342
390. 黄鹌菜 …… 320	419. 水竹叶 …… 342
391. 百日菊 …… 321	一〇九、禾本科 …… 343
九七、泽泻科 …… 321	420. 荩草 …… 343
392. 泽泻 …… 321	421. 野燕麦 …… 344
393. 野慈姑 …… 322	422. 菵草 …… 345
九八、沼金花科 …… 323	423. 薏苡 …… 345
394. 肺筋草 …… 323	424. 马唐 …… 346
九九、阿福花科 …… 324	425. 牛筋草 …… 347
395. 萱草 …… 324	426. 乱草 …… 347
一〇〇、百合科 …… 325	427. 大麦 …… 348
396. 老鸦瓣 …… 325	428. 白茅 …… 348
397. 百合 …… 325	429. 秕壳草 …… 349
398. 渥丹 …… 326	430. 多花黑麦草 …… 350
一〇一、天门冬科 …… 327	431. 稻 …… 350
399. 天门冬 …… 327	432. 糠稷 …… 351
400. 山麦冬 …… 328	433. 狼尾草 …… 352
401. 沿阶草 …… 328	434. 显子草 …… 352
402. 玉竹 …… 329	435. 淡竹 …… 353
403. 黄精 …… 330	436. 斑茅 …… 354
404. 绵枣儿 …… 330	437. 狗尾草 …… 355
405. 软叶丝兰 …… 331	438. 高粱 …… 355

439. 玉蜀黍 356
一一〇、菖蒲科 357
　　440. 菖蒲 357
一一一、天南星科 358
　　441. 魔芋 358
　　442. 虎掌 359
　　443. 半夏 360
一一二、莎草科 360
　　444. 穆穗莎草 360
　　445. 碎米莎草 361
　　446. 旋鳞莎草 362
　　447. 香附子 362
一一三、姜科 363
　　448. 姜 363

一一四、美人蕉科 364
　　449. 粉美人蕉 364
一一五、兰科 365
　　450. 蕙兰 365
　　451. 斑叶兰 365

中文名索引 367

拉丁名索引 372

主要参考文献 380

第四次全国中药资源普查（宜城市）
　　工作记录 381

蕨类植物门

Pteridophyta

一、木贼科

木贼属

1. 笔管草 *Equisetum ramosissimum* subsp. *debile*

【别名】 纤弱木贼。

【形态特征】 大中型植物。根茎直立和横走，黑棕色，节和根密生黄棕色长毛或光滑无毛。地上枝多年生。枝一型。高可达 60 cm 或更高，中部直径 3～7 mm，节间长 3～10 cm，绿色，成熟主枝有分枝，但分枝常不多。主枝有脊 10～20 条，脊的背部弧形，有 1 行小瘤或浅色小横纹；鞘筒短，下部绿色，顶部略为黑棕色；鞘齿 10～22 枚，狭三角形，上部淡棕色，膜质，早落或有时宿存，下部黑棕色，革质，扁平，两侧有明显的棱角，齿上气孔带明显或不明显。侧枝较硬，圆柱状，有脊 8～12 条，脊上有小瘤或横纹；鞘齿 6～10 枚，披针形，较短，膜质，淡棕色，早落或宿存。孢子囊穗短棒状或椭圆形，长 1～2.5 cm，中部直径 0.4～0.7 cm，顶端有小突尖，无柄。

【拍摄地点】 宜城市滨江大道，海拔 60.1 m。

【生物学特性】 喜凉爽干燥气候，耐严寒。

【生境分布】 生于田边和沟旁。

【药用部位】 全草。

【功能主治】 利尿，祛湿，止血，止痛。用于吐血，衄血，便血，小便不利。

二、海金沙科

海金沙属

2. 海金沙 Lygodium japonicum (Thunb.) Sw.

【形态特征】 植株高攀达 1～4 m。叶轴上面有 2 条狭边，羽片多数，相距 9～11 cm，对生于叶轴上的短距两侧，平展，距长达 3 mm，先端有一丛黄色柔毛覆盖腋芽。不育羽片尖三角形，长、宽几相等，10～12 cm 或较狭，柄长 1.5～1.8 cm，同羽轴一样被短灰毛，两侧并有狭边，二回羽状；一回羽片 2～4 对，互生，柄长 4～8 mm，和小羽轴都有狭翅及短毛，基部 1 对卵圆形，长 4～8 cm，宽 3～6 cm，一回羽状；二回小羽片 2～3 对，卵状三角形，具短柄或无柄，互生，掌状 3 裂；末回裂片短阔，中央一条长 2～3 cm，宽 6～8 mm，基部楔形或心形，先端钝，顶端的二回羽片长 2.5～3.5 cm，宽 8～10 mm，波状浅裂；向上的一回小羽片近掌状分裂或不分裂，较短，叶缘有不规则的浅圆锯齿。主脉明显，侧脉纤细，从主脉斜上，一至二回二叉分歧，直达锯齿。叶纸质，干后绿褐色。两面沿中肋及脉上略有短毛。能育羽片卵状三角形，长、宽几相等，12～20 cm，或长稍超过宽，二回羽状；一回小羽片 4～5 对，互生，相距 2～3 cm，长圆状披针形，长 5～10 cm，基部宽 4～6 cm，一回羽状；二回小羽片 3～4 对，卵状三角形，羽状深裂。孢子囊穗长 2～4 mm，往往长远超过小羽片的中央不育部分，排列稀疏，暗褐色，无毛。

【拍摄地点】 宜城市流水镇杨鹏村，海拔 191.4 m。

【生物学特性】 喜温暖湿润、阳光充足的环境，但不耐强光直射，也不耐寒冷和干旱。

【生境分布】 分布于宜城市各乡镇。

【药用部位】 成熟孢子（海金沙）、地上部分（洗肝草）。

【采收加工】 成熟孢子：秋季孢子未脱落时采割藤叶，晒干，搓揉或打下孢子，除去藤叶。地上部分：夏、秋季采割，除去杂质，晒干。

【功能主治】 成熟孢子：清利湿热，通淋止痛。用于热淋，石淋，血淋，膏淋，尿道涩痛。地上部分：清热解毒，利水通淋，活血通络。用于热淋，石淋，血淋，小便不利，水肿，白浊，带下，黄疸胁痛，泄泻，痢疾，咽喉肿痛，口疮，目赤肿痛，水火烫伤，皮肤瘙痒，跌打损伤，风湿痹痛。

【用法用量】 成熟孢子：内服，包煎，6～15 g。地上部分：内服，煎汤，9～30 g（鲜品30～90 g）；外用，适量，煎水洗，或鲜品捣敷；孕妇慎用。

三、凤尾蕨科

凤尾蕨属

3. 井栏边草 *Pteris multifida* Poir.

【别名】 凤尾草。

【形态特征】 植株高30～45 cm。根状茎短而直立，粗1～1.5 cm，先端被黑褐色鳞片。叶多数，密而簇生，明显二型；不育叶叶柄长15～25 cm，粗1.5～2 mm，禾秆色或暗褐色而有禾秆色的边，稍有光泽，光滑；叶片卵状长圆形，长20～40 cm，宽15～20 cm，一回羽状，羽片通常3对，对生，斜向上，无柄，线状披针形，长8～15 cm，宽6～10 mm，先端渐尖，叶缘有不整齐的尖锯齿并有软

骨质的边，下部1～2对通常分叉，有时近羽状，顶生三叉羽片及上部羽片的基部显著下延，在叶轴两侧形成宽3～5 mm的狭翅（翅的下部渐狭）；能育叶有较长的柄，羽片4～6对，狭线形，长10～15 cm，宽4～7 mm，仅不育部分具锯齿，余均全缘，基部1对有时近羽状，有长约1 cm的柄，余均无柄，下部2～3对通常二至三叉，上部几对的基部常下延，在叶轴两侧形成宽3～4 mm的翅。主脉两面均隆起，禾秆色，侧脉明显，稀疏，单一或分叉，有时在侧脉间具有或多或少的与侧脉平行的细条纹（脉状异形细胞）。叶干后草质，暗绿色，遍体无毛；叶轴禾秆色，稍有光泽。

【拍摄地点】 宜城市雷河镇，海拔180.8 m。

【生物学特性】 喜半阴，较耐寒，耐干旱，对空气湿度要求不高，对土壤适应性强，在酸性到碱性土壤中均能生长良好。

【生境分布】 分布于宜城市各乡镇。

【药用部位】 全草。

【功能主治】 清热利湿，解毒，凉血，收敛，止血，止痢。

【用法用量】 内服：煎汤，9～18 g。外用：煎水洗。

四、凤尾蕨科

金粉蕨属

4. 湖北金粉蕨（变种） *Onychium moupinense* Ching var. *ipii* (Ching) Shing

【形态特征】植株高 20～70 cm，根状茎细长横走，疏被深棕色披针形鳞片。叶近生，裂片较短，柄纤细，禾秆色，光滑；不育叶片披针形，长 10～15 cm，宽 2.5～3.5 cm，二回羽状；羽片斜方形，渐尖头或钝头，小羽片密接，末回小羽片或裂片短而阔，斜卵形，先端有锐尖齿，每齿有小脉 1 条；能育叶较大，柄长 10～32 cm，叶片几等长，基部宽 3～10 cm，披针形或卵状披针形，下部三回羽状，向上为二回羽状；羽片 8～15 对，互生，斜上或向上弯曲，基部 1 对最大，披针形或卵状披针形，长渐尖头或长尾头，柄长 5～10 mm（有时有狭翅），二回羽状或二回羽裂；小羽片均为上先出，并有狭翅下延；末回裂片长 7～8 mm，宽 1.5 mm 左右，线形，主脉两侧有单一小脉和边脉相连。孢子囊群几达裂片顶端或仅露出极短的不育尖头；囊群盖阔线形，幼时宽达主脉，成熟时张开，灰棕色，膜质，全缘。

【拍摄地点】宜城市板桥店镇新街社区，海拔 234.3 m。
【生境分布】生于阴湿处。分布于宜城市板桥店镇等地。

凤了蕨属

5. 凤了蕨 *Coniogramme japonica* (Thunb.) Diels

【形态特征】植株高 60～120 cm。叶柄长 30～50 cm，粗 3～5 mm，禾秆色或栗褐色，基部以上光滑；叶片和叶柄等长或稍长，宽 20～30 cm，长圆状三角形，二回羽状；羽片通常 5 对（少则 3 对），基部 1 对最大，长 20～35 cm，宽 10～15 cm，卵圆状三角形，柄长 1～2 cm，羽状（偶有二叉）；侧生小羽片 1～3 对，长 10～15 cm，宽 1.5～2.5 cm，披针形，有柄或向上的无柄，顶生小羽片远较侧生的大，长 20～28 cm，宽 2.5～4 cm，阔披针形，长渐尖头，通常向基部略变狭，基部为不对称的楔形或叉裂；

第 2 对羽片三出、二叉，或从这对起向上均为单一，但渐变小，和其下羽片的顶生小羽片同型；顶羽片较其下的大，有长柄；羽片和小羽片边缘有向前伸的疏矮齿。叶脉网状，在羽轴两侧形成 2～3 行狭长网眼，网眼外的小脉分离，小脉顶端有纺锤形水囊，不到锯齿基部。叶干后纸质，上面暗绿色，下面淡绿色，两面无毛。孢子囊群沿叶脉分布，几达叶边。

【拍摄地点】宜城市雷河镇，海拔 194.8 m。

【生境分布】生于湿润林下和山谷阴湿处。分布于宜城市雷河镇等地。

【药用部位】根茎或全草。

【功能主治】祛风除湿，散血止痛，清热解毒。用于风湿性关节痛，瘀血腹痛，闭经，跌打损伤，目赤肿痛，乳痈及各种肿毒初起。

五、蹄盖蕨科

介 蕨 属

6. 鄂西介蕨 *Deparia henryi* (Baker) M. Kato

【形态特征】根状茎长横卧，先端斜升；叶近簇生。能育叶长 50～95 cm；叶柄长 20～35 cm，基部直径 3～4 mm，疏被深褐色披针形鳞片，向上禾秆色，近光滑；叶片长圆形，长 30～60 cm，中部宽 20～25 cm，先端渐尖，基部略变狭，一回羽状，羽片深羽裂；羽片 12～18 对，互生，近无柄，略斜展，阔披针形，中部以下的长 12～20 cm，宽 3～4 cm，尾状渐尖头，基部近对称，截形或圆楔形，边缘深羽裂；裂片镰刀状长圆形，长 2～2.5 cm，宽 6～8 mm，钝圆头或短尖头，边缘有锐裂的粗锯齿；中部以上的羽片与下部同型，向上逐渐缩短，羽状半裂至深裂，裂片长圆形或斜长方形，全缘或边缘有浅锯齿。叶脉在裂片上为羽状，侧脉 8～10 对，小脉二至三叉。叶干后草质，暗绿色，叶轴和羽轴上疏被褐色阔披针形小鳞片和2～3列细胞组成的蠕虫状毛。孢子囊群短长圆形，有时弯曲或为弯钩形，偶有马蹄形，生于小脉上侧，少横跨于小脉上，每裂片5～7对，在主脉两侧各排成1行；囊群盖长形，少有弯钩形或马蹄形，褐色，膜质，边缘撕裂成流苏状，宿存。孢子周壁表面有较多的宽条状皱褶。

【拍摄地点】宜城市刘猴镇钱湾村五组，海拔169.2 m。

【生境分布】生于落叶阔叶林下或灌木林下阴湿处。分布于宜城市刘猴镇等地。

【药用部位】根茎。

【功能主治】杀虫，解毒。

六、铁角蕨科

铁角蕨属

7. 胎生铁角蕨 *Asplenium indicum* Sledge

【别名】斜叶铁角蕨。

【形态特征】植株高20～45 cm。根状茎短而直立，密被鳞片；鳞片披针形，长4～7 mm，基部宽0.5～1 mm，先端钻状，棕褐色，有光泽，薄膜质，全缘。叶簇生；叶柄长10～20 cm，粗1.5～2.5 mm，灰绿色或灰禾秆色，上面有纵沟，疏被红棕色狭披针形小鳞片（基部不呈流苏状），老则近光秃；叶片阔披针形，长12～30 cm，宽4～7 cm，顶部渐尖，一回羽状；羽片8～20对，互生或下部的对生，近平展，有短柄（长2～3 mm），各对羽片几等宽分开，下部数对不变短或略变短，中部的长2～3.5 cm，基部宽1～1.3 cm，菱形或菱状披针形，通直或呈镰刀状，渐尖头，基部极不对称，上侧截形，

有显著的耳状突起，下侧斜切而呈长楔形（基部1/4～1/3切去），边缘有不规则的裂片，裂片顶部有钝齿。叶脉两面均明显，隆起呈沟脊状，侧脉二回二叉，间有二叉，基部上侧1～2脉常为多回二叉，极斜向上，彼此密接，不达叶边。叶近革质，干后草绿色，两面均呈沟脊状，幼时在羽片下面及羽片柄上均略被褐棕色的狭披针形鳞片，以后逐渐脱落；叶轴禾秆色或下面为灰栗色，疏被红棕色纤维状小鳞片，上面有浅纵沟，在羽片的腋间往往有1枚被鳞片的芽胞，并能在母株上萌发。孢子囊群线形，长4～8 mm，成熟时褐棕色，极斜向上，彼此密接，自主脉向外，几达叶边，在羽片上部的紧靠主脉，几与主脉平行，在主脉两侧各排成整齐的一行，在中部以下的为不整齐的多列；囊群盖线形，灰棕色，膜质，全缘，生于小脉上侧的开向主脉，生于下侧的开向叶边，宿存。

【拍摄地点】 宜城市板桥店镇肖云村，海拔183.8 m。

【生物学特性】 喜温暖、阴湿环境，既不能于强烈阳光下直射，又不能置于浓阴下，最适宜的生长环境是全年都有中强光。

【生境分布】 生于密林下潮湿岩石上或树干上。分布于宜城市板桥店镇、流水镇等地。

【功能主治】 舒筋活络，活血止痛。用于腰痛。

七、鳞毛蕨科

贯 众 属

8. 贯众 *Cyrtomium fortunei* J. Sm.

【形态特征】 植株高25～50 cm。根茎直立，密被棕色鳞片。叶簇生，叶柄长12～26 cm，基部直径2～3 mm，禾秆色，腹面有浅纵沟，密生卵形及披针形、棕色（有时中间为深棕色）鳞片，鳞片边缘有齿，有时向上部秃净；叶片矩圆状披针形，长20～42 cm，宽8～14 cm，先端钝，基部不变狭或略变狭，奇数一回羽状；侧生羽片7～16对，互生，近平伸，柄极短，披针形，上弯成镰状，中部的长5～8 cm，

宽1.2～2 cm，先端渐尖，少数呈尾状，基部偏斜，上侧近截形，下侧楔形，边缘全缘，有时有前倾的小齿；具羽状脉，小脉联结成2～3行网眼，腹面不明显，背面微突起；顶生羽片狭卵形，下部有时有1或2个浅裂片，长3～6 cm，宽1.5～3 cm。叶为纸质，两面光滑；叶轴腹面有浅纵沟，疏生披针形及

线形、棕色鳞片。孢子囊群遍布羽片背面；囊群盖圆形，盾状，全缘。

【拍摄地点】 宜城市雷河镇，海拔 160.5 m。

【生物学特性】 喜温暖湿润、半阴环境，耐寒性较强，较耐干旱。在土壤深厚、排水良好、疏松肥沃、富含有机质的微酸性至中性沙质土壤中生长良好。

【生境分布】 生于遮阴和散射光环境。宜城市各乡镇均有分布。

【药用部位】 根状茎及叶柄残基。

【功能主治】 清热解毒，止血，杀虫。用于流行性感冒，乙型肝炎，病毒性肺炎，功能性子宫出血及虫积腹痛，头晕，头痛，慢性铅中毒。

鳞毛蕨属

9. 黑鳞鳞毛蕨 *Dryopteris lepidopoda* Hayata

【形态特征】 植株高 80～90 cm。根状茎粗壮，直立或斜升，密被红棕色、披针形、全缘鳞片。叶簇生；柄长 15～30 cm，禾秆色，基部密被黑色或褐棕色、线状披针形、长 2 cm、具毛发状尖头的鳞片，向上渐稀疏；叶片卵圆状披针形或披针形，先端羽裂渐尖，基部不狭缩或略狭缩，二回羽状深裂；侧生羽片约 20 对，互生，彼此远离；中部羽片长 13～14 cm，披针形，先端渐尖，基部最宽，宽 2.5～3 cm，有短柄，羽状深裂；裂片 15～20 对，斜展，先端圆钝头，疏具三角形齿，侧边具缺刻状锯齿。叶干后淡绿色，纸质，沿叶轴及羽片背面羽轴被黑色、线状披针形、基部多分叉的鳞片；侧脉羽状，分叉，背面明显。孢子囊群圆形，每裂片 4～6 对，生于叶边与中肋之间；囊群盖圆肾形，棕色，成熟后易脱落。

【拍摄地点】 宜城市板桥店镇肖云村，海拔 198.9 m。

【生境分布】 生于阔叶林中。分布于宜城市板桥店镇、雷河镇等地。

耳蕨属

10. 对马耳蕨 *Polystichum tsus-simense* (Hook.) J. Sm.

【别名】 小羽对马耳蕨。

【形态特征】植株高30～60 cm。根茎直立，密被狭卵形深棕色鳞片。叶簇生，叶柄长16～30 cm，基部直径2～4 mm，禾秆色，腹面有纵沟，下部密生披针形及线形黑棕色鳞片，向上部渐成为线形鳞片，鳞片边缘睫毛状；叶片宽披针形或狭卵形，长20～42 cm，宽6～14 cm，先端长渐尖或呈尾状，基部圆楔形或截形，二回羽状；羽片20～26对，互生，平展或略斜向上，柄极短，线状披针形，中部的长4～9 cm，宽1～1.5 cm，先端渐尖至尾状，基部偏斜，上侧截形，下侧宽楔形，羽状；小羽片7～13对，互生，略斜向上，密接，柄极短，斜矩圆形、斜卵形或三角状卵形，下部的长5～10 mm，宽4～6 mm，先端急尖或钝，有小刺头，基部斜宽楔形，上侧有三角形耳状突起，边缘有或长或短的小尖齿；基部上侧第1片增大，卵形或三角状卵形，长7～15 mm，宽4～6 mm，有时羽状分裂；小羽片具羽状脉，侧脉常为二叉状，腹面隐没，背面微凹下或微凸起。叶为薄革质，背面疏生纤毛状基部扩大的
黄棕色鳞片；叶轴腹面有纵沟，背面密生鳞片，鳞片线形，基部扩大，边缘睫毛状，黑棕色间或棕色。孢子囊群位于小羽片主脉两侧，每个小羽片3～9个；囊群盖圆形，盾状，全缘。

【拍摄地点】宜城市板桥店镇肖云村，海拔198.9 m。

【生物学特性】喜凉爽、阴湿环境。

【生境分布】生于常绿阔叶林下或灌丛中。分布于宜城市板桥店镇、孔湾镇等地。

【药用部位】根茎。

【功能主治】清热解毒。用于目赤肿痛。

八、水龙骨科

石 韦 属

11. 石韦 *Pyrrosia lingua* (Thunb.) Farwell

【别名】石兰。

【形态特征】植株通常高10～30 cm。根状茎长而横走，密被鳞片；鳞片披针形，长渐尖头，淡棕色，边缘有睫毛状毛。叶远生，近二型；叶柄与叶片大小和长短变化很大，能育叶通常远比不育叶长得高而较狭窄，叶片均略比叶柄长，少为等长，罕有比叶柄短的。不育叶片近长圆形或长圆状披针形，下部1/3处最宽，向上渐狭，短渐尖头，基部楔形，宽一般为1.5～5 cm，长5～20 cm，全缘，干后革质，上面灰绿色，近光滑无毛，下面淡棕色或砖红色，被星状毛。主脉下面稍隆起，上面不明显下凹，侧脉在下面明显隆起，清晰可见，小脉不明显。

孢子囊群近椭圆形，在侧脉间整齐排列成多行，布满整个叶片下面，或聚生于叶片的大上半部，初时为星状毛所覆盖而呈淡棕色，成熟后孢子囊开裂外露而呈砖红色。

【拍摄地点】宜城市流水镇，海拔236.0 m。

【生物学特性】喜阴凉、干燥气候。

【生境分布】附生于低海拔林下树干上或稍干的岩石上。分布于宜城市流水镇等地。

【药用部位】全草。

【功能主治】利水通淋，清肺泄热，凉血止血。用于清湿热，脱力虚损，外用治刀伤、烫伤。

裸子植物门

Gymnospermae

九、银杏科

银杏属

12. 银杏 *Ginkgo biloba* L.

【别名】白果。

【形态特征】乔木，高达40 m，胸径可达4 m；幼树树皮浅纵裂，大树之皮呈灰褐色，深纵裂，粗糙；幼年及壮年树冠呈圆锥形，老则呈广卵形；枝近轮生，斜上伸展（雌株的大枝常较雄株开展）；一年生的长枝淡褐黄色，二年生及以上变为灰色，并有细纵裂纹；短枝密被叶痕，黑灰色，短枝上亦可长出长枝；冬芽黄褐色，常为卵圆形，先端钝尖。叶扇形，有长柄，淡绿色，无毛，有多数叉状并列细脉，顶端宽5～

8 cm，在短枝上常具波状缺刻，在长枝上常2裂，基部宽楔形，柄长3～10 cm（多为5～8 cm），幼树及萌生枝上的叶常较大而深裂（叶片长达13 cm，宽15 cm），有时裂片再分裂（这与较原始的化石种类之叶相似），叶在一年生长枝上螺旋状散生，在短枝上3～8叶呈簇生状，秋季落叶前变为黄色。球花雌雄异株，单性，生于短枝顶端鳞片状叶的腋内，呈簇生状；雄球花柔荑花序状，下垂，雄蕊排列疏松，具短梗，花药常2个，长椭圆形，药室纵裂，药隔不发达；雌球花具长梗，梗端常分二叉，稀三至五叉或不分叉，每叉顶生一盘状珠座，胚珠着生于其上，通常仅1个叉端的胚珠发育成种子，风媒传粉。种子具长梗，下垂，常为椭圆形、长倒卵形、卵圆形或近圆球形，长2.5～3.5 cm，直径2 cm，外种皮肉质，成熟时黄色或橙黄色，外被白粉，有臭味；中种皮白色，骨质，具2～3条纵脊；内种皮膜质，淡红褐色；胚乳肉质，味甘略苦；子叶2片，稀3片，发芽时不出土，初生叶2～5片，宽条形，长约5 mm，宽约2 mm，先端微凹，第4或第5片起之后生叶扇形，先端具一深裂及不规则的波状缺刻，叶柄长0.9～2.5 cm；有主根。花期3—4月，种子9—10月成熟。

【拍摄地点】宜城市楚都公园，海拔68.7 m。

【生物学特性】喜光，深根性，对气候、土壤的适应性较强。

【生境分布】生于山坡或栽培。栽培于宜城市各乡镇。宜城市流水镇松林寺有4棵千年银杏。

【产地分布】全国各地广为栽培。

【药用部位】叶、种子（白果）。

【采收加工】叶：秋季叶尚绿时采收，及时干燥。种子：秋季种子成熟时采收，除去肉质外种皮，洗净，稍蒸或略煮后，烘干。

【性味归经】叶：味甘、苦、涩，性平；归心、肺经。种子：味甘、苦、涩，性平；有毒；归肺、肾经。

【功能主治】叶：活血化瘀，通络止痛，敛肺平喘，化浊降脂。用于瘀血阻络，胸痹心痛，中风偏瘫，肺虚咳喘，高脂血症。种子：敛肺气，定喘嗽，止带浊，缩小便。用于哮喘，痰嗽，带下，白浊，遗精，淋病，小便频数。

【用法用量】叶：内服，煎汤，9～12 g。种子：内服，煎汤，5～10 g；或捣汁；或入丸、散。外用：捣敷。

一〇、松　科

松　属

13. 马尾松 *Pinus massoniana* Lamb.

【别名】山松。

【形态特征】乔木，高达45 m，胸径1.5 m；树皮红褐色，下部灰褐色，裂成不规则的鳞状块片；枝平展或斜展，树冠宽塔形或伞形，枝条每年生长一轮，但在广东南部则通常每年生长两轮，淡黄褐色，无白粉，稀有白粉，无毛；冬芽卵状圆柱形或圆柱形，褐色，顶端尖，芽鳞边缘丝状，先端尖或成渐尖的长尖头，微反曲。针叶2针一束，稀3针一束，长12～20 cm，细柔，微扭曲，两面有气孔线，边缘有细锯齿；横切面皮下层细胞单型，第一层连续排列，第二层由个别细胞断续排列而成，树脂道4～8个，在背面边生，或腹面也有2个边生；叶鞘初呈褐色，后渐变成灰黑色，宿存。雄球花淡红褐色，圆柱形，弯垂，长1～1.5 cm，聚生于新枝下部苞腋，穗状，长6～15 cm；雌球花单生或2～4个聚生于新枝近顶端，淡紫红色，一年生小球果圆球形或卵圆形，直径约2 cm，褐色或紫褐色，上部珠鳞的鳞脐具向上直立的短刺，下部珠鳞的鳞脐平钝无刺。球果卵圆形或圆锥状卵圆形，长4～7 cm，直径2.5～4 cm，有短梗，下垂，成熟前绿色，成熟时栗褐色，陆续脱落；中部种鳞近矩圆状倒卵形或近长方形，长约3 cm；鳞盾

菱形，微隆起或平，横脊微明显，鳞脐微凹，无刺，生于干燥环境者常具极短的刺；种子长卵圆形，长 4～6 mm，连翅长 2～2.7 cm；子叶 5～8 片，长 1.2～2.4 cm；初生叶条形，长 2.5～3.6 cm，叶缘具疏生刺毛状锯齿。花期 4—5 月，球果第二年 10—12 月成熟。

【拍摄地点】 宜城市雷河镇，海拔 135.7 m。

【生物学特性】 阳性树种，不耐阴，喜光、喜温暖环境。

【生境分布】 生于山坡或栽培。分布于宜城市各乡镇。

【药用部位】 花粉、松节、针叶。

【采收加工】 花粉：春季花刚开时，采摘花穗，晒干，收集花粉，除去杂质，略烘，过筛。松节：全年均可采收，锯取后阴干。针叶：全年均可采收，以腊月最佳，采摘后除去杂质，鲜用或晒干。

【功能主治】 花粉：收敛止血，燥湿敛疮。用于外伤出血，湿疹，黄水疮，皮肤糜烂，脓水淋漓。松节：祛风除湿，通络止痛。用于风寒湿痹，历节风痛，跌打损伤。针叶：祛风除湿，活血安神。用于风湿痹痛，跌打损伤，失眠。

【用法用量】 花粉（松花粉）。外用适量，撒敷患处。松节（油松节）：煎汤，9～15 g。

一一、柏　　科

柏　木　属

14. 柏木　*Cupressus funebris* Endl.

【别名】 柏树、柏木树。

【形态特征】 乔木，高达 35 m，胸径 2 m；树皮淡褐灰色，裂成窄长条片；小枝细长下垂，生鳞叶的小枝扁，排成一平面，两面同型，绿色，宽约 1 mm，较老的小枝圆柱形，暗褐紫色，略有光泽。鳞叶二型，长 1～1.5 mm，先端锐尖，中央之叶的背部有条状腺点，两侧的叶对折，背部有棱脊。雄球花椭圆形或卵圆形，长 2.5～3 mm，雄蕊通常 6 对，药隔顶端常具短尖头，中央具纵脊，淡绿色，边缘带褐色；雌球花长 3～

6 mm，近球形，直径约 3.5 mm。球果圆球形，直径 8～12 mm，成熟时暗褐色；种鳞 4 对，顶端为不规则五角形或方形，宽 5～7 mm，中央有尖头或无，能育种鳞有 5～6 粒种子；种子宽倒卵状菱形或近

圆形，扁，成熟时淡褐色，有光泽，长约 2.5 mm，边缘具窄翅；子叶 2 片，条形，长 8～13 mm，宽 1.3 mm，先端钝圆；初生叶扁平刺形，长 5～17 mm，宽约 0.5 mm，起初对生，后 4 叶轮生。花期 3—5 月，种子第二年 5—6 月成熟。

【拍摄地点】 宜城市孔湾镇太山庙村，海拔 119.4 m。

【生物学特性】 喜生于温暖、湿润的土壤中，尤以在石灰岩山地钙质土上生长良好。

【生境分布】 宜城市各乡镇均有分布。

【药用部位】 枝叶、果实。

【功能主治】 枝叶：生肌止血。用于外伤出血，吐血，痢疾，痔疮，烫伤。果实：祛风解表，和中止血。用于感冒，头痛，发热烦躁，吐血。

【用法用量】 枝叶：内服，煎汤，9～15 g；外用，捣敷，或研末调敷。果实：内服，煎汤，9～15 g，或研末。

被子植物门
Angiospermae

一二、蜡梅科

蜡梅属

15. 蜡梅 *Chimonanthus praecox* (L.) Link

【别名】梅花。

【形态特征】落叶灌木,高达 4 m;幼枝四方形,老枝近圆柱形,灰褐色,无毛或被疏微毛,有皮孔;鳞芽通常着生于第二年生枝条的叶腋内,芽鳞片近圆形,覆瓦状排列,外面被短柔毛。叶纸质至近革质,卵圆形、椭圆形、宽椭圆形至卵状椭圆形,有时长圆状披针形,长 5～25 cm,宽 2～8 cm,顶端急尖至渐尖,有时具尾尖,基部急尖至圆形,除叶背脉上被疏微毛外无毛。花着生于第二年生枝条的叶腋内,先花后叶,芳香,直径 2～4 cm;花被片圆形、长圆形、倒卵形、椭圆形或匙形,长 5～20 mm,宽 5～15 mm,无毛,内部花被片比外部花被片短,基部有爪状物;雄蕊长 4 mm,花丝比花药长或等长,花药向内弯,无毛,药隔顶端短尖,退化雄蕊长 3 mm;心皮基部被疏硬毛,花柱长达子房 3 倍,基部被毛。果托近木质化,坛状或倒卵状椭圆形,长 2～5 cm,直径 1～2.5 cm,口部收缩,并具有钻状披针形的被毛附生物。花期 11 月至翌年 3 月,果期 4—11 月。

【拍摄地点】宜城市滨江大道,海拔 60.1 m。

【生物学特性】耐寒性较强,怕涝。

【生境分布】宜城市区园林均有栽培。

【药用部位】花蕾。

【采收加工】花期采收,晒干或烘干。

【功能主治】解暑生津,顺气止咳。用于暑热心烦,口渴,百日咳,肝胃气痛,水火烫伤。

【用法用量】内服:煎汤,3～6 g。

一三、胡桃科

胡桃属

16. 胡桃 *Juglans regia* L.

【别名】核桃。

【形态特征】乔木，高达 20～25 m；树干较别的种类矮，树冠广阔；树皮幼时灰绿色，老时则灰白色而纵向浅裂；小枝无毛，具光泽，被盾状着生的腺体，灰绿色，后来带褐色。奇数羽状复叶长 25～30 cm，叶柄及叶轴幼时被极短的腺毛及腺体；小叶通常 5～9 片，稀 3 片，椭圆状卵形至长椭圆形，长 6～15 cm，宽 3～6 cm，顶端钝圆或急尖、短渐尖，基部歪斜，近圆形，边缘全缘或在幼树上者具稀疏细锯齿，上面深绿色，无毛，下面淡绿色，侧脉 11～15 对，腋内具簇状短柔毛，侧生小叶具极短的小叶柄或近无柄，生于下端者较小，顶生小叶常具长 3～6 cm 的小叶柄。雄性柔荑花序下垂，长 5～10 cm，稀达 15 cm。雄花的苞片、小苞片及花被片均被腺毛；雄蕊 6～30 枚，花药黄色，无毛。雌性穗状花序通常具 1～3（4）朵雌花。雌花的总苞被极短腺毛，柱头浅绿色。果序短，俯垂，具 1～3 果实；果实近球状，直径 4～6 cm，无毛；果核稍具皱褶，有 2 条纵棱，顶端具短尖头；隔膜较薄，内里无空隙；内果皮壁内具不规则的空隙或无空隙而仅具皱褶。花期 5 月，果期 10 月。

【拍摄地点】宜城市流水镇黄岗村，海拔 119.4 m。

【生物学特性】喜光，喜温凉气候，较耐干冷，不耐温热，适宜在深厚、肥沃、排水良好的微酸性至弱碱性土壤或黏质土壤上生长，抗旱性较弱，不耐盐碱；深根性，抗风性较强，不耐移植，有肉质根，不耐水淹。

【生境分布】平原及丘陵地带常见栽培。宜城市各乡镇均有栽培。

【药用部位】 种仁。

【功能主治】 破血祛瘀，润燥滑肠。用于血滞闭经，血瘀腹痛，蓄血发狂，跌打损伤，肠燥便秘。

【用法用量】 内服：煎汤，10～15 g；或入丸、散。

化香树属

17. 化香树 *Platycarya strobilacea* Sieb. et Zucc.

【形态特征】 落叶小乔木，高2～6 m；树皮灰色，老时则不规则纵裂。二年生枝条暗褐色，具细小皮孔；芽卵形或近球形，芽鳞阔，边缘具细短毛；嫩枝被褐色柔毛，不久即脱落而无毛。叶长15～30 cm，叶总柄显著短于叶轴，叶总柄及叶轴初时被稀疏的褐色短柔毛，后来脱落而近无毛，具7～23片小叶；小叶纸质，侧生小叶无叶柄，对生或生于下端者偶尔互生，卵状披针形至长椭圆状披针形，长4～11 cm，宽1.5～3.5 cm，不等边，上方一侧较下方一侧阔，基部歪斜，顶端长渐尖，边缘有锯齿，顶

生小叶具长2～3 cm的小叶柄，基部对称，圆形或阔楔形，小叶上面绿色，近无毛或脉上有褐色短柔毛，下面浅绿色，初时脉上有褐色柔毛，后来脱落，或在侧脉腋内、在基部两侧毛不脱落，甚或毛全不脱落，毛的疏密依不同个体及生境而差异较大。两性花序和雄花序在小枝顶端排列成伞房状花序束，直立；两性花序通常1条，着生于中央顶端，长5～10 cm，雌花序位于下部，长1～3 cm，雄花序部分位于上部，有时无雄花序而仅有雌花序；雄花序通常3～8条，位于两性花序下方四周，长4～10 cm。雄花：苞片阔卵形，顶端渐尖而向外弯曲，外面的下部、内面的上部及边缘生短柔毛，长2～3 mm；雄蕊6～8枚，花丝短，稍生细短柔毛，花药阔卵形，黄色。雌花：苞片卵状披针形，顶端长渐尖，硬而不外曲，长2.5～3 mm；花被2，位于子房两侧并贴于子房，顶端与子房分离，背部具翅状的纵向隆起，与子房一同增大。果序球果状、卵状椭圆形至长椭圆状圆柱形，长2.5～5 cm，直径2～3 cm；宿存苞片木质，略具弹性，长7～10 mm；果实小坚果状，背腹压扁状，两侧具狭翅，长4～6 mm，宽3～6 mm。种子卵形，种皮黄褐色，膜质。花期5—6月，果期7—8月。

【拍摄地点】 宜城市刘猴镇团山村，海拔133.0 m。

【生物学特性】 喜光，喜温暖、湿润的气候和深厚、肥沃的中性土壤。耐干旱瘠薄，速生，萌芽性强。

【生境分布】 生于向阳山坡及杂木林中。宜城市各乡镇均有分布。

【药用部位】 叶。

【采收加工】 全年均可采收，洗净，鲜用或晒干。

【功能主治】 解毒，止痒，杀虫。用于疮痈肿毒，阴囊湿疹，顽癣。

【用法用量】 外用：适量，煎水洗；或用嫩叶搽患处。熏烟可以驱蚊，投入粪坑、污水可以灭蛆、孑孓。

枫杨属

18. 枫杨 *Pterocarya stenoptera* C. DC.

【别名】 枫柳、平杨柳。

【形态特征】 大乔木，高达 30 m，胸径达 1 m；幼树树皮平滑，浅灰色，老时则深纵裂；小枝灰色至暗褐色，具灰黄色皮孔；芽具柄，密被锈褐色盾状着生的腺体。叶多为偶数，稀为奇数羽状复叶，长 8～16 cm，稀达 25 cm，叶柄长 2～5 cm，叶轴具翅至翅不甚发达，与叶柄一样被疏或密的短毛；小叶 10～16 片，稀 6～25 片，无小叶柄，对生，稀近对生，长椭圆形至长椭圆状披针形，长 8～12 cm，宽 2～3 cm，顶端常钝圆，稀急尖，基部歪斜，上方一侧楔形至阔楔形，下方一侧圆形，边缘有向内弯的细锯齿，上面有细小的浅色疣状突起，沿中脉及侧脉被极短的星芒状毛，下面幼时被散生的短柔毛，成长后脱落而仅留有极稀疏的腺体及侧脉腋内留有 1 丛星芒状毛。雄性柔荑花序长 6～10 cm，单独生于去年生枝条上叶痕腋内，花序轴常有稀疏的星芒状毛。雄花常具 1（稀 2 或 3）片发育的花被片，雄蕊 5～12 枚。雌性柔荑花序顶生，长 10～15 cm，花序轴密被星芒状毛及单毛，下端不生花的部分长达 3 cm，具 2 枚长达 5 mm 的不孕性苞片。雌花几乎无梗，苞片及小苞片基部常有细小的星芒状毛，并密被腺体。果序长 20～45 cm，果序轴常被宿存的毛。果实长椭圆形，长 6～7 mm，基部常有宿存的星芒状毛；果翅狭，条形或阔条形，长 12～20 mm，宽 3～6 mm，具近平行的脉。花期 4—5 月，果期 8—9 月。

【拍摄地点】 宜城市板桥店镇东湾村，海拔 182.1 m。

【生物学特性】 喜光树种，不耐阴。

【生境分布】 宜城市各乡镇均有栽培。

【药用部位】 枝、叶。

【采收加工】 夏、秋季采收，晒干备用。

【功能主治】 枝：杀虫止痒，利尿消肿。叶：用于血吸虫病；外用治黄癣，脚癣。
【用法用量】 内服：煎汤，6～9 g。外用：适量，鲜叶捣敷或搽患处。

一四、杨柳科

柳 属

19. 垂柳 *Salix babylonica* L.

【别名】 水柳。

【形态特征】 乔木，高达12～18 m，树冠开展而疏散。树皮灰黑色，不规则开裂；枝细，下垂，淡褐黄色、淡褐色或带紫色，无毛。芽线形，先端急尖。叶狭披针形或线状披针形，长9～16 cm，宽0.5～1.5 cm，先端长渐尖，基部楔形，两面无毛或微有毛，上面绿色，下面色较淡，锯齿缘；叶柄长（3）5～10 mm，有短柔毛；托叶仅生于萌发枝上，斜披针形或卵圆形，边缘有齿。花序先于叶开放，或与叶同时开放；雄花序长1.5～2（3）cm，有短梗，轴有毛；雄蕊2枚，花丝与苞片近等长或较长，基部有长毛，花药红黄色；苞片披针形，外面有毛；腺体2；雌花序长2～3（5）cm，有梗，基部有3～4片小叶，轴有毛；子房椭圆形，无毛或下部稍有毛，无柄或近无柄，花柱短，柱头2～4深裂；苞片披针形，长1.8～2（2.5）mm，外面有毛；腺体1。蒴果长3～4 mm，带绿黄褐色。花期3—4月，果期4—5月。

【拍摄地点】 宜城市板桥店镇罗屋村，海拔133.5 m。
【生物学特性】 喜光，喜温暖、湿润气候及潮湿深厚的酸性及中性土壤。
【生境分布】 宜城市区均有栽培。

一五、壳斗科

栗属

20. 栗 *Castanea mollissima* Bl.

【别名】板栗、毛栗。

【形态特征】高达 20 m 的乔木，胸径 80 cm，冬芽长约 5 mm，小枝灰褐色，托叶长圆形，长 10～15 mm，被疏长毛及鳞腺。叶椭圆形至长圆形，长 11～17 cm，宽稀达 7 cm，顶部短至渐尖，基部近截平或圆，或两侧稍向内弯而呈耳垂状，常一侧偏斜而不对称，新生叶的基部常狭楔尖且两侧对称，叶背被星芒状伏贴茸毛或因毛脱落而几无毛；叶柄长 1～2 cm。雄花序长 10～20 cm，花序轴被毛；花 3～5 朵聚生成簇，雌花 1～3（5）朵发育结实，花柱下部被毛。成熟壳斗的锐刺有长有短，有疏有密，密时完全遮蔽壳斗外壁，疏时则外壁可见，壳斗连刺直径 4.5～6.5 cm；坚果高 1.5～3 cm，宽 1.8～3.5 cm。花期 4—6 月，果期 8—10 月。

【拍摄地点】宜城市板桥店镇长白山，海拔 225.4 m。

【生物学特性】阳性树种，耐寒、耐旱，对土壤要求较高，喜沙质土壤。

【生境分布】宜城市各乡镇均有栽培。

【药用部位】根或根皮、叶、总苞、花或花序、外果皮、内果皮、种仁。

【功能主治】根或根皮：行气止痛，活血调经。叶：清肺止咳，解毒消肿。总苞：清热散结，化痰，止血。花或花序：清热燥湿，止血，散结。外果皮：降逆化痰，清热，散结，止血。内果皮：散结下气，养颜。种仁：益气健脾，补肾强筋，活血消肿，止血。

【用法用量】叶：内服，煎汤，9～15 g；外用，适量，煎水洗，或烧存性研末敷。外果皮：内服，煎汤，30～60 g；或煅炭研末，每次 3～6 g；外用，适量，研末调敷。种仁：内服，生食、煮食或炒存性研末服；外用，捣敷。

栎　属

21. 锐齿槲栎（变种）*Quercus aliena* var. *acuteserrata* Maxim.

【别名】 孛孛栎。

【形态特征】 落叶乔木，高达 30 m；树皮暗灰色，深纵裂。小枝灰褐色，近无毛，具圆形淡褐色皮孔；芽卵形，芽鳞具缘毛。叶片长椭圆状倒卵形至倒卵形，长 10～20（30）cm，宽 5～14（16）cm，顶端微钝或短渐尖，基部楔形或圆形，叶缘具粗大锯齿，齿端尖锐，内弯，叶背密被灰色细茸毛，脉每边 10～15 条，叶面中脉侧脉不凹陷；叶柄长 1～1.3 cm，无毛。雄花序长 4～8 cm，雄花单生或数朵簇生于

花序轴，微有毛，花被 6 裂，雄蕊通常 10 枚；雌花序生于新枝叶腋，单生或 2～3 朵簇生。壳斗杯形，包着约 1/2 坚果，直径 1.2～2 cm，高 1～1.5 cm；小苞片卵状披针形，长约 2 mm，排列紧密，被灰白色短柔毛。坚果椭圆形至卵形，直径 1.3～1.8 cm，高 1.7～2.5 cm，果脐微突起。花期 3—4 月，果期 10—11 月。

【拍摄地点】 宜城市流水镇马集村，海拔 108.5 m。

【生物学特性】 喜光，耐寒，较喜阴湿的土壤。

【生境分布】 宜城市各乡镇均有分布。

22. 槲树 *Quercus dentata* Thunb.

【别名】 柞栎。

【形态特征】 落叶乔木，高达 25 m，树皮暗灰褐色，深纵裂。小枝粗壮，有沟槽，密被灰黄色星状茸毛。芽宽卵形，密被黄褐色茸毛。叶片倒卵形或长倒卵形，长 10～30 cm，宽 6～20 cm，顶端短钝尖，叶面深绿色，基部耳形，叶缘具波状裂片或粗锯齿，幼时被毛，后渐脱落，叶背面密被灰褐色星状茸毛，侧脉每边 4～10 条；托叶线状披针形，长 1.5 cm；叶柄长 2～5 mm，密被棕色茸毛。雄花序生于新枝叶腋，

长 4～10 cm，花序轴密被淡褐色茸毛，花数朵簇生于花序轴上；花被 7～8 裂，雄蕊通常 8～10 枚；雌花序生于新枝上部叶腋，长 1～3 cm。壳斗杯形，包着 1/3～1/2 坚果，连小苞片直径 2～5 cm，高 0.2～

2 cm；小苞片革质，窄披针形，长约 1 cm，反曲或直立，红棕色，外面被褐色丝状毛，内面无毛。坚果卵形至宽卵形，直径 1.2～1.5 cm，高 1.5～2.3 cm，无毛，有宿存花柱。花期 4—5 月，果期 9—10 月。

【拍摄地点】宜城市板桥店镇肖云村，海拔 206.7 m。

【生物学特性】抗风性较强。

【生境分布】宜城市各乡镇均有分布。

【药用部位】叶、皮。

【功能主治】叶：用于吐血，衄血，血痢。皮：用于恶疮，瘰疬，痢疾，肠风下血。

【用法用量】叶：内服，煎汤，10～15 g，或捣汁，或研末；外用，适量，煎水洗，或烧灰研末敷。皮：内服，煎汤，5～10 g，或熬膏，或烧灰研末；外用，适量，煎水洗或熬膏敷。

一六、榆　　科

朴　　属

23. 朴树 *Celtis sinensis* Pers.

【别名】朴、朴榆。

【形态特征】乔木，高达 30 m，树皮灰白色；当年生小枝幼时密被黄褐色短柔毛，老后毛常脱落，去年生小枝褐色至深褐色，有时还可残留柔毛；冬芽棕色，鳞片无毛。叶厚纸质至近革质，通常卵形或卵状椭圆形，长 5～13 cm，宽 3～5.5 cm，基部几乎不偏斜或稍偏斜，先端尖至渐尖，幼时叶背常和幼枝、叶柄一样，密生黄褐色短柔毛，老时或脱净或残存，变异也较大。果梗常 2～3（少有单一）生于叶腋，其中

1 果梗（实为总梗）常有 2 果（少有多至 4 果），其他的具 1 果，无毛或被短柔毛，长 7～17 mm；果实成熟时黄色至橙黄色，近球形，直径 5～7 mm。花期 3—4 月，果期 9—10 月。

【拍摄地点】宜城市刘猴镇钱湾村，海拔 383.3 m。

【生物学特性】喜光，稍耐阴，耐寒。

【生境分布】分布于路旁、山坡、林缘。宜城市各乡镇均有分布。

【药用部位】枝叶、树根及树皮。

【功能主治】消肿止痛。用于烫伤，荨麻疹。

【用法用量】内服：鲜树根（或树皮）12～15 g，水煎冲黄酒服。外用：叶，捣汁涂。

榆　　属

24. 榔榆　*Ulmus parvifolia* Jacq.

【别名】小叶榆。

【形态特征】落叶乔木，或冬季叶变为黄色或红色宿存至第二年新叶开放后脱落，高达25 m，胸径可达1 m；树冠广圆形，树干基部有时成板状根，树皮灰色或灰褐色，裂成不规则鳞状薄片剥落，露出红褐色内皮，近平滑，微凹凸不平；当年生枝密被短柔毛，深褐色；冬芽卵圆形，红褐色，无毛。叶质地厚，披针状卵形或窄椭圆形，稀卵形或倒卵形，中脉两侧长宽不等，长1.7～8 cm（常2.5～5 cm），宽0.8～3 cm（常1～2 cm），先端尖或钝，基部偏斜，楔形或一边圆，叶面深绿色，有光泽，除中脉凹陷处有疏柔毛外，余处无毛，侧脉不凹陷，叶背色较浅，幼时被短柔毛，后变无毛或沿脉有疏毛，或脉腋有簇生毛，边缘从基部至先端有钝而整齐的单锯齿，稀重锯齿（如萌发枝的叶），侧脉每边10～15条，细脉在两面均明显，叶柄长2～6 mm，仅上面有毛。花秋季开放，3～6朵在叶腋簇生或排成簇状聚伞花序，花被上部杯状，下部管状，花被片4，深裂至杯状花被的基部或近基部，花梗极短，被疏毛。翅果椭圆形或卵状椭圆形，长10～13 mm，宽6～8 mm，除顶端缺口柱头面被毛外，余处无毛，果翅稍厚，基部的柄长约2 mm，两侧的翅较果核部分窄，果核部分位于翅果的中上部，上端接近缺口，花被片脱落或残存，果梗较管状花被短，长1～3 mm，有疏生短毛。花、果期8—10月。

【拍摄地点】宜城市板桥店镇东湾村，海拔197.4 m。

【生物学特性】喜光，耐干旱，在酸性、中性及碱性土壤上均能生长，但以在肥沃、排水良好的中性土壤上生长最佳。

【生境分布】宜城市各乡镇均有分布。

【药用部位】茎。

【采收加工】夏、秋季采收，鲜用。

【功能主治】 通络止痛。用于腰背酸痛。

【用法用量】 内服：煎汤，10～15 g。

一七、杜仲科

杜仲属

25. 杜仲 *Eucommia ulmoides* Oliver

【别名】 木绵、丝连皮。

【形态特征】 落叶乔木，高达 20 m，胸径约 50 cm；树皮灰褐色，粗糙，内含橡胶，折断拉开有多数细丝。嫩枝有黄褐色毛，不久变秃净，老枝有明显的皮孔。芽体卵圆形，外面发亮，红褐色，有鳞片 6～8 枚，边缘有微毛。叶椭圆形、卵形或矩圆形，薄革质，长 6～15 cm，宽 3.5～6.5 cm；基部圆形或阔楔形，先端渐尖；上面暗绿色，初时有褐色柔毛，不久变秃净，老叶略有皱褶，下面淡绿色，初时有褐色毛，以后仅在脉上有毛；侧脉 6～9 对，与网脉在上面下陷，在下面稍凸起；边缘有锯齿；叶柄长 1～2 cm，上面有槽，被散生长毛。花生于当年枝基部，雄花无花被；花梗长约 3 mm，无毛；苞片倒卵状匙形，长 6～8 mm，顶端圆形，边缘有毛，早落；雄蕊长约 1 cm，无毛，花丝长约 1 mm，药隔突出，花粉囊细长，无退化雌蕊。雌花单生，苞片倒卵形，花梗长 8 mm，子房无毛，1 室，扁而长，先端 2 裂，子房柄极短。翅果扁平，长椭圆形，长 3～3.5 cm，宽 1～1.3 cm，先端 2 裂，基部楔形，周围具薄翅；坚果位于中央，稍凸起，子房柄长 2～3 mm，与果梗相接处有关节。种子扁平，线形，长 1.4～1.5 cm，宽 3 mm，两端圆形。早春开花，秋后果实成熟。

【拍摄地点】 宜城市刘猴镇，海拔 172.2 m。

【生物学特性】 喜温暖气候和阳光充足的环境，能耐严寒。

【生境分布】 多分布于低山。宜城市各乡镇均有栽培或野生。

【产地分布】 张家界为世界上有名的野生杜仲产地，江苏国家级林业基地大量人工培育杜仲。

【生长周期】 15～20 年。

【药用部位】 树皮。

【采收加工】清明至夏至期间，剥下树皮，刨去粗皮，晒干，置通风干燥处。

【功能主治】补肝肾，强筋骨，安胎。用于腰脊酸疼，足膝痿弱，小便余沥，阴下湿痒，胎漏欲堕，胎动不安。

【用法用量】内服：煎汤，15～25 g；或浸酒；或入丸、散。

十八、桑　科

构　属

26. 楮构 *Broussonetia* × *kazinoki* Sieb.

【别名】小构树。

【形态特征】灌木，高 2～4 m；小枝斜上，幼时被毛，成长脱落。叶卵形至斜卵形，长 3～7 cm，宽 3～4.5 cm，先端渐尖至尾尖，基部近圆形或斜圆形，边缘具三角形锯齿，不裂或 3 裂，表面粗糙，背面近无毛；叶柄长约 1 cm；托叶小，线状披针形，渐尖，长 3～5 mm，宽 0.5～1 mm。花雌雄同株；雄花序球形头状，直径 8～10 mm，雄花花被 3～4 裂，裂片三角形，外面被

毛，雄蕊 3～4 枚，花药椭圆形；雌花序球形，被柔毛，花被管状，顶端齿裂或近全缘，花柱单生，仅在近中部有小突起。聚花果球形，直径 8～10 mm；瘦果扁球形，外果皮壳质，表面具瘤体。花期 4—5 月，果期 5—6 月。

【拍摄地点】宜城市板桥店镇肖云村，海拔 206.7 m。

【生物学特性】适应性强，喜光、耐旱、耐贫瘠，速生。

【生境分布】生于村庄附近、荒地或沟旁。分布于宜城市板桥店镇等地。

27. 构 *Broussonetia papyrifera* (L.) L' Hert. ex Vent.

【别名】楮桃。

【形态特征】乔木，高 10～20 m；树皮暗灰色；小枝密生柔毛。叶螺旋状排列，广卵形至长椭圆状卵形，长 6～18 cm，宽 5～9 cm，先端渐尖，基部心形，两侧常不相等，边缘具粗锯齿，不分裂或 3～

5裂，小树之叶常有明显分裂，表面粗糙，疏生糙毛，背面密被茸毛，基生叶脉三出，侧脉6～7对；叶柄长2.5～8 cm，密被糙毛；托叶大，卵形，狭渐尖，长1.5～2 cm，宽0.8～1 cm。花雌雄异株；雄花序为柔荑花序，粗壮，长3～8 cm，苞片披针形，被毛，花被4裂，裂片三角状卵形，被毛，雄蕊4枚，花药近球形，退化雌蕊小；雌花序球形头状，苞片棍棒状，顶端被毛，花被管状，顶端与花柱紧贴，

子房卵圆形，柱头线形，被毛。聚花果直径1.5～3 cm，成熟时橙红色，肉质；瘦果具柄，表面有小瘤，龙骨双层，外果皮壳质。花期4—5月，果期6—7月。

【拍摄地点】宜城市刘猴镇小南河，海拔169.7 m。

【生物学特性】强阳性树种，适应性特强，抗逆性强。

【生境分布】野生或栽培于村庄附近的荒地、田园及沟边。宜城市各乡镇均有野生和栽培。

【药用部位】果实、叶、皮。

【功能主治】果实：补肾，强筋骨，明目。用于腰膝酸软，肾虚目昏，阳痿，水肿。叶：清热，凉血，杀虫。用于鼻衄，肠炎，痢疾。皮：利尿消肿，祛湿。用于水肿，筋骨酸痛；外用治神经性皮炎及癣。

【用法用量】果实：内服，煎汤，10～20 g。叶：内服，煎汤，15～25 g。皮：内服，煎汤，15～25 g；外用，割开树皮取鲜浆汁外搽。

榕　　属

28. 异叶榕 *Ficus heteromorpha* Hemsl.

【形态特征】落叶灌木或小乔木，高2～5 m；树皮灰褐色；小枝红褐色，节短。叶多形，琴形、椭圆形、椭圆状披针形，长10～18 cm，宽2～7 cm，先端渐尖或尾状，基部圆形或浅心形，表面略粗糙，背面有细小钟乳体，全缘或微波状，基生侧脉较短，侧脉6～15对，红色；叶柄长1.5～6 cm，红色；托叶披针形，长约1 cm。榕果成对生于短枝叶腋，稀单生，无总梗，球形或圆锥状球形，光滑，直径6～10 mm，成熟时紫黑色，顶生苞片脐状，基生苞片3枚，卵圆形，雄花和瘿花生于同一榕果中；雄花散生于内壁，花被片4～5，匙形，雄蕊2～3枚；瘿花花被片5～6，子房光滑，花柱短；雌花花被片4～5，包

围子房，花柱侧生，柱头画笔状，被柔毛。瘦果光滑。花期4—5月，果期5—7月。

【拍摄地点】宜城市板桥店镇肖云村，海拔208.7 m。
【生境分布】生于山谷、坡地及林中。分布于宜城市板桥店镇等地。
【药用部位】果实、根或全株。
【采收加工】秋季采收，洗净，鲜用或干燥。
【功能主治】补血，下乳。用于脾胃虚弱，缺乳。
【用法用量】内服：煎汤，10～30 g；或炖肉，30～60 g。

葎草属

29. 葎草 *Humulus scandens* (Lour.) Merr.

【别名】拉拉秧、拉拉藤。

【形态特征】缠绕草本，茎、枝、叶柄均具倒钩刺。叶纸质，肾状五角形，掌状5～7深裂，稀为3裂，长、宽均7～10 cm，基部心形，表面粗糙，疏生糙伏毛，背面有柔毛和黄色腺体，裂片卵状三角形，边缘具锯齿；叶柄长5～10 cm。雄花小，黄绿色，圆锥花序，长15～25 cm；雌花序球果状，直径约5 mm，苞片纸质，三角形，顶端渐尖，具白色茸毛；子房为苞片所包围，柱头2，伸出苞片外。瘦果成熟时露出苞片外。花期春、夏季，果期秋季。

【拍摄地点】宜城市流水镇马头村，海拔107.3 m。
【生物学特性】适应性非常强。
【生境分布】生于沟边、荒地、废墟、林缘边。宜城市各乡镇均有分布。
【药用部位】全草。
【功能主治】清热解毒，利尿通淋。用于肺热咳嗽，肺痈，虚热烦渴，热淋，水肿，小便不利，湿热泻痢，热毒疮痈，皮肤瘙痒。
【用法用量】内服：煎汤，10～15 g（鲜品30～60 g）；或捣汁。外用：适量，捣敷；或煎水熏洗。

柘属

30. 柘 *Maclura tricuspidata* Carr.

【形态特征】落叶灌木或小乔木，高1～7 m；树皮灰褐色，小枝无毛，略具棱，有棘刺，刺长5～

20 mm；冬芽赤褐色。叶卵形或菱状卵形，偶为3裂，长5～14 cm，宽3～6 cm，先端渐尖，基部楔形至圆形，表面深绿色，背面绿白色，无毛或被柔毛，侧脉4～6对；叶柄长1～2 cm，被微柔毛。雌雄异株，雌雄花序均为球形头状花序，单生或成对腋生，具短总花梗；雄花序直径0.5 cm，雄花有苞片2枚，附着于花被片上，花被片4，肉质，先端肥厚，内卷，内面有黄色腺体2个，雄蕊4枚，与花被片对生，花丝在花芽时直立，退化雌蕊锥形；雌花序直径1～1.5 cm，花被片与雄花同数，花被片先端盾形，内卷，内面下部有2个黄色腺体，子房埋于花被片下部。聚花果近球形，直径约2.5 cm，肉质，成熟时橘红色。花期5—6月，果期6—7月。

【拍摄地点】宜城市流水镇马头村，海拔107.3 m。

【生物学特性】喜光，耐阴、耐寒、耐干旱瘠薄，适应性强。

【生境分布】生于阳光充足的山地或林缘。分布于宜城市各乡镇。

桑 属

31. 桑 *Morus alba* L.

【别名】桑树。

【形态特征】乔木或灌木，高3～10 m或更高，胸径可达50 cm，树皮厚，灰色，具不规则浅纵裂；冬芽红褐色，卵形，芽鳞覆瓦状排列，灰褐色，有细毛；小枝有细毛。叶卵形或广卵形，长5～15 cm，宽5～12 cm，先端急尖、渐尖或圆钝，基部圆形至浅心形，边缘锯齿粗钝，有时叶各种分裂，表面鲜绿色，无毛，背面沿脉有疏毛，脉腋有簇毛；叶柄长1.5～5.5 cm，具柔毛；托叶披针形，早落，外面密被细硬毛。花单性，腋生或生于芽鳞腋内，与叶同时生出；雄花序下垂，长2～3.5 cm，密被白色柔毛。花被片宽椭圆形，淡绿色。花丝在芽时内折，花药2室，球形至肾形，纵裂；雌花序长1～2 cm，被毛，总花梗长5～10 mm，被柔毛，雌花无梗，花被片倒卵形，顶端圆钝，外面和边缘被毛，两侧紧抱子房，无花柱，柱头2裂，内面有乳头状突起。聚花果卵状椭圆形，长1～2.5 cm，成熟时红色或暗紫色。花期4—5月，果期5—8月。

【拍摄地点】宜城市刘猴镇，海拔158.0 m。

【生物学特性】喜光，耐干旱，在酸性、中性及碱性土壤上均能生长，但以肥沃、

排水良好的中性土壤为佳。

【生境分布】 宜城市各乡镇均有野生或栽培。

【药用部位】 叶、果穗、枝、根皮。

【采收加工】 叶：初霜后采收，除去杂质，晒干。果穗：4—6月成熟时采收，除去杂质，晒干或略成熟时晒干。枝：春末夏初时采收，去叶，晒干，或趁鲜切片，晒干。根皮：秋末叶落至次春发芽前采挖根部，刮去黄棕色粗皮，纵向剖开，剥取根皮，晒干。

【功能主治】 叶：疏散风热，清肺润燥，清肝明目。用于风热感冒，肺热燥咳，头晕头痛，目赤昏花。果穗：滋阴补血，生津润燥。用于肝肾阴虚，眩晕耳鸣，心悸失眠，须发早白，津伤口渴，内热消渴，肠燥便秘。枝：祛湿，利关节。用于风湿痹病，肩臂、关节酸痛麻木。根皮：泻肺平喘，利水消肿。用于肺热喘咳，水肿胀满尿少，颜面浮肿。

【用法用量】 叶：内服，煎汤，5～10 g。果穗：内服，煎汤，9～15 g。枝：内服，煎汤，9～15 g。根皮：内服，煎汤，6～12 g。

一九、荨 麻 科

苎 麻 属

32. 苎麻 *Boehmeria nivea* (L.) Gaudich.

【形态特征】 亚灌木或灌木，高0.5～1.5 m；茎上部与叶柄均密被开展的长硬毛和近开展和贴伏的短糙毛。叶互生；叶片草质，通常圆卵形或宽卵形，少数卵形，长6～15 cm，宽4～11 cm，顶端骤尖，基部近截形或宽楔形，边缘在基部之上有齿，上面稍粗糙，疏被短伏毛，下面密被雪白色毡毛，侧脉约3对；叶柄长2.5～9.5 cm；托叶分生，钻状披针形，长7～11 mm，背面被毛。圆锥花序腋生，或植株上部的为雌性，其下的为雄性，或同一植株的全为雌性，长2～9 cm；雄团伞花序直径1～3 mm，有少数雄花；雌团伞花序直径0.5～2 mm，有多数密集的雌花。雄花：花被片4，狭椭圆形，长约1.5 mm，合生至中部，顶端急尖，外面有疏柔毛；雄蕊4枚，长约2 mm，花药长约0.6 mm；退化雌蕊狭倒卵球形，长约0.7 mm，顶端有短柱头。雌花：花被椭圆形，长0.6～1 mm，顶端有2～3齿，外面有短柔毛，

果期菱状倒披针形，长 0.8～1.2 mm；柱头丝形，长 0.5～0.6 mm。瘦果近球形，长约 0.6 mm，光滑，基部突缩成细柄。花期 8—10 月。

【拍摄地点】 宜城市板桥店镇肖云村，海拔 209.7 m。

【生物学特性】 喜温、短日照。

【生境分布】 生于山区平地、缓坡地、丘陵地等。宜城市各乡镇均有分布。

【产地分布】 四川省达州市大竹县被誉为"中国苎麻之乡"。

【药用部位】 根、叶。

【采收加工】 冬初挖根，秋季采叶，洗净，切碎，晒干或鲜用。

【功能主治】 根：清热利尿，凉血安胎。用于感冒发热，麻疹高烧，尿路感染，肾炎水肿，孕妇腹痛，胎动不安，先兆流产；外用治跌打损伤，疮痈肿毒。叶：止血，解毒。外用治创伤出血，蛇虫咬伤。

【用法用量】 根：内服，煎汤，9～15 g。根、叶：外用，适量，鲜品捣敷或干品研末撒。

二〇、檀 香 科

百 蕊 草 属

33. 百蕊草 *Thesium chinense* Turcz.

【别名】 小草、积药草。

【形态特征】 多年生柔弱草本，高 15～40 cm，全株被白粉，无毛；茎细长，簇生，基部以上疏分枝，斜升，有纵沟。叶线形，长 1.5～3.5 cm，宽 0.5～1.5 mm，顶端急尖或渐尖，具单脉。花单一，5 数，腋生；花梗短或很短，长 3～3.5 mm；苞片 1 枚，线状披针形；小苞片 2 枚，线形，长 2～6 mm，边缘粗糙；花被绿白色，长 2.5～3 mm，花被管呈管状，花被裂片，顶端锐尖，内弯，内面的微毛不明显；雄蕊不外伸；子房无柄，花柱很短。坚果椭

圆状或近球形，长或宽 2～2.5 mm，淡绿色，表面有明显、隆起的网脉，顶端的宿存花被近球形，长约 2 mm；果柄长 3.5 mm。花期 4—5 月，果期 6—7 月。

【拍摄地点】 宜城市刘猴镇，海拔 155.0 m。

【生物学特性】 喜荫蔽、湿润或潮湿环境。

【生境分布】 生于小溪边、田野、草甸，也见于沙漠地带边缘、干草原与栎树林的石砾坡地上。分布于宜城市刘猴镇等地。

【药用部位】 全草。

【功能主治】 清热解毒。用于中暑，扁桃体炎，还可作为利尿剂。

【用法用量】 内服：煎汤，9～15 g；或研末；或浸酒。外用：适量，研末调敷。

二一、蓼　科

荞　麦　属

34. 荞麦 *Fagopyrum esculentum* Moench

【形态特征】 一年生草本。茎直立，高 30～90 cm，上部分枝，绿色或红色，具纵棱，无毛或于一侧沿纵棱具乳头状突起。叶三角形或卵状三角形，长 2.5～7 cm，宽 2～5 cm，顶端渐尖，基部心形，两面沿叶脉具乳头状突起；下部叶具长叶柄，上部较小近无梗；托叶鞘膜质，短筒状，长约 5 mm，顶端偏斜，无缘毛，易破裂脱落。花序总状或伞房状，顶生或腋生，花序梗一侧具小突起；苞片卵形，长约 2.5 mm，绿色，边缘膜质，每苞内具 3～5 花；花梗比苞片长，无关节，花被 5 深裂，白色或淡红色，花被片椭圆形，长 3～4 mm；雄蕊 8 枚，比花被短，花药淡红色；花柱 3，柱头头状。瘦果卵形，具 3 锐棱，顶端渐尖，长 5～6 mm，暗褐色，无光泽，比宿存花被长。花期 5—9 月，果期 6—10 月。

【拍摄地点】 宜城市板桥店镇，海拔 214.2 m。

【生物学特性】 喜凉爽、湿润气候，不耐高温、干旱、大风，畏霜冻，喜日照，需水较多。

【生境分布】 生于荒地、路边。分布于宜城市板桥店镇等地。

【药用部位】 种子。

【采收加工】 霜降前后成熟时收割，打下种子，晒干。

【功能主治】 健脾消积，下气宽肠，解毒敛疮。用于肠胃积滞，泄泻，痢疾，白浊，带下，自汗，盗汗，疱疹，丹毒，痈疽发背，瘰疬，汤火伤。

【用法用量】 内服：入丸、散。外用：研末掺或调敷。

蓼 属

35. 扛板归 *Persicaria perfoliata* (L.) H. Gross

【别名】 贯叶蓼、刺犁头。

【形态特征】 一年生草本。茎攀援，多分枝，长1～2 m，具纵棱，沿棱具稀疏的倒生皮刺。叶三角形，长3～7 cm，宽2～5 cm，顶端钝或微尖，基部截形或微心形，薄纸质，上面无毛，下面沿叶脉疏生皮刺；叶柄与叶片近等长，具倒生皮刺，盾状着生于叶片的近基部；托叶鞘叶状，草质，绿色，圆形或近圆形，穿叶，直径1.5～3 cm。总状花序呈短穗状，不分枝顶生或腋生，长1～3 cm；苞片卵圆形，每苞片内具花2～4；花被5深裂，白色或淡红色，花被片椭圆形，长约3 mm，果时增大，呈肉质，深蓝色；雄蕊8枚，略短于花被；花柱3，中上部合生；柱头头状。瘦果球形，直径3～4 mm，黑色，有光泽，包于宿存花被内。花期6—8月，果期7—10月。

【拍摄地点】 宜城市板桥店镇长白山林场，海拔219.1 m。

【生物学特性】 喜温暖、向阳环境，在土层较深厚、肥沃的沙壤土上生长较好。

【生境分布】 生于田边、路旁、山谷湿地。分布于宜城市各乡镇。

【药用部位】 全草。

【采收加工】 药用的以8月上中旬采收者为佳，除去杂质，略洗，切段，干燥。

【功能主治】 清热解毒，利水消肿，止咳。用于咽喉肿痛，肺热咳嗽，小儿顿咳，水肿少尿，湿热泻痢，湿疹，疖肿，蛇虫咬伤。

【用法用量】 内服：煎汤，15～30 g。外用：适量，煎水熏洗。

36. 丛枝蓼 *Persicaria posumbu* (Buch.-Ham. ex D. Don) H. Gross

【别名】 长尾叶蓼。

【形态特征】 一年生草本。茎细弱，无毛，具纵棱，高30～70 cm，下部多分枝，外倾。叶卵状披针形或卵形，长3～6（8）cm，宽1～2（3）cm，顶端尾状渐尖，基部宽楔形，纸质，两面疏生硬伏毛或近无毛，下面中脉稍突出，边缘具缘毛；叶柄长5～7 mm，具硬伏毛；托叶鞘筒状，薄膜质，长4～6 mm，具硬伏毛，顶端截形，缘毛粗壮，长7～8 mm。总状花序呈穗状，顶生或腋生，细弱，下部间断，花稀疏，长5～10 cm；苞片漏斗状，无毛，淡绿色，边缘具缘毛，每苞片内含3～4花；花梗短，花被5深裂，淡红色，花被片椭圆形，长2～2.5 mm；雄蕊8枚，比花被短；花柱3，下部合生，柱头头状。瘦果卵形，具3棱，长2～2.5 mm，黑褐色，有光泽，包于宿存花被内。花期6—9月，果期7—10月。

【拍摄地点】宜城市雷河镇，海拔198.7 m。

【生境分布】多生于溪边或阴湿处。分布于宜城市流水镇、雷河镇等地。

【药用部位】全草。

【功能主治】用于腹痛泄泻，痢疾。

【用法用量】内服：煎汤，鲜品25～50 g。

37. 香蓼 *Persicaria viscosa* (Buch.-Ham. ex D. Don) H. Gross ex Nakai

【形态特征】一年生草本，植株具香味。茎直立或上升，多分枝，密被开展的长糙硬毛及腺毛，高50～90 cm。叶卵状披针形或椭圆状披针形，长5～15 cm，宽2～4 cm，顶端渐尖或急尖，基部楔形，沿叶柄下延，两面被糙硬毛，叶脉上毛较密，边缘全缘，密生短缘毛；托叶鞘膜质，筒状，长1～1.2 cm，密生短腺毛及长糙硬毛，顶端截形，具长缘毛。总状花序呈穗状，顶生或腋生，长2～4 cm，花紧密，通常数个再组成圆锥状，花序梗密被开展的长糙硬毛及腺毛；苞片漏斗状，具长糙硬毛及腺毛，边缘疏生长缘毛，每苞内具3～5花；花梗比苞片长；花被5深裂，淡红色，花被片椭圆形，长约3 mm，雄蕊8枚，比花被短；花柱3，中下部合生。瘦果宽卵形，具3棱，黑褐色，有光泽，长约2.5 mm，包于宿存花被内。花期7—9月，果期8—10月。

【拍摄地点】宜城市流水镇，海拔138.0 m。

【生物学特性】喜阳、喜肥沃土壤，适应性强。

【生境分布】生于荒地、草甸、岗地。分布于宜城市流水镇等地。

【药用部位】 全草。
【功能主治】 理气除湿，健胃消食。用于胃气痛，消化不良，小儿疳积，风湿疼痛。
【用法用量】 内服：煎汤，6～15 g。

何 首 乌 属

38. 何首乌 *Pleuropterus multiflorus* (Thunb.) Nakai

【别名】 紫乌藤、夜交藤。

【形态特征】 多年生草本。块根肥厚，长椭圆形，黑褐色。茎缠绕，长 2～4 m，多分枝，具纵棱，无毛，微粗糙，下部木质化。叶卵形或长卵形，长 3～7 cm，宽 2～5 cm，顶端渐尖，基部心形或近心形，两面粗糙，边缘全缘；叶柄长 1.5～3 cm；托叶鞘膜质，偏斜，无毛，长 3～5 mm。花序圆锥状，顶生或腋生，长 10～20 cm，分枝开展，具细纵棱，沿棱密被小突起；苞片三角状卵形，具小突起，顶端

尖，每苞内具 2～4 花；花梗细弱，长 2～3 mm，下部具关节，果时延长；花被 5 深裂，白色或淡绿色，花被片椭圆形，大小不相等，外面 3 片较大，背部具翅，果时增大，花被果时外形近圆形，直径 6～7 mm；雄蕊 8 枚，花丝下部较宽；花柱 3，极短，柱头头状。瘦果卵形，具 3 棱，长 2.5～3 mm，黑褐色，有光泽，包于宿存花被内。花期 8—9 月，果期 9—10 月。

【拍摄地点】 宜城市雷河镇，海拔 180.8 m。

【生物学特性】 喜阳，耐半阴，喜湿但畏涝，要求排水良好的土壤，十分耐寒。

【生境分布】 生于山谷灌丛、山坡林下、沟边石隙。分布于宜城市各乡镇。

【生长周期】 何首乌块根：4 年。

【药用部位】 块根。

【采收加工】 生何首乌：秋、冬季叶枯萎时采挖，削去两端，洗净，个大的切成块，干燥。制何首乌：取何首乌片或块，照炖法用黑豆汁拌匀，置于非铁质的适宜容器内，炖至汁液吸尽；或照蒸法，清蒸或用黑豆汁拌匀后蒸，蒸至内外均呈棕褐色，或晒至半干，切片，干燥。

【功能主治】 生何首乌：解毒，消痈，截疟，润肠通便。用于疮痈，瘰疬，风疹瘙痒，久疟体虚，肠燥便秘。制何首乌：补肝肾，益精血，乌须发，强筋骨，化浊降脂。用于血虚萎黄，眩晕耳鸣，须发早白，腰膝酸软，肢体麻木，崩漏带下，高脂血症。

【用法用量】 生何首乌：内服，煎汤，3～6 g。制何首乌：内服，煎汤，6～12 g。

萹 属

39. 萹蓄 *Polygonum aviculare* L.

【形态特征】一年生草本。茎平卧、上升或直立，高 10～40 cm，自基部多分枝，具纵棱。叶椭圆形、狭椭圆形或披针形，长 1～4 cm，宽 3～12 mm，顶端钝圆或急尖，基部楔形，边缘全缘，两面无毛，下面侧脉明显；叶柄短或近无柄，基部具关节；托叶鞘膜质，下部褐色，上部白色，撕裂脉明显。花单生或数朵簇生于叶腋，遍布于植株；苞片薄膜质；花梗细，顶部具关节；花被 5 深裂，花被片椭圆形，长 2～2.5 mm，绿色，边缘白色或淡红色；雄蕊 8 枚，花丝基部扩展；花柱 3，柱头头状。瘦果卵形，具 3 棱，长 2.5～3 mm，黑褐色，密被由小点组成的细条纹，无光泽，与宿存花被近等长或稍超过之。花期 5—7 月，果期 6—8 月。

【拍摄地点】宜城市刘猴镇团山村，海拔 146.5 m。

【生物学特性】适应性强，寒冷山区或温暖平坝均能生长。

【生境分布】生于山坡、田野、路旁等处。分布于宜城市各乡镇。

【药用部位】全草。

【采收加工】在播种当年的 7—8 月生长旺盛时采收，齐地割取，除去杂草、泥沙，捆成把，鲜用或晒干。

【功能主治】利尿通淋，杀虫止痒。用于淋证，小便不利，黄疸，带下，泻痢，蛔虫病，蛲虫病，钩虫病，皮肤湿疮，疥癣。

【用法用量】内服：煎汤，10～15 g；或入丸、散。杀虫：单用 30～60 g；或鲜品捣汁饮，50～100 g。外用：适量，煎水洗；或捣敷；或捣汁搽。

虎 杖 属

40. 虎杖 *Reynoutria japonica* Houtt.

【形态特征】多年生草本。根状茎粗壮，横走。茎直立，高 1～2 m，粗壮，空心，具明显的纵棱，具小突起，无毛，散生红色或紫红色斑点。叶宽卵形或卵状椭圆形，长 5～12 cm，宽 4～9 cm，近革质，顶端渐尖，基部宽楔形、截形或近圆形，边缘全缘，疏生小突起，两面无毛，沿叶脉具小突起；叶柄长 1～2 cm，具小突起；托叶鞘膜质，偏斜，长 3～5 mm，褐色，具纵脉，无毛，顶端截形，无缘毛，常破裂，早落。花单性，雌雄异株，花序圆锥状，长 3～8 cm，腋生；苞片漏斗状，长 1.5～2 mm，顶端渐尖，无缘毛，每苞内具 2～4 花；花梗长 2～4 mm，中下部具关节；花被 5 深裂，淡绿色，雄花花被片具绿色中脉，无翅，雄蕊 8 枚，比花被长；雌花花被片外面 3 片背部具翅，果时增大，翅扩展下延，花柱 3，柱头流苏状。瘦果卵形，具 3 棱，长 4～5 mm，黑褐色，有光泽，包于宿存花被内。花期 8—9 月，果期 9—10 月。

【拍摄地点】宜城市刘猴镇钱湾村五组，海拔 138.5 m。

【生物学特性】喜温暖、湿润气候，对土壤要求不十分严格，但低洼易涝地不能正常生长。

【生境分布】生于山坡灌丛、山谷、路旁、田边湿地。分布于宜城市刘猴镇等地。

【生长周期】2～3 年。

【药用部位】根茎和根。

【采收加工】春、秋季采挖，除去须根，洗净，趁鲜切段或切厚片，晒干。

【功能主治】利湿退黄，清热解毒，散瘀止痛，止咳化痰。用于湿热黄疸，淋浊，带下，风湿痹痛，疮痈肿毒，水火烫伤，癥瘕，跌打损伤，肺热咳嗽。

【用法用量】内服：煎汤，9～15 g。外用：适量，制成煎液或油膏搽、敷。

酸 模 属

41. 齿果酸模 *Rumex dentatus* L.

【形态特征】一年生草本。茎直立，高 30～70 cm，自基部分枝，枝斜上，具浅沟槽。茎下部叶长圆形或长椭圆形，长 4～12 cm，宽 1.5～3 cm，顶端圆钝或急尖，基部圆形或近心形，边缘浅波状，茎生叶较小；叶柄长 1.5～5 cm。花序总状，顶生和腋生，具叶，由数个再组成圆锥状花序，长达 35 cm，多花，轮状排列，花轮间断；花梗中下部具关节；外花被片椭圆形，长约 2 mm；内花被片果时增大，三角状卵形，长 3.5～4 mm，宽 2～2.5 mm，顶端急尖，基部近圆形，网纹明显，全部具小瘤，小瘤长 1.5～2 mm，边缘每侧具 2～4 枚刺状齿，齿长 1.5～2 mm，瘦果卵形，具 3 锐棱，长 2～2.5 mm，两端尖，黄褐色，有光泽。花期 5—6 月，果期 6—7 月。

【拍摄地点】宜城市，海拔 138.7 m。

【生境分布】生于沟边湿地、山坡路旁。分布于宜城市流水镇等地。

【药用部位】根、叶。

【功能主治】清热解毒，杀虫止痒。用于乳痈，疮痈肿毒，疥癣。

【用法用量】内服：煎汤，3～10 g。外用：适量，捣敷。

二二、商 陆 科

商 陆 属

42. 垂序商陆 *Phytolacca americana* L.

【别名】洋商陆、美洲商陆。

【形态特征】多年生草本，高1～2 m。根粗壮，肥大，倒圆锥形。茎直立，圆柱形，有时带紫红色。叶片椭圆状卵形或卵状披针形，长9～18 cm，宽5～10 cm，顶端急尖，基部楔形；叶柄长1～4 cm。总状花序顶生或侧生，长5～20 cm；花梗长6～8 mm；花白色，微带红晕，直径约6 mm；花被片5，雄蕊、心皮及花柱通常均为10枚，心皮合生。果序下垂；浆果扁球形，成熟时紫黑色；种子肾圆形，直径约3 mm。花期6—8月，果期8—10月。

【拍摄地点】宜城市板桥店镇东湾村，海拔289.1 m。

【生境分布】生于疏林下、路旁和荒地。分布于宜城市各乡镇。

【药用部位】根。

【采收加工】除去杂质，洗净，润透，切厚片或块，干燥。

【功能主治】逐水消肿，通利二便，解毒散结。用于水肿胀满，二便不通；外用治疮痈肿毒。

【用法用量】内服：煎汤，3～9 g。外用：适量，煎水熏洗。

二三、紫茉莉科

紫茉莉属

43. 紫茉莉 *Mirabilis jalapa* L.

【别名】胭脂花。

【形态特征】一年生草本，高可达1 m。根肥粗，倒圆锥形，黑色或黑褐色。茎直立，圆柱形，多分枝，无毛或疏生细柔毛，节稍膨大。叶片卵形或卵状三角形，长3～15 cm，宽2～9 cm，顶端渐尖，基部截形或心形，全缘，两面均无毛，脉隆起；叶柄长1～4 cm，上部叶几无柄。花常数朵簇生于枝端；花梗长1～2 mm；总苞钟形，长约1 cm，5裂，裂片三角状卵形，顶端渐尖，无毛，具脉纹，果时宿存；花被紫红色、黄色、白色或杂色，高脚碟状，筒部长2～6 cm，檐部直径2.5～3 cm，5浅裂；花午后开放，有香气，次日午前凋萎；雄蕊5枚，花丝细长，常伸出花外，花药球形；花柱单生，线形，伸出花外，柱头头状。瘦果球形，直径5～8 mm，革质，黑色，表面具皱褶；种子胚乳白粉质。花期6—10月，果期8—11月。

【拍摄地点】宜城市流水镇，海拔83.0 m。

【生物学特性】喜温和、湿润的气候条件，不耐寒。

【生境分布】分布于宜城市各乡镇。

【药用部位】根、叶。

【功能主治】清热解毒，利湿消肿，活血调经。用于淋浊，尿血，糖尿病。

【用法用量】外用：适量，鲜品捣敷或煎水洗。

二四、粟米草科

粟米草属

44. 粟米草 *Trigastrotheca stricta* (L.) Thulin

【别名】 地麻黄。

【形态特征】 铺散一年生草本,高10～30 cm。茎纤细,多分枝,有棱角,无毛,老茎通常淡红褐色。叶3～5片假轮生或对生,叶片披针形或线状披针形,长1.5～4 cm,宽2～7 mm,顶端急尖或长渐尖,基部渐狭,全缘,中脉明显;叶柄短或近无柄。花极小,组成疏松聚伞花序,花序梗细长,顶生或与叶对生;花梗长1.5～6 mm;花被片5,淡绿色,椭圆形或近圆形,长1.5～2 mm,脉达花被片的2/3,边缘膜质;雄蕊通常3枚,花丝基部稍宽;子房宽椭圆形或近圆形,3室,花柱3,短,线形。蒴果近球形,与宿存花被等长,3瓣裂;种子多数,肾形,栗色,具多数颗粒状突起。花期6—8月,果期8—10月。

【拍摄地点】 宜城市流水镇黄岗村,海拔119.2 m。

【生境分布】 生于空旷荒地、农田和海岸沙地。分布于宜城市流水镇等地。

【药用部位】 全草。

【功能主治】 清热解毒,收敛。用于腹痛,泄泻,中暑,疮疖。

【用法用量】 内服:煎汤,10～30 g。外用:捣烂包寸口或塞鼻。

二五、马齿苋科

马齿苋属

45. 马齿苋 *Portulaca oleracea* L.

【别名】 马齿菜、马苋。

【形态特征】一年生草本，全株无毛。茎平卧或斜倚，伏地铺散，多分枝，圆柱形，长10～15 cm，淡绿色或带暗红色。叶互生，有时近对生，叶片扁平，肥厚，倒卵形，似马齿状，长1～3 cm，宽0.6～1.5 cm，顶端圆钝或平截，有时微凹，基部楔形，全缘，上面暗绿色，下面淡绿色或带暗红色，中脉微隆起；叶柄粗短。花无梗，直径4～5 mm，常3～5朵簇生于枝端，午时盛开；苞片2～6，叶状，膜质，近轮生；萼片2，对生，绿色，盔形，左右压扁，长约4 mm，顶端急尖，背部具龙骨状突起，基部合生；花瓣5，稀4，黄色，倒卵形，长3～5 mm，顶端微凹，基部合生；雄蕊通常8枚或更多，长约12 mm，花药黄色；子房无毛，花柱比雄蕊稍长，柱头4～6裂，线形。蒴果卵球形，长约5 mm，盖裂；种子细小，多数，偏斜球形，黑褐色，有光泽，直径不及1 mm，具小疣状突起。花期5—8月，果期6—9月。

【拍摄地点】宜城市，海拔64.5 m。

【生物学特性】喜高温，耐旱亦耐涝，具有向阳性。

【生境分布】生于菜园、农田、路旁，为田间杂草。分布于宜城市各乡镇。

【药用部位】全草。

【采收加工】夏、秋季采收，除去残根和杂质，洗净，略蒸或烫后晒干。

【功能主治】清热解毒，凉血止血，止痢。用于疮痈肿毒，湿疹，丹毒，蛇虫咬伤，便血，痔血，崩漏。

【用法用量】内服：煎汤，9～15 g。外用：适量，捣敷。

二六、石 竹 科

麦 仙 翁 属

46. 麦仙翁 *Agrostemma githago* L.

【别名】麦毒草。

【形态特征】一年生草本，高60～90 cm，全株密被白色长硬毛。茎单生，直立，不分枝或上部分枝。叶片线形或线状披针形，长4～13 cm，宽（2）5～10 mm，基部微合生，抱茎，顶端渐尖，中脉明显。

花单生，直径约 30 mm，花梗极长；花萼长椭圆状卵形，长 12～15 mm，后期微膨大，萼裂片线形，叶状，长 20～30 mm；花瓣紫红色，比花萼短，爪状物狭楔形，白色，无毛，瓣片倒卵形，微凹缺；雄蕊微外露，花丝无毛；花柱外露，被长毛。蒴果卵形，长 12～18 mm，微长于宿存萼，裂齿 5，外卷；种子呈不规则卵形或圆肾形，长 2.5～3 mm，黑色，具棘突。花期 6—8 月，果期 7—9 月。

【拍摄地点】 宜城市刘猴镇钱湾村，海拔 122.9 m。

【生物学特性】 喜阳光照射，耐寒冷，耐干旱，耐贫瘠。

【生境分布】 生于麦田或路旁草地。栽培于宜城市刘猴镇等地。

【药用部位】 全草。

【功能主治】 止咳平喘，温经止血。

无 心 菜 属

47. 无心菜 *Arenaria serpyllifolia* L.

【别名】 鹅不食草。

【形态特征】 一年生或二年生草本，高 10～30 cm。主根细长，支根较多而纤细。茎丛生，直立或铺散，密生白色短柔毛，节间长 0.5～2.5 cm。叶片卵形，长 4～12 mm，宽 3～7 mm，基部狭，无柄，边缘具缘毛，顶端急尖，两面近无毛或疏生柔毛，下面具 3 脉，茎下部的叶较大，茎上部的叶较小。聚伞花序，具多花；苞片草质，卵形，长 3～7 mm，通常密生柔毛；花梗长约 1 cm，纤细，密生柔毛或腺毛；萼片 5，披针形，长 3～4 mm，边缘膜质，顶端尖，外面被柔毛，具显著的 3 脉；花瓣 5，白色，倒卵形，长为萼片的 1/3～1/2，顶端钝圆；雄蕊 10 枚，短于萼片；子房卵圆形，无毛，花柱 3，线形。蒴果卵圆形，与宿存萼等长，顶端 6 裂；种子小，肾形，表面粗糙，淡褐色。花期 6—8 月，果期 8—9 月。

【拍摄地点】 宜城市刘猴镇团山村，海拔 133.0 m。

【生境分布】 生于石质荒地、田野、园圃、山坡草地。分布于宜城市板桥店镇、刘猴镇等地。

【药用部位】全草。

【功能主治】清热解毒。用于麦粒肿，咽喉痛。

卷 耳 属

48. 球序卷耳 *Cerastium glomeratum* Thuill.

【别名】婆婆指甲菜。

【形态特征】一年生草本，高 10～20 cm。茎单生或丛生，密被长柔毛，上部混生腺毛。茎下部叶片匙形，顶端钝，基部渐狭成柄状；茎上部叶片倒卵状椭圆形，长 1.5～2.5 cm，宽 5～10 mm，顶端急尖，基部渐狭成短柄状，两面皆被长柔毛，边缘具缘毛，中脉明显。聚伞花序呈簇生状或头状；花序轴密被腺柔毛；苞片草质，卵状椭圆形，密被柔毛；花梗细，长 1～3 mm，密被柔毛；萼片 5，披针形，长约 4 mm，顶端尖，外面密被长腺毛，边缘狭膜质；花瓣 5，白色，线状长圆形，与萼片近等长或微长，顶端 2 浅裂，基部被疏柔毛；雄蕊明显短于萼片；花柱 5，蒴果长圆柱形，顶端 10 齿裂；种子褐色，扁三角形，具疣状突起。花期 3—4 月，果期 5—6 月。

【拍摄地点】宜城市刘猴镇小南河，海拔 207.3 m。

【生物学特性】喜干燥疏松的土壤。

【生境分布】生于干旱耕地、路边、荒地及山坡草丛中。分布于宜城市刘猴镇等地。

【药用部位】全草。

【采收加工】春、夏季采收，晒干或鲜用。

【功能主治】清热，利湿，凉血解毒。用于感冒发热，湿热泄泻，肠风下血，乳痈，疮疖。

【用法用量】内服：煎汤，15～30 g。外用：适量，捣敷；或煎水熏洗。

石 竹 属

49. 石竹 *Dianthus chinensis* L.

【别名】瞿麦、山竹子。

【形态特征】多年生草本，高 30～50 cm，全株无毛，带粉绿色。茎由根颈生出，疏丛生，直立，上部分枝。叶片线状披针形，长 3～5 cm，宽 2～4 mm，顶端渐尖，基部稍狭，全缘或有细小齿，中脉较显。花单生于枝端或数花集成聚伞花序；花梗长1～3 cm；苞片4，卵形，顶端长渐尖，长达花萼的1/2以上，边缘膜质，有缘毛；花萼圆筒形，长15～25 mm，直径4～5 mm，有纵条纹，萼齿披针形，长约5 mm，直伸，顶端尖，有缘毛；花瓣长16～18 mm，瓣片倒卵状三角形，长13～15 mm，紫红色、粉红色、鲜红色或白色，顶缘不整齐齿裂，喉部有斑纹，疏生髯毛状毛；雄蕊露出喉部外，花药蓝色；子房长圆形，花柱线形。蒴果圆筒形，包于宿存萼内，顶端4裂；种子黑色，扁圆形。花期5—6月，果期7—9月。

【拍摄地点】宜城市板桥店镇，海拔212.3 m。

【生物学特性】喜阳光充足、干燥、通风及凉爽、湿润气候。耐寒、耐干旱，不耐酷暑。

【生境分布】生于草原和山坡草地。分布于宜城市板桥店镇、流水镇等地。

【药用部位】全草。

【功能主治】利尿通淋，破血通经。用于尿路感染、热淋、尿血、闭经、疮毒、湿疹。

石头花属

50. 麦蓝菜 *Gypsophila vaccaria* Sm.

【别名】王不留行、麦蓝子。

【形态特征】一年生或二年生草本，高30～70 cm，全株无毛，微被白粉，呈灰绿色。根为主根系。茎单生，直立，上部分枝。叶片卵状披针形或披针形，长3～9 cm，宽1.5～4 cm，基部圆形或近心形，微抱茎，顶端急尖，具3基出脉。伞房花序稀疏；花梗细，长1～4 cm；苞片披针形，着生于花梗中上部；花萼卵状圆锥形，长10～15 mm，宽5～9 mm，后期微膨大成球形，棱绿色，棱间绿白色，近膜质，萼齿小，三角形，顶端急尖，边缘膜质；雌雄蕊柄极短；花瓣淡红色，

长 14～17 mm，宽 2～3 mm，爪状物狭楔形，淡绿色，瓣片狭倒卵形，斜展或平展，微凹缺，有时具不明显的缺刻；雄蕊内藏；花柱线形，微外露。蒴果宽卵形或近圆球形，长 8～10 mm；种子近圆球形，直径约 2 mm，红褐色至黑色。花期 5—7 月，果期 6—8 月。

【拍摄地点】 宜城市刘猴镇钱湾村，海拔 122.9 m。

【生物学特性】 性耐寒，怕高温，喜凉爽、湿润气候。

【生境分布】 生于草坡、撂荒地或麦田中，为麦田常见杂草。栽培于宜城市刘猴镇等地。

【药用部位】 种子。

【采收加工】 将全株割下或拔起，晒干，打下种子，去净杂质。

【功能主治】 活血通经，下乳消肿。主治乳汁不下，闭经，痛经，乳痈肿痛。

【用法用量】 内服：煎汤，6～10 g。

孩 儿 参 属

51. 孩儿参 *Pseudostellaria heterophylla* (Miq.) Pax

【别名】 太子参。

【形态特征】 多年生草本，高 15～20 cm。块根长纺锤形，白色，稍带灰黄色。茎直立，单生，被 2 列短毛。茎下部叶常 1～2 对，叶片倒披针形，顶端钝尖，基部渐狭成长柄状，上部叶 2～3 对，叶片宽卵形或菱状卵形，长 3～6 cm，宽 2～17（20）mm，顶端渐尖，基部渐狭，上面无毛，下面沿脉疏生柔毛。开花受精花 1～3 朵，腋生或呈聚伞花序；花梗长 1～2 cm，有时长达 4 cm，被短柔毛；萼片 5，狭披针形，长约 5 mm，顶端渐尖，外面及边缘疏生柔毛；花瓣 5，白色，长圆形或倒卵形，长 7～8 mm，顶端 2 浅裂；雄蕊 10 枚，短于花瓣；子房卵形，花柱 3，微长于雄蕊；柱头头状。闭花受精花具短梗；萼片疏生多细胞毛。蒴果宽卵形，含少数种子，顶端不裂或 3 瓣裂；种子褐色，扁圆形，长约 1.5 mm，具疣状突起。花期 4—7 月，果期 7—8 月。

【拍摄地点】 宜城市刘猴镇胡坪村，海拔 112.9 m。

【生物学特性】 喜温暖、湿润环境，怕高温。

【生境分布】 生于山谷林下阴湿处。栽培于宜城市刘猴镇。

【生长周期】 2 年。

【药用部位】 块根。

【采收加工】 夏季茎叶大部分枯萎时采挖，洗净，除去须根，置沸水中略烫后晒干或直接晒干。

【功能主治】 益气健脾，生津润肺。用于脾虚体倦，食欲不振，病后虚弱，气阴不足，自汗口渴，肺燥干咳。

【用法用量】 内服：煎汤，10～30 g。

蝇子草属

52. 女娄菜 *Silene aprica* Turcz.

【别名】 对叶草。

【形态特征】 一年生或二年生草本，高30～70 cm，全株密被灰色短柔毛。主根较粗壮，稍木质。茎单生或数个，直立，分枝或不分枝。基生叶叶片倒披针形或狭匙形，长4～7 cm，宽4～8 mm，基部渐狭成长柄状，顶端急尖，中脉明显；茎生叶叶片倒披针形、披针形或线状披针形，比基生叶稍小。圆锥花序较大型；花梗长5～20（40）mm，直立；苞片披针形，草质，渐尖，具缘毛；花萼卵状钟形，长6～8 mm，近草质，密被短柔毛，果期长达12 mm，纵脉绿色，脉端联结，萼齿三角状披针形，边缘膜质，具缘毛；雌雄蕊柄极短或近无，被短柔毛；花瓣白色或淡红色，倒披针形，长7～9 mm，微露出花萼或与花萼近等长，爪状物具缘毛，瓣片倒卵形，2裂；副花冠片舌状；雄蕊不外露，花丝基部具缘毛；花柱不外露，基部具短毛。蒴果卵形，长8～9 mm，与宿存萼近等长或微长；种子圆肾形，灰褐色，长0.6～0.7 mm，肥厚，具小瘤。花期5—7月，果期6—8月。

【拍摄地点】 宜城市南营街道办事处金山村，海拔109.1 m。

【生境分布】 生于平原、丘陵或山地。分布于宜城市南营街道办事处等地。

【药用部位】 全草。

【采收加工】 夏、秋季采收，除去泥沙，鲜用或晒干。

【功能主治】 活血调经，下乳，健脾，利湿，解毒。用于月经不调，乳少，小儿疳积，脾虚浮肿，疮痈肿毒。

【用法用量】 内服：煎汤，9～15 g，大剂量可用至30 g；或研末。外用：适量，鲜品捣敷。

二七、苋　科

牛　膝　属

53. 牛膝 *Achyranthes bidentata* Bl.

【别名】倒扣草。

【形态特征】多年生草本，高 70～120 cm；根圆柱形，直径 5～10 mm，土黄色；茎有棱角或四方形，绿色或带紫色，有白色贴生或开展柔毛，或近无毛，分枝对生。叶片椭圆形或椭圆状披针形，少数倒披针形，长 4.5～12 cm，宽 2～7.5 cm，顶端尾尖，尖长 5～10 mm，基部楔形或宽楔形，两面有贴生或开展柔毛；叶柄长 5～30 mm，有柔毛。穗状花序顶生及腋生，长 3～5 cm，花期后反折；总花梗长 1～2 cm，有白色柔毛；花多数，密生，长 5 mm；苞片宽卵形，长 2～3 mm，顶端长渐尖；小苞片刺状，长 2.5～3 mm，顶端弯曲，基部两侧各有 1 卵形膜质小裂片，长约 1 mm；花被片披针形，长 3～5 mm，光亮，顶端急尖，有 1 中脉；雄蕊长 2～2.5 mm；退化雄蕊顶端平圆，稍有缺刻状细锯齿。胞果矩圆形，长 2～2.5 mm，黄褐色，光滑。种子矩圆形，长 1 mm，黄褐色。花期 7—9 月，果期 9—10 月。

【拍摄地点】宜城市板桥店镇东湾村，海拔 178.2 m。

【生物学特性】喜温暖、干燥气候，不耐寒。

【生境分布】生于山坡林下。分布于宜城市各乡镇。

【生长周期】1 年。

【药用部位】根。

【采收加工】冬季茎叶枯萎时采挖，除去须根和泥沙，捆成小把，晒至干皱后，将顶端切齐，晒干。

【功能主治】逐瘀通经，补肝肾，强筋骨，利尿通淋，引血下行。用于闭经，痛经，腰膝酸痛，筋骨无力，淋证，水肿，头痛，眩晕，牙痛，口疮。

【用法用量】内服：煎汤，5～12 g。

莲 子 草 属

54. 空心莲子草 *Alternanthera philoxeroides* (Mart.) Griseb.

【别名】喜旱莲子草。

【形态特征】多年生草本；茎基部匍匐，上部上升，管状，具不明显4棱，长55～120 cm，具分枝，幼茎及叶腋有白色或锈色柔毛，茎老时无毛，仅在两侧纵沟内保留。叶片矩圆形、矩圆状倒卵形或倒卵状披针形，长2.5～5 cm，宽7～20 mm，顶端急尖或圆钝，具短尖，基部渐狭，全缘，两面无毛或上面有贴生毛及缘毛，下面有颗粒状突起；叶柄长3～10 mm，无毛或微有柔

毛。花密生成具总花梗的头状花序，单生于叶腋，球形，直径8～15 mm；苞片及小苞片白色，顶端渐尖，具1脉；苞片卵形，长2～2.5 mm，小苞片披针形，长2 mm；花被片矩圆形，长5～6 mm，白色，有光泽，无毛，顶端急尖，背部侧扁；雄蕊花丝长2.5～3 mm，基部连合成杯状；退化雄蕊矩圆状条形，和雄蕊约等长，顶端裂成窄条；子房倒卵形，具短柄，背面侧扁，顶端圆形。果实未见。花期5—10月。

【拍摄地点】宜城市板桥店镇新街，海拔134.0 m。

【生境分布】生于池沼、水沟内。分布于宜城市板桥店镇等地。

【药用部位】全草。

【采收加工】春、夏、秋季采收，除去杂草，洗净，鲜用或晒干。

【功能主治】清热解毒，凉血，利尿。

【用法用量】内服：煎汤，30～60 g（鲜品加倍）；或捣汁。外用：适量，捣敷；或捣汁搽。

苋 属

55. 反枝苋 *Amaranthus retroflexus* L.

【别名】苋菜。

【形态特征】一年生草本，高20～80 cm，有时超过1 m；茎直立，粗壮，单一或分枝，淡绿色，有时带紫色条纹，稍具钝棱，密生短柔毛。叶片菱状卵形或椭圆状卵形，长5～12 cm，宽2～5 cm，顶端锐尖或尖凹，有小突尖，基部楔形，全缘或波状缘，两面及边缘有柔毛，下面毛较密；叶柄长1.5～5.5 cm，淡绿色，有时淡紫色，有柔毛。圆锥花序顶生及腋生，直立，直径2～4 cm，由多数穗状花序形成，顶生花穗较侧生者长；苞片及小苞片钻形，长4～6 mm，白色，背面有1龙骨状突起，伸出顶端成白色尖芒；花被片矩圆形或矩圆状倒卵形，长2～2.5 mm，薄膜质，白色，有1条淡绿色细中脉，顶

端急尖或尖凹，具突尖；雄蕊比花被片稍长；柱头3，有时2。胞果扁卵形，长约1.5 mm，环状横裂，薄膜质，淡绿色，包裹在宿存花被片内。种子近球形，直径1 mm，棕色或黑色，边缘钝。花期7—8月，果期8—9月。

【拍摄地点】宜城市流水镇马头村，海拔40.0 m。

【生物学特性】不耐阴。

【生境分布】生于田园内、农地旁、住宅附近的草地上，有时生于瓦房上。分布于宜城市流水镇等地。

【药用部位】全草。

【功能主治】祛湿，清肝火。用于目赤肿痛，翳障。

青葙属

56. 青葙 *Celosia argentea* L.

【别名】野鸡冠花。

【形态特征】一年生草本，高0.3～1 m，全体无毛；茎直立，有分枝，绿色或红色，具明显条纹。叶片矩圆状披针形、披针形或披针状条形，少数卵状矩圆形，长5～8 cm，宽1～3 cm，绿色常带红色，顶端急尖或渐尖，具小芒尖，基部渐狭；叶柄长2～15 mm，或无叶柄。花多数，密生，在茎端或枝端成单一、无分枝的塔状或圆柱状穗状花序，长3～10 cm；苞片及小苞片披针形，长3～4 mm，白色，光亮，顶端渐尖，延长成细芒，具1中脉，在背部隆起；花被片矩圆状披针形，长6～10 mm，初为白色，顶端带红色，或全部粉红色，后变成白色，顶端渐尖，具1条中脉，在背面凸起；花丝长5～6 mm，分离部分长2.5～3 mm，花药紫色；子房有短柄，花柱紫色，长3～5 mm。胞果卵形，长3～3.5 mm，包裹在宿存花被片内。种子凸透镜状肾形，直径约1.5 mm。花期5—8月，果期6—10月。

【拍摄地点】宜城市板桥店镇，海拔207.0 m。

【生物学特性】 喜温暖，耐热，不耐寒。

【生境分布】 生于田边、丘陵、山坡。分布于宜城市各乡镇。

【药用部位】 种子。

【采收加工】 秋季果实成熟时采割植株或摘取果穗，晒干，收集种子，除去杂质。

【功能主治】 清肝明目，泻火退翳。用于目赤，目生翳膜，视物昏花，肝火眩晕。

【用法用量】 内服：煎汤，9～15 g。

麻叶藜属

57. 细穗藜 *Chenopodiastrum gracilispicum* (H. W. Kung) Uotila

【形态特征】 一年生草本，高40～70 cm，稍有粉。茎直立，圆柱形，具条棱及绿色色条，上部有稀疏的细瘦分枝。叶片菱状卵形至卵形，长3～5 cm，宽2～4 cm，先端急尖或短渐尖，基部宽楔形，上面鲜绿色而近无粉，下面灰绿色，全缘或近基部的两侧各具1钝浅裂片，无半透明环边；叶柄细瘦，长0.5～2 cm。花两性，通常2～3朵团集，间断排列于长2～15 mm的细枝上构成穗状花序，生于叶腋并在茎的上部集成狭圆锥状花序；花被5深裂，裂片狭倒卵形或条形，仅基部合生，背面中心稍肉质并具纵龙骨状突起，先端钝，边缘膜质；雄蕊5枚，着生于花被基部。胞果顶基扁，双凸透镜状，果皮与种子贴生。种子横生，与胞果同型，直径1.1～1.5 mm，黑色，有光泽，表面具明显的洼点。花期7月，果期8月。

【拍摄地点】 宜城市板桥店镇，海拔166.3 m。

【生境分布】 生于山坡草地、林缘、河边等处。分布于宜城市板桥店镇、流水镇等地。

藜属

58. 藜 *Chenopodium album* L.

【形态特征】 一年生草本，高30～150 cm。茎直立，粗壮，具条棱及绿色或紫红色色条，多分枝；枝条斜升或开展。叶片菱状卵形至宽披针形，长3～6 cm，宽2.5～5 cm，先端急尖或微钝，基部楔形至宽楔形，上面通常无粉，有时嫩叶的上面有紫红色粉，边缘具不整齐锯齿；叶柄与叶片近等长，或为叶片长度的1/2。花两性，花簇于枝上部排列成或大或小的穗状圆锥状或圆锥状花序；花被裂片5，宽卵形至椭圆形，背面具纵隆脊，有粉，先端或微凹，边缘膜质；雄蕊5枚，花药伸出花被，柱头2。果皮与种子贴生。种子横生，双凸透镜状，直径1.2～1.5 mm，边缘钝，黑色，有光泽，表面具浅沟纹；胚环形。花、果期5—10月。

【拍摄地点】宜城市板桥店镇新街，海拔178.9 m。
【生境分布】生于农田、菜园、村舍附近或轻度盐碱地上。分布于宜城市板桥店镇等地。
【药用部位】幼嫩全草。
【采收加工】春、夏季割取全草，除去杂质，鲜用或晒干备用。
【功能主治】清热除湿，解毒消肿，杀虫止痒。用于发热，咳嗽，痢疾，腹泻，疝气，龋齿痛，疥癣，白癜风，疮疡肿痛，毒蛇咬伤。
【用法用量】内服：煎汤，15～30 g。外用：煎水漱口；或熏洗；或捣汁搽。

59. 小藜 *Chenopodium ficifolium* Sm.

【形态特征】一年生草本，高20～50 cm。茎直立，具条棱及绿色色条。叶片卵状矩圆形，长2.5～5 cm，宽1～3.5 cm，通常3浅裂；中裂片两边近平行，先端钝或急尖并具短尖头，边缘具深波状锯齿；侧裂片位于中部以下，通常各具2浅裂齿。花两性，数朵团集，排列于上部的枝上形成较开展的顶生圆锥状花序；花被近球形，5深裂，裂片宽卵形，不开展，背面具微纵隆脊并有密粉；雄蕊5枚，开花时外伸；

柱头 2，丝形。胞果包在花被内，果皮与种子贴生。种子双凸透镜状，黑色，有光泽，直径约 1 mm，边缘微钝，表面具六角形细洼；胚环形。4—5 月开始开花。

【拍摄地点】 宜城市刘猴镇钱湾村五组，海拔 139.8 m。

【生境分布】 普通田间杂草。分布于宜城市刘猴镇等地。

腺 毛 藜 属

60. 土荆芥 *Dysphania ambrosioides* (L.) Mosyakin et Clemants

【别名】 杀虫芥、香藜草。

【形态特征】 一年生或多年生草本，高 50～80 cm，有强烈香味。茎直立，多分枝，有色条及钝条棱；枝通常细瘦，有短柔毛并兼有具节的长柔毛，有时近无毛。叶片矩圆状披针形至披针形，先端急尖或渐尖，边缘具稀疏不整齐的大锯齿，基部渐狭具短柄，上面平滑无毛，下面有散生油点并沿叶脉稍有毛，下部的叶长达 15 cm，宽达 5 cm，上部叶逐渐狭小而近全缘。花两性及雌性，通常 3～5 朵团集，生于上部叶腋；花被裂片 5，较少为 3，绿色，果时通常闭合；雄蕊 5 枚，花药长 0.5 mm；花柱不明显，柱头通常 3，较少为 4，丝形，伸出花被外。胞果扁球形，完全包于花被内。种子横生或斜生，黑色或暗红色，平滑，有光泽，边缘钝，直径约 0.7 mm。花期和果期的时间都很长。

【拍摄地点】 宜城市刘猴镇团山村，海拔 138.0 m。

【生境分布】 生于村旁、路边、河岸等处。分布于宜城市各乡镇。

【药用部位】 全草。

【采收加工】 8 月下旬至 9 月下旬采收全草，捆束悬挂阴干，避免日晒及雨淋。

【功能主治】 祛风，杀虫，通经，止痛。用于风湿痹痛，钩虫病，蛔虫病，痛经，闭经，皮肤湿疹，蛇虫咬伤。

【用法用量】 内服：煎汤，15～30 g；或入丸、散。外用：煎水洗；或捣敷。

菠 菜 属

61. 菠菜 *Spinacia oleracea* L.

【形态特征】植物高可达 1 m，无粉。根圆锥状，带红色，较少为白色。茎直立，中空，脆弱多汁，不分枝或有少数分枝。叶戟形至卵形，鲜绿色，柔嫩多汁，稍有光泽，全缘或有少数齿状裂片。雄花集成球形团伞花序，再于枝和茎的上部排列成有间断的穗状圆锥花序；花被片通常 4，花丝丝形，扁平，花药不具附属物；雌花团集于叶腋；小苞片两侧稍扁，顶端残留 2 小齿，背面通常各具 1 棘状附属物；子房球形，柱头 4 或 5，外伸。胞果卵形或近圆形，直径约 2.5 mm，两侧扁；果皮褐色。

【拍摄地点】宜城市刘猴镇黄金村，海拔 140.0 m。

【生物学特性】耐寒。

【生境分布】栽培于宜城市各乡镇。

二八、木 兰 科

鹅 掌 楸 属

62. 鹅掌楸 *Liriodendron chinense* (Hemsl.) Sargent.

【别名】马褂木。

【形态特征】乔木，高达 40 m，胸径 1 m 以上，小枝灰色或灰褐色。叶马褂状，长 4～12（18）cm，近基部每边具 1 侧裂片，先端具 2 浅裂，下面苍白色，叶柄长 4～8（16）cm。花杯状，花被片 9 片，外轮 3 片绿色，萼片状，向外弯垂；内轮 2 轮 6 片，直立，花瓣状，倒卵形，长 3～4 cm，绿色，具黄色纵条纹。花药长 10～16 mm，花丝长 5～6 mm，花期时雌蕊群超出花被，心皮黄绿色。聚合果长 7～9 cm，具翅的小坚果长约 6 mm，顶端钝或钝尖，具种子 1～2 颗。花期 5 月，果期 9—10 月。

【拍摄地点】宜城市滨江大道，海拔 59.1 m。

【生物学特性】 阳性，喜光，幼树稍耐阴。喜温湿、凉爽气候，适应性较强。

【生境分布】 生于山林。栽培于宜城市园林。

拟单性木兰属

63. 光叶拟单性木兰 *Parakmeria nitida* (W. W. Sm.) Y. W. Law

【形态特征】 常绿乔木，高达30 m，直径达1 m。叶革质，椭圆形、长圆状椭圆形，很少倒卵状椭圆形，长5.5～9.5 cm，宽2～4 cm，先端急尖或短渐尖，基部楔形或阔楔形，上面深绿色，有光泽，嫩叶红褐色；侧脉每边7～13条；叶柄长1～4 cm，花两性，芳香，花被片约12片，外轮3片，背面中部带紫红色，倒卵状匙形，长4～5 cm，宽2.3～2.5 cm，内3轮淡黄白色；渐狭小；雄蕊长10～17 mm，花药长约10 mm，药隔伸出，长约3 mm。雌蕊群绿色，花柱红色。聚合果绿色，长圆状卵圆形或椭圆状卵圆形，长5～7.5 cm；种子具鲜黄色外种皮。花期3—5月，果期9—10月。

【拍摄地点】 宜城市自忠路，海拔38.0 m。

【生境分布】 生于山坡阔叶林中。宜城市各乡镇均有栽培。

玉 兰 属

64. 玉兰 *Yulania denudata* (Desr.) D. L. Fu

【别名】 白玉兰、迎春花。

【形态特征】落叶乔木，高达25 m，胸径1 m，枝广展形成宽阔的树冠；树皮深灰色，粗糙开裂；小枝稍粗壮，灰褐色；冬芽及花梗密被淡灰黄色长绢毛。叶纸质，倒卵形、宽倒卵形或倒卵状椭圆形，基部徒长枝叶椭圆形，长10～15（18）cm，宽6～10（12）cm，先端宽圆、平截或稍凹，具短突尖，中部以下渐狭成楔形，叶上面深绿色，嫩时被柔毛，后仅中脉及侧脉留有柔毛，下面淡绿色，
沿脉上被柔毛，侧脉每边8～10条，网脉明显；叶柄长1～2.5 cm，被柔毛，上面具狭纵沟；托叶痕为叶柄长的1/4～1/3。花蕾卵圆形，花先于叶开放，直立，芳香，直径10～16 cm；花梗显著膨大，密被淡黄色长绢毛；花被片9，白色，基部常带粉红色，长圆状倒卵形，长6～8（10）cm，宽2.5～4.5（6.5）cm；雄蕊长7～12 mm，花药长6～7 mm，侧向开裂；药隔宽约5 mm，顶端伸出成短尖头；雌蕊群淡绿色，无毛，圆柱形，长2～2.5 cm；雌蕊狭卵形，长3～4 mm，具长4 mm的锥形尖花柱。聚合果圆柱形（在庭院栽培种常因部分心皮不育而弯曲），长12～15 cm，直径3.5～5 cm；蓇葖厚木质，褐色，具白色皮孔；种子心形，侧扁，高约9 mm，宽约10 mm，外种皮红色，内种皮黑色。花期2—3月（亦常于7—9月再开一次花），果期8—9月。

【拍摄地点】宜城市滨江大道，海拔51.0 m。
【生物学特性】喜阳光，稍耐阴。
【生境分布】生于林中。栽培于宜城市各乡镇。
【药用部位】干燥花蕾。
【采收加工】冬末初春花未开放时采收，除去枝梗，阴干。
【功能主治】散风寒，通鼻窍。用于风寒头痛，鼻塞流涕，鼻衄，鼻渊。
【用法用量】内服：包煎，3～10 g。

二九、五 味 子 科

五 味 子 属

65. 铁箍散 *Schisandra propinqua* subsp. *sinensis* (Oliv.) R. M. K. Saunders

【别名】小血藤。

【形态特征】落叶木质藤本，全株无毛，当年生枝褐色或变成灰褐色，有银白色角质层。叶坚纸质，卵形、长圆状卵形或狭长圆状卵形，长7～11（17）cm，宽2～3.5（5）cm，先端渐尖或长渐尖，基部圆形或阔楔形，下延至叶柄，上面干时褐色，下面带苍白色，具疏离的胼胝质齿，有时近全缘，侧脉每边4～8条，网脉稀疏，干时两面均凸起。花橙黄色，常单生或2～3朵聚生于叶腋，或1花梗具数朵花的总状花序；花梗长6～16 mm，约具2小苞片。雄花：花被片9（15）片，外轮3片绿色，最小的椭圆形或卵形，长3～5 mm，中轮的最大1片近圆形、倒卵形或宽椭圆形，长5～15 mm，宽4～11 mm，最内轮的较小；雄蕊群黄色，近球形的肉质花托直径约6 mm，雄蕊6～9枚，每枚雄蕊嵌入横列的凹穴内，花丝甚短，药室内向纵裂。雌花：花被片与雄花相似，雌蕊群卵球形，直径4～6 mm，心皮10～30枚，倒卵圆形，长1.7～2.1 mm，密生腺点，花柱长约1 mm。聚合果的果托干时黑色，长3～15 cm，直径1～2 mm，具10～45枚成熟心皮，成熟心皮近球形或椭圆形，直径6～9 mm，具短柄；种子较小，肾形或近圆形，长4～4.5 mm，种皮灰白色，种脐狭"V"形，长约为宽的1/3。花期6—8月，果期8—9月。

【拍摄地点】宜城市雷河镇东方社区，海拔94.0 m。

【生物学特性】喜温暖、湿润气候，抗寒性较差，喜肥沃、疏松、排水良好的土壤。

【生境分布】生于沟谷、岩石山坡林中。分布于宜城市雷河镇等地。

【药用部位】根、茎、叶。

【功能主治】健脑安神，调节神经，收敛固涩。用于久咳虚喘，梦遗滑精，遗尿，尿频。

【用法用量】内服：煎汤，10～15 g；或浸酒。外用：适量，捣敷；或煎水洗。

三〇、樟　科

樟　属

66. 樟 *Camphora officinarum* Nees

【别名】香樟。

【形态特征】 常绿大乔木，高可达 30 m，直径可达 3 m，树冠广卵形；枝、叶及木材均有樟脑气味；树皮黄褐色，有不规则的纵裂。顶芽广卵形或圆球形，鳞片宽卵形或近圆形，外面略被绢状毛。枝条圆柱形，淡褐色，无毛。叶互生，卵状椭圆形，长 6~12 cm，宽 2.5~5.5 cm，先端急尖，基部宽楔形至近圆形，边缘全缘，软骨质，有时呈微波状，上面绿色或黄绿色，有光泽，下面黄绿色或灰绿色，晦暗，两面无毛或下面幼时略被微柔毛，具离基 3 出脉，有时过渡到基部具不明显的 5 脉，中脉两面明显，上部每边有侧脉 1~7 条。基生侧脉向叶缘一侧有少数支脉，侧脉及支脉脉腋上面明显隆起，下面有明显腺窝，窝内常被柔毛；叶柄纤细，长 2~3 cm，腹凹背凸，无毛。圆锥花序腋生，长 3.5~7 cm，具梗，总梗长 2.5~4.5 cm，与各级序轴均无毛或被灰白色至黄褐色微柔毛，被毛时往往在节上尤为明显。花绿白色或带黄色，长约 3 mm；花梗长 1~2 mm，无毛。花被外面无毛或被微柔毛，内面密被短柔毛，花被筒倒锥形，长约 1 mm，花被裂片椭圆形，长约 2 mm。能育雄蕊 9 枚，长约 2 mm，花丝被短柔毛。退化雄蕊 3 枚，位于最内轮，箭头形，长约 1 mm，被短柔毛。子房球形，长约 1 mm，无毛，花柱长约 1 mm。果实卵球形或近球形，直径 6~8 mm，紫黑色；果托杯状，长约 5 mm，顶端截平，宽达 4 mm，基部宽约 1 mm，具纵向沟纹。花期 4—5 月，果期 8—11 月。

【拍摄地点】 宜城市自忠路，海拔 37.0 m。
【生物学特性】 在光照充足、气候温暖、湿润的环境长势良好，耐寒性不强。
【生境分布】 生于山坡或沟谷中。栽培于宜城市各乡镇。
【药用部位】 根、果、枝和叶。
【功能主治】 驱风散寒，强心镇痉，杀虫。
【用法用量】 内服：煎汤，9~15 g。

山 胡 椒 属

67. 山胡椒 *Lindera glauca* (Sieb. et Zucc.) Bl.

【别名】 牛筋树。
【形态特征】 落叶灌木或小乔木，高可达 8 m；树皮平滑，灰色或灰白色。冬芽（混合芽）长角锥形，长约 1.5 cm，直径 4 mm，芽鳞裸露部分红色，幼枝条白黄色，初有褐色毛，后脱落成无毛。叶互生，宽椭圆形、椭圆形、倒卵形至狭倒卵形，长 4~9 cm，宽 2~4（6）cm，上面深绿色，下面淡绿色，被白色柔毛，纸质，羽状脉，侧脉每侧（4）5~6 条；叶枯后不落，翌年新叶发出时落下。伞形花序腋生，总梗短或不明显，长一般不超过 3 mm，生于混合芽中的总苞片绿色膜质，每总苞有 3~8 朵花。雄花花被片黄色，椭圆形，长约 2.2 mm，内、外轮几相等，外面在背脊部被柔毛；雄蕊 9 枚，近等长，花丝无毛，第 3 轮的基部着生 2 个具角突、宽肾形腺体，柄基部与花丝基部合生，有时第 2 轮雄蕊花丝也着生 1 个较小腺体；退化雌蕊细小，椭圆形，长约 1 mm，上有一小突尖；花梗长约 1.2 cm，密被白色柔毛。雌花花被片黄色，椭圆形或倒卵形，内、外轮几相等，长约 2 mm，外面在背脊部

被稀疏柔毛或仅基部有少数柔毛；退化雄蕊长约 1 mm，条形，第 3 轮的基部着生 2 个长约 0.5 mm 具柄不规则的肾形腺体，腺体柄与退化雄蕊中部以下合生；子房椭圆形，长约 1.5 mm，花柱长约 0.3 mm，柱头盘状；花梗长 3～6 mm，成熟时黑褐色；果梗长 1～1.5 cm。花期 3—4 月，果期 7—8 月。

【拍摄地点】 宜城市流水镇马集村，海拔 156.4 m。

【生境分布】 生于山坡、林缘、路旁。分布于宜城市各乡镇。

【药用部位】 叶、根。

【功能主治】 叶：温中散寒，破气化滞，祛风消肿。根：劳伤脱力，水肿，四肢酸麻，风湿性关节炎，跌打损伤。

【用法用量】 叶：内服，煎汤，10～15 g，或泡酒；外用，适量，捣烂或研末敷。根：内服，煎汤，15～30 g，或浸酒；外用：适量，煎水熏洗或鲜品捣汁搽。

三一、毛茛科

乌头属

68. 乌头 *Aconitum carmichaelii* Debx.

【形态特征】 块根倒圆锥形，长 2～4 cm，粗 1～1.6 cm。茎高 60～150（200）cm，中部之上疏被反曲的短柔毛，等距离生叶，分枝。茎下部叶在开花时枯萎。茎中部叶有长柄；叶片薄革质或纸质，五角形，长 6～11 cm，宽 9～15 cm，基部浅心形 3 裂达或近基部，中央全裂片宽菱形，有时倒卵状菱形或菱形，急尖，有时短渐尖近羽状分裂，二回裂片约 2 对，斜三角形，生 1～3 枚齿，间或全缘，侧全裂片不等 2 深裂，表面疏被短伏毛，背面通常只沿脉疏被短柔毛；叶柄长 1～2.5 cm，疏被短柔毛。顶生总状花序长 6～10（25）cm；轴及花梗密被反曲而紧贴的短柔毛；下部苞片 3 裂，其他的狭卵形

至披针形；花梗长 1.5～3（5.5）cm；小苞片生于花梗中部或下部，长 3～5（10）mm，宽 0.5～0.8（2）mm；萼片蓝紫色，外面被短柔毛，上萼片高盔形，高 2～2.6 cm，自基部至喙长 1.7～2.2 cm，下缘稍凹，喙不明显，侧萼片长 1.5～2 cm；花瓣无毛，瓣片长约 1.1 cm，唇长约 6 mm，微凹，距长（1）2～2.5 mm，通常卷曲；雄蕊无毛或疏被短毛，花丝有 2 小齿或全缘；心皮 3～5，子房疏或密被短柔毛，稀无毛。蓇葖长 1.5～1.8 cm；种子长 3～3.2 mm，三棱形，只在其中两面密生横膜翅。花期 9—10 月。

【拍摄地点】 宜城市刘猴镇胡坪村，海拔 142.2 m。

【生境分布】 生于山地草坡或灌丛中。栽培于宜城市刘猴镇。

【产地分布】 主要栽培于四川省。

【生长周期】 1 年。

【药用部位】 川乌：根。草乌：块根。

【采收加工】 根：6 月下旬至 8 月上旬采挖，除去子根、须根及泥沙，晒干。块根：秋季茎叶枯萎时采挖，除去须根和泥沙，干燥。

【功能主治】 祛风除湿，温经止痛。用于风寒湿痹，关节疼痛，心腹冷痛，寒疝腹痛及麻醉止痛。

【用法用量】 有大毒，一般炮制后用。

铁 线 莲 属

69. 女萎 *Clematis apiifolia* DC.

【别名】 蔓楚。

【形态特征】 藤本。小枝和花序梗、花梗密生贴伏短柔毛。三出复叶，连叶柄长 5～17 cm，叶柄长 3～7 cm；小叶片卵形或宽卵形，长 2.5～8 cm，宽 1.5～7 cm，常有不明显 3 浅裂，边缘有锯齿，上面疏生贴伏短柔毛或无毛，下面通常疏生短柔毛或仅沿叶脉较密。圆锥状聚伞花序多花；花直径约 1.5 cm；萼片 4，开展，白色，狭倒卵形，长约 8 mm，两面有短柔毛，外

面较密；雄蕊无毛，花丝比花药长5倍。瘦果纺锤形或狭卵形，长3～5 mm，顶端渐尖，不扁，有柔毛，宿存花柱长约1.5 cm。花期7—9月，果期9—10月。

【拍摄地点】 宜城市雷河镇，海拔107.7 m。

【生物学特性】 性耐寒，耐旱，较喜光照，但不耐暑热强光，喜深厚肥沃的碱性土壤及轻沙质土壤。

【生境分布】 生于野林边。分布于宜城市各乡镇。

【药用部位】 茎。

【功能主治】 清热利水，活血。用于湿热癃闭，水肿，淋证。

【用法用量】 内服：煎汤，15～30 g。外用：适量，鲜品捣敷；或煎水熏洗。

70. 威灵仙 *Clematis chinensis* Osbeck

【别名】 铁脚威灵仙。

【形态特征】 木质藤本。干后变黑色。茎、小枝近无毛或疏生短柔毛。一回羽状复叶有5小叶，有时为3小叶或7小叶，偶尔基部1对至第2对2～3裂至2～3小叶；小叶片纸质，卵形至卵状披针形或线状披针形、卵圆形，长1.5～10 cm，宽1～7 cm，顶端锐尖至渐尖，偶有微凹，基部圆形、宽楔形至浅心形，全缘，两面近无毛或疏生短柔毛。常为圆锥状聚伞花序，多花，腋生或顶生；花直径1～2 cm；萼片4（5），开展，白色，长圆形或长圆状倒卵形，长0.5～1（1.5）cm，顶端常突尖，外面边缘密生茸毛或中间有短柔毛，雄蕊无毛。瘦果扁，3～7个，卵形至宽椭圆形，长5～7 mm，有柔毛，宿存花柱长2～5 cm。花期6—9月，果期8—11月。

【拍摄地点】 宜城市板桥店镇东湾村，海拔296.3 m。

【生物学特性】 喜凉爽、湿润气候。

【生境分布】 生于山坡、山谷灌丛或沟边、路旁草丛中。分布于宜城市各乡镇。

【药用部位】 根及根茎。

【采收加工】 秋季采挖，除去泥沙，晒干。

【功能主治】 祛湿，通经络。用于风湿痹痛，肢体麻木，筋脉拘挛，屈伸不利。

【用法用量】 内服：煎汤，6～10 g。

翠 雀 属

71. 翠雀 *Delphinium grandiflorum* L.

【别名】 大花飞燕草。

【形态特征】 茎高 35～65 cm，与叶柄均被反曲而贴伏的短柔毛，上部有时变无毛，等距地生叶、分枝。基生叶和茎下部叶有长柄；叶片圆五角形，长 2.2～6 cm，宽 4～8.5 cm，3 全裂，中央全裂片近菱形，一至二回 3 裂近中脉，小裂片线状披针形至线形，宽 0.6～2.5（3.5）mm，边缘干时稍反卷，侧全裂片扇形，不等 2 深裂近基部，两面疏被短柔毛或近无毛；叶柄长为叶片的 3～4 倍，基部具短鞘。

总状花序有 3～15 朵花；下部苞片叶状，其他苞片线形；花梗长 1.5～3.8 cm，与轴密被贴伏的白色短柔毛；小苞片生于花梗中部或上部，线形或丝形，长 3.5～7 mm；萼片紫蓝色，椭圆形或宽椭圆形，长 1.2～1.8 cm，外面有短柔毛，距钻形，长 1.7～2（2.3）cm，直或末端稍向下弯曲；花瓣蓝色，无毛，顶端圆形；退化雄蕊蓝色，瓣片近圆形或宽倒卵形，顶端全缘或微凹，腹面中央有黄色髯毛状毛；雄蕊无毛；心皮 3，子房密被贴伏的短柔毛。蓇葖直，长 1.4～1.9 cm；种子倒卵状四面体形，长约 2 mm，沿棱有翅。花期 5—10 月。

【拍摄地点】 宜城市板桥店镇东湾村，海拔 200.0 m。

【生物学特性】 耐旱，阳性，耐半阴，性强健，耐寒，喜冷凉气候。

【生境分布】 生于山坡、草地、固定沙丘。分布于宜城市各乡镇。

【药用部位】 根（有毒）、全草以及种子。

【功能主治】 根：泻火止痛，杀虫。用于风热牙痛。全草：外用治疥癣。

【用法用量】 外用：适量，煎水含漱；或捣汁浸洗；或研末调水搽。

芍药属

72. 芍药 *Paeonia lactiflora* Pall.

【形态特征】 多年生草本。根粗壮，分枝黑褐色。茎高 40～70 cm，无毛。下部茎生叶为二回三出复叶，上部茎生叶为三出复叶；小叶狭卵形、椭圆形或披针形，顶端渐尖，基部楔形或偏斜，边缘具白色骨质细齿，两面无毛，背面沿叶脉疏生短柔毛。花数朵，生于茎顶和叶腋，有时仅顶端一朵开放，而近顶端叶腋处有发育不好的花芽，直径 8～11.5 cm；苞片 4～5 枚，披针形，大小不等；萼片 4，宽卵形或近圆形，长 1～1.5 cm，宽 1～1.7 cm；花瓣 9～13，倒卵形，长 3.5～6 cm，宽 1.5～4.5 cm，白色，有时基部具深紫色斑块；花丝长 0.7～1.2 cm，黄色；花盘浅杯状，包裹心皮基部，顶端裂片钝圆；心皮 4～5，无毛。蓇葖长 2.5～3 cm，直径 1.2～1.5 cm，顶端具喙。花期 5—6 月，果期 8 月。

【拍摄地点】 宜城市刘猴镇团山村，海拔 160.0 m。

【生物学特性】 喜光、耐寒，喜肥怕涝。

【生境分布】 生于山坡草地以及林下。栽培于宜城市各乡镇。

【药用部位】 根。

【采收加工】 白芍：夏、秋季采挖，洗净，除去头尾和细根，置沸水中煮后除去外皮或去皮后再煮，晒干。赤芍：春、秋季采挖，除去根茎、须根及泥沙，晒干。

【功能主治】 白芍：养血调经，敛阴止汗，柔肝止痛，平抑肝阳。用于血虚萎黄，月经不调，自汗，盗汗，胁痛，腹痛，四肢疼痛，头痛眩晕。赤芍：清热凉血，散瘀止痛。用于热入营血，温毒发斑，吐血，衄血，目赤肿痛，肝郁胁痛，闭经，痛经，癥瘕腹痛，跌打损伤，疮痈肿毒。

【用法用量】 白芍：内服，煎汤，6～15 g。赤芍：内服，煎汤，6～12 g。

73. 牡丹 *Paeonia×suffruticosa* Andr.

【别名】 洛阳花、木芍药。

【形态特征】 落叶灌木。茎高达 2 m；分枝短而粗。叶通常为二回三出复叶，偶尔近枝顶的叶为 3 小叶；顶生小叶宽卵形，长 7～8 cm，宽 5.5～7 cm，3 裂至中部，裂片不裂或 2～3 浅裂，表面绿色，无毛，背面淡绿色，有时具白粉，沿叶脉疏生短柔毛或近无毛，小叶柄长 1.2～3 cm；侧生小叶狭卵形或长圆状卵形，长 4.5～6.5 cm，宽 2.5～4 cm，不等 2 裂至 3 浅裂或不裂，近无柄；叶柄长 5～11 cm，和

叶轴均无毛。花单生于枝顶，直径 10～17 cm；花梗长 4～6 cm；苞片 5 枚，长椭圆形，大小不等；萼片 5，绿色，宽卵形，大小不等；花瓣 5，或为重瓣，玫瑰色、紫红色、粉红色至白色，通常差异很大，倒卵形，长 5～8 cm，宽 4.2～6 cm，顶端呈不规则的波状；雄蕊长 1～1.7 cm，花丝紫红色、粉红色、上部白色，长约 1.3 cm，花药长圆形，长 4 mm；花盘革质，杯状，紫红色，顶端有数枚锐齿或裂片，完全包住心皮，在心皮成熟时开裂；心皮 5，稀更多，密生柔毛。蓇葖长圆形，密生黄褐色硬毛。花期 5 月，果期 6 月。

【拍摄地点】 宜城市刘猴镇钱湾村，海拔 157.0 m。

【生物学特性】 喜温暖、凉爽、干燥、阳光充足的环境。喜阳光，耐半阴，耐寒，耐干旱，忌积水，怕热，怕日光直射。

【生境分布】 栽培于宜城市各乡镇。

【药用部位】 根皮。

【采收加工】 秋季采挖根部，除去细根和泥沙，剥取根皮，晒干；或刮去粗皮，除去木心，晒干。

【功能主治】 清热凉血，活血化瘀。用于热入营血，温毒发斑，吐血，衄血，夜热早凉，无汗骨蒸，闭经，痛经，跌打伤痛，疮痈肿毒。

【用法用量】 内服：煎汤，6～12 g。

白 头 翁 属

74. 白头翁 *Pulsatilla chinensis* (Bge.) Regel

【别名】 羊胡子花。

【形态特征】 植株高 15～35 cm。根状茎直径 0.8～1.5 cm。基生叶 4～5，通常在开花时刚刚生出，有长柄；叶片宽卵形，长 4.5～14 cm，宽 6.5～16 cm，3 全裂，中全裂片有柄或近无柄，宽卵形，3 深裂，中深裂片楔状倒卵形，少有狭楔形或倒梯形，全缘或有齿，侧深裂片不等 2 浅裂，侧全裂片无柄或近无柄，不等 3 深裂，表面变无毛，背面有长柔毛；叶柄长 7～15 cm，有密长柔毛。花葶 1（2），有柔毛；苞片 3 枚，基部合生成长 3～10 mm 的筒，3 深裂，深裂片线形，不分裂或上部 3 浅裂，背面密被长柔毛；花梗长 2.5～5.5 cm，结果时长达 23 cm；花直立；萼片蓝紫色，长圆状卵形，长 2.8～4.4 cm，宽  0.9～2 cm，背面有密柔毛；雄蕊长约为萼片的 1/2。聚合果直径 9～12 cm；瘦果纺锤形，扁，长 3.5～4 mm，有长柔毛，宿存花柱长 3.5～6.5 cm，有向上斜展的长柔毛。花期 4—5 月。

【拍摄地点】 宜城市王集镇王家湾，海拔 137.9 m。

【生物学特性】 喜凉爽、干燥气候。耐寒，耐旱，不耐高温。

【生境分布】 生于平原和低山山坡草丛中、林边或干旱多石的坡地。分布于宜城市各乡镇。

【药用部位】 根。

【采收加工】 春、秋季采挖，除去泥沙，干燥。

【功能主治】 清热解毒，凉血止痢。用于热毒血痢，阴痒带下。

【用法用量】 内服：煎汤，9～15 g。

毛 茛 属

75. 茴茴蒜 *Ranunculus chinensis* Bge.

【形态特征】 一年生草本。须根多数簇生。茎直立粗壮，高 20 ~ 70 cm，直径在 5 mm 以上，中空，有纵条纹，分枝多，与叶柄均密生开展的淡黄色糙毛。基生叶与下部叶有长达 12 cm 的叶柄，为三出复叶，叶片宽卵形至三角形，长 3 ~ 8（12）cm，小叶 2 ~ 3 深裂，裂片倒披针状楔形，宽 5 ~ 10 mm，上部有不等的粗齿、缺刻或 2 ~ 3 裂，顶端尖，两面伏生糙毛，小叶柄长 1 ~ 2 cm 或侧生小叶柄较短，生开展的糙毛。上部叶较小和叶柄较短，叶片 3 全裂，裂片有粗齿或再分裂。花序有较多疏生的花，花梗贴生糙毛；花直径 6 ~ 12 mm；萼片狭卵形，长 3 ~ 5 mm，外面生柔毛；花瓣 5，宽卵圆形，与萼片近等长或稍长，黄色或上面白色，基部有短爪，蜜槽有卵形小鳞片；花药长约 1 mm；花托在果期显著伸长，圆柱形，长达 1 cm，密生白色短毛。聚合果长圆形，直径 6 ~ 10 mm；瘦果扁平，长 3 ~ 3.5 mm，宽约 2 mm，为厚的 5 倍以上，无毛，边缘有宽约 0.2 mm 的棱，喙极短，呈点状，长 0.1 ~ 0.2 mm。花、果期 5—9 月。

【拍摄地点】 宜城市刘猴镇钱湾村五组，海拔 144.4 m。

【生境分布】 生于平原与丘陵、溪边、田边的水湿草地。分布于宜城市刘猴镇等地。

【药用部位】 全草。

【功能主治】 消炎止痛，截疟杀虫。用于肝炎，肝硬化，疟疾，胃炎，溃疡，哮喘，风湿性关节痛。

76. 石龙芮 *Ranunculus sceleratus* L.

【别名】 黄花菜。

【形态特征】 一年生草本。须根簇生。茎直立，高 10 ~ 50 cm，直径 2 ~ 5 mm，有时粗达 1 cm，上部多分枝，具多数节，下部节上有时生根，无毛或疏生柔毛。基生叶多数；叶片肾状圆形，长 1 ~ 4 cm，宽 1.5 ~ 5 cm，基部心形，3 深裂不达基部，裂片倒卵状楔形，不等 2 ~ 3 裂，顶端钝圆，有粗圆齿，无毛；叶柄长 3 ~ 15 cm，近无毛。茎生叶多数，下部叶与基生叶相似；上部叶较小，3 全裂，裂片披针形至线形，全缘，无毛，顶端钝圆，基部扩大成膜质宽鞘抱茎。聚伞花序有多数花；花小，直径 4 ~ 8 mm；花梗长 1 ~ 2 cm，无毛；萼片椭圆形，长 2 ~ 3.5 mm，外面有短柔毛，花瓣 5，倒卵形，等长或稍长于花萼，基部有短爪，蜜槽呈棱状袋穴；雄蕊 10 余枚，花药卵形，长约 0.2 mm；花托在果期伸长增大成圆柱形，长 3 ~ 10 mm，直径 1 ~ 3 mm，生短柔毛。聚合果长圆形，长 8 ~ 12 mm，为宽的 2 ~

3 倍；瘦果极多数，近百个，紧密排列，倒卵球形，稍扁，长 1～1.2 mm，无毛，喙短至近无，长 0.1～0.2 mm。花、果期 5—8 月。

【拍摄地点】宜城市南营街道办事处土城村，海拔 74.5 m。

【生境分布】生于河沟边及平原湿地。分布于宜城市南营街道办事处、滨江大道等地。

【药用部位】全草（有毒）。

【功能主治】用于疮痈肿毒，瘰疬，疟疾，下肢溃疡。

【用法用量】内服：煎汤，干品 3～9 g。外用：适量，捣敷；或煎膏涂患处及穴位。

77. 猫爪草 *Ranunculus ternatus* Thunb.

【别名】小毛茛。

【形态特征】一年生草本。簇生多数肉质小块根，块根卵球形或纺锤形，顶端质硬，形似猫爪，直径 3～5 mm。茎铺散，高 5～20 cm，多分枝，较柔软，大多无毛。基生叶有长柄；叶片形状多变，单叶或三出复叶，宽卵形至圆肾形，长 5～40 mm，宽 4～25 mm，小叶 3 浅裂至 3 深裂或多次细裂，末回裂片倒卵形至线形，无毛；叶柄长 6～10 cm。茎生叶无柄，叶片较小，全裂或细裂，裂片线形，宽 1～3 mm。花单生于茎顶和分枝顶端，直径 1～1.5 cm；萼片 5～7，长 3～4 mm，外面疏生柔毛；花瓣 5～7 或更多，黄色或后变白色，倒卵形，长 6～8 mm，基部有长约 0.8 mm 的爪状物，蜜槽棱形；花药长约 1 mm；花托无毛。聚合果近球形，直径约 6 mm；瘦果卵球形，长约 1.5 mm，无毛，边缘有纵肋，喙细短，长约 0.5 mm。花期早，春季 3 月开花，果期 4—7 月。

【拍摄地点】宜城市雷河镇廖河村，海拔 57.2 m。

【生物学特性】喜温暖、湿润气候。

【生境分布】生于平原湿草地、田边荒地、山坡草丛中。分布于宜城市雷河镇等地。

【药用部位】块根。

【功能主治】散结，消肿。用于瘰疬未溃，淋巴结结核。

【用法用量】内服：煎汤，25～50 g。

天 葵 属

78. 天葵 *Semiaquilegia adoxoides* (DC.) Makino

【别名】 千年老鼠屎。

【形态特征】 块根长 1～2 cm，直径 3～6 mm，外皮棕黑色。茎 1～5 条，高 10～32 cm，直径 1～2 mm，被稀疏的白色柔毛，分歧。基生叶多数，掌状三出复叶；叶片轮廓卵圆形至肾形，长 1.2～3 cm；小叶扇状菱形或倒卵状菱形，长 0.6～2.5 cm，宽 1～2.8 cm，3 深裂，深裂片又有 2～3 小裂片，两面均无毛；叶柄长 3～12 cm，基部扩大成鞘状。茎生叶与基生叶相似，唯较

小。花小，直径 4～6 mm；苞片小，倒披针形至倒卵圆形，不裂或 3 深裂；花梗纤细，长 1～2.5 cm，被伸展的白色短柔毛；萼片白色，常带淡紫色，狭椭圆形，长 4～6 mm，宽 1.2～2.5 mm，顶端急尖；花瓣匙形，长 2.5～3.5 mm，顶端近截形，基部凸起成囊状；雄蕊退化，约 2 枚，线状披针形，白膜质，与花丝近等长；心皮无毛。蓇葖卵状长椭圆形，长 6～7 mm，宽约 2 mm，表面具凸起的横向脉纹，种子卵状椭圆形，褐色至黑褐色，长约 1 mm，表面有许多小瘤状突起。花期 3—4 月，果期 4—5 月。

【拍摄地点】 宜城市板桥店镇罗屋村，海拔 157.0 m。

【生物学特性】 耐寒怕热，喜阴湿，忌积水。

【生境分布】 生于疏林下、路旁或山谷较阴处，野生于低山区路边和隙地荫蔽处。分布于宜城市各乡镇。

【生长周期】 100 天左右。

【药用部位】 块根。

【采收加工】 夏初采挖，洗净，干燥，除去须根。

【功能主治】 清热解毒，消肿散结。用于疮痈肿毒，乳痈，瘰疬，蛇虫咬伤。

【用法用量】 内服：煎汤，9～15 g。

唐 松 草 属

79. 唐松草 *Thalictrum aquilegiifolium* var. *sibiricum* Regel et Tiling

【形态特征】 植株全部无毛。茎粗壮，高 60～150 cm，粗达 1 cm，分枝。基生叶在开花时枯萎。茎生叶为三至四回三出复叶；叶片长 10～30 cm；小叶草质，顶生小叶倒卵形或扁圆形，长 1.5～2.5 cm，宽 1.2～3 cm，顶端圆或微钝，基部圆楔形或不明显心形，3 浅裂，裂片全缘或有 1～2 齿，两面脉平或

在背面脉稍隆起；叶柄长 4.5～8 cm，有鞘，托叶膜质，不裂。圆锥花序伞房状，有多数密集的花；花梗长 4～17 mm；萼片白色或外面带紫色，宽椭圆形，长 3～3.5 mm，早落；雄蕊多数，长 6～9 mm，花药长圆形，长约 1.2 mm，顶端钝，上部倒披针形，比花药宽或稍窄，下部丝形；心皮 6～8，有长心皮柄，花柱短，柱头侧生。瘦果倒卵形，长 4～7 mm，有 3 条宽纵翅，基部突变狭，心皮柄长 3～5 mm，宿存柱头长 0.3～0.5 mm。

【拍摄地点】 宜城市板桥店镇东湾村，海拔 200.0 m。
【生物学特性】 既喜阳又耐阴。
【生境分布】 生于草原、山地林边草坡或林中。分布于宜城市各乡镇。
【药用部位】 根及根茎。
【功能主治】 清热泻火，燥湿解毒。用于热病心烦，湿热泻痢，肺热咳嗽，目赤肿痛，疮痈肿毒。
【用法用量】 内服：煎汤，5～10 g；或制成糖浆。外用：适量，研末调敷。

三二、小 檗 科

南 天 竹 属

80. 南天竹 *Nandina domestica* Thunb.

【别名】 红天竺、天竹。
【形态特征】 常绿小灌木。茎常丛生而少分枝，高 1～3 m，光滑无毛，幼枝常为红色，老后呈灰色。叶互生，集生于茎的上部，三回羽状复叶，长 30～50 cm；二至三回羽片对生；小叶薄革质，椭圆形或椭圆状披针形，长 2～10 cm，宽 0.5～2 cm，顶端渐尖，基部楔形，全缘，上面深绿色，冬季变红色，背面叶脉隆起，两面无毛；近无柄。圆锥花序直立，长 20～35 cm；花小，白色，芳香，直径 6～7 mm；萼片多轮，外轮萼片卵状三角形，长 1～2 mm，向内各轮渐大，最内轮萼片卵状长圆形，长 2～4 mm；花瓣长圆形，长约 4.2 mm，宽约 2.5 mm，先端圆钝；雄蕊 6 枚，长约 3.5 mm，花丝短，花药纵裂，药隔延伸；子房 1 室，具 1～3 个胚珠。果柄长 4～8 mm；浆果球形，直径 5～8 mm，成熟时鲜红色，稀橙红色。种子扁圆形。花期 3—6 月，果期 5—11 月。

【拍摄地点】宜城市流水镇黄岗村，海拔118.4 m。

【生境分布】生于湿润的沟谷旁、疏林下或灌丛中。分布于宜城市流水镇等地。

【药用部位】根、茎及果实（有小毒）。

【功能主治】根、茎：清热除湿，通经活络。用于感冒发热，结膜炎，肺热咳嗽，湿热黄疸，急性胃肠炎，尿路感染，跌打损伤。果实：止咳平喘。用于咳嗽，哮喘，百日咳。

【用法用量】根、茎：内服，煎汤，15～50 g。果实：内服，煎汤，15 g。

三三、木 通 科

木 通 属

81. 木通 *Akebia quinata* (Houtt.) Decne.

【别名】八月炸藤、山通草。

【形态特征】落叶木质藤本。茎纤细，圆柱形，缠绕，茎皮灰褐色，有圆形、小而凸起的皮孔；芽鳞片覆瓦状排列，淡红褐色。掌状复叶互生或在短枝上簇生，通常有小叶5片，偶有3～4片或6～7片；叶柄纤细，长4.5～10 cm；小叶纸质，倒卵形或倒卵状椭圆形，长2～5 cm，宽1.5～2.5 cm，先端圆或凹入，具小突尖，基部圆形或阔楔形，上面深绿色，下面青白色；中脉在上面凹入，下面凸起，侧脉每边5～7条，与网脉均在两面凸起；小叶柄纤细，长8～10 mm，中间1片长可达18 mm。伞房花序式的总状花序腋生，长6～12 cm，疏花，基部有雌花1～2朵，上部4～10朵为雄花；总花梗长2～5 cm；着生于缩

短的侧枝上，基部为芽鳞片所包托；花略芳香。雄花：花梗纤细，长7~10 mm；萼片通常3，有时4或5，淡紫色，偶有淡绿色或白色，兜状阔卵形，顶端圆形，长6~8 mm，宽4~6 mm；雄蕊6（7）枚，离生，初时直立，后内弯，花丝极短，花药长圆形，钝头；退化心皮3~6枚，小。雌花：花梗细长，长2~4（5）cm；萼片暗紫色，偶有绿色或白色，阔椭圆形至近圆形，长1~2 cm，宽8~15 mm；心皮3~6（9）枚，离生，圆柱形，柱头盾状，顶生；退化雄蕊6~9枚。果实孪生或单生，长圆形或椭圆形，长5~8 cm，直径3~4 cm，成熟时紫色，腹缝开裂；种子多数，卵状长圆形，略扁平，不规则的多行排列，着生于白色、多汁的果肉中，种皮褐色或黑色，有光泽。花期4—5月，果期6—8月。

【拍摄地点】宜城市刘猴镇钱湾村，海拔147.1 m。

【生物学特性】阴性植物，喜阴湿，较耐寒。

【生境分布】生于山坡草丛中。分布于宜城市各乡镇。

【药用部位】藤茎。

【采收加工】秋季采收，截取茎部，除去细枝，阴干。

【功能主治】利尿通淋，清心除烦，通经下乳。用于淋证，水肿，心烦尿赤，口舌生疮，闭经乳少，湿热痹痛。

【用法用量】内服：煎汤，3~6 g。

82. 三叶木通 *Akebia trifoliata* (Thunb.) Koidz.

【别名】八月瓜藤。

【形态特征】落叶木质藤本。茎皮灰褐色，有稀疏的皮孔及小疣点。掌状复叶互生或在短枝上簇生；叶柄直，长7~11 cm；小叶3片，纸质或薄革质，卵形至阔卵形，长4~7.5 cm，宽2~6 cm，先端通常钝或略凹入，具小突尖，基部截平或圆形，边缘具波状齿或浅裂，上面深绿色，下面浅绿色；侧脉每边5~6条，与网脉同在两面略凸起；中央小叶柄长2~4 cm，侧生小叶柄长6~12 mm。总状花序自短枝上簇生叶中抽出，下部有1~2朵雌花，上部有15~30朵雄花，长6~16 cm；总花梗纤细，长约5 cm。雄花：花梗丝状，长2~5 mm；萼片3，淡紫色，阔椭圆形或椭圆形，长2.5~3 mm；雄蕊6枚，离生，排列为杯状，花丝极短，药室在开花时内弯；退化心皮3枚，长圆状锥形。雌花：花梗稍较雄花粗，长1.5~3 cm；萼片3，紫褐色，近圆形，长10~12 mm，宽约10 mm，先端圆而略凹入，开花时广展反折；退化雄蕊6枚或更多，小，长圆形，无花丝；心皮3~9枚，离生，圆柱形，直，长（3）4~6 mm，柱头头状，具乳突，橙黄色。果实长圆形，长6~8 cm，直径2~4 cm，直或稍弯，成熟时灰白色略带淡紫色；种子极多数，扁卵形，长5~7 mm，宽4~5 mm，种皮红褐色或

黑褐色，稍有光泽。花期4—5月，果期7—8月。

【拍摄地点】 宜城市流水镇马集村，海拔83.7 m。

【生物学特性】 喜阴湿，耐寒。

【生境分布】 生于山地沟谷边疏林或丘陵灌丛中。分布于宜城市各乡镇。

【药用部位】 藤茎。

【采收加工】 秋季采收，截取茎部，除去细枝，阴干。

【功能主治】 利尿通淋，清心除烦，通经下乳。用于淋证，水肿，心烦尿赤，口舌生疮，闭经乳少，湿热痹痛。

【用法用量】 内服：煎汤，3～6 g。

三四、防 己 科

木 防 己 属

83. 木防己 *Cocculus orbiculatus* (L.) DC.

【别名】 土木香、青藤香。

【形态特征】 木质藤本；小枝被茸毛至疏柔毛，或有时近无毛，有条纹。叶片纸质至近革质，形状差异极大，自线状披针形至阔卵状近圆形、狭椭圆形至近圆形、倒披针形至倒心形，有时卵状心形，顶端短尖或钝而有小突尖，有时微缺或2裂，边缘全缘或3裂，有时掌状5裂，长通常3～8 cm，很少超过10 cm，宽不等，两面被疏柔毛至密柔毛，有时除下面中脉外两面近无毛；掌状脉3条，很少5条，在下面微凸起；叶柄长1～3 cm，很少超过5 cm，被稍密的白色柔毛。聚伞花序少花，腋生，或排成多花，狭窄聚伞圆锥花序，顶生或腋生，长可达10 cm或更长，被柔毛。雄花：小苞片1或2，长约0.5 mm，紧贴花萼，被柔毛；萼片6，外轮卵形或椭圆状卵形，长1～1.8 mm，内轮阔椭圆形至近圆形，有时阔倒卵形，长达2.5 mm或稍过之；花瓣6，长1～2 mm，下部边缘内折，抱着花丝，顶端2裂，裂片叉开，渐尖或短尖；雄蕊6枚，比花瓣短。雌花：萼片和花瓣与雄花相同；退化雄蕊6枚，微小；心皮6，无毛。

核果近球形，红色至紫红色，直径通常 7～8 mm；果实核骨质，直径 5～6 mm，背部有小横肋状雕纹。

【拍摄地点】 宜城市雷河镇，海拔 155.2 m。

【生物学特性】 喜湿润的土壤，较耐干旱；喜温暖，较耐寒；喜光照充足的环境。

【生境分布】 生于灌丛、村边、林缘等处。分布于宜城市流水镇、雷河镇等地。

【药用部位】 根。

【功能主治】 清热解毒，活血，祛风止痛。

【用法用量】 内服：煎汤，5～10 g。外用：适量，煎水熏洗；或捣敷；或磨浓汁搽、敷。

三五、睡莲科

睡莲属

84. 睡莲 *Nymphaea tetragona* Georgi

【别名】 水浮莲。

【形态特征】 多年水生草本；根状茎短粗。叶纸质，心状卵形或卵状椭圆形，长 5～12 cm，宽 3.5～9 cm，基部具深弯缺，约占叶片全长的 1/3，裂片急尖，稍开展或几乎重合，全缘，上面光亮，下面带红色或紫色，两面皆无毛，具小点；叶柄长达 60 cm。花直径 3～5 cm；花梗细长；花萼基部四棱形，萼片革质，宽披针形或窄卵形，长 2～3.5 cm，宿存；花瓣白色，宽披针形、长圆形或倒卵形，

长 2～2.5 cm，内轮不变成雄蕊；雄蕊比花瓣短，花药条形，长 3～5 mm；柱头具 5～8 辐射线。浆果球形，直径 2～2.5 cm，为宿存萼片包裹；种子椭圆形，长 2～3 mm，黑色。花期 6—8 月，果期 8—10 月。

【拍摄地点】 宜城市小河镇，海拔 60.0 m。

【生物学特性】 水生草本。

【生境分布】 分布于宜城市小河镇等地。

三六、三白草科

蕺菜属

85. 蕺菜 *Houttuynia cordata* Thunb.

【别名】鱼腥草。

【形态特征】腥臭草本，高 30 ～ 60 cm；茎下部伏地，节上轮生小根，上部直立，无毛或节上被毛，有时带紫红色。叶薄纸质，有腺点，背面尤甚，卵形或阔卵形，长 4 ～ 10 cm，宽 2.5 ～ 6 cm，顶端短渐尖，基部心形，两面有时除叶脉被毛外余均无毛，背面常呈紫红色；叶脉 5 ～ 7 条，全部基出或最内 1 对离基约 5 mm 从中脉发出，如为 7 脉，则最外 1 对很纤细或不明显；叶柄长 1 ～

3.5 cm，无毛；托叶膜质，长 1 ～ 2.5 cm，顶端钝，下部与叶柄合生而成长 8 ～ 20 mm 的鞘，且常有缘毛，基部扩大，略抱茎。花序长约 2 cm，宽 5 ～ 6 mm；总花梗长 1.5 ～ 3 cm，无毛；总苞片长圆形或倒卵形，长 10 ～ 15 mm，宽 5 ～ 7 mm，顶端钝圆；雄蕊长于子房，花丝长为花药的 3 倍。蒴果长 2 ～ 3 mm，顶端有宿存的花柱。花期 4—7 月。

【拍摄地点】宜城市板桥店镇肖云村，海拔 137.5 m。

【生物学特性】阴性植物，怕强光，喜温暖、潮湿环境，较耐寒，忌干旱。

【生境分布】生于果园、茶园等。分布于宜城市各乡镇。

【生长周期】一年。

【药用部位】新鲜全草或干燥地上部分。

【采收加工】鲜品：全年均可采割。干品：夏季茎叶茂盛、花穗多时采割，除去杂质，晒干。

【功能主治】清热解毒，消痈排脓，利尿通淋。用于肺痈吐脓，痰热咳喘，热痢，热淋，疮痈肿毒。

【用法用量】内服：煎汤，15 ～ 25 g，不宜久煎；鲜品用量加倍，煎汤或捣汁服。外用：适量，捣敷；或煎水熏洗。

三白草属

86. 三白草 *Saururus chinensis* (Lour.) Baill.

【别名】塘边藕。

【形态特征】湿生草本，高超过1 m；茎粗壮，有纵长粗棱和沟槽，下部伏地，常带白色，上部直立，绿色。叶纸质，密生腺点，阔卵形至卵状披针形，长10～20 cm，宽5～10 cm，顶端短尖或渐尖，基部心形或斜心形，两面均无毛，上部的叶较小，茎顶端的2～3片于花期常为白色，呈花瓣状；叶脉5～7条，均自基部发出，如为7脉，则最外1对纤细，斜升2～2.5 cm即弯拱网结，网状脉明显；叶柄长1～3 cm，无毛，基部与托叶合生成鞘状，略抱茎。花序白色，长12～20 cm；总花梗长3～4.5 cm，无毛，但花序轴密被短柔毛；苞片近匙形，上部圆，无毛或有疏缘毛，下部线形，被柔毛，且贴生于花梗上；雄蕊6枚，花药长圆形，纵裂，花丝比花药略长。果实近球形，直径约3 mm，表面多疣状突起。花期4—6月。

【拍摄地点】宜城市流水镇牌坊河村，海拔94.9 m。

【生物学特性】喜温暖、湿润气候，耐阴。

【生境分布】生于低湿沟边、塘边或溪边。分布于宜城市流水镇等地。

【药用部位】根茎或全草。

【采收加工】根茎：秋季采挖，洗净，晒干。全草：全年均可采挖，洗净，晒干。

【功能主治】清热解毒，利水消肿。用于小便不利，淋沥涩痛，带下，尿路感染，肾炎水肿；外用治疮痈肿毒，湿疹。

【用法用量】内服：煎汤，15～30 g。外用：鲜品适量，捣敷。

三七、金粟兰科

金粟兰属

87. 及己 *Chloranthus serratus* (Thunb.) Roem. et Schult.

【别名】四叶细辛、四大王。

【形态特征】多年生草本，高15～50 cm；根状茎横生，粗短，直径约3 mm，生多数土黄色须根；茎直立，单生或数个丛生，具明显的节，无毛，下部节上对生2片鳞状叶。叶对生，4～6片生于茎上部，纸质，椭圆形、倒卵形或卵状披针形，偶卵状椭圆形或长圆形，长7～15 cm，宽3～6 cm，顶端渐窄成长尖，基部楔形，边缘具锐而密的锯齿，齿尖有一腺体，两面无毛；侧脉6～8对；叶柄长8～25 mm；鳞状叶膜质，三角形；托叶小。穗状花序顶生，偶腋生，单一或2～3分枝；总花梗长1～3.5 cm；苞片三角形或近半圆形，通常顶端数齿裂；花白色；雄蕊3枚，药隔下部合生，着生于子房上部外侧，中央药隔有1个2室的花药，两侧药隔各有1个1室的花药；药隔长圆形，3药隔相抱，中央药隔向内弯，长2～3 mm，与侧药隔等长或略长，药室在药隔中部或中部以上；子房卵形，无花柱，柱头粗短。核果近球形或梨形，绿色。花期4—5月，果期6—8月。

【拍摄地点】宜城市流水镇马集村，海拔155.7 m。

【生境分布】生于林边阴湿处。分布于流水镇等地。

【药用部位】根或全草（有毒）。

【采收加工】夏、秋季采挖全草，洗净，晒干；或将根砍下，分别晒干。

【功能主治】舒筋活络，祛风止痛，消肿解毒。用于跌打损伤，风湿腰腿痛，疮痈肿毒，毒蛇咬伤。

【用法用量】内服：煎汤，3～6 g。

三八、马兜铃科

马兜铃属

88. 马兜铃 *Aristolochia debilis* Sieb. et Zucc.

【别名】青木香。

【形态特征】草质藤本；根圆柱形，直径3～15 mm，外皮黄褐色；茎柔弱，无毛，暗紫色或绿色，有腐肉味。叶纸质，卵状三角形、长圆状卵形或戟形，长3～6 cm，基部宽1.5～3.5 cm，上部宽1.5～2.5 cm，顶端钝圆或短渐尖，基部心形，两侧裂片圆形，下垂或稍扩展，长1～1.5 cm，两面无毛；基出脉5～7条，邻近中脉的两侧脉平行向上，略开叉，其余向侧边延伸，各级叶脉在两面均明显；叶柄长1～2 cm，柔弱。花单生或2朵聚生于叶腋；花梗长1～1.5 cm，开花后期近顶端常稍弯，基部具小苞片；小苞片三角形，长2～3 mm，易脱落；花被长3～5.5 cm，基部膨大成球形，与子房连接处具关节，直径3～6 mm，向

上收狭成一长管，管长2～2.5 cm，直径2～3 mm，管口扩大成漏斗状，黄绿色，口部有紫斑，外面无毛，内面有腺体状毛；檐部一侧极短，另一侧渐延伸成舌片；舌片卵状披针形，向上渐狭，长2～3 cm，顶端钝；花药卵形，贴生于合蕊柱近基部，单个与其裂片对生；子房圆柱形，长约10 mm，具6棱；合蕊柱顶端6裂，稍具乳头状突起，裂片顶端钝，向下延伸形成波状圆环。蒴果近球形，顶端圆形而微凹，长约6 cm，直径约4 cm，具6棱，成熟时黄绿色，由基部向上沿室间6瓣开裂；果梗长2.5～5 cm，常撕裂成6条；种子扁平，钝三角形，长、宽均约4 mm，边缘具白色膜质宽翅。花期7—8月，果期9—10月。

【拍摄地点】 宜城市板桥店镇东湾村，海拔187.3 m。

【生物学特性】 喜光，稍耐阴，喜沙质黄壤土，耐寒。

【生境分布】 生于山谷、沟边、路旁阴湿处及山坡灌丛中。分布于宜城市板桥店镇等地。

【药用部位】 根、茎、果实（具有肝毒性）。

【功能主治】 根：行气止痛，解毒消肿。茎：理气，祛湿，活血止痛。果实：清肺降气，止咳平喘，清肠消痔。

【用法用量】 内服：煎汤，3～9 g。

关 木 通 属

89. 寻骨风 *Isotrema mollissimum* (Hance) X. X. Zhu, S. Liao et J. S. Ma

【形态特征】 木质藤本；根细长，圆柱形；嫩枝密被灰白色长绵毛，老枝无毛，干后常有纵槽纹，暗褐色。叶纸质，卵形、卵状心形，长3.5～10 cm，宽2.5～8 cm，顶端钝圆至短尖，基部心形，基部两侧裂片广展，弯缺深1～2 cm，边缘全缘，上面被糙伏毛，下面密被灰色或白色长绵毛，基出脉5～7条，侧脉每边3～4条；叶柄长2～5 cm，密被白色长绵毛。花单生于叶腋，花梗长1.5～3 cm，直立或近顶端向下弯，中部或中部以下有小苞片；小苞片卵形或长卵形，长5～15 mm，宽3～10 mm，无柄，顶端短尖，两面被毛与叶相同；花被管中部急剧弯曲，下部长1～1.5 cm，直径3～6 mm，弯曲处至檐部较下部短而狭，外面密生白色长绵毛，内面无毛；檐部盘状，圆形，直径2～2.5 cm，内面无毛或稍被微柔毛，浅黄色，并有紫色网纹，外面密生白色长绵毛，边缘浅3裂，裂片平展，阔三角形，近等大，

顶端短尖或钝；喉部近圆形，直径 2～3 mm，稍呈领状突起，紫色；花药长圆形，成对贴生于合蕊柱近基部，并与其裂片对生；子房圆柱形，长约 8 mm，密被白色长绵毛；合蕊柱顶端 3 裂；裂片顶端钝圆，边缘向下延伸，并具乳头状突起。蒴果长圆状或椭圆状倒卵形，长 3～5 cm，直径 1.5～2 cm，具 6 条呈波状或扭曲的棱或翅，暗褐色，密被细绵毛或毛常脱落而变无毛，成熟时自顶端向下 6 瓣开裂；种子卵状三角形，长约 4 mm，宽约 3 mm，背面平凸状，具皱褶和隆起的边缘，腹面凹入，中间具膜质种脊。花期 4—6 月，果期 8—10 月。

【拍摄地点】 宜城市小河镇山河村，海拔 167.2 m。
【生境分布】 生于低山草丛、山坡灌丛及路旁。分布于宜城市各乡镇。
【药用部位】 全株。
【采收加工】 5 月开花前采收，连根挖出，除去泥土和杂质，洗净，切段，晒干。
【功能主治】 祛风通络，止痛。用于风湿痹痛，胃痛，睾丸肿痛，跌打损伤。
【用法用量】 内服：煎汤，15～25 g。

三九、山 茶 科

山 茶 属

90. 油茶 *Camellia oleifera* Abel

【别名】 茶子树、白花茶。
【形态特征】 灌木或中乔木；嫩枝有粗毛。叶革质，椭圆形、长圆形或倒卵形，先端尖而有钝头，有时渐尖或钝，基部楔形，长 5～7 cm，宽 2～4 cm，有时较长，上面深绿色，发亮，中脉有粗毛或柔毛，下面浅绿色，无毛或中脉有长毛，侧脉在上面能见，在下面不很明显，边缘有细锯齿，有时具钝齿，叶柄长 4～8 mm，有粗毛。花顶生，近无柄，苞片与萼片约 10，由外向内逐渐增大，阔卵形，长 3～12 mm，背面有紧贴柔毛或绢毛，花后脱落，花瓣白色，5～7 片，倒卵形，长 2.5～3 cm，宽 1～2 cm，有时较短或更长，先端凹入或 2 裂，基部狭窄，近离生，背面有丝毛，至少在最外侧的有丝毛；

雄蕊长 1～1.5 cm，外侧雄蕊仅基部略连生，偶有花丝管长达 7 mm 的，无毛，花药黄色，背部着生；子房有黄色长毛，3～5 室，花柱长约 1 cm，无毛，先端不同程度 3 裂。蒴果球形或卵圆形，直径 2～4 cm，1 室或 3 室，2 片或 3 片裂开，每室有种子 1 粒或 2 粒，果片厚 3～5 mm，木质，中轴粗厚；苞片及萼片脱落后留下的果柄长 3～5 mm，粗大，有环状短节。花期冬、春季。

【拍摄地点】宜城市板桥店镇珍珠村，海拔 303.7 m。

【生物学特性】喜温暖，怕寒冷。

【生境分布】生于避风向阳、质地肥沃等地。分布于板桥店镇等地。

【药用部位】根。

【功能主治】清热解毒，活血散瘀，止痛。用于急性咽喉炎，胃痛，扭挫伤。

【用法用量】内服：煎汤，15～30 g。外用：适量，研末或烧灰研末，调敷。

四〇、藤黄科

金丝桃属

91. 赶山鞭 *Hypericum attenuatum* Choisy

【形态特征】多年生草本，高（15）30～74 cm；根茎具发达的侧根及须根。茎数个丛生，直立，圆柱形，常有 2 条纵棱线，且全面散生黑色腺点。叶无柄；叶片卵状长圆形或卵状披针形至长圆状倒卵形，长 0.8～3.8 cm，宽（0.3）0.5～1.2 cm，先端圆钝或渐尖，基部渐狭或微心形，略抱茎，全缘，两面通常光滑，下面散生黑色腺点，侧脉 2 对，与中脉在上面凹陷，下面凸起，边缘脉及脉网

不明显。花序顶生，多花或有时少花，为近伞房状或圆锥花序；苞片长圆形，长约 0.5 cm。花直径 1.3 ～ 1.5 cm，平展；花蕾卵珠形；花梗长 3 ～ 4 mm。萼片卵状披针形，长约 5 mm，宽 2 mm，先端锐尖，表面及边缘散生黑色腺点。花瓣淡黄色，长圆状倒卵形，长 1 cm，宽约 0.4 cm，先端钝，表面及边缘有稀疏的黑色腺点，宿存。雄蕊 3 束，每束有雄蕊约 30 枚，花药具黑色腺点。子房卵珠形，长约 3.5 mm，3 室；花柱 3，自基部离生，与子房等长或稍长于子房。蒴果卵珠形或长圆状卵珠形，长 0.6 ～ 10 mm，宽约 4 mm，具长短不等的条状腺斑。种子黄绿色、浅灰黄色或浅棕色，圆柱形，微弯，长 1.2 ～ 1.3 mm，宽约 0.5 mm，两端钝形且具小突尖，两侧有龙骨状突起，表面有细蜂窝纹。花期 7—8 月，果期 8—9 月。

【拍摄地点】宜城市板桥店镇，海拔 262.0 m。

【生境分布】生于山坡杂草中。分布于宜城市板桥店镇等地。

【药用部位】全草。

【采收加工】秋季采收，晒干。

【功能主治】凉血止血，活血止痛，解毒消肿。用于吐血，咯血，崩漏，外伤出血，风湿痹痛，跌打损伤，疮痈肿毒，乳痈肿痛，乳汁不下，烫伤及蛇虫咬伤。

【用法用量】内服：煎汤，9 ～ 15 g。外用：适量，鲜品捣敷；或干品研粉撒敷。

92. 金丝桃 *Hypericum monogynum* L.

【别名】土连翘。

【形态特征】灌木，高 0.5 ～ 1.3 m，丛状或通常有疏生的开张枝条。茎红色，幼时具 2（4）条纵棱线及两侧压扁，很快为圆柱形；皮层橙褐色。叶对生，无柄或具短柄，柄长达 1.5 mm；叶片倒披针形或椭圆形至长圆形，或较稀为披针形至卵状三角形或卵形，长 2 ～ 11.2 cm，宽 1 ～ 4.1 cm，先端锐尖至圆形，通常具细小突尖，基部楔形至圆形或上部者有时截形至心形，边缘平坦，

坚纸质，上面绿色，下面淡绿色但不呈灰白色，主侧脉 4 ～ 6 对，分枝，常与中脉分枝不分明，第三级脉网密集，不明显，腹腺体无，叶片腺体小而呈点状。花序具 1 ～ 15（30）朵花，自茎端第 1 节生出，有时亦自茎端 1 ～ 3 节生出，稀有 1 ～ 2 对次生分枝；花梗长 0.8 ～ 2.8（5）cm；苞片小，线状披针形，早落。花直径 3 ～ 6.5 cm，星状；花蕾卵珠形，先端近锐尖至钝形。萼片宽，狭椭圆形、长圆形至披针形或倒披针形，先端锐尖至圆形，边缘全缘，中脉分明，细脉不明显，有或多或少的腺体，在基部的线形至条纹状，向顶端的点状。花瓣金黄色至柠檬黄色，无红晕，三角状倒卵形，长 2 ～ 3.4 cm，宽 1 ～ 2 cm，长为萼片的 2.5 ～ 4.5 倍，边缘全缘，无腺体，有侧生的小突尖，小突尖先端锐尖至圆形或消失。雄蕊 5 束，每束有雄蕊 25 ～ 35 枚，长者长达 1.8 ～ 3.2 cm，与花瓣儿等长，花药黄色至暗橙色。子房卵珠形或卵珠状圆锥形至近球形，长 2.5 ～ 5 mm，宽 2.5 ～ 3 mm；花柱长 1.2 ～ 2 cm，长为子房的 3.5 ～

5倍，合生几达顶端然后向外弯，或极偶然有合生至全长之半；柱头小。蒴果宽卵珠形，稀为卵珠状圆锥形至近球形，长6～10 mm，宽4～7 mm。种子深红褐色，圆柱形，长约2 mm，有狭的龙骨状突起，有浅的线状网纹至线状蜂窝纹。花期5—8月，果期8—9月。

【拍摄地点】 宜城市滨江大道，海拔29.0 m。

【生物学特性】 喜湿润、半阴之地。

【生境分布】 生于山坡、路旁或灌丛中。作为园艺植物栽培于宜城市等地。

【药用部位】 叶、花、果实（有小毒）。

【功能主治】 清热解毒，散瘀止痛，祛湿。用于肝炎，肝脾大，急性咽喉炎，结膜炎，疮痈肿毒，蛇咬伤及蜂蜇伤，跌打损伤，风寒性腰痛。

【用法用量】 内服：煎汤，15～30 g。外用：适量，鲜叶捣敷。

四一、罂粟科

紫堇属

93. 紫堇 *Corydalis edulis* Maxim.

【别名】 断肠草。

【形态特征】 一年生灰绿色草本，高20～50 cm，具主根。茎分枝，具叶；花枝花葶状，常与叶对生。基生叶具长柄，叶片近三角形，长5～9 cm，上面绿色，下面苍白色，一至二回羽状全裂，一回羽片2～3对，具短柄，二回羽片近无柄，倒卵圆形，羽状分裂，裂片狭卵圆形，顶端钝，近具短尖。茎生叶与基生叶同型。总状花序疏具3～10朵花。苞片狭卵圆形至披针形，渐尖，全缘，有时下部疏具齿，约与花梗等长或稍长。花梗长约5 mm。萼片小，近圆形，直径约1.5 mm，具齿。花粉红色至紫红色，平展。外花瓣较宽展，顶端微凹，无鸡冠状突起。上花瓣长1.5～2 cm；距圆筒形，基部稍下弯，约占花瓣全长的1/3；蜜腺体长，近伸达距末端，大部分与距贴生，末端不变狭。下花瓣近基部渐狭。内花瓣具鸡冠状突起；爪纤细，稍长于瓣片。柱头横向纺锤形，两端各具1乳突，上面具沟槽，槽内具极细小的乳突。蒴果线形，下垂，长3～3.5 cm，具1列种子。种子直径约1.5 mm，密生环状小凹点；种阜小，紧贴种子。

【拍摄地点】宜城市刘猴镇，海拔 206.8 m。

【生物学特性】喜温暖、湿润环境。

【生境分布】生于丘陵、沟边或多石地。分布于宜城市各乡镇。

【药用部位】全草（有毒）。

【功能主治】清热解毒，止痒，收敛，固精，润肺，止咳。

【用法用量】内服：煎汤，4～10 g。外用：适量，捣敷；或研末调敷；或煎水洗。

94. 延胡索 *Corydalis yanhusuo* W. T. Wang ex Z. Y. Su et C. Y. Wu

【别名】玄胡索。

【形态特征】多年生草本，高 10～30 cm。块茎圆球形，直径（0.5）1～2.5 cm，质黄。茎直立，常分枝，基部以上具 1 鳞片，有时具 2 鳞片，通常具 3～4 片茎生叶，鳞片和下部茎生叶常具腋生块茎。叶二回三出或近三回三出，小叶 3 裂或 3 深裂，具全缘的披针形裂片，裂片长 2～2.5 cm，宽 5～8 mm；下部茎生叶常具长柄；叶柄基部具鞘。总状花序疏生 5～15 朵花。苞片披针形或狭卵圆形，全缘，有时下部的稍分裂，长约 8 mm。花梗花期长约 1 cm，果期长约 2 cm。花紫红色。萼片小，早落。外花瓣宽展，具齿，顶端微凹，具短尖。上花瓣长（1.5）2～2.2 cm，瓣片与距常上弯；距圆筒形，长 1.1～1.3 cm；蜜腺体约贯穿距长的 1/2，末端钝。下花瓣具短爪，向前渐增大成宽展的瓣片。内花瓣长 8～9 mm，爪长于瓣片。柱头近圆形，具较长的 8 乳突。蒴果线形，长 2～2.8 cm，具 1 列种子。

【拍摄地点】宜城市刘猴镇胡坪村，海拔 152.1 m。

【生物学特性】喜温暖、湿润气候，稍能耐寒，怕干旱。

【生境分布】生于丘陵草地。栽培于宜城市南营街道办事处、刘猴镇等地。

【药用部位】块茎。

【采收加工】夏初茎叶枯萎时采挖，除去须根，洗净，置沸水中或蒸至恰无白心时，取出，晒干。

【功能主治】活血，行气，止痛。用于胸胁、脘腹疼痛，胸痹心痛，闭经痛经，产后瘀阻，跌打肿痛。

【用法用量】内服：煎汤，3～10 g；或研末吞服，一次 1.5～3 g。

罂 粟 属

95. 虞美人 *Papaver rhoeas* L.

【别名】丽春花、仙女蒿。

【形态特征】一年生草本，全体被伸展的刚毛，稀无毛。茎直立，高25～90 cm，具分枝，被淡黄色刚毛。叶互生，叶片轮廓披针形或狭卵形，长3～15 cm，宽1～6 cm，羽状分裂，下部全裂，全裂片披针形和二回羽状浅裂，上部深裂或浅裂，裂片披针形，最上部粗齿状羽状浅裂，顶生裂片通常较大，小裂片先端均渐尖，两面被淡黄色刚毛，叶脉在背面凸起，在表面略凹；下部叶具柄，上部叶无柄。花单生于茎和分枝顶端；花梗长10～15 cm，被淡黄色平展的刚毛。花蕾长圆状倒卵形，下垂；萼片2，宽椭圆形，长1～1.8 cm，绿色，外面被刚毛；花瓣4，圆形、横向宽椭圆形或宽倒卵形，长2.5～4.5 cm，全缘，稀圆齿状或顶端缺刻状，紫红色，基部通常具深紫色斑点；雄蕊多数，花丝丝状，长约8 mm，深紫红色，花药长圆形，长约1 mm，黄色；子房倒卵形，长7～10 mm，无毛，柱头5～18，辐射状，连合成扁平、边缘圆齿状的盘状体。蒴果宽倒卵形，长1～2.2 cm，无毛，具不明显的肋。种子多数，肾状长圆形，长约1 mm。花、果期3—8月。

【拍摄地点】宜城市南营街道办事处官庄村，海拔55.6 m。

【生物学特性】耐寒，怕暑热，喜阳光充足环境，喜排水良好、肥沃的沙质土壤。

【生境分布】栽培于宜城市各乡镇。

【药用部位】花、全株。

【功能主治】止痛，镇咳，止泻。用于咳嗽，痢疾，腹痛。

96. 罂粟 *Papaver somniferum* L.

【别名】鸦片。

【形态特征】一年生草本，无毛或稀在植株下部或总花梗上被极少的刚毛，高30～60（100）cm，栽培者可达1.5 m。主根近圆锥状，垂直。茎直立，不分枝，无毛，具白粉。叶互生，叶片卵形或长卵形，长7～25 cm，先端渐尖至钝，基部心形，边缘为不规则的波状锯齿，两面无毛，具白粉，叶脉明显，略凸起；下部叶具短柄，上部叶无柄、抱茎。花单生；花梗长达25 cm，无毛，稀散生刚毛。花蕾卵圆状长圆形或宽卵

形，长 1.5～3.5 cm，宽 1～3 cm，无毛；萼片 2，宽卵形，绿色，边缘膜质；花瓣 4，近圆形或近扇形，长 4～7 cm，宽 3～11 cm，边缘浅波状或各式分裂，白色、粉红色、红色、紫色或杂色；雄蕊多数，花丝线形，长 1～1.5 cm，白色，花药长圆形，长 3～6 mm，淡黄色；子房球形，直径 1～2 cm，绿色，无毛，柱头 5～18，辐射状，连合成扁平的盘状体，盘边缘深裂，裂片具细圆齿。蒴果球形或长圆状椭圆形，长 4～7 cm，直径 4～5 cm，无毛，成熟时褐色。种子多数，黑色或深灰色，表面呈蜂窝状。花、果期 3—11 月。

【拍摄地点】 宜城市南营街道办事处金山村，海拔 121.4 m。

【生物学特性】 喜阳光充足，不喜湿涝，但喜湿润的地方。

【药用部位】 干燥成熟果壳。

【采收加工】 秋季将成熟果实或已割取浆汁后的成熟果实摘下，破开，除去种子和枝梗，干燥。

【功能主治】 敛肺止咳，涩肠止痛。用于久咳，久泻，脱肛，脘腹疼痛。

【用法用量】 内服：煎汤，3～6 g。

四二、十字花科

芸薹属

97. 芸薹 *Brassica rapa* var. *oleifera* DC.

【别名】 油菜。

【形态特征】 二年生草本，高 30～90 cm；茎粗壮，直立，分枝或不分枝，无毛或近无毛，稍带粉霜。基生叶大头羽裂，顶裂片圆形或卵形，边缘有不整齐弯缺齿，侧裂片 1 至数对，卵形；叶柄宽，长 2～6 cm，基部抱茎；下部茎生叶羽状半裂，长 6～10 cm，基部扩展且抱茎，两面有硬毛及缘毛；上部茎生叶长圆状倒卵形、长圆形或长圆状披针形，长 2.5～8(15)cm，宽 0.5～4(5)cm，基部心形，抱茎，两侧有垂耳，全缘或有波状细齿。总状花序在花期呈伞房状，以后伸长；花鲜黄色，直径 7～10 mm；萼片长圆形，长 3～5 mm，直立开展，顶端圆形，边缘透明，稍有毛；花瓣倒卵形，长 7～9 mm，顶端近微缺，基部有爪状物。长角果线形，长 3～8 cm，宽 2～4 mm，果瓣有中

脉及网纹；果梗长 5～15 mm。种子球形，直径约 1.5 mm。紫褐色。花期 3—4 月，果期 5 月。

【拍摄地点】 宜城市板桥店镇，海拔 138.0 m。

【生境分布】 栽培于宜城市各乡镇。

【药用部位】 种子、叶。

【功能主治】 种子：行血，散结消肿。叶：用于痈肿。

【用法用量】 内服：煮熟或捣汁。外用：适量，煎水洗；或捣敷。

98. 芥菜 *Brassica juncea* (L.) Czern. et Coss.

【别名】 芥、盖菜。

【形态特征】 一年生草本，高 30～150 cm，常无毛，有时幼茎及叶具刺毛，带粉霜，有辣味；茎直立，有分枝。基生叶宽卵形至倒卵形，长 15～35 cm，顶端圆钝，基部楔形，大头羽裂，具 2～3 对裂片或不裂，边缘均有缺刻或齿，叶柄长 3～9 cm，具小裂片；茎下部叶较小，边缘有缺刻或齿，有时具圆钝状锯齿，不抱茎；茎上部叶窄披针形，长 2.5～5 cm，宽 4～9 mm，边缘具不明显疏齿或全缘。总状花序顶生，花后延长；花黄色，直径 7～10 mm；花梗长 4～9 mm；萼片淡黄色，长圆状椭圆形，长 4～5 mm，直立开展；花瓣倒卵形，长 8～10 mm，爪状物长 4～5 mm。长角果线形，长 3～5.5 cm，宽 2～3.5 mm，果瓣具 1 突出中脉；喙长 6～12 mm；果梗长 5～15 mm。种子球形，直径约 1 mm，紫褐色。花期 3—5 月，果期 5—6 月。

【拍摄地点】 宜城市板桥店镇罗屋村，海拔 133.5 m。

【生物学特性】 喜冷凉湿润环境，忌炎热干旱，不耐霜冻，需较强光照条件。

【生境分布】 栽培于宜城市各乡镇。

【药用部位】 种子及全草。

【功能主治】 化痰平喘，消肿止痛。

【用法用量】 内服：煎汤，12～15 g；或鲜品捣汁。外用：适量，煎水熏洗；或烧存性研末撒。

99. 甘蓝 *Brassica oleracea* var. *capitata* L.

【别名】 卷心菜。

【形态特征】 二年生草本，被粉霜，矮且粗壮。一年生茎肉质，不分枝，绿色或灰绿色。基生叶多数，质厚，层层包裹成球状体，扁球形，直径 10～30 cm 或更大，乳白色或淡绿色；二年生茎有分枝，具茎生叶。基生叶及下部茎生叶长圆状倒卵形至圆形，长和宽达 30 cm。顶端圆形，基部骤窄成极短有宽翅的叶柄，边缘有波状不明显锯齿；上部茎生叶卵形或长圆状卵形，长 8～13.5 cm，宽 3.5～

7 cm，基部抱茎；最上部叶长圆形，长约 4.5 cm，宽约 1 cm，抱茎。总状花序顶生及腋生；花淡黄色，直径 2～2.5 cm；花梗长 7～15 mm；萼片直立，线状长圆形，长 5～7 mm；花瓣宽椭圆状倒卵形或近圆形，长 13～15 mm，脉纹明显，顶端微缺，基部骤变窄成爪状物，爪状物长 5～7 mm。长角果圆柱形，长 6～9 cm，宽 4～5 mm，两侧稍压扁，中脉突出，喙圆锥形，长 6～10 mm；果梗粗，直立开展，长 2.5～3.5 cm。种子球形，直径 1.5～2 mm，棕色。花期 4 月，果期 5 月。

【拍摄地点】宜城市滨江大道，海拔 19.2 m。

【生物学特性】喜温和湿润、阳光充足的环境，较耐寒，也可耐高温。

【生境分布】栽培于宜城市各乡镇。

荠 属

100. 荠 *Capsella bursa-pastoris* (L.) Medic.

【别名】荠菜、地米菜。

【形态特征】一年生或二年生草本，高（7）10～50 cm，无毛、有单毛或分叉毛；茎直立，单一或从下部分枝。基生叶丛生，呈莲座状，大头羽状分裂，长可达 12 cm，宽可达 2.5 cm，顶裂片卵形至长圆形，长 5～30 mm，宽 2～20 mm，侧裂片 3～8 对，长圆形至卵形，长 5～15 mm，顶端渐尖，浅裂、有不规则粗锯齿或近全缘，叶柄长 5～40 mm；茎生叶窄披针形或披针形，长 5～6.5 mm，宽 2～15 mm，

基部箭形，抱茎，边缘有缺刻或锯齿。总状花序顶生及腋生，果期延长可达 20 cm；花梗长 3～8 mm；萼片长圆形，长 1.5～2 mm；花瓣白色，卵形，长 2～3 mm，有短爪状物。短角果倒三角形或倒心状三角形，长 5～8 mm，宽 4～7 mm，扁平，无毛，顶端微凹，裂瓣具网脉；花柱长约 0.5 mm；果梗长 5～15 mm。种子 2 行，长椭圆形，长约 1 mm，浅褐色。花、果期 4—6 月。

【拍摄地点】宜城市滨江大道，海拔 58.5 m。

【生物学特性】 耐寒，喜冷凉湿润气候。

【生境分布】 生于山坡、田边，野生，偶有栽培。分布于宜城市各乡镇。

【功能主治】 利水，止血，明目。

【用法用量】 内服：煎汤，15～30 g（鲜品60～120 g）；或入丸、散。外用：适量，捣汁点眼。

碎米荠属

101. 弯曲碎米荠 *Cardamine flexuosa* With.

【别名】 碎米荠。

【形态特征】 一年生或二年生草本，高达30 cm。茎自基部多分枝，斜升成铺散状，表面疏生柔毛。基生叶有叶柄，小叶3～7对，顶生小叶卵形、倒卵形或长圆形，长、宽均为2～5 mm，顶端3齿裂，基部宽楔形，有小叶柄；侧生小叶卵形，较顶生的小，1～3齿裂，有小叶柄；茎生叶有小叶3～5对，小叶多为长卵形或线形，1～3裂或全缘，有小叶柄或无，全部小叶近无毛。总状花序多数，生于枝顶，花小，花梗纤细，长2～4 mm；萼片长椭圆形，长约2.5 mm，边缘膜质；花瓣白色，倒卵状楔形，长约3.5 mm；花丝不扩大；雌蕊柱状，花柱极短，柱头扁球状。长角果线形，扁平，长12～20 mm，宽约1 mm，与果序轴近平行排列，果序轴弯曲，果梗直立开展，长3～9 mm。种子长圆形而扁，长约1 mm，黄绿色，顶端有极窄的翅。花期3—5月，果期4—6月。

【拍摄地点】 宜城市刘猴镇团山村，海拔133.0 m。

【生物学特性】 生于路旁、田边以及草地。

【生境分布】 分布于宜城市刘猴镇等地。

【药用部位】 全草。

【功能主治】 清热，利湿，健胃，止泻。

【用法用量】 内服：煎汤，25～50 g。外用：鲜品适量，捣敷。

播娘蒿属

102. 播娘蒿 *Descurainia sophia* (L.) Webb ex Prantl

【别名】 南葶苈子。

【形态特征】 一年生草本，高20～80 cm，有毛或无毛，若有毛则为叉状毛，以下部茎生叶为多，向上渐少。茎直立，分枝多，常于下部成淡紫色。叶为三回羽状深裂，长 2～12（15）cm，末端裂片条形或长圆形，裂片长 2～10 mm，宽 0.8～1.5（2）mm，下部叶具柄，上部叶无柄。花序伞房状，果期伸长；萼片直立，早落，长圆状条形，背面有分叉细柔毛；花瓣黄色，长圆状倒卵形，长 2～2.5 mm，或稍短于萼片，具爪状物；雄蕊 6 枚，比花瓣长 1/3。长角果圆筒状，长 2.5～3 cm，宽约 1 mm，无毛，稍内曲，与果梗不成一条直线，果瓣中脉明显；果梗长 1～2 cm。种子每室 1 行，形状小，多数，长圆形，长约 1 mm，稍扁，淡红褐色，表面有细网纹。花期 4—5 月。

【拍摄地点】 宜城市板桥店镇，海拔 202.7 m。

【生物学特性】 喜潮湿土壤。

【生境分布】 生于山坡、田野及农田。分布于宜城市板桥店镇等地。

【药用部位】 种子。

【功能主治】 利尿消肿，祛痰定喘。

【用法用量】 内服：煎汤，3～9 g。

菘 蓝 属

103. 菘蓝 *Isatis tinctoria* L.

【别名】 板蓝根、大青叶。

【形态特征】 二年生草本，高 40～100 cm；茎直立，绿色，顶部多分枝，植株光滑无毛，带白粉霜。基生叶莲座状，长圆形至宽倒披针形，长 5～15 cm，宽 1.5～4 cm，顶端钝或尖，基部渐狭，全缘或稍具波状齿，具柄；基生叶蓝绿色，长椭圆形或长圆状披针形，长 7～15 cm，宽 1～4 cm，基部叶耳不明显或为圆形。萼片宽卵形或宽披针形，长 2～2.5 mm；花瓣黄白色，宽楔形，长 3～4 mm，顶端近平截，具短爪状物。短角果近长圆形，扁平，无毛，边缘有翅；果梗细长，微下垂。种子长圆形，长 3～3.5 mm，

淡褐色。花期 4—5 月，果期 5—6 月。

【拍摄地点】 宜城市刘猴镇胡坪村，海拔 118.0 m。

【生物学特性】 喜温暖气候，耐寒，怕涝。

【生境分布】 栽培于宜城市刘猴镇等地。

【药用部位】 根、叶。

【采收加工】 根：秋季采挖，除去泥沙，晒干。叶：夏、秋季分 2 ~ 3 次采收，除去杂质，晒干。

【功能主治】 根：清热解毒，凉血利咽。用于发热咽痛，温毒发斑，痄腮，丹毒，痈肿。叶：清热解毒，凉血消斑。用于温病高热，神昏，发斑发疹，痄腮，喉痹，丹毒，痈肿。

【用法用量】 内服：煎汤，9 ~ 15 g。

蔊 菜 属

104. 蔊菜 *Rorippa indica* (L.) Hiern

【别名】 野菜子。

【形态特征】 一年生、二年生直立草本，高 20 ~ 40 cm，植株较粗壮，无毛或具疏毛。茎单一或分枝，表面具纵沟。叶互生，基生叶及茎下部叶具长柄，叶形多变化，通常大头羽状分裂，长 4 ~ 10 cm，宽 1.5 ~ 2.5 cm，顶端裂片大，卵状披针形，边缘具不整齐齿，侧裂片 1 ~ 5 对；茎上部叶片宽披针形或匙形，边缘具疏齿，具短柄或基部耳状抱茎。总状花序顶生或侧生，花小，多数，具细花梗；萼片 4，卵状长圆形，

长 3 ~ 4 mm；花瓣 4，黄色，匙形，基部渐狭成短爪，与萼片近等长；雄蕊 6 枚，2 枚稍短。长角果线状圆柱形，短而粗，长 1 ~ 2 cm，宽 1 ~ 1.5 mm，直立或稍内弯，成熟时果瓣隆起；果梗纤细，长 3 ~ 5 mm，斜升或近水平开展。种子每室 2 行，多数，细小，卵圆形而扁，一端微凹，表面褐色，具细网纹；子叶缘倚胚根。花期 4—6 月，果期 6—8 月。

【拍摄地点】 宜城市刘猴镇，海拔 206.8 m。

【生境分布】 生于路边、田边、园圃、河边、屋边墙角及山坡路旁等较潮湿处。分布于宜城市刘猴镇等地。

【药用部位】 全草。

【功能主治】 清热解毒，止咳化痰，活血通络。

【用法用量】 内服：煎汤，10 ~ 30 g（鲜品加倍）；或捣、绞汁服。外用：适量，捣敷。

四三、景天科

费菜属

105. 费菜 *Phedimus aizoon* (L.)'t Hart

【别名】 土三七、金不换。

【形态特征】 多年生草本。根状茎短,粗茎高20～50 cm,有1～3条茎,直立,无毛,不分枝。叶互生,狭披针形、椭圆状披针形至卵状倒披针形,长3.5～8 cm,宽1.2～2 cm,先端渐尖,基部楔形,边缘有不整齐的锯齿;叶坚实,近草质。聚伞花序多花,水平分枝,平展,下托以苞叶。萼片5,线形,肉质,不等长,长3～5 mm,先端钝;花瓣5,黄色,长圆形至椭圆状披针形,长6～10 mm,有短尖;雄蕊10枚,较花瓣短;鳞片5,近正方形,长0.3 mm,心皮5,卵状长圆形,基部合生,腹面突出,花柱长钻形。蓇葖星芒状排列,长7 mm;种子椭圆形,长约1 mm。花期6—7月,果期8—9月。

【拍摄地点】 宜城市刘猴镇钱湾村,海拔383.3 m。

【生物学特性】 阳性植物,稍耐阴,耐干旱、耐寒。分布于宜城市各乡镇。

【生境分布】 生于山地林缘、灌丛、河岸草丛。

【药用部位】 全草。

【功能主治】 活血,止血,宁心,利湿,消肿,解毒。用于跌打损伤,咯血,吐血,便血,心悸,痈肿。

【用法用量】 内服:煎汤,6～12 g。外用:捣敷。

景天属

106. 珠芽景天 *Sedum bulbiferum* Makino

【别名】 马尿花。

【形态特征】 多年生草本。根须状。茎高7～22 cm,茎下部常横卧。叶腋常有圆球形、肉质、小型珠芽着生。基部叶常对生,上部的互生,下部叶卵状匙形,上部叶匙状倒披针形,长10～15 mm,宽

2～4 mm，先端钝，基部渐狭。花序聚伞状，分枝3，常再二歧分枝；萼片5，披针形至倒披针形，长3～4 mm，宽达1 mm，有短距，先端钝；花瓣5，黄色，披针形，长4～5 mm，宽1.25 mm，先端有短尖；雄蕊10枚，长3 mm；心皮5，略叉开，基部1 mm合生，全长4 mm，连花柱长1 mm。花期4—5月。

【拍摄地点】 宜城市刘猴镇魏家冲，海拔94.4 m。

【生境分布】 生于低山、平地树荫下。分布于宜城市刘猴镇等地。

【药用部位】 全草。

【功能主治】 消炎解毒，散寒理气。用于疟疾，食积腹痛。

四四、虎耳草科

绣 球 属

107. 绣球 *Hydrangea macrophylla* (Thunb.) Ser.

【别名】 八仙花。

【形态特征】 灌木，高1～4 m；茎常于基部发出多数放射状枝而形成一圆形灌丛；枝圆柱形，粗壮，紫灰色至淡灰色，无毛，具少数长形皮孔。叶纸质或近革质，倒卵形或阔椭圆形，长6～15 cm，宽4～11.5 cm，先端骤尖，具短尖头，基部钝圆或阔楔形，边缘于基部以上具粗齿，两面无毛或仅下面中脉两侧被稀疏卷曲短柔毛，脉腋间常具少许毛；侧脉6～8对，直，向上斜举或上部近边缘处微弯拱，上面平坦，下面微凸，小脉网状，两面明显；叶柄粗壮，长1～3.5 cm，无毛。伞房状聚伞花序近球形，直径8～20 cm，

具短的总花梗，分枝粗壮，近等长，密被紧贴短柔毛；花密集，多数不育；不育萼片4，阔卵形或近圆形，长1.4～2.4 cm，宽1～2.4 cm，粉红色、淡蓝色或白色；孕性花极少数，具2～4 mm长的花梗；萼筒倒圆锥状，长1.5～2 mm，与花梗疏被卷曲短柔毛，萼齿卵状三角形，长约1 mm；花瓣长圆形，长3～3.5 mm；雄蕊10枚，近等长，不突出或稍突出，花药长圆形，长约1 mm；子房大半下位，花柱3，结果时长约1.5 mm，柱头稍扩大，半环状。蒴果未成熟，长陀螺状，连花柱长约4.5 mm，顶端突出部分长约1 mm，约等于蒴果长的1/3；种子未熟。花期6—8月。

【拍摄地点】宜城市楚都公园，海拔68.7 m。

【生物学特性】喜温暖、湿润和半阴环境。

【生境分布】生于山谷溪旁或山顶疏林中。栽培于宜城市园林。

【药用部位】根、叶、花。

【采收加工】春、夏季采收。

【功能主治】抗疟。

【用法用量】内服：煎汤，15～20 g。外用：煎水洗或捣汁搽。

扯 根 菜 属

108. 扯根菜 *Penthorum chinense* Pursh

【别名】干黄草。

【形态特征】多年生草本，高40～65（90）cm。根状茎分枝；茎不分枝，稀基部分枝，具多数叶，中下部无毛，上部疏生黑褐色腺毛。叶互生，无柄或近无柄，披针形至狭披针形，长4～10 cm，宽0.4～1.2 cm，先端渐尖，边缘具细重锯齿，无毛。聚伞花序具多花，长1.5～4 cm；花序分枝与花梗均被褐色腺毛；苞片小，卵形至狭卵形；花梗长1～2.2 mm；花小型，黄白色；萼片5，革质，三角形，长约1.5 mm，宽约1.1 mm，无毛，单脉；无花瓣；雄蕊10枚，长约2.5 mm；雌蕊长约3.1 mm，心皮5（6），下部合生；子房5（6）室，胚珠多数，花柱5（6），较粗。蒴果紫红色，直径4～5 mm；种子多数，卵状长圆形，表面具小丘状突起。花、果期7—10月。

【拍摄地点】宜城市流水镇黄岗村，海拔135.0 m。

【生境分布】生于林下、灌丛、草甸及水边。分布于宜城市流水镇等地。

【药用部位】全草。

【功能主治】利水除湿，祛瘀止痛。用于黄疸，水肿，跌打损伤。

四五、海 桐 科

海 桐 属

109. 海桐 *Pittosporum tobira* (Thunb.) W. T. Ait.

【别名】海桐花。

【形态特征】常绿灌木或小乔木，高达 6 m，嫩枝被褐色柔毛，有皮孔。叶聚生于枝顶，二年生，革质，嫩时上下两面有柔毛，以后变秃净，倒卵形或倒卵状披针形，长 4～9 cm，宽 1.5～4 cm，上面深绿色，有光泽，干后暗淡无光，先端圆形或钝，常微凹入或为微心形，基部窄楔形，侧脉 6～8 对，在靠近边缘处相结合，有时因侧脉间的支脉较明显而呈多脉状，网脉稍明显，网眼细小，全缘，干后反卷，叶柄长达

2 cm。伞形花序或伞房状伞形花序顶生或近顶生，密被黄褐色柔毛，花梗长 1～2 cm；苞片披针形，长 4～5 mm；小苞片长 2～3 mm，均被褐毛。花白色，芳香，后变黄色；萼片卵形，长 3～4 mm，被柔毛；花瓣倒披针形，长 1～1.2 cm，离生；雄蕊二型，退化雄蕊的花丝长 2～3 mm，花药近不育；正常雄蕊的花丝长 5～6 mm，花药长圆形，长 2 mm，黄色；子房长卵形，密被柔毛，侧膜胎座 3 个，胚珠多数，2 列着生于胎座中段。蒴果圆球形，有棱或呈三角形，直径 12 mm，有毛；子房柄长 1～2 mm，3 片裂开；果片木质，厚 1.5 mm，内侧黄褐色，有光泽，具横格；种子多数，长 4 mm，多角形，红色，种柄长约 2 mm。

【拍摄地点】宜城市滨江大道，海拔 60.1 m。

【生物学特性】喜光，在半阴处也生长良好。

【生境分布】分布于宜城市各乡镇。

110. 崖花子 *Pittosporum truncatum* Pritz.

【别名】菱叶海桐。

【形态特征】常绿灌木，高 2～3 m，多分枝，嫩枝有灰毛，不久变秃净。叶簇生于枝顶，硬革质，倒卵形或菱形，长 5～8 cm，宽 2.5～3.5 cm，中部以上最宽；先端宽而有一个短急尖，有时有浅裂，中部以下急剧收窄而下延；上面深绿色，有光泽，下面初时有白毛，不久变秃净；侧脉 7～8 对，

在上面明显，在下面稍凸起，网脉在上面不明显，在下面能看见；叶柄长 5～8 mm。花单生或数朵呈伞状，生于枝顶叶腋内，花梗纤细，无毛或略有白茸毛，长 1.5～2 cm；萼片卵形，长 2 mm，边缘有睫毛状毛；花瓣倒披针形，长 8 mm；雄蕊长 6 mm；子房被褐色毛，卵圆形，侧膜胎座 2 个，胚珠 16～18 个。蒴果短椭圆形，长 9 mm，宽 7 mm，2 片裂开，果片薄，内侧有小横格；种子 16～18 颗，种柄扁而细，长 1.5 mm。

【拍摄地点】宜城市流水镇马集村，海拔 167.5 m。

【生物学特性】对气候适应性较强，能耐寒冷，亦耐炎热。

【生境分布】分布于宜城市各乡镇。

【药用部位】根、叶及种子。

【采收加工】根、叶：全年均可采收。种子：秋、冬季采收。

【功能主治】解毒，利湿，活血，消肿。用于蛇咬伤，关节疼痛，痈肿，疮疖，跌打损伤，皮肤湿疹。

【用法用量】内服：煎汤，3～5 g；或捣汁。外用：捣敷。

四六、蔷薇科

龙牙草属

111. 龙牙草 *Agrimonia pilosa* Ledeb.

【别名】老鹤嘴。

【形态特征】多年生草本。根多呈块茎状，周围长出若干侧根，根茎短，基部常有 1 至数个地下芽。茎高 30～120 cm，被疏柔毛及短柔毛，稀下部被疏长硬毛。叶为间断奇数羽状复叶，通常有小叶 3～4 对，稀 2 对，向上减少至 3 小叶，叶柄被疏柔毛或短柔毛；小叶片无柄或有短柄，倒卵形、倒卵状椭圆形或倒卵状披针形，长 1.5～5 cm，宽 1～2.5 cm，顶端急尖至圆钝，稀渐尖，基部楔形至宽楔形，边缘有急尖至圆钝锯齿，上面被疏柔毛，稀脱落几无毛，下面通常脉上伏生疏柔毛，稀脱落几无毛，有显著腺点；托叶草质，绿色，镰刀形，稀卵形，顶端急尖或渐尖，边缘有尖锐锯齿或裂片，稀全缘，茎下部托叶有时卵状披针形，常全缘。穗状花序总状顶生，分枝或不分枝，花序轴被柔毛，花梗长1～5 mm，被柔毛；苞片通常深3裂，裂片带形，小苞片对生，卵形，全缘或边缘分裂；花直径6～9 mm；萼片5，三角状卵形；花瓣黄色，长圆形；雄蕊5～8（15）枚；花柱2，丝状，柱头头状。果实倒卵状圆锥形，外面有

10条肋，被疏柔毛，顶端有数层钩刺，幼时直立，成熟时靠合，连钩刺长7～8 mm，最宽处直径3～4 mm。花、果期5—12月。

【拍摄地点】 宜城市雷河镇，海拔180.8 m。
【生境分布】 生于溪边、路旁、草地、灌丛、林缘及疏林下。
【产地分布】 分布于宜城市各乡镇。
【药用部位】 全草、根及冬芽。
【功能主治】 止血，健胃，滑肠，止痢，杀虫。用于脱力劳乏，妇女月经不调，红崩带下，胃寒腹痛，赤白痢疾，吐血，咯血，肠风，尿血，子宫出血，十二指肠出血。
【用法用量】 内服：煎汤，9～15 g；或研末。外用：适量，捣敷。

木 瓜 属

112. 贴梗海棠 *Chaenomeles speciosa* (Sweet) Nakai

【别名】 皱皮木瓜。
【形态特征】 落叶灌木，高达2 m，枝条直立开展，有刺；小枝圆柱形，微屈曲，无毛，紫褐色或黑褐色，有疏生浅褐色皮孔；冬芽三角状卵形，先端急尖，近无毛或在鳞片边缘具短柔毛，紫褐色。叶片卵形至椭圆形，稀长椭圆形，长3～9 cm，宽1.5～5 cm，先端急尖，稀圆钝，基部楔形至宽楔形，边缘具尖锐锯齿，齿尖开展，无毛或在萌蘖上沿下面叶脉有短柔毛；叶柄长约1 cm；托叶大型，草质，肾形或半圆形，稀卵形，长5～10 mm，宽12～

20 mm，边缘有尖锐重锯齿，无毛。花先于叶开放，3～5朵簇生于二年生老枝上；花梗短粗，长约3 mm或近无柄；花直径3～5 cm；萼筒钟状，外面无毛；萼片直立，半圆形，稀卵形，长3～4 mm，宽4～5 mm，长约为萼筒之半，先端圆钝，全缘或有波状齿及黄褐色毛；花瓣倒卵形或近圆形，基部延伸成短爪状物，长10～15 mm，宽8～13 mm，猩红色，稀淡红色或白色；雄蕊45～50枚，长约为花瓣之半；花柱5，基部合生，无毛或稍有毛，柱头头状，不明显分裂，约与雄蕊等长。果实球形或卵球形，直径4～6 cm，黄色或带黄绿色，有稀疏不明显斑点，味芳香；萼片脱落，果梗短或近无梗。花期3—5月，果期9—10月。

【拍摄地点】宜城市，海拔58.5 m。

【生物学特性】喜光又稍耐阴，有一定耐寒能力。栽培于宜城市园林。

【药用部位】果实。

【功能主治】祛风，舒筋，活络，止痛，消肿。

山　楂　属

113. 野山楂 *Crataegus cuneata* Sieb. et Zucc.

【别名】山梨、小叶山楂。

【形态特征】落叶灌木，分枝密，通常具细刺，刺长5～8 mm；小枝细弱，圆柱形，有棱，幼时被柔毛，一年生枝紫褐色，无毛，老枝灰褐色，散生长圆形皮孔；冬芽三角状卵形，先端圆钝，无毛，紫褐色。叶片宽倒卵形至倒卵状长圆形，长2～6 cm，宽1～4.5 cm，先端急尖，基部楔形，下延连于叶柄，边缘有不规则重锯齿，顶端常有3，稀5～7浅裂片，上面无毛，有光泽，下面具

疏柔毛，沿叶脉较密，以后脱落，叶脉显著；叶柄两侧有叶翼，长4～15 mm；托叶大型，草质，镰刀状，边缘有齿。伞房花序，直径2～2.5 cm，具花5～7朵，总花梗和花梗均被柔毛。花梗长约1 cm；苞片草质，披针形，条裂或有锯齿，长8～12 mm，脱落很迟；花直径约1.5 cm；萼筒钟状，外被长柔毛，萼片三角状卵形，长约4 mm，约与萼筒等长，先端尾状渐尖，全缘或有齿，内外两面均具柔毛；花瓣近圆形或倒卵形，长6～7 mm，白色，基部有短爪；雄蕊20枚；花药红色；花柱4～5，基部被茸毛。果实近球形或扁球形，直径1～1.2 cm，红色或黄色，常具宿存反折萼片或1苞片；小核4～5，内面两侧平滑。花期5—6月，果期9—11月。

【拍摄地点】宜城市雷河镇，海拔128.8 m。

【生境分布】生于山谷、多石湿地或山地灌丛中。分布于宜城市各乡镇。

【药用部位】果实。

【采收加工】 秋季果实成熟时采收，切片，干燥。

【功能主治】 消食健胃，行气散瘀，化浊降脂。用于肉食积滞，胃脘胀满，腹痛泻痢，瘀血闭经，产后瘀阻，心腹刺痛，胸痹心痛，疝气疼痛，高脂血症。

【用法用量】 内服：煎汤，9～12 g。

蛇 莓 属

114. 蛇莓 *Duchesnea indica* (Andr.) Focke

【别名】 蛇泡草。

【形态特征】 多年生草本；根茎短，粗壮；匍匐茎多数，长30～100 cm，有柔毛。小叶片倒卵形至菱状长圆形，长2～3.5（5）cm，宽1～3 cm，先端圆钝，边缘有钝锯齿，两面皆有柔毛，或上面无毛，具小叶柄；叶柄长1～5 cm，有柔毛；托叶窄卵形至宽披针形，长5～8 mm。花单生于叶腋，直径1.5～2.5 cm；花梗长3～6 cm，有柔毛；萼片卵形，长4～6 mm，先端锐尖，外面有散生柔毛；副萼片倒卵形，长5～8 mm，比萼片长，先端常具3～5锯齿；花瓣倒卵形，长5～10 mm，黄色，先端圆钝；雄蕊20～30枚；心皮多数，离生；花托在果期膨大，海绵质，鲜红色，有光泽，直径10～20 mm，外面有长柔毛。瘦果卵形，长约1.5 mm，光滑或具不显明突起，鲜时有光泽。花期6—8月，果期8—10月。

【拍摄地点】 宜城市小河镇山河村，海拔160.5 m。

【生物学特性】 喜阴凉、温暖湿润环境，不耐水渍。

【生境分布】 多生于山坡、草地、路旁、沟边或田埂杂草中。分布于宜城市各乡镇。

【药用部位】 全草。

【功能主治】 清热，凉血，消肿，解毒。用于热病，惊痫，咳嗽，吐血，咽喉肿痛，痢疾，痈肿，疮疖，蛇虫咬伤，汤火伤。

【用法用量】 内服：煎汤，10～15 g；或捣汁。外用：捣敷或研末撒。

枇 杷 属

115. 枇杷 *Eriobotrya japonica* (Thunb.) Lindl.

【别名】 卢橘。

【形态特征】常绿小乔木，高可达 10 m；小枝粗壮，黄褐色，密生锈色或灰棕色茸毛。叶片革质，披针形、倒披针形、倒卵形或椭圆状长圆形，长 12～30 cm，宽 3～9 cm，先端急尖或渐尖，基部楔形或渐狭成叶柄，上部边缘有疏锯齿，基部全缘，上面光亮，多皱，下面密生灰棕色茸毛，侧脉 11～21 对；叶柄短或几无柄，长 6～10 mm，有灰棕色茸毛；托叶钻形，长 1～1.5 cm，先端急尖，有毛。圆锥花序顶生，长

10～19 cm，具多花；总花梗和花梗密生锈色茸毛；花梗长 2～8 mm；苞片钻形，长 2～5 mm，密生锈色茸毛；花直径 12～20 mm；萼筒浅杯状，长 4～5 mm，萼片三角状卵形，长 2～3 mm，先端急尖，萼筒及萼片外面有锈色茸毛；花瓣白色，长圆形或卵形，长 5～9 mm，宽 4～6 mm，基部具爪状物，有锈色茸毛；雄蕊 20 枚，远短于花瓣，花丝基部扩展；花柱 5，离生，柱头头状，无毛，子房顶端有锈色柔毛，5 室，每室有 2 胚珠。果实球形或长圆形，直径 2～5 cm，黄色或橘黄色，外有锈色柔毛，不久脱落；种子 1～5，球形或扁球形，直径 1～1.5 cm，褐色，有光泽，种皮纸质。花期 10—12 月，果期 5—6 月。

【拍摄地点】宜城市刘猴镇钱湾村五组，海拔 135.5 m。

【生物学特性】喜温暖湿润气候。

【生境分布】生于山地和丘陵。栽培于宜城市各乡镇。

【药用部位】叶。

【采收加工】全年均可采收，晒至七八成干时，扎成小把，再晒干。

【功能主治】清肺止咳，降逆止呕。用于肺热咳嗽，气逆喘急，胃热呕逆，烦热口渴。

【用法用量】内服：煎汤，6～10 g。

棣　棠　属

116. 棣棠 *Kerria japonica* (L.) DC.

【别名】棣棠花。

【形态特征】落叶灌木，高 1～2 m，稀达 3 m；小枝绿色，圆柱形，无毛，常拱垂，嫩枝有棱角。叶互生，三角状卵形或卵圆形，顶端长渐尖，基部圆形、截形或微心形，边缘有尖锐重锯齿，两面绿色，上面无毛或有疏柔毛，下面沿脉或脉腋有柔毛；叶柄长 5～10 mm，无毛；托叶膜质，带状披针形，有缘毛，早落。单花，着生于当年生侧枝顶端，花梗无毛；花直径 2.5～6 cm；萼片卵状椭圆形，顶端急尖，有小尖头，全缘，无毛，果时宿存；花瓣黄色，宽椭圆形，顶端下凹，比萼片长 1～4 倍。瘦果倒卵形

至半球形，褐色或黑褐色，表面无毛，有皱褶。花期4—6月，果期6—8月。

【拍摄地点】宜城市滨江大道，海拔58.3 m。

【生物学特性】喜温暖湿润和半阴环境，耐寒性较差。

【生境分布】栽培于宜城市园林。

【药用部位】花、枝叶。

【功能主治】消肿，止痛，止咳，助消化。

【用法用量】内服：煎汤，10～15 g。

苹 果 属

117. 海棠花 *Malus spectabilis* (Ait.) Borkh.

【形态特征】乔木，高可达8 m；小枝粗壮，圆柱形，幼时具短柔毛，逐渐脱落，老时红褐色或紫褐色，无毛；冬芽卵形，先端渐尖，微被柔毛，紫褐色，有数枚外露鳞片。叶片椭圆形至长椭圆形，长5～8 cm，宽2～3 cm，先端短渐尖或圆钝，基部宽楔形或近圆形，边缘有紧贴细锯齿，有时部分近全缘，幼嫩时两面具疏短柔毛，以后脱落，老叶无毛；叶柄长1.5～2 cm，具短柔毛；托叶膜质，窄披针形，先端渐尖，全缘，内面具长柔毛。花序近伞形，有花4～6朵，花梗长2～3 cm，具柔毛；苞片膜质，披针形，早落；花直径4～5 cm；萼筒外面无毛或有白色茸毛；萼片三角状卵形，先端急尖，全缘，外面无毛，偶有疏茸毛，内面密被白色茸毛，萼片比萼筒稍短；花瓣卵形，长2～2.5 cm，宽1.5～2 cm，基部有短爪状物，白色，在芽中呈粉红色；雄蕊20～25枚，花丝长短不等，长约为花瓣之半；花柱5，稀4，基部有白色茸毛，比雄蕊稍长。果实近球形，直径2 cm，黄色，萼片宿存，基部不下陷，梗洼隆起；果梗细长，先端肥厚，长3～4 cm。花期4—5月，果期8—9月。

【拍摄地点】宜城市铁湖大道，海拔62.8 m。

【生物学特性】喜阳光，不耐阴，忌水湿。栽培于宜城市园林。

【生境分布】生于平原或山地。

石 楠 属

118. 石楠 *Photinia serratifolia* (Desf.) Kalkman.

【别名】 笔树、石纲。

【形态特征】 常绿灌木或小乔木，高4～6 m，有时可达12 m；枝褐灰色，无毛；冬芽卵形，鳞片褐色，无毛。叶片革质，长椭圆形、长倒卵形或倒卵状椭圆形，长9～22 cm，宽3～6.5 cm，先端尾尖，基部圆形或宽楔形，边缘疏生具腺细锯齿，近基部全缘，上面光亮，幼时中脉有茸毛，成熟后两面皆无毛，中脉显著，侧脉25～30对；叶柄粗壮，长2～4 cm，幼时有茸毛，以后无毛。复伞房花序顶生，直径10～16 cm；总花梗和花梗无毛，花梗长3～5 mm；花密生，直径6～8 mm；萼筒杯状，长约1 mm，无毛；萼片阔三角形，长约1 mm，先端急尖，无毛；花瓣白色，近圆形，直径3～4 mm，内外两面皆无毛；雄蕊20枚，外轮较花瓣长，内轮较花瓣短，花药带紫色；花柱2，有时3，基部合生，柱头头状，子房顶端有柔毛。果实球形，直径5～6 mm，红色，后变成褐紫色，有1粒种子；种子卵形，长2 mm，棕色，平滑。花期4—5月，果期10月。

【拍摄地点】 宜城市滨江大道，海拔59.1 m。

【生物学特性】 喜光，稍耐阴，喜温暖、湿润气候。

【生境分布】 生于杂木林中。栽培于宜城市园林。

委 陵 菜 属

119. 委陵菜 *Potentilla chinensis* Ser.

【别名】 毛鸡腿子、翻白草。

【形态特征】 多年生草本。根粗壮，圆柱形，稍木质化。花茎直立或上升，高20～70 cm，被稀疏短柔毛及白色绢状长柔毛。基生叶为羽状复叶，有小叶5～15对，间隔0.5～0.8 cm，连叶柄长4～25 cm，叶柄被短柔毛及绢状长柔毛；小叶片对生或互生，上部小叶较长，向下逐渐变小，无柄，长圆形、倒卵形或长圆状披针形，长1～5 cm，宽0.5～1.5 cm，边缘羽状中裂，裂片三角状卵形、三角状披针形或长圆状披针形，顶端急尖或圆钝，边缘向下反卷，上面绿色，被短柔毛或脱落几无毛，中脉下陷，下面被白色茸毛，沿脉被白色绢状长柔毛，茎生叶与基生叶相似，唯叶片对数较少；基生叶托叶近膜质，褐色，外面被白色绢状长柔毛，茎生叶托叶草质，绿色，边缘锐裂。伞房状聚伞花序，花梗长0.5～1.5 cm，基部有披针形苞片，外面密被短柔毛；花通常直径 0.8～1 cm，稀达 1.3 cm；萼片三角状卵形，顶端急尖，副萼片带形或披针形，顶端尖，比萼片短且狭窄，外面被短柔毛及少数绢状柔毛；花瓣黄色，宽倒卵形，顶端微凹，比萼片稍长；花柱近顶生，基部微扩大，稍有乳头或不明显，柱头扩大。瘦果卵球形，深褐色，有明显皱褶。花、果期 4—10 月。

【拍摄地点】 宜城市板桥店镇东湾村，海拔 192.8 m。

【生境分布】 分布于宜城市各乡镇。

【药用部位】 全草。

【采收加工】 春季未抽茎时采挖，除去泥沙，晒干。

【功能主治】 清热解毒，凉血止痢。用于赤痢腹痛，久痢不止，痔疮出血，疮痈肿毒。

【用法用量】 内服：煎汤，9～15 g。

120. 翻白草 *Potentilla discolor* Bge.

【别名】 翻白萎陵菜。

【形态特征】 多年生草本。根粗壮，下部常肥厚成纺锤形。花茎直立，上升或微铺散，高 10～45 cm，密被白色绵毛。基生叶有小叶 2～4 对，间隔 0.8～1.5 cm，连叶柄长 4～20 cm，叶柄密被白色绵毛，有时并有长柔毛；小叶对生或互生，无柄，小叶片长圆形或长圆状披针形，长 1～5 cm，宽 0.5～0.8 cm，顶端圆钝，稀急尖，基部楔形、宽楔形或偏斜圆形，边缘具圆钝锯齿，稀急尖，上面暗绿色，被稀疏白色绵毛或脱落几无毛，下面密被白色或灰白色绵毛，脉不明显或微明显，茎生叶 1～2，有掌状 3～5 小叶；基生叶托叶膜质，褐色，外面被白色长柔毛，茎生叶托叶草质，绿色，卵形或宽卵形，边缘常有缺刻状齿，稀全缘，下面密被白色绵毛。聚伞花序有花数朵至多朵，疏散，花梗长 1～2.5 cm，外被绵毛；花直径 1～2 cm；萼片三角状卵形，副萼片披针形，比萼片短，外面被白色绵毛；花瓣黄色，倒卵形，顶端微凹或圆钝，比萼片长；花柱近顶生，基部具乳头状膨大，柱头微扩大。瘦果近肾形，宽约 1 mm，光滑。花、果期 5—9 月。

【拍摄地点】 宜城市板桥店镇肖云村，海拔 207.0 m。

【生境分布】 生于荒地、山谷、

沟边、山坡草地、草甸及疏林下。分布于宜城市各乡镇。

【药用部位】全草。

【采收加工】夏、秋季采收，在未开花前连根挖取，除掉枯叶，除去泥土，洗净，晒干。置于阴凉干燥处，防潮、防蛀。

【功能主治】止血，清热解毒，消肿。

【用法用量】内服：煎汤，10～15 g；或浸酒服。外用：适量，煎水熏洗或鲜品捣敷。

李　属

121. 麦李 *Prunus glandulosa* Thunb.

【形态特征】灌木，高 0.5～1.5 m，稀达 2 m。小枝灰棕色或棕褐色，无毛或嫩枝被短柔毛。冬芽卵形，无毛或被短柔毛。叶片长圆状披针形或椭圆状披针形，长 2.5～6 cm，宽 1～2 cm，先端渐尖，基部楔形，最宽处在中部，边缘有细钝重锯齿，上面绿色，下面淡绿色，两面均无毛或在中脉上有疏柔毛，侧脉 4～5 对；叶柄长 1.5～3 mm，无毛或上面被疏柔毛；托叶线形，长约 5 mm。花单生或 2 朵簇生，花叶同开或近同开；花梗长 6～8 mm，几无毛；萼筒钟形，长、宽近相等，无毛，萼片三角状椭圆形，先端急尖，边缘有锯齿；花瓣白色或粉红色，倒卵形；雄蕊 30 枚；花柱比雄蕊稍长，无毛或基部有疏柔毛。核果红色或紫红色，近球形，直径 1～1.3 cm。花期 3—4 月，果期 5—8 月。

【拍摄地点】宜城市刘猴镇黄金村，海拔 149.4 m。

【生物学特性】耐寒性较强，喜光。

【生境分布】生于山坡、沟边或灌丛。分布于宜城市刘猴镇等地。

122. 梅 *Prunus mume* Sieb. et Zucc.

【别名】西梅。

【形态特征】小乔木，稀灌木，高 4～10 m；树皮浅灰色或带绿色，平滑；小枝绿色，光滑无毛。叶片卵形或椭圆形，长 4～8 cm，宽 2.5～5 cm，先端尾尖，基部宽楔形至圆形，叶边常具小锐锯齿，灰绿色，幼嫩时两面被短柔毛，成长时逐渐脱落，或仅下面脉腋间具短柔毛；叶柄长 1～2 cm，幼时具毛，老时脱落，常具腺体。花单生或有时 2 朵同生于 1 芽内，直径 2～2.5 cm，香味浓，先于叶开放；花梗短，长 1～3 mm，常无毛；花萼通常红褐色，但有些品种的花萼为绿色或绿紫色；萼筒宽钟形，无毛或有时被短柔毛；萼片卵形或近圆形，先端圆钝；花瓣倒卵形，白色至粉红色；雄蕊短或稍长于花瓣；

子房密被柔毛，花柱短或稍长于雄蕊。果实近球形，直径2～3 cm，黄色或绿白色，被柔毛，味酸；果核椭圆形，顶端圆形而有小突尖头，基部渐狭成楔形，两侧微扁，腹棱稍钝，腹面和背棱上均有明显纵沟，表面具蜂窝状孔穴。花期冬、春季，果期5—6月（在华北地区果期延至7—8月）。

【拍摄地点】宜城市滨江大道，海拔58.5 m。

【生物学特性】喜温暖、湿润的气候，耐贫瘠，半耐阴，怕积水。

【生境分布】宜植于庭院、草坪、低山丘陵。栽培于宜城市园林。

【药用部位】花、果实。

【采收加工】花：初春花未开放时采摘，及时低温干燥。果实：夏季成熟时采收，低温烘干后焖至黑色。

【功能主治】花：开郁和中，化痰，解毒。用于郁闷烦躁，肝胃气痛，梅核气，瘰疬疮毒。果实：清暑，明目，除烦。

【用法用量】花：内服，煎汤，3～5 g。果实：内服，煎汤，6～12 g。

123. 桃 *Prunus persica* (L.) Batsch

【形态特征】乔木，高3～8 m；树冠宽广而平展；树皮暗红褐色，老时粗糙呈鳞片状；小枝细长，无毛，有光泽，绿色，向阳处转变成红色，具大量小皮孔；冬芽圆锥形，顶端钝，外被短柔毛，常2～3个簇生，中间为叶芽，两侧为花芽。叶片长圆状披针形、椭圆状披针形或倒卵状披针形，长7～15 cm，宽2～3.5 cm，先端渐尖，基部宽楔形，上面无毛，下面在脉腋间具少数短柔毛或无毛，叶边具细锯齿或粗锯齿，齿端有腺体或无腺体；叶柄粗壮，长1～2 cm，常具1至数个腺体，有时无腺体。花单生，先于叶开放，直径2.5～3.5 cm；花梗极短或几无梗；萼筒钟形，被短柔毛，稀几无毛，绿色而具红色斑点；萼片卵形至长圆形，顶端圆钝，外被短柔毛；花瓣长圆状椭圆形至宽倒卵形，粉红色，罕为白色；雄蕊20～30枚，花药绯红色；花柱几与雄蕊等长或稍短；子房被短柔毛。果实形状和大小均有变异，卵形、宽椭圆形或扁圆形，直径3～12 cm，长与宽几相等，色泽变化由淡绿白色至橙黄色，常在向阳面具红晕，外面密被短柔毛，稀无毛，腹缝明显，果梗短而深入果洼；

果肉白色、浅绿白色、黄色、橙黄色或红色，多汁有香味，甜或酸甜；果核大，离核或粘核，椭圆形或近圆形，两侧扁平，顶端渐尖，表面具纵、横沟纹和孔穴；种仁味苦，稀味甜。花期3—4月，果实成熟期因品种而异，通常为8—9月。

【拍摄地点】宜城市板桥店镇罗屋村，海拔141.7 m。

【生物学特性】喜光、喜温暖环境，喜干燥、耐旱。

【生境分布】栽培于宜城市各乡镇。

【药用部位】种子。

【采收加工】果实成熟后采收，除去果肉和核壳，取出种子，晒干。

【功能主治】活血祛瘀，润肠通便，止咳平喘。用于闭经，癥瘕痞块，肺痈，肠痈，跌打损伤，肠燥便秘，咳嗽气喘。

【用法用量】内服：煎汤，5～10 g。

124. 樱桃 *Prunus pseudocerasus* Lindl.

【形态特征】乔木，高2～6 m，树皮灰白色。小枝灰褐色，嫩枝绿色，无毛或被疏柔毛。冬芽卵形，无毛。叶片卵形或长圆状卵形，长5～12 cm，宽3～5 cm，先端渐尖或尾状渐尖，基部圆形，边缘有尖锐重锯齿，齿端有小腺体，上面暗绿色，近无毛，下面淡绿色，沿脉或脉间被疏柔毛，侧脉9～11对；叶柄长0.7～1.5 cm，被疏柔毛，先端有1个或2个大腺体；托叶早落，

披针形，有羽裂腺齿。花序伞房状或近伞形，有花3～6朵，先于叶开放；总苞倒卵状椭圆形，褐色，长约5 mm，宽约3 mm，边缘有腺齿；花梗长0.8～1.9 cm，被疏柔毛；萼筒钟形，长3～6 mm，宽2～3 mm，外面被疏柔毛，萼片三角状卵圆形或卵状长圆形，先端急尖或钝，边缘全缘，长为萼筒的一半或过半；花瓣白色，卵圆形，先端下凹或2裂；雄蕊30～35枚，栽培者可达50枚；花柱与雄蕊近等长，无毛。核果近球形，红色，直径0.9～1.3 cm。花期3—4月，果期5—6月。

【拍摄地点】宜城市板桥店镇罗屋村，海拔141.7 m。

【生境分布】生于山坡林中、林缘、灌丛或草地。栽培于宜城市各乡镇。

【药用部位】枝、叶、根、花。

【功能主治】补血益肾。用于脾虚泄泻，肾虚遗精，腰腿疼痛。

【用法用量】内服：煎汤，30～150 g；或浸酒。外用：适量，浸酒搽；或捣敷。

125. 李 *Prunus salicina* Lindl.

【别名】山李子。

【形态特征】落叶乔木，高9～12 m；树冠广圆形，树皮灰褐色，起伏不平；老枝紫褐色或红褐色，无毛；小枝黄红色，无毛；冬芽卵圆形，紫红色，有数枚覆瓦状排列的鳞片，通常无毛，稀鳞片边缘有极稀疏毛。叶片长圆状倒卵形、长椭圆形，稀长圆状卵形，长6～8（12）cm，宽3～5 cm，先端渐尖、急尖或短尾尖，基部楔形，边缘有圆钝重锯齿，常混有单锯齿，幼时齿尖带腺，上面深绿色，有光泽，侧脉6～10对，

不到叶片边缘，与主脉成45°角，两面均无毛，有时下面沿主脉有稀疏柔毛或脉腋有毛；托叶膜质，线形，先端渐尖，边缘有腺体，早落；叶柄长1～2 cm，通常无毛，顶端有2个腺体或无，有时在叶片基部边缘有腺体。花通常3朵并生；花梗长1～2 cm，通常无毛；花直径1.5～2.2 cm；萼筒钟状；萼片长圆状卵形，长约5 mm，先端急尖或圆钝，边缘有疏齿，与萼筒近等长，萼筒和萼片外面均无毛，内面在萼筒基部被疏柔毛；花瓣白色，长圆状倒卵形，先端啮蚀状，基部楔形，有明显带紫色脉纹，具短爪状物，着生于萼筒边缘，比萼筒长2～3倍；雄蕊多数，花丝长短不等，排成不规则2轮，比花瓣短；雌蕊1枚，柱头盘状，花柱比雄蕊稍长。核果球形、卵球形或近圆锥形，直径3.5～5 cm，栽培品种可达7 cm，黄色或红色，有时为绿色或紫色，梗凹陷，顶端微尖，基部有纵沟，外被蜡粉；果核卵圆形或长圆形，有皱褶。花期4月，果期7—8月。

【拍摄地点】宜城市板桥店镇范湾村，海拔243.7 m。

【生境分布】生于山坡灌丛中、山谷疏林中或水沟边、路旁等处。栽培于宜城市各乡镇。

【药用部位】果实。

【功能主治】清肝热，生津液。用于阴虚发热，骨蒸劳热，牙痛，消渴，心烦，小儿丹毒，大便燥结，妇女小腹肿满及水肿。

【用法用量】内服：煎汤，6～12 g。

火 棘 属

126. 火棘 *Pyracantha fortuneana* (Maxim.) H. L. Li

【别名】救军粮。

【形态特征】常绿灌木，高达3 m；侧枝短，先端呈刺状，嫩枝外被锈色短柔毛，老枝暗褐色，无毛；芽小，外被短柔毛。叶片倒卵形或倒卵状长圆形，长1.5～6 cm，宽0.5～2 cm，先端圆钝或微凹，有时具短尖头，基部楔形，下延连于叶柄，边缘有钝锯齿，齿尖向内弯，近基部全缘，两面皆无毛；叶柄短，无毛或嫩时有柔毛。花集成复伞房花序，直径3～4 cm，花梗和总花梗近无毛，花梗长约1 cm；花直径约1 cm；萼筒钟形，无毛；萼片三角状卵形，先端钝；花瓣白色，近圆形，长约4 mm，宽约

3 mm；雄蕊20枚，花丝长3～4 mm，花药黄色；花柱5，离生，与雄蕊等长，子房上部密生白色柔毛。果实近球形，直径约5 mm，橘红色或深红色。花期3—5月，果期8—11月。

【拍摄地点】宜城市，海拔60.0 m。

【生物学特性】喜强光环境，耐贫瘠、耐干旱、耐寒。

【生境分布】分布于宜城市各乡镇。

【药用部位】果实、根、叶。

【功能主治】果实：消积止痢，活血止痛。用于消化不良、肠炎、痢疾、小儿疳积、崩漏、带下、产后腹痛。根：清热凉血。用于虚劳骨蒸潮热、肝炎、跌打损伤、崩漏、带下、月经不调、吐血、便血。叶：清热解毒。用于疮痈肿毒。

【用法用量】果实：内服，煎汤，50 g。根：内服，煎汤，25～50 g。

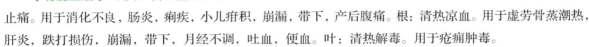

梨　　属

127. 豆梨 *Pyrus calleryana* Decne.

【别名】糖梨。

【形态特征】乔木，高5～8 m；小枝粗壮，圆柱形，在幼嫩时有茸毛，不久脱落，二年生枝条灰褐色；冬芽三角状卵形，先端短渐尖，微具茸毛。叶片宽卵形至卵形，稀长椭卵形，长4～8 cm，宽3.5～6 cm，先端渐尖，稀短尖，基部圆形至宽楔形，边缘有钝锯齿，两面无毛；叶柄长2～4 cm，无毛；托叶叶质，线状披针形，长4～7 mm，无毛。伞形总状花序，具花6～12朵，直径4～6 mm，总花梗和花梗均无毛，花梗长1.5～3 cm；苞片膜质，线状披针形，长8～13 mm，内面具茸毛；花直径2～2.5 cm；萼筒无毛；萼片披针形，先端渐尖，全缘，长约5 mm，外面无毛，内面具茸毛，边缘较密；花瓣卵形，长约13 mm，宽约10 mm，基部具短爪，白色；雄蕊20枚，稍短于花瓣；花柱2，稀3，基部无毛。梨果球形，直径约1 cm，黑褐色，有斑点，萼片脱落，2（3）室，有细长果梗。花期4月，果期8—9月。

【拍摄地点】宜城市雷河镇，海拔65.5 m。

【生物学特性】 喜光，稍耐阴，不耐寒，耐干旱、耐贫瘠。
【生境分布】 生于山坡、平原或山谷杂木林中。栽培于宜城市各乡镇。
【药用部位】 根、叶、果实。
【功能主治】 根、叶：润肺止咳，清热解毒。用于肺燥咳嗽，急性结膜炎。果实：健胃，止痢。
【用法用量】 根、叶：内服，煎汤，25～50 g。果实：内服，煎汤，25～50 g。

蔷 薇 属

128. 木香花 *Rosa banksiae* Ait.

【别名】 青木香、木香。

【形态特征】 攀援小灌木，高可达 6 m；小枝圆柱形，无毛，有短小皮刺；老枝上的皮刺较大，坚硬，经栽培后有时枝条无刺。小叶 3～5，稀 7，连叶柄长 4～6 cm；小叶片椭圆状卵形或长圆状披针形，长 2～5 cm，宽 8～18 mm，先端急尖或稍钝，基部近圆形或宽楔形，边缘有紧贴细锯齿，上面无毛，深绿色，下面淡绿色，中脉凸起，沿脉有柔毛；小叶柄和叶轴有疏柔毛和散生小皮刺；托叶线状披针形，膜质，

离生，早落。花小型，多朵集成伞形花序，花直径 1.5～2.5 cm；花梗长 2～3 cm，无毛；萼片卵形，先端长渐尖，全缘，萼筒和萼片外面均无毛，内面被白色柔毛；花瓣重瓣至半重瓣，白色，倒卵形，先端圆，基部楔形；心皮多数，花柱离生，密被柔毛，比雄蕊短很多。花期 4—5 月。

【拍摄地点】 宜城市王集镇联合村，海拔 131.0 m。
【生物学特性】 喜阳光，亦耐半阴，较耐寒。分布于宜城市各乡镇。
【药用部位】 根皮。
【功能主治】 收敛止痛，止血。用于久痢，便血，小儿腹泻，疮疖，外伤出血。
【用法用量】 内服：煎汤，6～15 g。外用：适量，研末撒；或捣烂后用鸡蛋清调匀外敷。

129. 月季花 *Rosa chinensis* Jacq.

【别名】 月月红、四季花。

【形态特征】 直立灌木，高 1～2 m；小枝粗壮，圆柱形，近无毛，有短粗的钩状皮刺或无刺。小叶 3～5，稀 7，连叶柄长 5～11 cm，小叶片宽卵形至卵状长圆形，长 2.5～6 cm，宽 1～3 cm，先端长渐尖或渐尖，基部近圆形或宽楔形，边缘有锐锯齿，两面近无毛，上面暗绿色，常有光

泽，下面颜色较浅，顶生小叶片有柄，侧生小叶片近无柄，总叶柄较长，有散生皮刺和腺毛；托叶大部分贴生于叶柄，仅顶端分离部分成耳状，边缘常有腺毛。花几朵集生，稀单生，直径 4～5 cm；花梗长 2.5～6 cm，近无毛或有腺毛，萼片卵形，先端尾状渐尖，有时呈叶状，边缘常有羽状裂片，稀全缘，外面无毛，内面密被长柔毛；花瓣重瓣至半重瓣，红色、粉红色至

白色，倒卵形，先端有凹缺，基部楔形；花柱离生，伸出萼筒口外，约与雄蕊等长。果实卵球形或梨形，长 1～2 cm，红色，萼片脱落。花期 4—9 月，果期 6—11 月。

【拍摄地点】 宜城市楚都公园，海拔 57.7 m。

【生物学特性】 喜凉爽温暖气候，怕高温。

【生境分布】 栽培于宜城市各乡镇。

【药用部位】 根、叶、花。

【功能主治】 活血消肿，消炎解毒。

【用法用量】 内服：煎汤，3～6 g（鲜品 9～15 g）；或开水泡服。外用：适量，鲜品捣敷；或干品研末调涂。

130. 小果蔷薇 *Rosa cymosa* Tratt.

【别名】 山木香、小金樱花。

【形态特征】 攀援灌木，高 2～5 m；小枝圆柱形，无毛或稍有柔毛，有钩状皮刺。小叶 3～5，稀 7，连叶柄长 5～10 cm；小叶片卵状披针形或椭圆形，稀长圆状披针形，长 2.5～6 cm，宽 8～25 mm，先端渐尖，基部近圆形，边缘有紧贴或尖锐细锯齿，两面均无毛，上面亮绿色，下面颜色较淡，中脉凸起，沿脉有稀疏长柔毛；小叶柄和叶轴无毛或有柔毛，有稀疏皮刺和腺毛；托叶膜质，离生，线形，早落。花多朵集成复伞房花序；花直径 2～2.5 cm，花梗长约 1.5 cm，幼时密被长柔毛，老时逐渐脱落近无毛；萼片卵形，先端渐尖，常有羽状裂片，外面近无毛，稀有刺毛，内面被稀疏白色茸毛，沿边缘较密；花瓣白色，倒卵形，先端凹，基部楔形；花柱离生，稍伸出花托口外，与雄蕊近等长，密被白色柔毛。果实球形，直径 4～7 mm，红色至黑褐色，萼片脱落。花期 5—6 月，

果期 7—11 月。

【拍摄地点】宜城市板桥店镇肖云村，海拔 196.1 m。

【生物学特性】喜阳光充足、干燥通风的环境。

【生境分布】生于向阳山坡、路旁、溪边或丘陵地。分布于宜城市各乡镇。

【药用部位】根、果实、花、叶。

【功能主治】根、果实：消肿止痛，祛风除湿，止血解毒，补脾固涩。用于风湿性关节炎，跌打损伤，子宫脱垂，脱肛。花：清热除湿，顺气和胃。叶：解毒消肿。外用治疮痈肿毒，烧烫伤。

【用法用量】根：内服，煎汤，25～50 g。叶：外用，适量，鲜品捣敷。

131. 金樱子 *Rosa laevigata* Michx.

【形态特征】常绿攀援灌木，高可达 5 m；小枝粗壮，散生扁弯皮刺，无毛，幼时被腺毛，老时逐渐脱落减少。小叶革质，通常 3，稀 5，连叶柄长 5～10 cm；小叶片椭圆状卵形、倒卵形或披针状卵形，长 2～6 cm，宽 1.2～3.5 cm，先端急尖或圆钝，稀尾状渐尖，边缘有锐锯齿，上面亮绿色，无毛，下面黄绿色，幼时沿中肋有腺毛，老时逐渐脱落无毛；小叶柄和叶轴有皮刺和腺毛；托叶离生或基部与叶柄合生，披针形，边缘有细齿，齿尖有腺体，早落。花单生于叶腋，直径 5～7 cm；花梗长 1.8～2.5 cm，偶有 3 cm 者，花梗和萼筒密被腺毛，随果实成长变为针刺；萼片卵状披针形，先端呈叶状，边缘羽状浅裂或全缘，常有刺毛和腺毛，内面密被柔毛，比花瓣稍短；花瓣白色，宽倒卵形，先端微凹；雄蕊多数；心皮多数，花柱离生，有毛，比雄蕊短很多。果实梨形、倒卵形，稀近球形，紫褐色，外面密被刺毛，果梗长约 3 cm，萼片宿存。花期 4—6 月，果期 7—11 月。

【拍摄地点】宜城市板桥店镇肖云村，海拔 209.7 m。

【生物学特性】喜温暖湿润的气候和阳光充足的环境。

【生境分布】生于向阳的山野、田边、溪畔灌丛中。分布于宜城市各乡镇。

【生长周期】2—3 年。

【药用部位】果实。

【采收加工】果实成熟时采收，干燥，除去毛刺。

【功能主治】固精缩尿，固崩止带，涩肠止泻。用于遗精，滑精，遗尿，尿频，崩漏带下，久泻久痢。

【用法用量】内服：煎汤，6～12 g。

132. 野蔷薇 *Rosa multiflora* Thunb.

【别名】蔷薇。

【形态特征】攀援灌木；小枝圆柱形，通常无毛，有短粗、稍弯曲皮刺。小叶 5～9，近花序的小叶有时 3，倒卵形、长圆形或卵形，长 1.5～5 cm，宽 8～28 mm，先端急尖或圆钝，基部近圆形或楔形，边缘有尖锐单锯齿，稀混有重锯齿，上面无毛，下面有柔毛；小叶柄和叶轴有柔毛或无毛，有散生腺毛；托叶篦齿状，大部贴生于叶柄，边缘有腺毛或无腺毛。花多朵排成圆锥花序，花梗长 1.5～2.5 cm，无毛或有腺毛，

有时基部有篦齿状小苞片；花直径 1.5～2 cm，萼片披针形，有时中部具 2 个线形裂片，外面无毛，内面有柔毛；花瓣白色，宽倒卵形，先端微凹，基部楔形；花柱结合成束，无毛，比雄蕊稍长。果实近球形，直径 6～8 mm，红褐色或紫褐色，有光泽，无毛，萼片脱落。

【拍摄地点】宜城市南营街道办事处金山村，海拔 101.5 m。

【生物学特性】性强健，喜光，耐半阴，耐寒。

【生境分布】生于路边、田边或丘陵地的灌丛中。分布于宜城市各乡镇。

【药用部位】花。

【采收加工】5—6 月花盛开时，择晴天采收，晒干。

【功能主治】理气。用于胃痛，胃溃疡。

133. 粉团蔷薇 *Rosa multiflora* Thunb. var. *cathayensis* Rehd. et Wils.

【形态特征】攀援灌木；小枝圆柱形，通常无毛，有短粗、稍弯曲皮刺。小叶 5～9，近花序的小叶有时 3，连叶柄长 5～10 cm；小叶片倒卵形、长圆形或卵形，长 1.5～5 cm，宽 8～28 mm，先端急尖或圆钝，基部近圆形或楔形，边缘有尖锐单锯齿，稀混有重锯齿，上面无毛，下面有柔毛；小叶柄和叶轴有柔毛或无毛，有散生腺毛；托叶篦齿状，大部贴生于叶柄，边缘有腺毛或无腺毛。花多朵排成圆锥花序，花梗长 1.5～2.5 cm，无毛或有腺毛，有时基部有篦齿状小苞片；花直径 1.5～

2 cm，萼片披针形，有时中部具 2 个线形裂片，外面无毛，内面有柔毛；花瓣粉红色，宽倒卵形，先端微凹，基部楔形；花柱结合成束，无毛，比雄蕊稍长。果实近球形，直径 6～8 mm，红褐色或紫褐色，有光泽，无毛，萼片脱落。

【拍摄地点】宜城市板桥店镇，海拔 204.5 m。

【生物学特性】喜阳光，不耐阴，耐寒力强。

【生境分布】生于山坡、灌丛或河边等处。分布于宜城市板桥店镇等地。

【药用部位】根、叶、种子。

【功能主治】根：活血通络，收敛。叶：外用治肿毒。种子：峻泻，利水通经。

悬 钩 子 属

134. 插田泡（原变种） Rubus coreanus Miq. var. coreanus

【别名】复盆子。

【形态特征】灌木，高 1～3 m；枝粗壮，红褐色，被白粉，具近直立或钩状扁平皮刺。小叶通常 5，稀 3，卵形、菱状卵形或宽卵形，长（2）3～8 cm，宽 2～5 cm，顶端急尖，基部楔形至近圆形，上面无毛或仅沿叶脉有短柔毛，下面被稀疏柔毛或仅沿叶脉被短柔毛，边缘有不整齐粗锯齿或缺刻状粗锯齿，顶生小叶顶端有时 3 浅裂；叶柄长 2～5 cm，顶生小叶柄长 1～2 cm，侧生小叶近无柄，与叶轴均被短

柔毛和疏生钩状小皮刺；托叶线状披针形，有柔毛。伞房花序生于侧枝顶端，具花数朵至三十几朵，总花梗和花梗均被灰白色短柔毛；花梗长 5～10 mm；苞片线形，有短柔毛；花直径 7～10 mm；花萼外面被灰白色短柔毛；萼片长卵形至卵状披针形，长 4～6 mm，顶端渐尖，边缘具茸毛，花时开展，果时反折；花瓣倒卵形，淡红色至深红色，与萼片近等长或稍短；雄蕊比花瓣短或近等长，花丝带粉红色；雌蕊多数；花柱无毛，子房被稀疏短柔毛。果实近球形，直径 5～8 mm，深红色至紫黑色，无毛或近无毛；果核具皱褶。花期 4—6 月，果期 6—8 月。

【拍摄地点】宜城市板桥店镇，海拔 204.5 m。

【生物学特性】喜阳光而不耐烈日暴晒，喜阴凉而忌炎热。

【生境分布】生于山坡灌丛或山谷、河边、路旁。分布于宜城市各乡镇。

【药用部位】根、叶。

【采收加工】秋季挖根，洗净，晒干。

【功能主治】根：止血，止痛。叶：明目。

【用法用量】 内服：煎汤，6～15 g。外用：适量，鲜根捣敷。

135. 茅莓 *Rubus parvifolius* L.

【别名】 三月泡。

【形态特征】 灌木，高 1～2 m；枝呈弓形弯曲，被柔毛和稀疏钩状皮刺；小叶 3 片，在新枝上偶有 5 片，菱状圆形或倒卵形，长 2.5～6 cm，宽 2～6 cm，顶端圆钝或急尖，基部圆形或宽楔形，上面伏生疏柔毛，下面密被灰白色茸毛，边缘有不整齐粗锯齿或缺刻状粗重锯齿，常具浅裂片；叶柄长 2.5～5 cm，顶生小叶柄长 1～2 cm，均被柔毛和稀疏小皮刺；托叶线形，长 5～7 mm，具柔毛。伞房花序顶生或腋生，

稀顶生花序成短总状，具花数朵至多朵，被柔毛和细刺；花梗长 0.5～1.5 cm，具柔毛和稀疏小皮刺；苞片线形，有柔毛；花直径约 1 cm；花萼外面密被柔毛和疏密不等的针刺；萼片卵状披针形或披针形，顶端渐尖，有时条裂，在花、果时均直立开展；花瓣卵圆形或长圆形，粉红色至紫红色，基部具爪；雄蕊花丝白色，稍短于花瓣；子房具柔毛。果实卵球形，直径 1～1.5 cm，红色，无毛或具疏柔毛；果核有浅皱褶。花期 5—6 月，果期 7—8 月。

【拍摄地点】 宜城市板桥店镇肖云村，海拔 290.4 m。

【生境分布】 生于山坡杂林下、向阳山谷、路旁或荒野。分布于宜城市各乡镇。

【药用部位】 全草。

【功能主治】 止痛，活血，祛湿，解毒。

【用法用量】 内服：煎汤，25～50 g。外用：适量，鲜叶捣敷；或煎水熏洗。

地 榆 属

136. 地榆 *Sanguisorba officinalis* L.

【别名】 山枣子。

【形态特征】 多年生草本，高 30～120 cm。根粗壮，多呈纺锤形，稀圆柱形，表面棕褐色或紫褐色，有纵皱及横裂纹，横切面黄白色或紫红色，较平正。茎直立，有棱，无毛或基部有稀疏腺毛。基生叶为羽状复叶，有小叶 4～6 对，叶柄无毛或基部有稀疏腺毛；小叶有短柄，卵形或长圆状卵形，长 1～7 cm，宽 0.5～3 cm，顶端圆钝，稀急尖，基部心形至浅心形，边缘有多数粗大圆钝、稀急尖的锯齿，两面绿色，无毛；茎生叶较少，小叶片有短柄至几无柄，长圆形至长圆状披针形，狭长，基部微心形至

圆形，顶端急尖；基生叶托叶膜质，褐色，外面无毛或被稀疏腺毛，茎生叶托叶大，草质，半卵形，外侧边缘有尖锐锯齿。穗状花序椭圆形、圆柱形或卵球形，直立，通常长1～3（4）cm，横径0.5～1 cm，从花序顶端向下开放，花序梗光滑或偶有稀疏腺毛；苞片膜质，披针形，顶端渐尖至尾尖，比萼片短或近等长，背面及边缘有柔毛；萼片4，紫红色，椭圆形至宽卵形，背面被疏柔毛，中央微有纵棱脊，顶端常具短尖头；雄蕊4枚，花丝丝状，不扩大，与萼片近等长或稍短；子房外面无毛或基部微被毛，柱头顶端扩大，盘形，边缘具流苏状乳头。果实包藏于宿存萼筒内，外面有4棱。花、果期7—10月。

【拍摄地点】 宜城市雷河镇，海拔140.5 m。

【生境分布】 生于草原、草甸、山坡草地、灌丛中、疏林下。分布于宜城市各乡镇。

【药用部位】 根。

【采收加工】 春季将发芽时或秋季植株枯萎后采挖，除去须根，洗净，干燥，或趁鲜切片，干燥。

【功能主治】 凉血止血，解毒敛疮。用于便血，痔血，血痢，崩漏，水火烫伤，疮痈肿毒。

【用法用量】 内服：煎汤，9～15 g。外用：适量，研末涂敷。

绣 线 菊 属

137. 粉花绣线菊 *Spiraea japonica* L. f.

【别名】 蚂蟥梢。

【形态特征】 直立灌木，高达1.5 m；枝条细长，开展，小枝近圆柱形，无毛或幼时被短柔毛；冬芽卵形，先端急尖，有数枚鳞片。叶片卵形至卵状椭圆形，长2～8 cm，宽1～3 cm，先端急尖至短渐尖，基部楔形，边缘有缺刻状重锯齿或单锯齿，上面暗绿色，无毛或沿叶脉微具短柔毛，下面色浅或有白霜，通常沿叶脉有短柔毛；叶柄长1～3 mm，具短柔毛。复伞房花序生于当年生的直立新枝顶端，花朵密集，

密被短柔毛；花梗长 4～6 mm；苞片披针形至线状披针形，下面微被柔毛；花直径 4～7 mm；花萼外面有稀疏短柔毛；萼筒钟形，内面有短柔毛；萼片三角形，先端急尖，内面近先端有短柔毛；花瓣卵形至圆形，先端通常圆钝，长 2.5～3.5 mm，宽 2～3 mm，粉红色；雄蕊 25～30 枚，远较花瓣长；花盘圆环形，约有 10 个不整齐的裂片。蓇葖半开张，无毛或沿腹缝有疏柔毛，花柱顶生，稍倾斜开展，萼片常直立。花期 6—7 月，果期 8—9 月。

【拍摄地点】宜城市楚都公园，海拔 68.7 m。

【生物学特性】喜光，阳光充足则开花量大，耐半阴，耐寒性强。

【生境分布】栽培于宜城市园林。

四七、豆　科

合 萌 属

138. 合萌 *Aeschynomene indica* L.

【别名】田皂角。

【形态特征】一年生草本或亚灌木状，茎直立，高 0.3～1 m。多分枝，圆柱形，无毛，具小凸点而稍粗糙，小枝绿色。叶具 20～30 对小叶或更多；托叶膜质，卵形至披针形，长约 1 cm，基部下延成耳状，通常有缺刻或啮蚀状；叶柄长约 3 mm；小叶近无柄，薄纸质，线状长圆形，长 5～10（15）mm，宽 2～2.5（3.5）mm，上面密布腺点，下面稍带白粉，先端钝圆或微凹，具细刺尖头，基部歪斜，全缘；小托叶极小。

总状花序比叶短，腋生，长 1.5～2 cm；总花梗长 8～12 mm；花梗长约 1 cm；小苞片卵状披针形，宿存；花萼膜质，具纵脉纹，长约 4 mm，无毛；花冠淡黄色，具紫色的纵脉纹，易脱落，旗瓣大，近圆形，基部具极短的瓣柄，翼瓣篦状，龙骨瓣比旗瓣稍短，比翼瓣稍长或近相等；二体雄蕊；子房扁平，线形。荚果线状长圆形，直或弯曲，长 3～4 cm，宽约 3 mm，腹缝直，背缝呈波状；荚节 4～8（10），平滑或中央有小疣状突起，不开裂，成熟时逐节脱落；种子黑棕色，肾形，长 3～3.5 mm，宽 2.5～3 mm。花期 7—8 月，果期 8—10 月。

【拍摄地点】宜城市流水镇牌坊河村，海拔 96.9 m。

【生物学特性】喜温暖气候，能耐高温。

【生境分布】生于低山区的湿润地、水田边或溪河边。分布于宜城市流水镇等地。

【药用部位】全草。

【采收加工】9—10 月采收，齐地割取地上部分，鲜用或晒干。

【功能主治】清热，祛风，利湿，消肿，解毒。用于风热感冒、黄疸、痢疾、腹胀、淋病、痈肿、皮炎、湿疹。

【用法用量】内服：煎汤，10～15 g；或入散剂。外用：捣敷或煎水洗。

合 欢 属

139. 合欢 *Albizia julibrissin* Durazz.

【别名】夜合合。

【形态特征】落叶乔木，高可达 16 m，树冠开展；小枝有棱角，嫩枝、花序和叶轴被茸毛或短柔毛。托叶线状披针形，较小叶小，早落。二回羽状复叶，总叶柄近基部及最顶部一对羽片着生处各有 1 个腺体；羽片 4～12 对，栽培的有时达 20 对；小叶 10～30 对，线形至长圆形，长 6～12 mm，宽 1～4 mm，向上偏斜，先端有小尖头，有缘毛，有时在下面或仅中脉上有短柔毛；

中脉紧靠上边缘。头状花序于枝顶排成圆锥花序；花粉红色；花萼管状，长 3 mm；花冠长 8 mm，裂片三角形，长 1.5 mm，花萼、花冠外均被短柔毛；花丝长 2.5 cm。荚果带状，长 9～15 cm，宽 1.5～2.5 cm，嫩荚有柔毛，老荚无毛。花期 6—7 月，果期 8—10 月。

【拍摄地点】宜城市滨江大道，海拔 62.4 m。

【生物学特性】喜光，喜温暖，耐寒，耐旱，耐贫瘠。

【生境分布】生于山坡或栽培。栽培于宜城市各乡镇。

【药用部位】树皮、花序或花蕾。

【采收加工】树皮：春、秋季剥取，晒干。花序或花蕾：夏季花开放时择晴天采收或花蕾形成时采收，及时晒干。

【功能主治】树皮：解郁安神，活血消肿。用于心神不安，忧郁失眠，肺痈，疮肿，跌打伤痛。花序或花蕾：解郁安神。用于心神不安，忧郁失眠。

【用法用量】树皮：内服，煎汤，6～12 g；外用，适量，研末调敷。花序或花蕾：内服，煎汤，5～10 g。

140. 山槐 *Albizia kalkora* (Roxb.) Prain

【别名】 山合欢、滇合欢。

【形态特征】 落叶小乔木或灌木，通常高3～8 m；枝条暗褐色，被短柔毛，有显著皮孔。二回羽状复叶；羽片2～4对；小叶5～14对，长圆形或长圆状卵形，长1.8～4.5 cm，宽7～20 mm，先端圆钝而有细尖头，基部两侧不等，两面均被短柔毛，中脉稍偏于上侧。头状花序2～7枚生于叶腋，或于枝顶排成圆锥花序；花初始白色，后变黄色，具明显的小花梗；花萼管状，长2～3 mm，5齿裂；花冠长6～8 mm，中部以下连合成管状，裂片披针形，花萼、花冠均密被长柔毛；雄蕊长2.5～3.5 cm，基部连合成管状。荚果带状，长7～17 cm，宽1.5～3 cm，深棕色，嫩荚密被短柔毛，老时无毛；种子4～12颗，倒卵形。花期5—6月，果期8—10月。

【拍摄地点】 宜城市滨江大道，海拔27.0 m。

【生物学特性】 喜光。

【生境分布】 生于山坡灌丛、疏林中。栽培于宜城市园林。

【药用部位】 根、茎、皮。

【功能主治】 补气活血，消肿止痛。

紫 穗 槐 属

141. 紫穗槐 *Amorpha fruticosa* L.

【别名】 棉条。

【形态特征】 落叶灌木，丛生，高1～4 m。小枝灰褐色，被疏毛，后变无毛，嫩枝密被短柔毛。叶互生，奇数羽状复叶，长10～15 cm，有小叶11～25，基部有线形托叶；叶柄长1～2 cm；小叶卵形或椭圆形，长1～4 cm，宽0.6～2 cm，先端圆形、锐尖或微凹，有一短而弯曲的尖刺，基部宽楔形或圆形，上面无毛或被疏毛，下面有白色短柔毛，

具黑色腺点。穗状花序常1至数枚顶生和枝端腋生，长7～15 cm，密被短柔毛；花有短梗；苞片长3～4 mm；花萼长2～3 mm，被疏毛或几无毛，萼齿三角形，较萼筒短；旗瓣心形，紫色，无翼瓣和龙骨瓣；雄蕊10枚，下部合生成鞘，上部分裂，包于旗瓣之中，伸出花冠外。荚果下垂，长6～10 mm，宽2～3 mm，微弯曲，顶端具小尖，棕褐色，表面有凸起的疣状腺点。花、果期5—10月。

【拍摄地点】 宜城市刘猴镇魏家冲村，海拔94.4 m。
【生物学特性】 喜欢干冷气候，耐寒性强，耐干旱能力强。
【生境分布】 分布于宜城市刘猴镇等地。
【药用部位】 叶。
【功能主治】 祛湿消肿。用于痈肿，湿疹，烧烫伤。

土 䕡 儿 属

142. 土䕡儿 *Apios fortunei* Maxim.

【形态特征】 缠绕草本。有球状或卵状块根；茎细长，被白色稀疏短硬毛。奇数羽状复叶；小叶3～7，卵形或菱状卵形，长3～7.5 cm，宽1.5～4 cm，先端急尖，有短尖头，基部宽楔形或圆形，上面被极稀疏的短柔毛，下面近无毛，脉上有疏毛；小叶柄有时有毛。总状花序腋生，长6～26 cm；苞片和小苞片线形，被短毛；花带黄绿色或淡绿色，长约11 mm，花萼稍呈二唇形；旗瓣圆形，较短，长约10 mm，翼瓣长圆形，长约7 mm，龙骨瓣最长，卷成半圆形；子房有疏短毛，花柱卷曲。荚果长约8 cm，宽约6 mm。花期6—8月，果期9—10月。

【拍摄地点】 宜城市刘猴镇，海拔103.9 m。
【生境分布】 生于山坡灌丛中。分布于宜城市刘猴镇等地。
【药用部位】 块根。
【采收加工】 在栽后二三年冬季倒苗前采收块根，挖大留小，可连年收获。块根挖出后，晒干或炕干，撞去泥土即可，亦可鲜用。
【功能主治】 清热解毒，止咳祛痰。用于感冒咳嗽，咽喉肿痛，百日咳，乳痈，瘰疬，无名肿毒，毒蛇咬伤，带状疱疹。
【用法用量】 内服：煎汤，9～15 g（鲜品30～60 g）。外用：鲜品适量，捣敷；或酒、醋磨汁涂。本品有毒，内服宜慎。

落 花 生 属

143. 落花生 *Arachis hypogaea* L.

【别名】 花生。

【形态特征】 一年生草本。根部有丰富的根瘤；茎直立或匍匐，长30～80 cm，茎和分枝均有棱，被黄色长柔毛，后变无毛。叶通常具小叶2对；托叶长2～4 cm，具纵脉纹，被毛；叶柄基部抱茎，长5～10 cm，被毛；小叶纸质，卵状长圆形至倒卵形，长2～4 cm，宽0.5～2 cm，先端钝圆，有时微凹，具小刺尖头，基部近圆形，全缘，两面被毛，边缘具毛；侧脉每边约10条；叶脉边缘互相联结成网状；小叶柄长2～5 mm，被黄棕色长毛；花长约8 mm；苞片2，披针形；小苞片披针形，长约5 mm，具纵脉纹，被柔毛；萼管细，长4～6 cm；花冠黄色或金黄色，旗瓣直径1.7 cm，开展，先端凹入；翼瓣与龙骨瓣分离，翼瓣长圆形或斜卵形，细长；龙骨瓣长卵圆形，内弯，先端渐狭成喙状，较翼瓣短；花柱延伸于萼管咽部之外，柱头顶生，小，疏被柔毛。荚果长2～5 cm，宽1～1.3 cm，膨胀，荚厚，种子横径0.5～1 cm。花、果期6—8月。

【拍摄地点】 宜城市流水镇杨林村，海拔307.9 m。

【生物学特性】 喜温暖气候。

【生境分布】 栽培于宜城市各乡镇。

【功能主治】 润肺，和胃。用于燥咳，反胃。

【用法用量】 内服：生研冲汤或煎汤。

黄 芪 属

144. 紫云英 *Astragalus sinicus* L.

【别名】 红花草籽。

【形态特征】 二年生草本，多分枝，匍匐，高10～30 cm，被白色疏柔毛。奇数羽状复叶，具7～13小叶，长5～15 cm；叶柄较叶轴短；托叶离生，卵形，长3～6 mm，先端尖，基部互相合生，具缘毛；小叶倒卵形或椭圆形，长10～15 mm，宽4～10 mm，先端钝圆或微凹，基部宽楔形，上面近无毛，下面散生白色柔毛，具短柄。总状花序生5～10花，呈伞形；总花梗腋生，较叶长；苞片三角状卵形，长约0.5 mm；花梗短；花萼钟形，长约4 mm，被白色柔毛，萼齿披针形，长约为萼筒的1/2；花冠紫红色或橙黄色，旗瓣倒卵形，长10～11 mm，先端微凹，基部渐狭成瓣柄，翼瓣较旗瓣短，长约

8 mm，瓣片长圆形，基部具短耳，瓣柄长度约为瓣片的1/2，龙骨瓣与旗瓣近等长，瓣片半圆形，瓣柄长度约等于瓣片的1/3；子房无毛或疏被白色短柔毛，具短柄。荚果线状长圆形，稍弯曲，长12～20 mm，宽约4 mm，具短喙，黑色，具隆起的网纹；种子肾形，栗褐色，长约3 mm。花期2—6月，果期3—7月。

【拍摄地点】宜城市流水镇梅畈村，海拔98.4 m。

【生物学特性】喜温暖、湿润气候。

【生境分布】生于山坡、溪边及潮湿处。分布于宜城市各乡镇。

【药用部位】种子。

【功能主治】补气固精，益肝明目，清热利尿。

【用法用量】内服：煎汤，6～9 g。

云 实 属

145. 云实 *Biancaea decapetala* (Roth) O. Deg.

【别名】水皂角。

【形态特征】藤本，树皮暗红色，枝、叶轴和花序均被柔毛和钩刺。二回羽状复叶长20～30 cm；羽片3～10对，对生，具柄，基部有刺1对；小叶8～12对，膜质，长圆形，长10～25 mm，宽6～12 mm，两端近圆钝，两面均被短柔毛，老时渐无毛；托叶小，斜卵形，先端渐尖，早落。总状花序顶生，直立，长15～30 cm，具多花；总花梗多刺；花梗长3～4 cm，被毛，在花萼下具关节，故花易脱落；萼片5，长圆形，被短柔毛；花瓣黄色，膜质，圆形或倒卵形，长10～12 mm，盛开时反卷，基部具短柄；雄蕊与花瓣近等长，花丝基部扁平，下部被绵毛；子房无毛。荚果长圆状舌形，长6～12 cm，宽2.5～3 cm，脆革质，栗褐色，无毛，有光泽，沿腹缝线膨胀成狭翅，成熟时沿腹缝线开裂，先端具尖喙；种子6～9颗，椭圆状，长约11 mm，宽约6 mm，种皮棕色。花、果期4—10月。

【拍摄地点】宜城市刘猴镇，海拔124.3 m。

【生物学特性】喜光，耐半阴，

喜温暖、湿润环境。

【生境分布】 生于山坡灌丛中及平原、丘陵、河旁等地。分布于宜城市刘猴镇等地。

【药用部位】 种子（有小毒）。

【功能主治】 止痢，驱虫，镇咳，祛痰。用于咳嗽痰喘，风热头痛，黄水疮。

【用法用量】 内服：煎汤，9～15 g；或入丸、散、剂。

筅子梢属

146. 筅子梢 *Campylotropis macrocarpa* (Bge.) Rehd.

【形态特征】 灌木，高1～2(3)m。小枝贴生或近贴生短或长柔毛，嫩枝毛密，少有茸毛，老枝常无毛。羽状复叶具3小叶；托叶狭三角形、披针形或披针状钻形，长(2)3～6 mm；叶柄长(1)1.5～3.5 cm，稍密生短柔毛或长柔毛，少为毛少或无毛，枝上部（或中部）的叶柄常较短，有时长不及1 cm；小叶椭圆形或宽椭圆形，有时过渡为长圆形，长(2)3～7 cm，宽1.5～3.5(4)cm，先端圆形、钝或微凹，具小突尖，基部圆形，稀近楔形，上面通常无毛，脉明显，下面通常贴生或近贴生短柔毛或长柔毛，疏生至密生，中脉明显隆起，毛较密。总状花序单一（稀二）腋生并顶生，花序连总花梗长4～10 cm，有时更长，总花梗长1～4(5)cm，花序轴密生开展的短柔毛或微柔毛，总花梗常斜生或贴生短柔毛，稀为茸毛；苞片卵状披针形，长1.5～3 mm，早落或花后逐渐脱落，小苞片近线形或披针形，长1～1.5 mm，早落；花梗长(4)6～12 mm，具开展的微柔毛或短柔毛，极稀贴生毛；花萼钟形，长3～4(5)mm，稍浅裂或近中裂，稀稍深裂或深裂，通常贴生短柔毛，萼裂片狭三角形或三角形，渐尖，下方萼裂片较狭长，上方萼裂片几乎全部合生或少有分离；花冠紫红色或近粉红色，长10～12(13)mm，稀为长不及10 mm，旗瓣椭圆形、倒卵形或近长圆形等，近基部狭窄，瓣柄长0.9～1.6 mm，翼瓣微短于旗瓣或等长，龙骨瓣呈直角或微钝角内弯，瓣片上部通常比瓣片下部（连瓣柄）短1～3(3.5)mm。荚果长圆形、近长圆形或椭圆形，长9～16 mm，宽3.5～6 mm，先端具短喙尖，果颈长1～1.4(1.8)mm，稀短于1 mm，无毛，具网脉，边缘生纤毛。花、果期(5)6—10月。

【拍摄地点】 宜城市板桥店镇珍珠村，海拔371.0 m。

【生境分布】 生于山坡、灌丛、林缘、山谷沟边及林中。分布于宜城市各乡镇。

【药用部位】 根。

【功能主治】 舒筋活血。用于肢体麻木，半身不遂。

紫 荆 属

147. 紫荆 *Cercis chinensis* Bge.

【别名】 紫珠。

【形态特征】 丛生或单生灌木，高2～5 m；树皮和小枝灰白色。叶纸质，近圆形或三角状圆形，长5～10 cm，宽与长相等或略短于长，先端急尖，基部浅至深心形，两面通常无毛，嫩叶绿色，仅叶柄略带紫色，叶缘膜质透明，新鲜时明显可见。花紫红色或粉红色，二至十余朵成束，簇生于老枝和主干上，尤以主干上花束较多，越到上部幼嫩枝条则花越少，通常先于叶开放，但嫩枝或幼株上的花则与叶同时开放，花长1～
1.3 cm；花梗长3～9 mm；龙骨瓣基部具深紫色斑纹；子房嫩绿色，花蕾时光亮无毛，后期则密被短柔毛，有胚珠6～7颗。荚果扁狭长形，绿色，长4～8 cm，宽1～1.2 cm，翅宽约1.5 mm，先端急尖或短渐尖，喙细而弯曲，基部长渐尖，两侧缝线对称或近对称；果颈长2～4 mm；种子2～6颗，阔长圆形，长5～6 mm，宽约4 mm，黑褐色，有光泽。花期3—4月，果期8—10月。

【拍摄地点】 宜城市滨江大道，海拔54.7 m。

【生物学特性】 喜光照，稍耐阴，有一定的耐寒性。

【生境分布】 多生于庭院、屋旁、寺街边，少数生于密林或石灰岩地区。栽培于宜城市园林。

【药用部位】 树皮、花。

【功能主治】 树皮：活血调经，消肿解毒。用于风寒湿痹，闭经，产后血气痛，喉痹，淋证，痈肿，疥癣，跌打损伤，蛇虫咬伤。花：清热凉血，祛风解毒。用于风湿筋骨痛，鼻疳。

【用法用量】 树皮：内服，煎汤，6～15 g，或浸酒，或入丸、散；外用，适量，研末调敷。花：内服，煎汤，3～6 g；外用，适量，研末敷。

黄 檀 属

148. 黄檀 *Dalbergia hupeana* Hance

【别名】 檀木。

【形态特征】 乔木，高10～20 m；树皮暗灰色，呈薄片状剥落。幼枝淡绿色，无毛。羽状复叶长15～25 cm；小叶3～5对，近革质，椭圆形至长圆状椭圆形，长3.5～6 cm，宽2.5～4 cm，先端钝或稍凹入，基部圆形或阔楔形，两面无毛，细脉隆起，上面有光泽。圆锥花序顶生或生于最上部的叶腋间，连总花梗长 15～20 cm，直径 10～20 cm，疏被锈色短柔毛；花密集，长 6～7 mm；花梗长约 5 mm，与花萼同疏被锈色柔毛；基生和副萼状小苞片卵形，被柔毛，脱落；花萼钟形，长 2～3 mm，萼齿 5 枚，上方 2 枚阔圆形，近合生，侧方的卵形，最下 1 枚披针形，长为其余 4 枚之倍；花冠白色或淡紫色，倍长于花萼，各瓣均具柄，旗瓣圆形，先端微缺，翼瓣倒卵形，龙骨瓣关月形，与翼瓣内侧均具耳；雄蕊 10，成 5+5 的

二体雄蕊；子房具短柄，除基部与子房柄外，无毛，胚珠 2～3 颗，花柱纤细，柱头小，头状。荚果长圆形或阔舌状，长 4～7 cm，宽 13～15 mm，顶端急尖，基部渐狭成果颈，果瓣薄革质，对种子部分有网纹，有 1～2（3）颗种子；种子肾形，长 7～14 mm，宽 5～9 mm。花期 5—7 月。

【拍摄地点】 宜城市雷河镇，海拔 156.6 m。

【生物学特性】 喜光，耐干旱瘠薄，不择土壤。

【生境分布】 生于山地林中或灌丛中，山沟溪旁及有小树林的坡地常见。分布于宜城市雷河镇、板桥店镇等地。

【药用部位】 根皮。

【采收加工】 夏、秋季采挖。

【功能主治】 清热解毒，止血消肿。用于疮痈肿毒，毒蛇咬伤，细菌性痢疾，跌打损伤。

皂 荚 属

149. 皂荚 *Gleditsia sinensis* Lam.

【别名】 皂角。

【形态特征】 落叶乔木或小乔木，高可达 30 m；枝灰色至深褐色；刺粗壮，圆柱形，常分枝，多呈圆锥状，长达 16 cm。叶为一回羽状复叶，长 10～18（26）cm；小叶（2）3～9 对，纸质，卵状披针形至长圆形，长 2～8.5（12.5）cm，宽 1～4（6）cm，先端急尖或渐尖，顶端圆钝，具小尖头，基部圆形或楔形，有时稍歪斜，边缘具细锯齿，上面被短柔毛，下面中脉上稍被

柔毛；网脉明显，在两面凸起；小叶柄长 1～2（5）mm，被短柔毛。花杂性，黄白色，组成总状花序；花序腋生或顶生，长 5～14 cm，被短柔毛。雄花：直径 9～10 mm；花梗长 2～8（10）mm；花托长 2.5～3 mm，深棕色，外面被柔毛；萼片 4，三角状披针形，长 3 mm，两面被柔毛；花瓣 4，长圆形，长 4～5 mm，被微柔毛；雄蕊 8（6）；退化雌蕊长 2.5 mm。两性花：直径 10～12 mm；花梗长 2～5 mm；萼、花瓣与雄花的相似，唯萼片长 4～5 mm，花瓣长 5～6 mm；雄蕊 8；子房缝线上及基部被毛（偶有少数湖北标本子房全体被毛），柱头浅 2 裂；胚珠多颗。荚果带状，长 12～37 cm，宽 2～4 cm，劲直或扭曲，果肉稍厚，两面臌起，或有的荚果短小，呈柱形，长 5～13 cm，宽 1～1.5 cm，弯曲作新月形，通常称为猪牙皂，内无种子；果颈长 1～3.5 cm；果瓣革质，褐棕色或红褐色，常被白色粉霜；种子多颗，长圆形或椭圆形，长 11～13 mm，宽 8～9 mm，棕色，有光泽。花期 3—5 月，果期 5—12 月。

【拍摄地点】 宜城市刘猴镇钱湾村五组，海拔 190.1 m。

【生物学特性】 喜光，稍耐寒。

【生境分布】 生于山坡林中或谷地、路旁。栽培于宜城市刘猴镇等地。

【药用部位】 棘刺。

【采收加工】 全年均可采收，干燥，或趁鲜切片后干燥。

【功能主治】 消肿，排脓，杀虫。用于痈疽初起或脓成不溃；外用治疥癣，麻风。

【用法用量】 内服：煎汤，3～10 g。外用：适量，醋蒸取汁搽。

大 豆 属

150. 野大豆 *Glycine soja* Sieb. et Zucc.

【别名】 乌豆。

【形态特征】 一年生缠绕草本，长 1～4 m。茎、小枝纤细，全体疏被褐色长硬毛。叶具 3 小叶，长可达 14 cm；托叶卵状披针形，急尖，被黄色柔毛。顶生小叶卵圆形或卵状披针形，长 3.5～6 cm，宽 1.5～2.5 cm，先端锐尖至钝圆，基部近圆形，全缘，两面均被绢状的糙伏毛，侧生小叶斜卵状披针形。总状花序通常短，稀长可达 13 cm；花小，长约 5 mm；花梗密生黄色长硬毛；苞片披针形；花萼钟形，密生长毛，裂片 5，三角状披针形，先端锐尖；花冠淡紫红色或白色，旗瓣近圆形，先端微凹，基部具短瓣柄，翼瓣斜倒卵形，有明显的耳，龙骨瓣比旗瓣及翼瓣短小，密被长毛；花柱短而向一侧弯曲。荚果长圆形，稍弯，两侧稍扁，长 17～23 mm，宽 4～5 mm，密被长硬毛，种子间稍缢缩，干时易裂；种子 2～3

颗，椭圆形，稍扁，长 2.5～4 mm，宽 1.8～2.5 mm，褐色至黑色。花期 7—8 月，果期 8—10 月。

【拍摄地点】 宜城市流水镇马头村，海拔 107.3 m。

【生物学特性】 喜光耐湿，耐盐碱、耐阴、耐瘠薄，抗旱、抗病。

【生境分布】 生于潮湿的田边、园边、沟旁、河岸、湖边、沼泽、草甸和岛屿向阳的矮灌丛或芦苇丛中，稀见于沿河岸疏林下。分布于宜城市流水镇等地。

【药用部位】 全草。

【功能主治】 补气血，强壮，利尿。用于盗汗，肝火，黄疸，小儿疳积。

米 口 袋 属

151. 米口袋 *Gueldenstaedtia verna* (Georgi) Boriss.

【别名】 少花米口袋、小米口袋。

【形态特征】 多年生草本，主根细长，分茎具宿存托叶。叶长 2～20 cm；托叶三角形，基部合生；叶柄具沟，被白色疏柔毛；小叶 7～19 片，长椭圆形至披针形，长 0.5～2.5 cm，宽 1.5～7 mm，钝头或急尖，先端具细尖，两面被疏柔毛，有时上面无毛。伞形花序有花 2～4 朵，总花梗约与叶等长；苞片长三角形，长 2～3 mm；花梗长 0.5～1 mm；小苞片线形，长约为萼筒的 1/2；花萼钟形，长 5～7 mm，被白色疏柔毛；萼齿披针形，上 2 枚萼齿约与萼筒等长，下 3 枚萼齿较短小，最下 1 片最小；花冠紫红色，旗瓣卵形，长 13 mm，先端微缺，基部渐狭成瓣柄，翼瓣瓣片倒卵形，具斜截头，长 11 mm，具短耳，瓣柄长 3 mm，龙骨瓣瓣片倒卵形，长 5.5 mm，瓣柄长 2.5 mm；子房椭圆状，密被疏柔毛，花柱无毛，内卷。荚果长圆形筒状，长 15～20 mm，直径 3～4 mm，被长柔毛，成熟时毛稀疏，开裂。种子圆肾形，直径 1.5 mm，具不深凹点。花期 5 月，果期 6—7 月。

【拍摄地点】 宜城市板桥店镇东湾村四组，海拔 170.0 m。

【生境分布】 生于山坡、草原、沙地。分布于宜城市板桥店镇等地。

【药用部位】 全草。

【采收加工】 春、秋季采挖带根全草，晒干。

【功能主治】 清热利湿，解毒消肿。用于疮疖，痈肿，瘰疬，黄疸，痢疾，腹泻，目赤，喉痹，毒蛇咬伤。

【用法用量】 内服：煎汤，25～50 g；或捣汁；或研末。外用：捣敷；或熬膏摊贴。

长柄山蚂蝗属

152. 长柄山蚂蝗 *Hylodesmum podocarpum* (DC.) H. Ohashi et R. R. Mill

【形态特征】 直立草本，高50～100 cm。根茎稍木质；茎具条纹，疏被伸展短柔毛。叶为羽状三出复叶，小叶3片；托叶钻形，长约7 mm，基部宽0.5～1 mm，外面与边缘被毛；叶柄长2～12 cm，着生茎上部的叶柄较短，茎下部的叶柄较长，疏被伸展短柔毛；小叶纸质，顶生小叶宽倒卵形，长4～7 cm，宽3.5～6 cm，先端突尖，基部楔形或宽楔形，全缘，两面疏被短柔毛或几无毛，侧脉每边约4条，直达叶缘，侧生小叶斜卵形，较小，偏斜，小托叶丝状，长1～4 mm；小叶柄长1～2 cm，被伸展短柔毛。总状花序或圆锥花序，顶生或顶生和腋生，长20～30 cm，结果时延长至40 cm；总花梗被柔毛和钩状毛；通常每节生2朵花，花梗长2～4 mm，结果时增长至5～6 mm；苞片早落，窄卵形，长3～5 mm，宽约1 mm，被柔毛；花萼钟形，长约2 mm，裂片极短，较萼筒短，被小钩状毛；花冠紫红色，长约4 mm，旗瓣宽倒卵形，翼瓣窄椭圆形，龙骨瓣与翼瓣相似，均无瓣柄；单体雄蕊；雌蕊长约3 mm，子房具子房柄。荚果长约1.6 cm，通常有荚节2，背缝线弯曲，节间深凹入达腹缝线；荚节略呈宽半倒卵形，长5～10 mm，宽3～4 mm，先端截形，基部楔形，被钩状毛和小直毛，稍有网纹；果梗长约6 mm；果颈长3～5 mm。花、果期8—9月。

【拍摄地点】 宜城市孔湾镇太山庙村，海拔119.4 m。
【生境分布】 生于山坡路旁、草坡、次生阔叶林下或高山草甸处。分布于宜城市孔湾镇等地。
【药用部位】 根。
【功能主治】 解表散寒，止血，破瘀消肿，健脾化湿。用于感冒，咳嗽，脾胃虚弱。

木蓝属

153. 木蓝 *Indigofera tinctoria* L.

【别名】 蓝靛。

【形态特征】 直立亚灌木，高0.5～1 m；分枝少。幼枝有棱，扭曲，被白色丁字毛。羽状复叶长2.5～11 cm；叶柄长1.3～2.5 cm，叶轴上面扁平，有浅槽，被丁字毛，托叶钻形，长约2 mm；小叶4～6对，对生，倒卵状长圆形或倒卵形，长1.5～3 cm；宽0.5～1.5 cm，先端圆钝或微凹，基部阔楔形或圆形，两面被丁字毛或上面近无毛，中脉上面凹入，侧脉不明显，小叶柄长约2 mm；小托叶钻形

总状花序长2.5~5(9) cm，花疏生，近无总花梗；苞片钻形，长1~1.5 mm；花梗长4~5 mm；花萼钟形，长约1.5 mm，萼齿三角形，与萼筒近等长，外面有丁字毛；花冠伸出萼外，红色，旗瓣阔倒卵形，长4~5 mm，外面被毛，瓣柄短，翼瓣长约4 mm，龙骨瓣与旗瓣等长；花药心形；子房无毛。荚果线形，长2.5~3 cm，种子间有缢缩，外形似串珠状，有毛或无毛，有种子5~10颗，内果皮具紫色斑点；果梗下弯。种子近方形，长约1.5 mm。花期几乎全年，果期10月。

【拍摄地点】宜城市刘猴镇，海拔100.0 m。

【生境分布】生于山坡草丛中。分布于宜城市刘猴镇等地。

【药用部位】茎叶。

【采收加工】夏、秋季采收，鲜用或晒干。

【功能主治】清热解毒，凉血止血。用于乙型脑炎，腮腺炎，急性咽喉炎，淋巴结炎，目赤，口疮，疮痈肿毒，丹毒，疥癣，蛇虫咬伤，吐血。

【用法用量】内服：煎汤，15~30 g。外用：适量，煎水洗；或捣敷。

扁 豆 属

154. 扁豆 *Lablab purpureus* (L.) Sweet

【形态特征】多年生、缠绕藤本。全株几无毛，茎长可达6 m，常呈淡紫色。羽状复叶具3小叶；托叶基着，披针形；小托叶线形，长3~4 mm；小叶宽三角状卵形，长6~10 cm，宽与长约相等，侧生小叶两边不等大，偏斜，先端急尖或渐尖，基部近平截。总状花序直立，长15~25 cm，花序轴粗壮，总花梗长8~14 cm；小苞片2，近圆形，长3 mm，脱落；花2至多朵簇生于每一节上；花萼钟形，长约6 mm，上方2枚萼齿几完全合生，下方的3枚近相等；花冠白色或紫色，旗瓣圆形，基部两侧具2枚长而直立的小附属体，附属体下有2耳，翼瓣宽倒卵形，具截平的耳，龙骨瓣呈直角弯曲，基部渐狭成瓣柄；子房线形，无毛，花柱比子房长，弯曲不超过90°，一侧扁平，近顶部内缘被毛。荚果长圆状镰形，长5~7 cm，近顶端最阔，宽 1.4～1.8 cm，扁平，直或稍向背弯曲，顶端有弯曲的尖喙，基部渐狭；种子 3～5 颗，扁平，长椭圆形，在白花品种中为白色，在紫花品种中为紫黑色，种脐线形，长约为种子周径的 2/5。花期 4—12 月。

【拍摄地点】 宜城市流水镇，海拔 86.0 m。
【生境分布】 生于路边、房前屋后、沟边等。栽培于宜城市各乡镇。
【药用部位】 种子。
【功能主治】 消暑除湿，健脾止泻。
【用法用量】 内服：煎汤，9～18 g；或入丸、散。

胡 枝 子 属

155. 截叶铁扫帚 *Lespedeza cuneata* (Dum. Cours.) G. Don

【别名】 夜关门。

【形态特征】 小灌木，高达 1 m。

茎直立或斜升，被毛，上部分枝；分枝斜上举。叶密集，柄短；小叶楔形或线状楔形，长 1～3 cm，宽 2～5（7）mm，先端截形或近截形，具小刺尖，基部楔形，上面近无毛，下面密被伏毛。总状花序腋生，具 2～4 朵花；总花梗极短；小苞片卵形或狭卵形，长 1～1.5 mm，先端渐尖，背面被白色伏毛，边缘具缘毛；花萼狭钟形，密被伏毛，5 深裂，裂片披针形；花冠淡黄色或白色，旗瓣基部有紫斑，有时龙骨瓣先端带紫色，翼瓣与旗瓣近等长，龙骨瓣稍长；闭锁花簇生于叶腋。荚果宽卵形或近球形，被伏毛，长 2.5～3.5 mm，宽约 2.5 mm。花期 7—8 月，果期 9—10 月。

【拍摄地点】 宜城市流水镇，海拔 56.7 m。
【生物学特性】 抗旱，也耐瘠薄。
【生境分布】 生于山坡、丘陵、路旁及荒地。分布于宜城市流水镇等地。
【药用部位】 全草。
【功能主治】 益肝明目，利尿清热。

156. 细梗胡枝子 *Lespedeza virgata* (Thunb.) DC.

【形态特征】 小灌木，高 25～50 cm，有时可达 1 m。基部分枝，枝细，带紫色，被白色伏毛。托叶线形，长 5 mm；羽状复叶具 3 小叶；小叶椭圆形、长圆形或卵状长圆形，稀近圆形，长（0.6）1～2（3）cm，宽 4～10（15）mm，先端钝圆，有时微凹，有小刺尖，基部圆形，边缘稍反卷，上面无毛，下面密被伏毛，侧生小叶较小；叶柄长1~2 cm，被白色伏柔毛。总状花序腋生，通常具3朵稀疏的花；总花梗纤细，毛发状，被白色伏柔毛，显著超出叶；苞片及小苞片披针形，长约1 mm，被伏毛；花梗短；花萼狭钟形，长4~6 mm，旗瓣长约6 mm，基部有紫斑，翼瓣较短，龙骨瓣长于旗瓣或近等长；闭锁花簇生于叶腋，无梗，结实。荚果近圆形，通常不超出花萼。花期7—9月，果期9—10月。

【拍摄地点】宜城市流水镇牌坊河村，海拔145.0 m。

【生境分布】生于石山山坡。分布于宜城市各乡镇。

【药用部位】全草。

【采收加工】夏季采收，洗净，切碎，晒干。

【功能主治】清暑利尿，截疟。用于中暑，小便不利，疟疾，感冒，高血压。

【用法用量】内服：煎汤，15~30 g。

苜 蓿 属

157. 小苜蓿 *Medicago minima* (L.) Grufb.

【形态特征】一年生草本，高5~30 cm，全株被伸展柔毛，偶杂有腺毛；主根粗壮，深入土中。茎铺散，平卧并上升，基部多分枝，羽状三出复叶；托叶卵形，先端锐尖，基部圆形，全缘或不明显浅齿；叶柄细柔，长5~10（20）mm；小叶倒卵形，几等大，长5~8（12）mm，宽3~7 mm，纸质，先端圆或凹缺，具细尖，基部楔形，边缘1/3以上具锯齿，两面均被毛。花序头状，具花3~6（8）朵，疏松；总花

梗细，挺直，腋生，通常比叶长，有时甚短；苞片细小，刺毛状；花长3~4 mm；花梗甚短或无梗；花萼钟形，密被柔毛，萼齿披针形，不等长，与萼筒等长或稍长；花冠淡黄色，旗瓣阔卵形，显著比翼瓣和龙骨瓣长。荚果球形，旋转3~5圈，直径2.5~4.5 mm，边缝具3条棱，被长棘刺，通常长等于半径，水平伸展，尖端钩状；种子每圈有1~2颗。种子长肾形，长1.5~2 mm，棕色，平滑。花期3—4月，

果期 4—5 月。

【拍摄地点】 宜城市板桥店镇，海拔 202.7 m。

【生物学特性】 喜温暖、半湿润气候。

【生境分布】 生于山谷、低山或平川，喜生于宅旁、路旁及田边。分布于宜城市各乡镇。

158. 苜蓿 *Medicago sativa* L.

【别名】 紫苜蓿。

【形态特征】 多年生草本，高 30～100 cm。根粗壮，深入土层，根茎发达。茎直立、丛生至平卧，四棱形，无毛或微被柔毛，枝叶茂盛。羽状三出复叶；托叶大，卵状披针形，先端锐尖，基部全缘或具 1～2 齿裂，脉纹清晰；叶柄比小叶短；小叶长卵形、倒长卵形至线状卵形，等大，或顶生小叶稍大，长 5～40 mm，宽 3～10 mm，纸质，先端钝圆，具由中脉伸出的长齿尖，基部狭窄，楔形，边缘 1/3 以上具锯齿，上面无毛，深绿色，

下面被贴伏柔毛，侧脉 8～10 对，与中脉成锐角，在近叶边处略有分叉；顶生小叶柄比侧生小叶柄略长。花序总状或头状，长 1～2.5 cm，具花 5～30 朵；总花梗挺直，比叶长；苞片线状锥形，比花梗长或等长；花长 6～12 mm；花梗短，长约 2 mm；花萼钟形，长 3～5 mm，萼齿线状锥形，比萼筒长，被贴伏柔毛；花冠各色，淡黄色、深蓝色至暗紫色，花瓣均具长瓣柄，旗瓣长圆形，先端微凹，明显较翼瓣和龙骨瓣长，翼瓣较龙骨瓣稍长；子房线形，具柔毛，花柱短阔，上端细尖，柱头点状，胚珠多数。荚果螺旋状，中央无孔或近无孔，直径 5～9 mm，被柔毛或渐脱落，脉纹细，不清晰，成熟时棕色；有种子 10～20 颗。种子卵形，长 1～2.5 mm，平滑，黄色或棕色。花期 5—7 月，果期 6—8 月。

【拍摄地点】 宜城市刘猴镇老街，海拔 120.0 m。

【生境分布】 生于田边、路旁、旷野、草原、河岸及沟谷等地。

棘 豆 属

159. 硬毛棘豆 *Oxytropis hirta* Bge.

【别名】 毛棘豆。

【形态特征】 多年生草本。根直伸，根径 5～7 mm。茎缩短，密被枯萎叶柄和托叶，轮生羽状复叶长 4～7 cm；托叶膜质，于基部与叶柄贴生，于中部彼此合生，分离部分卵形，被贴伏白色柔毛；叶柄与叶轴被开展硬毛；小叶 8～12 轮，每轮 3～4 片，长圆状披针形，长 5～10 mm，宽 1～2 mm，

先端尖，边缘内卷，两面疏被白色长硬毛。8朵花组成穗状总状花序；总花梗坚硬，略长于叶，被开展白色柔毛；苞片草质，卵状披针形，长4～6 mm；花长26 mm；花萼筒形，微膨胀，长12～13 mm，被白色柔毛，萼齿披针形，长5～7 mm；花冠紫红色，旗瓣长22～26 mm，瓣片卵形，先端圆，翼瓣长17～19 mm，上部扩展，先端斜截形，微凹，背部凸起，龙骨瓣长16～18 mm，喙长2.5～3 mm；子房被硬毛，

胚珠22～27颗。荚果革质，长圆形，长18～22 mm，宽5～6 mm，腹面具深沟，被贴伏白色柔毛，隔膜宽1 mm，不完全2室。花、果期5—6月。

【拍摄地点】宜城市板桥店镇，海拔246.7 m。

【生境分布】生于草原、山坡路旁、丘陵坡地、山坡草地、覆沙坡地、石质山地阳坡和疏林下。分布于宜城市各乡镇。

【药用部位】地上部分。

【采收加工】夏、秋季采收，除去杂质，洗净泥土，切段，晒干备用。

【功能主治】用于丹毒，腮腺炎，发炎，肠刺痛，脑刺痛，麻疹，创伤，抽筋，鼻衄，月经过多，吐血，咯血。

【用法用量】内服：研末冲服，或入散剂，单用1.5～3 g。

豌 豆 属

160. 豌豆 *Pisum sativum* L.

【别名】麦豆、荷兰豆。

【形态特征】一年生攀援草本，高0.5～2 m。全株绿色，光滑无毛，被粉霜。叶具小叶4～6片，托叶比小叶大，叶状，心形，下缘具细齿。小叶卵圆形，长2～5 cm，宽1～2.5 cm；花于叶腋单生或数朵排列为总状花序；花萼钟形，深5裂，裂片披针形；花冠颜色多样，随品种而异，但多为白色和紫色，二体雄蕊（9+1）。子房无毛，花柱扁，内面有毛。荚果肿胀，长椭圆形，长2.5～

10 cm，宽 0.7～14 cm，顶端斜急尖，背部近伸直，内侧有坚硬纸质的内皮；种子 2～10 颗，圆形，青绿色，有皱褶或无皱褶，干后变为黄色。花期 6—7 月，果期 7—9 月。

【拍摄地点】 宜城市刘猴镇钱湾村，海拔 122.9 m。

【生物学特性】 喜温和湿润气候，不耐燥热。

【生境分布】 栽培于宜城市各乡镇。

【药用部位】 种子、茎叶。

【功能主治】 种子：强壮，利尿，止泻。茎叶：清凉解暑。

葛 属

161. 葛 *Pueraria montana* var. *lobata* (Ohwi) Maesen et S. M. Almeida

【别名】 葛藤、野葛。

【形态特征】 粗壮藤本，长可达 8 m，全体被黄色长硬毛，茎基部木质，有粗厚的块状根。羽状复叶具 3 片小叶；托叶背着，卵状长圆形，具线条；小托叶线状披针形，与小叶柄等长或较长；小叶 3 裂，偶尔全缘，顶生小叶宽卵形或斜卵形，长 7～15（19）cm，宽 5～12（18）cm，先端长渐尖，侧生小叶斜卵形，稍小，上面被淡黄色、平伏的疏柔毛，下面较密；小叶柄被黄褐色茸毛。总状花序长 15～30 cm，中部以上有颇

密集的花；苞片线状披针形至线形，远比小苞片长，早落；小苞片卵形，长不及 2 mm；花 2～3 朵聚生于花序轴的节上；花萼钟形，长 8～10 mm，被黄褐色柔毛，裂片披针形，渐尖，比萼管略长；花冠长 10～12 mm，紫色，旗瓣倒卵形，基部有 2 耳及一黄色硬痂状附属体，具短瓣柄，翼瓣镰状，较龙骨瓣狭，基部有线形、向下的耳，龙骨瓣镰状长圆形，基部有极小、急尖的耳；对旗瓣的 1 枚雄蕊仅上部离生；子房线形，被毛。荚果长椭圆形，长 5～9 cm，宽 8～11 mm，扁平，被褐色长硬毛。花期 9—10 月，果期 11—12 月。

【拍摄地点】 宜城市流水镇马头村，海拔 107.3 m。

【生境分布】 生于较温暖潮湿的坡地、沟谷、向阳矮小灌丛中。分布于宜城市各乡镇。

【生长周期】 3—4 年。

【药用部位】 根。

【采收加工】 秋、冬季采挖，趁鲜切成厚片或小块，干燥。

【功能主治】 解肌退热，生津止渴，透疹，升阳止泻，通经活络，解酒毒。用于外感发热头痛，项背强痛，口渴，消渴，麻疹不透，热痢，泄泻，眩晕头痛，中风偏瘫，胸痹。

【用法用量】 内服：煎汤，10～15 g。

决 明 属

162. 决明 *Senna tora* (L.) Roxb.

【别名】 草决明。

【形态特征】 直立、粗壮，一年生亚灌木状草本，高1～2 m。叶长4～8 cm；叶柄上无腺体；叶轴上每对小叶间有棒状的腺体1个；小叶3对，膜质，倒卵形或倒卵状长椭圆形，长2～6 cm，宽1.5～2.5 cm，顶端圆钝而有小尖头，基部渐狭，偏斜，上面被稀疏柔毛，下面被柔毛；小叶柄长1.5～2 mm；托叶线状，被柔毛，早落。花腋生，通常2朵聚生；总花梗长6～10 mm；花梗长1～1.5 cm，丝状；

萼片稍不等大，卵形或卵状长圆形，膜质，外面被柔毛，长约8 mm；花瓣黄色，下面两片略长，长12～15 mm，宽5～7 mm，能育雄蕊7枚，花药四方形，顶孔开裂，长约4 mm，花丝短于花药；子房无柄，被白色柔毛。荚果纤细，近四棱形，两端渐尖，长达15 cm，宽3～4 mm，膜质；种子约25颗，菱形，光亮。花、果期8—11月。

【拍摄地点】 宜城市板桥店镇新街，海拔183.2 m。

【生物学特性】 喜光、喜温暖湿润气候。

【生境分布】 生于向阳缓坡地、沟边、路旁。分布于宜城市各乡镇。

【药用部位】 种子。

【采收加工】 秋季采收果实，晒干，打下种子，除去杂质。

【功能主治】 清热明目，润肠通便。用于目赤涩痛，羞明多泪，头痛眩晕，目暗不明，大便秘结。

【用法用量】 内服：煎汤，9～15 g。

163. 槐叶决明 *Senna sophera* (L.) Roxb.

【别名】 茳芒决明。

【形态特征】 直立、少分枝的亚灌木或灌木，无毛，高0.8～1.5 m；枝带草质，有棱；根黑色。叶长约20 cm；叶柄近基部有大而带褐色、圆锥形的腺体1个；小叶较小，有5～10对，长1.7～4.2 cm，宽0.7～2 cm，椭圆状披针形，顶端急尖或短渐尖；小叶柄长1～1.5 mm，揉之有腐败气味；托叶膜质，卵状披针形，早落。花数朵组成伞房状总状花序，腋生和顶生，长约5 cm；苞片线状披针形或长卵形，长渐尖，早脱；花长约 2 cm；萼片不等大，外生的近圆形，长 6 mm，内生的卵形，长 8～9 mm；花瓣黄色，外生的卵形，长约 15 mm，宽 9～10 mm，其余可长达 20 mm，宽 15 mm，顶端圆形，均有短狭的瓣柄；雄蕊 7 枚发育，3 枚不育，无花药。荚果较短，长仅 5～10 cm，初时扁而稍厚，成熟时近圆筒形而膨胀；果柄长 1～1.5 cm；种子 30～40 个，种子间有薄隔膜。花期 7—9 月，果期 10—12 月。

【拍摄地点】宜城市铁湖大道，海拔 62.8 m。

【生境分布】生于山坡和路旁。栽培于宜城市园林。

苦 参 属

164. 苦参 *Sophora flavescens* Ait.

【形态特征】草本或亚灌木，稀呈灌木状，通常高 1 m 左右，稀达 2 m。茎具纹棱，幼时疏被柔毛，后无毛。羽状复叶长达 25 cm；托叶披针状线形，渐尖，长 6～8 mm；小叶 6～12 对，互生或近对生，纸质，形状多变，椭圆形、卵形、披针形至披针状线形，长 3～4(6) cm，宽 (0.5)1.2～2 cm，先端钝或急尖，基部宽楔形或浅心形，上面无毛，下面疏被灰白色短柔毛或近无毛。中脉下面隆起。总状花序顶生，长 15～25 cm；

花多数，疏或稍密；花梗纤细，长约 7 mm；苞片线形，长约 2.5 mm；花萼钟形，明显歪斜，具不明显波状齿，完全发育后近截平，长约 5 mm，宽约 6 mm，疏被短柔毛；花冠比花萼长 1 倍，白色或淡黄白色，旗瓣倒卵状匙形，长 14～15 mm，宽 6～7 mm，先端圆形或微缺，基部渐狭成柄，柄宽 3 mm，翼瓣单侧生，皱褶几达瓣片的顶部，柄与瓣片近等长，长约 13 mm，龙骨瓣与翼瓣相似，稍宽，宽约 4 mm，雄蕊 10 枚，分离或近基部稍连合；子房近无柄，被淡黄白色柔毛，花柱稍弯曲，胚珠多数。荚果长 5～10 cm，种子间稍缢缩，呈不明显串珠状，稍四棱形，疏被短柔毛或近无毛，成熟后开裂成 4 瓣，有种子 1～5 颗；种子长卵形，稍压扁，深红褐色或紫褐色。花期 6—8 月，果期 7—10 月。

【拍摄地点】宜城市板桥店镇东湾村，海拔 216.3 m。

【生境分布】生于山坡、沙地、草坡、灌丛中或田野附近。分布于宜城市板桥店镇、流水镇等地。
【药用部位】根。
【采收加工】春、秋季采挖，除去根头和小支根，洗净，干燥，或趁鲜切片，干燥。
【功能主治】清热燥湿，杀虫，利尿。用于热痢，便血，黄疸，尿闭，赤白带下，阴肿阴痒，湿疹，皮肤瘙痒，疥癣，麻风；外用治滴虫性阴道炎。
【用法用量】内服：煎汤，4.5～9 g。外用：适量，煎水洗。

槐　属

165. 槐 *Styphnolobium japonicum* (L.) Schott

【别名】槐树。

【形态特征】乔木，高达 25 m；树皮灰褐色，具纵裂纹。当年生枝绿色，无毛。羽状复叶长达 25 cm；叶轴初被疏柔毛，旋即脱净；叶柄基部膨大，包裹着芽；托叶形状多变，有时呈卵形、叶状，有时线形或钻状，早落；小叶 4～7 对，对生或近互生，纸质，卵状披针形或卵状长圆形，长 2.5～6 cm，宽 1.5～3 cm，先端渐尖，具小尖头，基部宽楔形或近圆形，稍偏斜，下面灰白色，初被疏短柔毛，旋变无毛；小托叶 2 片，  钻状。圆锥花序顶生，常呈金字塔形，长达 30 cm；花梗比花萼短；小苞片 2，形似小托叶；花萼浅钟形，长约 4 mm，萼齿 5 枚，近等大，圆形或钝三角形，被灰白色短柔毛，萼管近无毛；花冠白色或淡黄色，旗瓣近圆形，长、宽均约 11 mm，具短柄，有紫色脉纹，先端微缺，基部浅心形，翼瓣卵状长圆形，长 10 mm，宽 4 mm，先端浑圆，基部斜戟形，无皱褶，龙骨瓣阔卵状长圆形，与翼瓣等长，宽达 6 mm；雄蕊近分离，宿存；子房近无毛。荚果串珠状，长 2.5～5 cm 或稍长，直径约 10 mm，种子间缢缩不明显，种子排列较紧密，具肉质果皮，成熟后不开裂，具种子 1～6 颗；种子卵球形，淡黄绿色，干后黑褐色。花期 7—8 月，果期 8—10 月。

【拍摄地点】宜城市刘猴镇，海拔 109.1 m。

【生境分布】分布于宜城市各乡镇。

【药用部位】叶、枝、根、果实。

【功能主治】叶：清肝泻火，凉血解毒，燥湿杀虫。用于小儿惊痫，壮热，肠风，尿血，痔疮，湿疹，疥癣，疮痈肿毒。枝：散瘀止血，清热燥湿，祛风杀虫。用于崩漏，赤白带下，痔疮，阴囊湿痒，心痛，目赤，疥癣。根：散瘀消肿，杀虫。用于痔疮，喉痹，蛔虫病。果实：凉血止血，清肝明目。用于痔疮出血，肠风下血，血痢，崩漏，血淋，血热吐衄，肝热目赤，头晕目眩。

【用法用量】 叶：内服，煎汤，10～15 g，或研末；外用，适量，煎水熏洗，或捣汁涂。枝：内服，煎汤，15～30 g，或浸酒，或研末；外用，适量，煎水熏洗，或烧沥涂。根：内服，煎汤，30～60 g；外用，适量，煎水洗，或含漱。果实：内服，煎汤，6～9 g。

车轴草属

166. 红车轴草 *Trifolium pratense* L.

【别名】 红三叶。

【形态特征】 短期多年生草本，生长期2～5（9）年。主根深入土层达1 m。茎粗壮，具纵棱，直立或平卧上升，疏生柔毛或秃净。掌状三出复叶；托叶近卵形，膜质，每侧具脉纹8～9条，基部抱茎，先端离生部分渐尖，具锥刺状尖头；叶柄较长，茎上部的叶柄短，被伸展毛或秃净；小叶卵状椭圆形至倒卵形，长1.5～3.5（5）cm，宽1～2 cm，先端钝，有时微凹，基部阔楔形，两面疏生褐色长柔毛，叶面上常有"V"

形白斑，侧脉约15对，呈20°角展开在叶边，分叉处隆起，形成不明显的钝齿；小叶柄短，长约1.5 mm。花序球状或卵状，顶生；无总花梗或具非常短的总花梗，包于顶生叶的托叶内，托叶扩展成焰苞状，具花30～70朵，密集；花长12～14（18）mm；几无花梗；花萼钟形，被长柔毛，具脉纹10条，萼齿丝状，锥尖，比萼筒长，最下方1枚比其余萼齿长1倍，萼喉开张，具一多毛的加厚环；花冠紫红色至淡红色，旗瓣匙形，先端圆形，微凹缺，基部狭楔形，明显比翼瓣和龙骨瓣长，龙骨瓣比翼瓣稍短；子房椭圆形，花柱丝状细长，胚珠1～2颗。荚果卵形，通常有1颗扁圆形种子。花、果期5—9月。

【拍摄地点】 宜城市流水镇新寨，海拔331.0 m。

【生物学特性】 喜凉爽、湿润气候。

【生境分布】 偶见于宜城市流水镇。

【药用部位】 花序。

【功能主治】 清热止咳，散热消肿。用于感冒，肺结核；外用治脓肿，烧伤和眼疾。

【用法用量】 内服：煎汤，15～30 g。外用：适量，捣敷；或制成软膏涂。

167. 白车轴草 *Trifolium repens* L.

【别名】 三叶草。

【形态特征】 短期多年生草本，生长期达5年，高10～30 cm。主根短，侧根和须根发达。茎匍匍蔓生，上部稍上升，节上生根，全株无毛。掌状三出复叶；托叶卵状披针形，膜质，基部抱茎成鞘状，离生部分锐尖；叶柄较长，长 10～30 cm；小叶倒卵形至近圆形，长 8～20（30）mm，宽 8～16（25）mm，先端凹头至钝圆，基部楔形渐窄至小叶柄，中脉在下面隆起，侧脉约 13 对，与中脉呈 50° 角展开，两面均隆起，近叶边分叉并伸达锯齿齿尖；小叶柄长 1.5 mm，微被柔毛。花序球形，顶生，直径 15～40 mm；总花

梗甚长，比叶柄长近 1 倍，具花 20～50（80）朵，密集；无总苞；苞片披针形，膜质，锥尖；花长 7～12 mm；花梗比花萼稍长或等长，开花立即下垂；花萼钟形，具脉纹 10 条，萼齿 5 枚，披针形，稍不等长，短于萼筒，萼喉开张，无毛；花冠白色、乳黄色或淡红色，具香气。旗瓣椭圆形，比翼瓣和龙骨瓣长近 1 倍，龙骨瓣比翼瓣稍短；子房线状长圆形，花柱比子房略长，胚珠 3～4 颗。荚果长圆形，种子通常 3 颗。种子阔卵形。花、果期 5—10 月。

【拍摄地点】宜城市刘猴镇老街，海拔 120.0 m。

【生物学特性】喜光，喜温暖、湿润气候，在阳光充足的地方生长茂盛。

【生境分布】分布于宜城市各乡镇。

【药用部位】全草。

【功能主治】清热凉血，安神止痛，祛痰止咳。

野 豌 豆 属

168. 广布野豌豆 *Vicia cracca* L.

【形态特征】多年生草本，高 40～150 cm。根细长，多分支。茎攀援或蔓生，有棱，被柔毛。偶数羽状复叶，叶轴顶端卷须有 2～3 分支；托叶半箭头形或戟形，上部 2 深裂；小叶 5～12 对，互生，线形、长圆形或披针状线形，长 1.1～3 cm，宽 0.2～0.4 cm，先端锐尖或圆形，具短尖头，基部近圆形或近楔形，全缘；叶脉稀疏，呈三出脉状，不甚清晰。总状花序与叶轴近等长，花多数，10～40 朵，着生于总花序轴上部；花萼钟形，萼齿 5 枚，近三角状披针形；花冠紫色、蓝紫色或

紫红色，长 0.8～1.5 cm；旗瓣长圆形，中部缢缩呈提琴形，先端微缺，瓣柄与瓣片近等长；翼瓣与旗瓣近等长，明显长于龙骨瓣，先端钝；子房有柄，胚珠 4～7 颗，花柱弯，与子房连接处成大于 90°夹角，上部四周被毛。荚果长圆形或长圆状菱形，长 2～2.5 cm，宽约 0.5 cm，先端有喙，果梗长约 0.3 cm。种子 3～6 颗，扁圆球形，直径约 0.2 cm，种皮黑褐色，种脐长相当于种子周径的 1/3。花、果期 5—9 月。

【拍摄地点】 宜城市小河镇山河村，海拔 95.2 m。

【生境分布】 生于林间草地、草甸、灌丛。分布于宜城市小河镇等地。

169. 蚕豆 *Vicia faba* L.

【别名】 胡豆、南豆。

【形态特征】 一年生草本，高 30～100（120）cm。主根短粗，多须根，根瘤粉红色，密集。茎粗壮，直立，直径 0.7～1 cm，具 4 棱，中空无毛。偶数羽状复叶，叶轴顶端卷须短缩为短尖头；托叶戟形或近三角状卵形，长 1～2.5 cm，宽约 0.5 cm，略有锯齿，具深紫色密腺点；小叶通常 1～3 对，互生，上部小叶可达 4～5 对，基部较少，小叶椭圆形、长圆形或倒卵形，稀圆形，长 4～6（10）cm，宽 1.5～4 cm，先端圆钝，具短尖头，基部楔形，全缘，两面均无毛。总状花序腋生，花梗近无；花萼钟形，萼齿披针形，下萼齿较长；具花 2～4（6）朵呈丛状着生于叶腋，花冠白色，具紫色脉纹及黑色斑晕，长 2～3.5 cm，旗瓣中部缢缩，基部渐狭，翼瓣短于旗瓣，长于龙骨瓣；二体雄蕊，子房线形无柄，胚珠 2～4（6）颗，花柱密被白柔毛，顶端远轴面有 1 束毛。荚果肥厚，长 5～10 cm，宽 2～3 cm；表皮绿色被茸毛，内有白色海绵状横隔膜，成熟后表皮变为黑色。种子 2～4（6）颗，长方状圆形或近长方形，中间内凹，种皮革质，青绿色、灰绿色至棕褐色，稀紫色或黑色；种脐线形，黑色，位于种子一端。花期 4—5 月，果期 5—6 月。

【拍摄地点】 宜城市板桥店镇，海拔 87.2 m。

【生物学特性】 喜温暖、湿润环境，耐低温，但畏暑。

【生境分布】 栽培于宜城市各乡镇。

170. 小巢菜 *Vicia hirsuta* (L.) S. F. Gray.

【形态特征】 一年生草本，高 15～90（120）cm，攀援或蔓生。茎细柔有棱，近无毛。偶数羽状复叶，末端卷须分支；托叶线形，基部有 2～3 裂齿；小叶 4～8 对，线形或狭长圆形，长 0.5～1.5 cm，宽 0.1～0.3 cm，先端平截，具短尖头，基部渐狭，无毛。总状花序明显短于叶；花萼钟形，萼齿披针形，长约 0.2 cm；花 2～4（7）朵密集于花序轴顶端，花甚小，仅长 0.3～0.5 cm；花冠白色、淡蓝青色或紫白色，稀粉红色，旗瓣椭圆形，长约 0.3 cm，先端平截有凹，翼瓣近匀形，与旗瓣近等长，龙骨瓣较短；子房无柄，密被褐色长硬毛，胚珠 2 颗，花柱上部四周被毛。荚果长圆状菱形，长 0.5～1 cm，宽 0.2～0.5 cm，表皮密被棕褐色长硬毛；种子 2 颗，扁圆形，直径 0.15～0.25 cm，两面突出，种脐长相当于种子周径的 1/3。花、果期 2—7 月。

【拍摄地点】宜城市板桥店镇，海拔 202.7 m。

【生境分布】生于小麦田或山坡。分布于宜城市板桥店镇等地。

【药用部位】全草。

【采收加工】春、夏季采收，鲜用或晒干。

【功能主治】清热利湿，调经止血。用于黄疸，月经不调，带下，鼻衄。

【用法用量】内服：煎汤，18～60 g。外用：适量，捣敷。

171. 确山野豌豆 *Vicia kioshanica* Bailey

【别名】山豆根。

【形态特征】多年生草本，高 20～80 cm，根茎粗壮，多分支。偶数羽状复叶顶端卷须单一或有分支；托叶半箭头形，2 裂，有锯齿；小叶 3～7 对，近互生，革质，长圆形或线形，长 1.2～4 cm，宽 0.5～1.3 cm，先端圆或渐尖，具短尖头，叶脉密集而清晰，侧脉 10 对，下面密被长柔毛，后渐脱落，叶全缘，背具极细微可见的白边。总状花序长可达 20 cm，柔软而弯曲，明显长于叶；花萼钟形，长约 0.4 cm，萼齿披针形，外面疏被柔毛；具花 6～16（20）朵，疏松排列于花序轴上部，花冠紫色或紫红色，稀近黄色或红色，长 0.7～1.4 cm，旗瓣长圆形，长 1～1.1 cm，宽 0.6 cm，翼瓣与旗瓣近等长，

龙骨瓣最短；子房线形，有柄，胚珠 3～4 颗，花柱上部四周被毛。荚果菱形或长圆形，长 2～2.5 cm，宽约 0.5 cm，深褐色。种子 1～4 颗，扁圆形，直径 0.3～0.5 cm，表皮黑褐色，种脐长约为种子周径的 1/3。花期 4—6 月，果期 6—9 月。

【拍摄地点】宜城市板桥店镇东湾村，海拔 308.7 m。

【生境分布】 生于路旁灌丛、山坡、田边、谷地以及湿草地。分布于宜城市板桥店镇等地。

172. 歪头菜 *Vicia unijuga* A. Br.

【别名】 山豌豆、偏头草。

【形态特征】 多年生草本，高 15～180 cm。根茎粗壮，近木质，主根长达 8～9 cm，直径 2.5 cm，须根发达，表皮黑褐色。通常数茎丛生，具棱，疏被柔毛，老时渐脱落，茎基部表皮红褐色或紫褐红色。叶轴末端为细刺尖头，偶见卷须，托叶戟形或近披针形，长 0.8～2 cm，宽 3～5 mm，边缘不规则齿蚀状；小叶 1 对，卵状披针形或近菱形，长 1.5～11 cm，宽 1.5～4（5）cm，先端渐尖，边缘具小齿，基部楔形，两面均疏被微柔毛。总状花序单一，稀有分支，呈圆锥状复总状花序，明显长于叶，长 4.5～7 cm；花 8～20 朵，密集于花序轴上部；花萼紫色，斜钟形或钟形，长约 0.4 cm，直径 0.2～0.3 cm，无毛或近无毛，萼齿明显短于萼筒；花冠蓝紫色、紫红色或淡蓝色，长 1～1.6 cm，旗瓣倒提琴形，中部缢缩，先端圆，有凹，长 1.1～1.5 cm，宽 0.8～1 cm，翼瓣先端钝圆，长 1.3～1.4 cm，宽 0.4 cm，龙骨瓣短于翼瓣，子房线形，无毛，胚珠 2～8 颗，具子房柄，花柱上部四周被毛。荚果扁，长圆形，长 2～3.5 cm，宽 0.5～0.7 cm，无毛，表皮棕黄色，近革质，两端渐尖，先端具喙，成熟时腹背开裂，果瓣扭曲。种子 3～7 颗，扁圆球形，直径 0.2～0.3 cm，种皮黑褐色，革质，种脐长约为种子周径的 1/4。花期 6—7 月，果期 8—9 月。

【拍摄地点】 宜城市流水镇，海拔 300.6 m。

【生物学特性】 喜阴湿地。

【生境分布】 生于山地、林缘、草地、沟边和灌丛。分布于宜城市流水镇等地。

【药用部位】 全草。

【采收加工】 夏、秋季采收，晒干。

【功能主治】 补虚调肝，理气止痛，清热利尿。用于头晕目眩，体虚浮肿，气滞胃痛。

【用法用量】 内服：煎汤，9～15 g。外用：适量，捣敷。

豇 豆 属

173. 绿豆 *Vigna radiata* (L.) R. Wilczek

【别名】 青小豆。

【形态特征】 一年生直立草本，高 20～60 cm。茎被褐色长硬毛。羽状复叶具 3 小叶；托叶盾状着生，卵形，长 0.8～1.2 cm，具缘毛；小托叶显著，披针形；小叶卵形，长 5～16 cm，宽 3～12 cm，侧生的偏斜，全缘，先端渐尖，基部阔楔形或浑圆，两面被疏长毛，基部 3 脉明显；叶柄长 5～21 cm；叶轴长 1.5～4 cm；小叶柄长 3～6 mm。总状花序腋生，有花 4 至数朵，最多可达 25 朵；总花梗长 2.5～9.5 cm；花梗长 2～3 mm；小苞片线状披针形或长圆形，长 4～7 mm，有

线条，近宿存；萼管无毛，长 3～4 mm，裂片狭三角形，长 1.5～4 mm，具缘毛，上方的 1 对合生成一先端 2 裂的裂片；旗瓣近方形，长 1.2 cm，宽 1.6 cm，外面黄绿色，里面有时粉红色，顶端微凹，内弯，无毛；翼瓣卵形，黄色；龙骨瓣镰刀状，绿色而染粉红色，右侧有显著的囊。荚果线状圆柱形，平展，长 4～9 cm，宽 5～6 mm，被淡褐色、散生的长硬毛，种子间收缩；种子 8～14 颗，淡绿色或黄褐色，短圆柱形，长 2.5～4 mm，宽 2.5～3 mm，种脐白色而不凹陷。花期初夏，果期 6—8 月。

【拍摄地点】 宜城市流水镇，海拔 77.6 m。
【生物学特性】 喜温。
【生境分布】 栽培于宜城市各乡镇。
【采收加工】 立秋后种子成熟时采收，拔取全株，晒干，将种子打落，簸净杂质。
【功能主治】 清热解暑，利水。用于暑热烦渴，水肿，丹毒，痈肿。
【用法用量】 内服：煎汤，25～50 g；或研末；或生研绞汁。外用：研末调敷。

174. 豇豆 *Vigna unguiculata* (L.) Walp.

【形态特征】 一年生缠绕、草质藤本或近直立草本，有时顶端缠绕状。茎近无毛。羽状复叶具 3 小叶；托叶披针形，长约 1 cm，着生处下延成一短距，有线纹；小叶卵状菱形，长 5～15 cm，宽 4～6 cm，先端急尖，边缘全缘或近全缘，有时淡紫色，无毛。总状花序腋生，具长梗；花 2～6 朵聚生于花序的顶端，花梗间常有肉质密腺；花萼钟形，浅绿色，长 6～10 mm，裂齿披针形；花冠黄白色而略带青紫色，长约 2 cm，各瓣均具瓣柄，旗瓣扁圆形，宽约 2 cm，顶端微凹，基部稍有耳，翼瓣略呈三角形，龙骨瓣稍弯；子房线形，被毛。荚果下垂，直立或斜展，线形，长 7.5～70（90）cm，宽 6～10 mm，稍肉质而膨胀或坚实，有种子多颗；种子长椭圆形、圆柱形或稍肾形，

长 6～12 mm，黄白色、暗红色或其他颜色。花期 5—8 月。

【拍摄地点】 宜城市流水镇马头村，海拔 40.0 m。

【生物学特性】 旱地植物。

【生境分布】 栽培于宜城市各乡镇。

紫 藤 属

175. 紫藤 *Wisteria sinensis* (Sims) Sweet

【别名】 紫藤萝。

【形态特征】 落叶藤本。茎左旋，枝较粗壮，嫩枝被白色柔毛，后秃净；冬芽卵形。奇数羽状复叶，长 15～25 cm；托叶线形，早落；小叶 3～6 对，纸质，卵状椭圆形至卵状披针形，上部小叶较大，基部 1 对最小，长 5～8 cm，宽 2～4 cm，先端渐尖至尾尖，基部钝圆或楔形，或歪斜，嫩叶两面被平伏毛，后秃净；小叶柄长 3～4 mm，被柔毛；小托叶刺毛状，长 4～5 mm，宿存。总状花序发自去年生短枝的腋芽或顶芽，长 15～30 cm，直径 8～10 cm，花序轴被白色柔毛；苞片披针形，早落；花长 2～2.5 cm，芳香；花梗细，长 2～3 cm；花萼杯状，长 5～6 mm，宽 7～8 mm，密被细绢毛，上方 2 齿甚钝，下方 3 齿卵状三角形；花冠紫色，旗瓣圆形，先端略凹陷，花开后反折，基部有 2 胼胝体，翼瓣长圆形，基部圆，龙骨瓣较翼瓣短，阔镰形，子房线形，密被茸毛，花柱无毛，上弯，胚珠 6～8 颗。荚果倒披针形，长 10～15 cm，宽 1.5～2 cm，密被茸毛，悬垂枝上不脱落，有种子 1～3 颗；种子褐色，有光泽，圆形，宽 1.5 cm，扁平。花期 4 月中旬至 5 月上旬，果期 5—8 月。

【拍摄地点】 宜城市流水镇马集村，海拔 112.5 m。

【生境分布】 生于山谷沟坡、山坡灌丛中。分布于宜城市流水镇、板桥店镇、孔湾镇等地。

【药用部位】 茎或茎皮。

【采收加工】 夏季采收，晒干。

【功能主治】 利水，除痹，杀虫。用于浮肿，关节疼痛，肠寄生虫病。

【用法用量】 内服：煎汤，9～15 g。

四八、牻牛儿苗科

老鹳草属

176. 野老鹳草 *Geranium carolinianum* L.

【形态特征】 一年生草本，高20～60 cm，根纤细，单一或分枝，茎直立或仰卧，单一或多数，具棱角，密被倒向短柔毛。基生叶早枯，茎生叶互生或最上部对生；托叶披针形或三角状披针形，长5～7 mm，宽1.5～2.5 mm，外被短柔毛；茎下部叶具长柄，柄长为叶片的2～3倍，被倒向短柔毛，上部叶柄渐短；叶片圆肾形，长2～3 cm，宽4～6 cm，基部心形，掌状5～7裂，近基部裂片楔状倒卵形或菱形，下部楔形、全缘，上部羽状深裂，小裂片条状矩圆形，先端急尖，表面被短伏毛，背面主要沿脉被短伏毛。花序腋生和顶生，长于叶，被倒生短柔毛和开展的长腺毛，每总花梗具2朵花，顶生总花梗常数个集生，花序呈伞状；花梗与总花梗相似，等于或稍短于花；苞片钻状，长3～4 mm，被短柔毛；萼片长卵形或近椭圆形，长5～7 mm，宽3～4 mm，先端急尖，具长约1 mm的尖头，外被短柔毛或沿脉被开展的糙柔毛和腺毛；花瓣淡紫红色，倒卵形，稍长于萼片，先端圆形，基部宽楔形，雄蕊稍短于萼片，中部以下被长糙柔毛；雌蕊稍长于雄蕊，密被糙柔毛。蒴果长约2 cm，被短糙毛，果瓣由喙上部先裂，向下卷曲。花期4—7月，果期5—9月。

【拍摄地点】 宜城市刘猴镇，海拔160.8 m。
【生物学特性】 喜温暖、湿润气候，耐寒、耐湿，喜阳光充足环境。
【生境分布】 生于荒地、田园、路边和沟边。分布于宜城市各乡镇。
【药用部位】 全草。
【功能主治】 祛风，收敛，止泻。

四九、亚 麻 科

亚 麻 属

177. 亚麻 *Linum usitatissimum* L.

【形态特征】一年生草本。茎直立，高 30~120 cm，多在上部分枝，有时自茎基部亦有分枝，若密植则不分枝，基部木质化，无毛，韧皮部纤维强韧而有弹性。叶互生；叶片线形、线状披针形或披针形，长 2~4 cm，宽 1~5 mm，先端锐尖，基部渐狭，无柄，内卷，有 3（5）出脉。花单生于枝顶或枝的上部叶腋，组成疏散的聚伞花序；花直径 15~20 mm；花梗长 1~3 cm，直立；萼片 5，卵形或卵状披针形，长 5~8 mm，先端突尖或长尖，有 3（5）脉；中央一脉明显凸起，边缘膜质，无腺点，全缘，有时上部有锯齿，宿存；花瓣 5，倒卵形，长 8~12 mm，蓝色或紫蓝色，稀白色或红色，先端啮蚀状；雄蕊 5 枚，花丝基部合生，退化雄蕊 5 枚，钻状；子房 5 室，花柱 5 枚，分离，柱头比花柱微粗，细线状或棒状，长于或几等于雄蕊。蒴果球形，干后棕黄色，直径 6~9 mm，顶端微尖，室间开裂成 5 瓣；种子 10 颗，长圆形，扁平，长 3.5~4 mm，棕褐色。花期 6—8 月，果期 7—10 月。

【拍摄地点】宜城市刘猴镇钱湾村，海拔 122.9 m。

【生物学特性】适宜温和凉爽、湿润气候，耐寒，怕高温。

【生境分布】分布于宜城市刘猴镇等地。

五〇、大 戟 科

铁 苋 菜 属

178. 铁苋菜 *Acalypha australis* L.

【形态特征】一年生草本，高 0.2~0.5 m，小枝细长，被贴伏柔毛，毛逐渐稀疏。叶膜质，长卵形、近菱状卵形或阔披针形，长3～9 cm，宽1～5 cm，顶端短渐尖，基部楔形，稀圆钝，边缘具圆锯齿，上面无毛，下面沿中脉具柔毛；基出脉3条，侧脉3对；叶柄长2～6 cm，具短柔毛；托叶披针形，长1.5～2 mm，具短柔毛。雌雄花同序，花序腋生，稀顶生，长1.5～5 cm，花序梗长0.5～3 cm，花序轴具短毛，雌花苞片1～2（4）枚，卵状心形，花后增大，长1.4～2.5 cm，宽1～

2 cm，边缘具三角形齿，外面沿掌状脉具疏柔毛，苞腋具雌花1～3朵；花梗无；雄花生于花序上部，排成穗状或头状，雄花苞片卵形，长约0.5 mm，苞腋具雄花5～7朵，簇生；花梗长0.5 mm。雄花：花蕾时近球形，无毛，花萼裂片4，卵形，长约0.5 mm；雄蕊7～8枚。雌花：萼片3，长卵形，长0.5～1 mm，具疏毛；子房具疏毛，花柱3枚，长约2 mm，撕裂5～7条。蒴果直径4 mm，具3个分果爿，果皮具疏生毛和毛基变厚的小瘤体；种子近卵状，长1.5～2 mm，种皮平滑，假种阜细长。花、果期4—12月。

【拍摄地点】宜城市流水镇马头村，海拔40.0 m。

【生境分布】生于平原、山坡较湿润耕地或空旷草地，有时生于石灰岩山疏林下。分布于宜城市流水镇等地。

【药用部位】全草或地上部分。

【功能主治】清热解毒，利湿消积，收敛止血。用于肠炎，细菌性痢疾，小儿疳积，吐血，衄血，尿血，便血，子宫出血，痈疽疮疡，外伤出血，湿疹，皮炎，毒蛇咬伤。

【用法用量】内服：煎汤，10～15 g（鲜品30～60 g）。外用：适量，煎水洗或捣敷。

丹麻秆属

179. 毛丹麻秆 *Discocleidion rufescens* (Franch.) Pax et Hoffm.

【别名】假奓包叶、小泡叶。

【形态特征】灌木，高约2 m；嫩芽密被黄色长柔毛；小枝紫红色，常具长圆形皮孔。叶纸质，卵形或长圆状卵形，长8～15 cm，宽4～9 cm，顶端渐尖或短尖，基部圆形，边缘具锯齿，嫩叶上面常被疏柔毛；基出脉3条，侧脉4～5对，第三级小脉彼此平行；近基部两侧常具褐色斑状腺体2～4个；叶柄长1～6 cm，顶端具2片披针形小托叶，长2～3 mm，无毛，边缘有黄色小腺体；托叶披针形，长约2 mm，早落。圆锥花序，长15～20 cm，雄花序的苞片长圆状卵形，长约2 mm，顶端渐尖，无毛，花单生或数朵簇生于苞腋。雄花：花萼裂片4，卵形或披针形，长约2.5 mm，顶端渐尖；雄蕊25～30枚。雌花序的苞片卵形或卵状披针形，长2～3 mm；花单朵，稀2朵生于苞腋，花梗长 2～3 mm。雌花：花萼裂片长约 3 mm，无毛；子房无毛，花柱 2 裂，长约 2 mm，具乳头状突起。蒴果扁球形，直径 6～8 mm，无毛。种子球形，直径约 4 mm，灰褐色，具小突点。花期 4—6 月，果期 8—10 月。

【拍摄地点】宜城市流水镇杨林村，海拔 310.1 m。

【生境分布】生于林中或山坡灌丛中。偶见于宜城市流水镇等地。

大 戟 属

180. 泽漆 *Euphorbia helioscopia* L.

【别名】猫儿眼草。

【形态特征】一年生草本。根纤细，长 7～10 cm，直径 3～5 mm，下部分枝。茎直立，单一或自基部多分枝，分枝斜展向上，高 10～30（50）cm，直径 3～5（7）mm，光滑无毛。叶互生，倒卵形或匙形，长 1～3.5 cm，宽 5～15 mm，先端具齿，中部以下渐狭或呈楔形；总苞叶 5 枚，倒卵状长圆形，长 3～4 cm，宽 8～14 mm，

先端具齿，基部略渐狭，无柄；总伞幅 5 枚，长 2～4 cm；苞叶 2 枚，卵圆形，先端具齿，基部呈圆形。花序单生，有柄或近无柄；总苞钟状，高约 2.5 mm，直径约 2 mm，光滑无毛，边缘 5 裂，裂片半圆形，边缘和内侧具柔毛；腺体 4 个，盘状，中部内凹，基部具短柄，淡褐色。雄花数朵，明显伸出总苞外；雌花 1 朵，子房柄略伸出总苞边缘。蒴果三棱状阔圆形，光滑，无毛；具明显的 3 纵沟，长 2.5～3 mm，直径 3～4.5 mm；成熟时分裂为 3 个分果爿。种子卵状，长约 2 mm，直径约 1.5 mm，暗褐色，具明显的脊网；种阜扁平状，无柄。花、果期 4—10 月。

【拍摄地点】宜城市滨江大道，海拔 56.2 m。

【生境分布】生于山坡、路旁、沟边、湿地、荒地草丛中。分布于宜城市各乡镇。

【药用部位】全草。

【功能主治】清热祛痰，利尿消肿，杀虫。

【用法用量】内服：煎汤，3～9 g；或熬膏；或入丸、散。外用：适量，煎水洗；或熬膏涂；或研末调敷。

181. 地锦草 *Euphorbia humifusa* Willd. ex Schltdl.

【别名】 地锦。

【形态特征】 一年生草本。根纤细，长 10～18 cm，直径 2～3 mm，常不分枝。茎匍匐，自基部以上多分枝，偶而先端斜向上伸展，基部常红色或淡红色，长达 20（30）cm，直径 1～3 mm，被柔毛或疏柔毛。叶对生，矩圆形或椭圆形，长 5～10 mm，宽 3～6 mm，先端钝圆，基部偏斜，略渐狭，边缘常于中部以上具细锯齿；叶面绿色，叶背淡绿色，有时淡红色，两面被疏柔毛；叶柄极短，长 1～2 mm。花序单生于叶腋，基部具长 1～3 mm 的短柄；总苞陀螺状，高与直径各约 1 mm，边缘 4 裂，裂片三角形；腺体 4 个，矩圆形，边缘具白色或淡红色附属物。雄花数枚，近与总苞边缘等长；雌花 1 朵，子房柄伸出至总苞边缘；子房三棱状卵形，光滑无毛；花柱 3，分离；柱头 2 裂。蒴果三棱状卵球形，长约 2 mm，直径约 2.2 mm，成熟时分裂为 3 个分果爿，花柱宿存。种子三棱状卵球形，长约 1.3 mm，直径约 0.9 mm，灰色，每个棱面无横沟，无种阜。花、果期 5—10 月。

【拍摄地点】 宜城市板桥店镇，海拔 172.0 m。

【生物学特性】 喜阴湿、肥沃的土壤。分布于宜城市板桥店镇等地。

【生境分布】 生于山坡崖石壁或灌丛。

【药用部位】 根。

【功能主治】 祛瘀消肿。

【用法用量】 内服：煎汤，9～20 g（鲜品 30～60 g）。

182. 通奶草 *Euphorbia hypericifolia* L.

【形态特征】 一年生草本，根纤细，长 10～15 cm，直径 2～3.5 mm，常不分枝，少数由末端分枝。茎直立，自基部分枝或不分枝，高 15～30 cm，直径 1～3 mm，无毛或被少许短柔毛。叶对生，狭长圆形或倒卵形，长 1～2.5 cm，宽 4～8 mm，先端钝或圆，基部圆形，通常偏斜，不对称，边缘全缘或基部以上具细锯齿，上面深绿色，下面淡绿色，有时略带紫红色，两面被稀疏的柔毛，或上面的毛早脱落；叶柄极短，长 1～2 mm；托叶三角形，分离或合生。苞叶 2 枚，与茎生叶同型。花序数个簇生于叶腋或枝顶，每个花序基部具纤细的柄，柄长 3～5 mm；总苞陀螺状，高与直径各约 1 mm 或稍大，边缘 5 裂，裂片卵状三角形；腺体 4 个，边缘具白色或淡粉色附属物。雄花数枚，微伸出总苞外；雌花 1 朵，子房柄长于总苞；子房三棱状，无毛；花柱 3，分离；柱头 2 浅裂。蒴果三棱状，长约 1.5 mm，直径约 2 mm，无毛，成熟时分裂为 3 个分果爿。种子卵棱状，长约 1.2 mm，直径约 0.8 mm，每个棱面具数道皱褶，无种阜。

花、果期8—12月。

【拍摄地点】宜城市板桥店镇牌坊村，海拔159.0 m。

【生境分布】生于灌丛、旷野荒地、路旁或田间。偶见于板桥店镇等地。

【功能主治】清热利湿，收敛止痒。用于细菌性痢疾，肠炎腹泻，痔疮出血；外用治湿疹，过敏性皮炎，皮肤瘙痒。

【用法用量】内服：煎汤，25～50 g。外用：适量，鲜品煎水熏洗。

183. 大戟 *Euphorbia pekinensis* Rupr.

【别名】京大戟。

【形态特征】多年生草本。根圆柱状，长20～30 cm。直径6～14 mm，分枝或不分枝。茎单生或自基部多分枝，每个分枝上部又4～5分枝，高40～80（90）cm，直径3～6（7）cm，被柔毛或被少许柔毛或无毛。叶互生，常为椭圆形，少为披针形或披针状椭圆形，差异较大，先端尖或渐尖，基部渐狭或呈楔形、近圆形或近平截，边缘全缘；主脉明显，侧脉羽状，不明显，叶两面无毛或有时叶背具少许柔毛或被较

密的柔毛，变化较大且不稳定；总苞叶4～7枚，长椭圆形，先端尖，基部近平截；伞幅4～7，长2～5 cm；苞叶2枚，近圆形，先端具短尖头，基部平截或近平截。花序单生于2歧分枝顶端，无柄；总苞杯状，高约3.5 mm，直径3.5～4 mm，边缘4裂，裂片半圆形，边缘具不明显的缘毛；腺体4，半圆形或肾状圆形，淡褐色。雄花多数，伸出总苞之外；雌花1朵，具较长的子房柄，柄长3～5（6）mm；子房幼时被较密的瘤状突起；花柱3，分离；柱头2裂。蒴果球状，长约4.5 mm，直径4～4.5 mm，被稀疏的瘤状突起，成熟时分裂为3个分果爿；花柱宿存且易脱落。种子长球状，长约2.5 mm，直径1.5～2 mm，暗褐色或微光亮，腹面具浅色条纹；种阜近盾状，无柄。花期5—8月，果期6—9月。

【拍摄地点】宜城市小河镇山河村，海拔138.8 m。

【生物学特性】喜温暖、湿润气候，耐寒，喜潮湿。分布于宜城市各乡镇。

【生境分布】生于山坡、路边、荒坡或草丛中。

【药用部位】根。

【采收加工】除去杂质，洗净，润透，切厚片，干燥。

【功能主治】泻水逐饮，消肿散结。用于水肿胀满，胸腹积水，痰饮积聚，气逆咳喘，二便不利，疮痈肿毒，瘰疬。

【用法用量】内服：煎汤，1.5～3 g；或入散服，每次 1 g；或醋制用。外用：适量，生用。

白饭树属

184. 叶底珠 *Flueggea suffruticosa* (Pall.) Baill.

【别名】一叶萩。

【形态特征】灌木，高 1～3 m，多分枝；小枝浅绿色，近圆柱形，有棱槽，有不明显的皮孔；全株无毛。叶片纸质，椭圆形或长椭圆形，稀倒卵形，长 1.5～8 cm，宽 1～3 cm，顶端急尖至钝，基部钝至楔形，全缘或间中有不整齐的波状齿或细锯齿，下面浅绿色；侧脉每边 5～8 条，两面凸起，网脉略明显；叶柄长 2～8 mm；托叶卵状披针形，长 1 mm，宿存。花小，雌雄异株，簇生于叶腋。

雄花：3～18 朵簇生；花梗长 2.5～5.5 mm；萼片通常 5，椭圆形、卵形，长 1～1.5 mm，宽 0.5～1.5 mm，全缘或具不明显的细齿；雄蕊 5 枚，花丝长 1～2.2 mm，花药卵圆形，长 0.5～1 mm；花盘腺体 5；退化雌蕊圆柱形，高 0.6～1 mm，顶端 2～3 裂。雌花：花梗长 2～15 mm；萼片 5，椭圆形至卵形，长 1～1.5 mm，近全缘，背部呈龙骨状突起；花盘盘状，全缘或近全缘；子房卵圆形，3（2）室，花柱 3，长 1～1.8 mm，分离或基部合生，直立或外弯。蒴果三棱状扁球形，直径约 5 mm，成熟时淡红褐色，有网纹，3 爿裂；果梗长 2～15 mm，基部常有宿存的萼片；种子卵形而一侧压扁状，长约 3 mm，褐色而有小疣状突起。花期 3—8 月，果期 6—11 月。

【拍摄地点】宜城市刘猴镇，海拔 106.1 m。

【生物学特性】抗寒、抗旱。

【生境分布】生于山坡灌丛或山沟、路边。分布于宜城市各乡镇。

【药用部位】嫩枝叶、根（有小毒）。

【采收加工】嫩枝叶：春末至秋末可采收，连叶割取绿色嫩枝，扎成小把，阴干。根：全年均可采收，除去泥沙，洗净，切片，晒干。

【功能主治】祛风活血，益肾强筋。用于风湿腰痛，四肢麻木，阳痿，小儿疳积，面部神经麻痹，小儿麻痹症后遗症。

【用法用量】内服：煎汤，3～6 g。

算 盘 子 属

185. 算盘子 *Glochidion puberum* (L.) Hutch.

【形态特征】 直立灌木，高1～5 m，多分枝；小枝灰褐色；小枝、叶片下面、萼片外面、子房和果实均密被短柔毛。叶片纸质或近革质，长圆形、长卵形或倒卵状长圆形，稀披针形，长3～8 cm，宽1～2.5 cm，顶端钝、急尖、短渐尖或圆，基部楔形至钝，上面灰绿色，仅中脉被疏短柔毛或几无毛，下面粉绿色；侧脉每边5～7条，下面凸起，网脉明显；叶柄长1～3 mm；托叶三角形，长约1 mm。花小，雌雄同株或异株，2～5朵簇生于叶腋内，雄花束常着生于小枝下部，雌花束则在小枝上部，或有时雌花和雄花同生于一叶腋内。雄花：花梗长4～15 mm；萼片6，狭长圆形或长圆状倒卵形，长2.5～3.5 mm；雄蕊3枚，合生呈圆柱状。雌花：花梗长约1 mm；萼片6，与雄花的相似，但较短而厚；子房圆球状，5～10室，每室有2颗胚珠，花柱合生成环状，长、宽与子房几相等，与子房接连处缢缩。蒴果扁球状，直径8～15 mm，边缘有8～10条纵沟，成熟时带红色，顶端具有环状而稍伸长的宿存花柱。种子近肾形，具3棱，长约4 mm，砖红色。花期4—8月，果期7—11月。

【拍摄地点】 宜城市板桥店镇，海拔220.8 m。

【生境分布】 生于山坡、溪旁灌丛中或林缘。分布于宜城市板桥店镇、流水镇等地。

【药用部位】 果实（有小毒）。

【采收加工】 秋季采摘，拣净杂质，晒干。

【功能主治】 清热除湿，解毒利咽，行气活血。用于痢疾、泄泻、黄疸、疟疾、淋浊、带下、咽喉肿痛、牙痛、疝痛、产后腹痛。

【用法用量】 内服：煎汤，9～15 g。

野 桐 属

186. 白背叶 *Mallotus apelta* (Lour.) Muell. Arg.

【别名】 叶下白、白鹤草。

【形态特征】 灌木或小乔木，高1～3（4）m；小枝、叶柄和花序均密被淡黄色星状柔毛和散生橙黄色颗粒状腺体。叶互生，卵形或阔卵形，稀心形，长、宽均6～16（25）cm，顶端急尖或渐尖，基部截平或稍心形，边缘具疏齿，上面干后黄绿色或暗绿色，无毛或被疏毛，下面被灰白色星状茸毛，散生橙黄色颗粒状腺体；基出脉5条，最下1对常不明显，侧脉6～7对；基部近叶柄处有褐色斑状腺体2

个；叶柄长 5～15 cm。花雌雄异株，雄花序为开展的圆锥花序或穗状，长 15～30 cm，苞片卵形，长约 1.5 mm，雄花多朵簇生于苞腋。雄花：花梗长 1～2.5 mm；花蕾卵形或球形，长约 2.5 mm，花萼裂片 4，卵形或卵状三角形，长约 3 mm，外面密生淡黄色星状毛，内面散生颗粒状腺体；雄蕊 50～75 枚，长约 3 mm；雌花序穗状，长 15～30 cm，稀有分枝，花序梗长 5～15 cm，苞片近三角形，长约 2 mm。

雌花：花梗极短；花萼裂片 3～5 枚，卵形或近三角形，长 2.5～3 mm，外面密生灰白色星状毛和颗粒状腺体；花柱 3～4 枚，长约 3 mm，基部合生，柱头密生羽毛状突起。蒴果近球形，密生被灰白色星状毛的软刺，软刺线形，黄褐色或浅黄色，长 5～10 mm；种子近球形，直径约 3.5 mm，褐色或黑色，具皱褶。花期 6—9 月，果期 8—11 月。

【拍摄地点】 宜城市板桥店镇肖云村，海拔 206.7 m。

【生境分布】 生于山坡或山谷灌丛中。偶见于宜城市板桥店镇等地。

【药用部位】 根、叶。

【采收加工】 根：洗净，切片，晒干。叶：多鲜用，或晒干研粉。

【功能主治】 根：柔肝活血，健脾化湿，收敛固脱。用于慢性肝炎，肝脾肿大，子宫脱垂，脱肛，带下，妊娠水肿。叶：消炎止血。用于中耳炎，疖肿，跌打损伤，外伤出血。

【用法用量】 根：内服，煎汤，5～9 g。叶：外用，适量，鲜叶捣敷，或干叶研粉敷。

叶 下 珠 属

187. 蜜甘草 *Phyllanthus ussuriensis* Rupr. et Maxim.

【别名】 蜜柑草。

【形态特征】 一年生草本，高达 60 cm；茎直立，常基部分枝，枝条细长；小枝具棱；全株无毛。叶片纸质，椭圆形至长圆形，长 5～15 mm，宽 3～6 mm，顶端急尖至钝，基部近圆形，下面白绿色；侧脉每边 5～6 条；叶柄极短或几乎无叶柄；托叶卵状披针形。花雌雄同株，单生或数朵簇生于叶腋；花梗长约 2 mm，丝状，基部有数枚苞

片。雄花：萼片 4，宽卵形；花盘腺体 4 个，分离，与萼片互生；雄蕊 2 枚，花丝分离，药室纵裂。雌花：萼片 6，长椭圆形，果时反折；花盘腺体 6 个，长圆形；子房卵圆形，3 室，花柱 3，顶端 2 裂。蒴果扁球状，直径约 2.5 mm，平滑；果梗短；种子长约 1.2 mm，黄褐色，具有褐色疣点。花期 4—7 月，果期 7—10 月。

【拍摄地点】宜城市流水镇牌坊河村，海拔 115.1 m。

【生境分布】偶见于宜城市流水镇等地。

【药用部位】全草。

【采收加工】秋季采收，鲜用或晒干。

【功能主治】清热利湿，清肝明目。

蓖 麻 属

188. 蓖麻 *Ricinus communis* L.

【别名】草麻。

【形态特征】一年生粗壮草本或草质灌木，高达 5 m；小枝、叶和花序通常被白霜，茎多汁液。叶轮廓近圆形，长、宽达 40 cm 或更大，掌状 7～11 裂，裂缺几达中部，裂片卵状长圆形或披针形，顶端急尖或渐尖，边缘具锯齿；掌状脉 7～11 条。网脉明显；叶柄粗壮，中空，长可达 40 cm，顶端具 2 个盘状腺体，基部具盘状腺体；托叶长三角形，长 2～3 cm，早落。总状花序或圆锥花序，长 15～30 cm 或更长；苞片阔三

角形，膜质，早落。雄花：花萼裂片卵状三角形，长 7～10 mm；雄蕊束众多。雌花：萼片卵状披针形，长 5～8 mm，凋落；子房卵状，直径约 5 mm，密生软刺或无刺，花柱红色，长约 4 mm，顶部 2 裂，密生乳头状突起。蒴果卵球形或近球形，长 1.5～2.5 cm，果皮具软刺或平滑；种子椭圆形，微扁平，长 8～18 mm，平滑，斑纹淡褐色或灰白色；种阜大。花期几全年或 6—9 月（栽培）。

【拍摄地点】宜城市孔湾镇，海拔 110.4 m。

【生境分布】偶见于宜城市孔湾镇。

【药用部位】叶、根。

【功能主治】叶：消肿拔毒，止痒。用于疮痈肿毒；外用治湿疹瘙痒，并可灭蛆、孑孓。根：祛风活血，止痛镇静。用于风湿性关节痛，破伤风，癫痫，精神分裂症。

【用法用量】叶：内服，煎汤，5～10 g，或入丸、散；外用，适量，捣敷，或煎水洗，或热熨。根：内服，煎汤，25～50 g，或炖肉食；外用：适量，捣敷。

地 构 叶 属

189. 地构叶 *Speranskia tuberculata* (Bge.) Baill.

【别名】 珍珠透骨草。

【形态特征】 多年生草本；茎直立，高 25～50 cm，分枝较多，被伏贴短柔毛。叶纸质，披针形或卵状披针形，长 1.8～5.5 cm，宽 0.5～2.5 cm，顶端渐尖，稀急尖，尖头钝，基部阔楔形或圆形，边缘具疏离圆齿或有时深裂，齿端具腺体，上面疏被短柔毛，下面被柔毛或仅叶脉被毛；叶柄长不及 5 mm 或近无柄；托叶卵状披针形，长约 1.5 mm。总状花序长 6～15 cm，上部有雄花 20～30 朵，下部有雌花 6～  10 朵，位于花序中部的雌花两侧有时具雄花 1～2 朵；苞片卵状披针形或卵形，长 1～2 mm。雄花：2～4 朵生于苞腋，花梗长约 1 mm；共萼裂片卵形，长约 1.5 mm，外面疏被柔毛；花瓣倒心形，具爪状物，长约 0.5 mm，被毛；雄蕊 8～12（15）枚，花丝被毛。雌花：1～2 朵生于苞腋，花梗长约 1 mm，果时长达 5 mm，且常下弯；花萼裂片卵状披针形，长约 1.5 mm，顶端渐尖，疏被长柔毛，花瓣与雄花相似，但较短，疏被柔毛和缘毛，具脉纹；花柱 3，各 2 深裂，裂片呈羽状撕裂。蒴果扁球形，长约 4 mm，直径约 6 mm，被柔毛和具瘤状突起；种子卵形，长约 2 mm，顶端急尖，灰褐色。花、果期 5—9 月。

【拍摄地点】 宜城市板桥店镇，海拔 216.2 m。

【生境分布】 生于山坡草丛或灌丛中。偶见于宜城市板桥店镇等地。

【药用部位】 全草。

【采收加工】 夏、秋季采收。

【功能主治】 祛风除湿，解毒止痛。用于风湿性关节痛；外用治疮痈肿毒。

【用法用量】 内服：煎汤，10～15 g；或入丸、散。外用：适量，煎水熏洗。

乌 桕 属

190. 乌桕 *Triadica sebifera* (L.) Small

【形态特征】 乔木，高可达 15 m，各部均无毛而具乳状汁液；树皮暗灰色，有纵裂纹；枝广展，具皮孔。叶互生，纸质，叶片菱形、菱状卵形或稀有菱状倒卵形，长 3～8 cm，宽 3～9 cm，顶端骤然紧缩具长短不等的尖头，基部阔楔形或钝，全缘；中脉两面微凸起，侧脉 6～10 对，纤细，斜上升，离缘 2～5 mm 弯拱网结，网状脉明显；叶柄纤细，长 2.5～6 cm，顶端具 2 个腺体；托叶顶端钝，长约 1 mm。花单性，雌雄同株，聚集成顶生、长 6～12 cm 的总状花序，雌花通常生于花序轴最下部或罕有在雌花下部，亦有少数雄花着生，雄花生于花序轴上部，有时整个花序全为雄花。雄花：花梗纤细，长 1～3 mm，向上渐粗；苞片阔卵形，长、宽近相等，约 2 mm，顶端略尖，基部两侧各具 1 个近肾形的腺体，每一

苞片内具 10～15 朵花；小苞片 3 枚，不等大，边缘撕裂状；花萼杯状，3 浅裂，裂片钝，具不规则的细齿；雄蕊 2 枚，罕有 3 枚，伸出花萼之外，花丝分离，与球状花药近等长。雌花：花梗粗壮，长 3～3.5 mm；苞片深 3 裂，裂片渐尖，基部两侧的腺体与雄花的相同，每一苞片内仅 1 朵雌花，间有 1 朵雌花和数朵雄花同聚生于苞腋内；花萼 3 深裂，裂片卵形至卵状披针形，顶端短尖至渐尖；子房卵球形，平滑，3 室，花柱 3，基部合生，柱头外卷。蒴果梨状球形，成熟时黑色，直径 1～1.5 cm。具 3 颗种子，分果爿脱落后而中轴宿存；种子扁球形，黑色，长约 8 mm，宽 6～7 mm，外被白色、蜡质的假种皮。花期 4—8 月。

【拍摄地点】宜城市刘猴镇，海拔 106.1 m。

【生物学特性】喜光。

【生境分布】生于低山、丘陵、湖区平原。分布于宜城市各乡镇。

【药用部位】根皮、树皮、叶（有小毒）。

【采收加工】根皮、树皮：全年均可采收，切片，晒干。叶：多鲜用或晒干。

【功能主治】杀虫，解毒，利尿，通便。用于血吸虫病，肝硬化腹水，二便不利，毒蛇咬伤；外用治疮疖，鸡眼，乳腺炎，湿疹，皮炎。

【用法用量】根皮：内服，煎汤，3～9 g。叶：内服，煎汤，9～15 g。外用：适量，鲜叶捣敷；或煎水洗。

油 桐 属

191. 油桐 *Vernicia fordii* (Hemsl.) Airy Shaw

【形态特征】落叶乔木，高达 10 m；树皮灰色，近光滑；枝条粗壮，无毛，具明显皮孔。叶卵圆形，长 8～18 cm，宽 6～15 cm，顶端短尖，基部截平至浅心形，全缘，稀 1～3 浅裂，嫩叶上面被很快脱落微柔毛，下面被渐脱落棕褐色微柔毛，成长叶上面深绿色，无毛，下面灰绿色，被贴伏微柔毛；掌状脉 5（7）条；叶柄与叶片近等长，几无毛，顶端有 2 个扁平、无柄腺体。花雌雄同株，先于叶或与叶同时开放；花萼长约 1 cm，2（3）裂，外面密被棕褐色微柔毛；花瓣白色，有淡红色脉纹，倒卵形，长 2～

3 cm，宽1～1.5 cm，顶端圆形，基部爪状。雄花：雄蕊8～12枚，2轮；外轮离生，内轮花丝中部以下合生。雌花：子房密被柔毛，3～5（8）室，每室有1颗胚珠，花柱与子房室同数，2裂。核果近球状，直径4～6（8）cm，果皮光滑；种子3～4（8）颗，种皮木质。花期3—4月，果期8—9月。

【拍摄地点】宜城市小河镇山河村，海拔315.3 m。

【生物学特性】喜温暖、湿润气候，怕严寒。

【生境分布】生于丘陵山地。栽培于宜城市各乡镇。

【药用部位】根、叶、花、未成熟果实及种子油。

【采收加工】根：全年均可采收。叶及凋落的花：夏、秋季采收，晒干。未成熟果实：冬季采收，将种子取出，分别晒干备用，如用种子油，须另加工。

【功能主治】根：下气消积，利水化痰，驱虫。用于食积痞满，水肿，哮喘，瘰疬，蛔虫病。叶：清热消肿，解毒杀虫。用于肠炎，痢疾，痈肿，臁疮，疥癣，漆疮，烫伤。花：清热解毒，生肌。用于烧、烫伤。

【用法用量】根：内服，煎汤，6～12 g；或炖肉服。叶、花：外用，适量，鲜叶捣敷；花浸植物油内，备用。

五一、芸香科

柑橘属

192. 枳 *Citrus trifoliata* L.

【别名】枸橘。

【形态特征】小乔木，高1～5 m，树冠伞形或圆头形。枝绿色，嫩枝扁，有纵棱，刺长达4 cm，刺尖干枯状，红褐色，基部扁平。叶柄有狭长的翼叶，通常指状三出叶，很少4～5小叶，杂交种则除3小叶外，尚有2小叶或单小叶同时存在，小叶等长或中间的一片较大，长2～5 cm，宽1～3 cm，对称或两侧不对称，叶缘有细钝裂齿或全缘，嫩叶中脉上有细毛，花单朵或成对腋生，先于叶开放，也有先叶后花的，有完全花及不完全花，后者雄蕊发育，雌蕊萎缩，花有大、小二型，花径 3.5～8 cm；萼片长 5～7 mm；花瓣白色，匙形，长 1.5～3 cm；雄蕊通常 20 枚，花丝不等长。果实近圆球形或梨形，大小差异较大，通常纵径 3～4.5 cm，横径 3.5～6 cm，果顶微凹，有环圈，果皮暗黄色，粗糙，也有无环圈，果皮平滑的，油胞小而密，果心充实，瓤囊 6～8 瓣，汁胞有短柄，果肉含黏液，微有香橼气味，甚酸且苦，带

涩味，有种子 20～50 颗；种子阔卵形，乳白色或乳黄色，有黏液，平滑或间有不明显的细脉纹，长 9～12 mm。花期 5—6 月，果期 10—11 月。

【拍摄地点】 宜城市流水镇马集村，海拔 83.7 m。

【生物学特性】 喜光照、温暖环境，适生于光照充足处。比较耐寒。

【生境分布】 生于山地林中。栽培于宜城市流水镇等地。

【功能主治】 舒肝止痛，破气散结，消食化滞，除痰止咳。

白 鲜 属

193. 白鲜 *Dictamnus dasycarpus* Turcz.

【别名】 白藓皮、白膻。

【形态特征】 茎基部木质化的多年生宿根草本，高 40～100 cm。根斜生，肉质粗长，淡黄白色。茎直立，幼嫩部分密被长毛及水泡状凸起的油点。叶有小叶 9～13 片，小叶对生，无柄，位于顶端的 1 片则具长柄，椭圆形至长圆形，长 3～12 cm，宽 1～5 cm，生于叶轴上部的较大，叶缘有细锯齿，叶脉不甚明显，中脉被毛，成长叶的毛逐渐脱落；叶轴有甚狭窄的翼叶。总状花序长可达 30 cm；花梗长 1～1.5 cm；

苞片狭披针形；萼片长 6～8 mm，宽 2～3 mm；花瓣白色带淡紫红色或粉红色带深紫红色脉纹，倒披针形，长 2～2.5 cm，宽 5～8 mm；雄蕊伸出于花瓣外；萼片及花瓣均密生透明油点。成熟的果（蓇葖）沿腹缝线开裂为 5 个分果瓣，每分果瓣又深裂为 2 小瓣，瓣的顶角短尖，内果皮蜡黄色，有光泽，

每分果瓣有种子 2～3 颗；种子阔卵形或近圆球形，长 3～4 mm，厚约 3 mm，光滑。花期 5 月，果期 8—9 月。

【拍摄地点】 宜城市板桥店镇东湾村，海拔 215.0 m。

【生物学特性】 喜温暖、湿润环境，喜光照、耐严寒、耐干旱、不耐水涝。

【生境分布】 生于丘陵土坡、平地灌丛中、草地或疏林下，石灰岩石地亦常见。分布于宜城市板桥店镇、南营街道办事处、刘猴镇等地。

【药用部位】 干燥根皮。

【采收加工】 春、秋季采挖根部，除去泥沙或粗皮，剥取根皮，干燥。

【功能主治】 清热燥湿，祛风解毒。用于湿热疮毒，黄水淋漓，湿疹，风疹，疥癣，风湿热痹，黄疸尿赤。

【用法用量】 内服：煎汤，5～10 g。外用：适量，煎汤；或研粉敷。

花 椒 属

194. 竹叶花椒 *Zanthoxylum armatum* DC.

【形态特征】 高 3～5 m 的落叶小乔木；茎枝多锐刺，刺基部宽而扁，红褐色，小枝上的刺劲直，水平抽出，小叶背面中脉上常有小刺，仅叶背基部中脉两侧有丛状柔毛，或嫩枝梢及花序轴均被褐锈色短柔毛。叶有小叶 3～9 片，稀 11 片，翼叶明显，稀仅有痕迹；小叶对生，通常披针形，长 3～12 cm，宽 1～3 cm，两端尖，有时基部宽楔形，干后叶缘略向背卷，叶面稍粗皱；或椭圆形，长 4～9 cm，

宽 2～4.5 cm，顶端中央一片最大，基部一对最小；有时为卵形，叶缘甚小且有疏离的裂齿，或近全缘，仅在齿缝处或沿小叶边缘有油点。小叶柄甚短或无柄。花序近腋生或同时生于侧枝之顶，长 2～5 cm，有花 30 朵以内；花被片 6～8 枚，形状与大小儿相同，长约 1.5 mm；雄花的雄蕊 5～6 枚，药隔顶端有 1 干后变褐黑色的油点；不育雌蕊垫状凸起，顶端 2～3 浅裂；雌花有心皮 2～3 个，背部近顶侧各有 1 油点，花柱斜向背弯，不育雄蕊短线状。果实紫红色，有微凸起少数油点，单个分果瓣直径 4～5 mm；种子直径 3～4 mm，褐黑色。花期 4—5 月，果期 8—10 月。

【拍摄地点】 宜城市南营街道办事处土城村，海拔 64.9 m。

【生境分布】 生于山坡、沟谷边疏林中、林缘、灌丛中。分布于宜城市各乡镇。

【药用部位】 根、茎、叶、果实及种子。

【功能主治】 温中止痛，杀虫止痒。用于脘腹冷痛，呕吐泄泻，虫积腹痛，蛔虫病，湿疹瘙痒。

【用法用量】内服：煎汤，果 3～9 g，根 25～50 g。外用：叶适量，鲜品捣敷或煎水洗。

195. 花椒 *Zanthoxylum bungeanum* Maxim.

【形态特征】高 3～7 m 的落叶小乔木；茎干上的刺常早落，枝有短刺，小枝上的刺基部呈宽而扁且劲直的长三角形，当年生枝被短柔毛。叶有小叶 5～13 片，叶轴常有甚狭窄的叶翼；小叶对生，无柄，卵形、椭圆形，稀披针形，位于叶轴顶部的较大，近基部的有时圆形，长 2～7 cm，宽 1～3.5 cm，叶缘有细裂齿，齿缝有油点，其余无或散生肉眼可见的油点，叶背基部中脉两侧有丛毛或小叶两面均被柔毛，中脉在叶面微凹陷，叶背干后常有红褐色斑纹。花序顶生或生于侧枝之顶，花序轴及花梗密被短柔毛或无毛；花被片 6～8 枚，黄绿色，形状及大小大致相同；雄花的雄蕊 5 枚或多至 8 枚；退化雌蕊顶端叉状浅裂；雌花很少有发育雄蕊，有心皮 3 或 2 枚，间有 4 枚，花柱斜向背弯。果实紫红色，单个分果瓣直径 4～5 mm，散生微凸起的油点，顶端有甚短的芒尖或无；种子长 3.5～4.5 mm。花期 4—5 月，果期 8—9 月或 10 月。

【拍摄地点】宜城市南营街道办事处金山村，海拔 90.2 m。

【生物学特性】耐旱，喜阳光。

【生境分布】生于坡地。栽培于宜城市各乡镇。

【药用部位】果皮。

【采收加工】秋季采收成熟果实，晒干，除去种子和杂质。

【功能主治】温中散寒，除湿，止痛，杀虫。用于积食停饮，心腹冷痛，呕吐，咳嗽气逆，风寒湿痹，泄泻，痢疾，疝痛，牙痛，蛔虫病，蛲虫病，阴痒，疮疖。

【用法用量】内服：煎汤，3～6 g。外用：适量，煎水熏洗。

五二、苦 木 科

臭 椿 属

196. 臭椿 *Ailanthus altissima* (Mill.) Swingle

【别名】臭椿皮。

【形态特征】落叶乔木，高可超过20 m，树皮平滑而有直纹；嫩枝有髓，幼时被黄色或黄褐色柔毛，后脱落。叶为奇数羽状复叶，长40～60 cm，叶柄长7～13 cm，有小叶13～27片；小叶对生或近对生，纸质，卵状披针形，长7～13 cm，宽2.5～4 cm，先端长渐尖，基部偏斜，截形或稍圆，两侧各具1或2枚粗锯齿，齿背有腺体1个，叶面深绿色，背面灰绿色，揉碎后具臭味。圆锥花序长10～30 cm；花淡绿色，花梗长1～2.5 mm；萼片5，覆瓦状排列，裂片长0.5～1 mm；花瓣5，长2～2.5 mm，基部两侧被硬粗毛；雄蕊10枚，花丝基部密被硬粗毛，雄花中的花丝长于花瓣，雌花中的花丝短于花瓣；花药长圆形，长约1 mm；心皮5，花柱粘合，柱头5裂。翅果长椭圆形，长3～4.5 cm，宽1～1.2 cm；种子位于翅的中间，扁圆形。花期4—5月，果期8—10月。

【拍摄地点】宜城市板桥店镇林场，海拔234.0 m。

【生物学特性】喜光，不耐阴，耐寒，耐旱。

【生境分布】分布于宜城市各乡镇。

【药用部位】树皮、根皮、果实。

【功能主治】清热燥湿，收涩止带，止泻，止血。

五三、楝　　科

楝　　属

197. 楝 *Melia azedarach* L.

【别名】楝树、苦楝。

【形态特征】落叶乔木，高可达10 m；树皮灰褐色，纵裂。分枝广展，小枝有叶痕。叶为二至三回奇数羽状复叶，长20～40 cm；小叶对生，卵形、椭圆形至披针形，顶生一片通常略大，长3～7 cm，宽2～3 cm，先端短渐尖，基部楔形或宽楔形，偏斜，边缘有钝锯齿，幼时被星状毛，后两面均无毛，侧脉每边12～16条，广展，向上斜举。圆锥花序约与叶等长，无毛或幼时被鳞片状短柔毛；花芳香；花萼5深裂，裂片卵形或长圆状卵形，先端急尖，外面被微柔毛；花瓣淡紫色，倒卵状匙形，长约1 cm，两面均被微柔毛，通常外面较密；雄蕊管紫色，无毛或近无毛，长 7～8 mm，有纵细脉，管口有钻形、2～3 齿裂的狭裂片 10 枚，花药 10 枚，着生于裂片内侧，且与裂片互生，长椭圆形，顶端微突尖；子房近球形，5～6 室，无毛，每室有胚珠 2 颗，花柱细长，柱头头状，顶端具 5 齿，不伸出雄蕊管。核果球形至椭圆形，长 1～2 cm，宽 8～15 mm，内果皮木质，4～5 室，每室有种子 1 颗；种子椭圆形。花期 4—5 月，果期 10—12 月。

【拍摄地点】 宜城市刘猴镇团山村，海拔 146.5 m。

【生境分布】 生于旷野或路旁，常栽培于屋前房后。分布于宜城市各乡镇。

五四、远志科

远志属

198. 瓜子金 *Polygala japonica* Houtt.

【别名】 瓜子草。

【形态特征】 多年生草本，高 15～20 cm；茎、枝直立或外倾，绿褐色或绿色，具纵棱，被卷曲短柔毛。单叶互生，叶片厚纸质或亚革质。卵形或卵状披针形，稀狭披针形，长 1～2.3（3）cm，宽（3）5～9 mm，先端钝，具短尖头，基部阔楔形至圆形，全缘，叶面绿色，背面淡绿色，两面无毛或被短柔毛，主脉上面凹陷，背面隆起，侧脉 3～5 对，两面凸起，并被短柔毛；叶柄长约 1 mm，被短柔毛。总状花序与叶对生，或腋外生，最上 1 个花序低于茎顶。花梗细，长约 7 mm，被短柔毛，基部具 1 枚披针形、早落的苞片；萼片 5 枚，宿存，外面 3 枚披针形，长 4 mm，外面被短柔毛，

里面 2 枚花瓣状，卵形至长圆形，长约 6.5 mm，宽约 3 mm，先端圆形，具短尖头，基部具爪；花瓣 3，白色至紫色，基部合生，侧瓣长圆形，长约 6 mm，基部内侧被短柔毛，龙骨瓣舟状，具流苏状鸡冠状附属物；雄蕊 8 枚，花丝长 6 mm，全部合生成鞘，鞘 1/2 以下与花瓣贴生，且具缘毛，花药无柄，顶孔开裂；子房倒卵形，直径约 2 mm，具翅，花柱长约 5 mm，弯曲，柱头 2，间隔排列。蒴果圆形，直径约 6 mm，短于内萼片，顶端凹陷，具喙状突尖，边缘具有横脉的阔翅，无缘毛。种子 2 颗，卵形，长约 3 mm，直径约 1.5 mm，黑色，密被白色短柔毛，种阜 2 裂下延，疏被短柔毛。花期 4—5 月，果期 5—8 月。

【拍摄地点】 宜城市流水镇马集村，海拔 120.1 m。

【生物学特性】 喜阳，耐旱。

【生境分布】 生于山坡草丛中、路边。分布于板桥店镇、流水镇等地。

【药用部位】 全草。

【采收加工】 春、夏、秋季采挖，除去泥沙，晒干。

【功能主治】 活血散瘀，祛痰镇咳，解毒止痛。用于咽炎，扁桃体炎，口腔炎，咳嗽，小儿肺炎，小儿疳积，泌尿系统结石，乳腺炎，骨髓炎；外用治毒蛇咬伤，疮痈肿毒。

【用法用量】 内服：煎汤，6 ～ 15 g（鲜品 30 ～ 60 g）；或研末，或浸酒。外用：适量，捣敷；或研末调敷。

199. 远志 *Polygala tenuifolia* Willd.

【别名】 细草、线儿茶。

【形态特征】 多年生草本，高 15 ～ 50 cm；主根粗壮，韧皮部肉质，浅黄色，长达 10 cm。茎多数丛生，直立或倾斜，具纵棱槽，被短柔毛。单叶互生，叶片纸质，线形至线状披针形，长 1 ～ 3 cm，宽 0.5 ～ 1（3）mm，先端渐尖，基部楔形，全缘，反卷，无毛或极疏被微柔毛，主脉上面凹陷，背面隆起，侧脉不明显，近无柄。总状花序呈扁侧状生于小枝顶端，细弱，长 5 ～ 7 cm，通常略俯垂，少花，稀疏；苞片 3 枚，披针形，长约 1 mm，先端渐尖，早落；萼片 5 枚，宿存，无毛，外面 3 枚线状披针形，长约 2.5 mm，急尖，里面 2 枚花瓣状，倒卵形或长圆形，长约 5 mm，宽约 2.5 mm，先端圆形，具短尖头，沿中脉绿色，周围膜质，带紫堇色，基部具爪状物；花瓣 3，紫色，侧瓣斜长圆形，长约 4 mm，基部与龙骨瓣合生，基部内侧具柔毛，龙骨瓣较侧瓣长，具流苏状附属物；雄蕊 8 枚，花丝 3/4 以下合生成鞘，具缘毛，3/4 以上两侧各 3 枚合生，花药无柄，中间 2 枚分离，花丝丝状，具狭翅，花药长卵形；子房扁圆形，顶端微缺，花柱弯曲，顶端呈喇叭形，柱头内藏。蒴果圆形，直径约 4 mm，

顶端微凹，具狭翅，无缘毛；种子卵形，直径约 2 mm，黑色，密被白色柔毛，具发达、2 裂下延的种阜。花、果期 5—9 月。

【拍摄地点】宜城市板桥店镇，海拔 211.7 m。

【生物学特性】喜阳，耐旱。

【生境分布】生于平原、山坡草地、灌丛中以及杂木林下。分布于宜城市板桥店镇、流水镇等地。

【药用部位】根。

【采收加工】春、秋季采挖，除去须根和泥沙，晒干或抽取木心晒干。

【功能主治】安神益智，交通心肾，祛痰，消肿。用于心肾不交引起的失眠多梦、健忘惊悸、神志恍惚、咳痰不爽，疮痈肿毒，乳房肿痛。

【用法用量】内服：煎汤，3～10 g。

五五、马桑科

马桑属

200. 马桑 *Coriaria napalensis* Wall.

【形态特征】灌木，高 1.5～2.5 m，分枝水平开展，小枝四棱形或成四狭翅，幼枝疏被微柔毛，后变无毛，常带紫色，老枝紫褐色，具显著圆形凸起的皮孔；芽鳞膜质，卵形或卵状三角形，长 1～2 mm，紫红色，无毛。叶对生，纸质至薄革质，椭圆形或阔椭圆形，长 2.5～8 cm，宽 1.5～4 cm，先端急尖，基部圆形，全缘，两面无毛或沿脉上疏被毛，基出 3 脉，弧形伸至顶端，在叶面微凹，叶背凸起；叶短柄，长 2～3 mm，疏被毛，紫色，基部具垫状突起物。总状花序生于二年生的枝条上，雄花序先于叶开放，长 1.5～2.5 cm，多花密集，序轴被腺状微柔毛；苞片和小苞片卵圆形，长约 2.5 mm，宽约 2 mm，膜质，半透明，内凹，上部边缘具流苏状细齿；花梗长约 1 mm，无毛；萼片卵形，长 1.5～2 mm，宽 1～1.5 mm，边缘半透明，上部具流苏状细齿；花瓣极小，卵形，长约 0.3 mm，里面龙骨状；雄蕊 10 枚，花丝线形，长约 1 mm，开花时伸长，长 3～3.5 mm，花药长圆形，长约 2 mm，具细小疣状体，药隔伸出，花药基部短尾状；不育雌蕊存在；雌花序与叶同出，长 4～6 cm，序轴被腺状微柔毛；苞片稍大，长约 4 mm，带紫色；花梗长 1.5～2.5 mm；萼片与雄花同；花瓣肉质，较小，龙骨状；雄蕊较短，花丝长约 0.5 mm，花药长约 0.8 mm，心皮 5 枚，耳形，长约 0.7 mm，宽约 0.5 mm，侧向压扁，花柱长约 1 mm，具小疣体，柱头上部外弯，紫红色，具多数小疣休。果实球形，果期花瓣肉质增大包于果外，成熟时由红色变紫黑色，直径 4～6 mm；种子卵状长圆形。

【拍摄地点】宜城市流水镇马集村，海拔 156.4 m。

【生物学特性】喜光，喜温凉、湿润气候。

【生境分布】生于灌丛。分布于宜城市流水镇等地。

【药用部位】根、叶（有剧毒）。

【采收加工】根：冬季采挖，晒干。叶：夏季采收，晒干。

【功能主治】祛风除湿，镇痛，杀虫。根：用于淋巴结结核，跌打损伤，狂犬咬伤，风湿性关节痛。叶：外用治烧伤，头癣，湿疹，疮痛肿毒。

【用法用量】内服：煎汤，3 g。外用：适量，煎水外洗；或外敷。叶因有剧毒，一般只作外用。

五六、漆树科

黄连木属

201. 黄连木 *Pistacia chinensis* Bge.

【形态特征】落叶乔木，高超过 20 m；树干扭曲，树皮暗褐色，呈鳞片状剥落，幼枝灰棕色，具细小皮孔，疏被微柔毛或近无毛。奇数羽状复叶互生，有小叶 5～6 对，叶轴具条纹，被微柔毛，叶柄上面平，被微柔毛；小叶对生或近对生，纸质，披针形、卵状披针形或线状披针形，长 5～10 cm，宽 1.5～2.5 cm，先端渐尖或长渐尖，基部偏斜，全缘，两面沿中脉和侧脉被卷曲微柔毛或近无毛，侧脉和细脉两面凸起；小叶柄长 1～2 mm。花单性异株，先花后叶，圆锥花序腋生，雄花序排列紧密，长 6～7 cm，雌花序排列疏松，长 15～20 cm，均被微柔毛；花小，花梗长约 1 mm，被微柔毛；苞片披针形或狭披针形，内凹，长 1.5～2 mm，外面被微柔毛，边缘具毛。雄花：花被片 2～4，披针形或线状披针形，大小不等，长 1～1.5 mm，边缘具毛；雄蕊 3～5 枚，花丝极短，长不

到 0.5 mm，花药长圆形，大，长约 2 mm；雌蕊缺。雌花：花被片 7～9，大小不等，长 0.7～1.5 mm，宽 0.5～0.7 mm，外面 2～4 片远较狭，披针形或线状披针形，外面被柔毛，边缘具毛，里面 5 片卵形或长圆形，外面无毛，边缘具毛；不育雄蕊缺；子房球形，无毛，直径约 0.5 mm，花柱极短，柱头 3，厚，肉质，红色。核果倒卵状球形，略压扁，直径约 5 mm，成熟时紫红色，干后具纵向细条纹，先端细尖。

【拍摄地点】 宜城市板桥店镇东湾村，海拔 192.8 m。

【生物学特性】 喜光怕涝。

【生境分布】 生于石山林中。分布于宜城市各乡镇。

【药用部位】 树皮、叶。

【采收加工】 树皮：全年均可采收。叶：夏、秋季采收。

【功能主治】 清热利湿，解毒。用于痢疾、淋证、肿毒、牛皮癣、痔疮、风湿疮毒、漆疮初起。

盐 麸 木 属

202. 盐麸木 *Rhus chinensis* Mill.

【形态特征】 落叶小乔木或灌木，高 2～10 m；小枝棕褐色，被锈色柔毛，具圆形小皮孔。奇数羽状复叶有小叶（2）3～6 对，叶轴具宽的叶状翅，小叶自下而上逐渐增大，叶轴和叶柄密被锈色柔毛；小叶多形，卵形、椭圆状卵形或长圆形，长 6～12 cm，宽 3～7 cm，先端急尖，基部圆形，顶生小叶基部楔形，边缘具粗锯齿或圆齿，叶面暗绿色，叶背粉绿色，被白粉，叶面沿中脉疏被柔毛或近无毛，叶背被锈色

柔毛，脉上较密，侧脉和细脉在叶面凹陷，在叶背凸起；小叶无柄。圆锥花序宽大，多分枝，雄花序长 30～40 cm，雌花序较短，密被锈色柔毛；苞片披针形，长约 1 mm，被微柔毛，小苞片极小，花白色，花梗长约 1 mm，被微柔毛。雄花：花萼外面被微柔毛，裂片长卵形，长约 1 mm，边缘具细睫毛状毛；花瓣倒卵状长圆形，长约 2 mm，开花时外卷；雄蕊伸出，花丝线形，长约 2 mm，无毛，花药卵形，长约 0.7 mm；子房不育。雌花：花萼裂片较短，长约 0.6 mm，外面被微柔毛，边缘具细睫毛状毛；花瓣椭圆状卵形，长约 1.6 mm，边缘具细睫毛状毛，里面下部被柔毛；雄蕊极短；花盘无毛；子房卵形，长约 1 mm，密被白色微柔毛，花柱 3，柱头头状。核果球形，略压扁，直径 4～5 mm，被具节柔毛和腺毛，成熟时红色，果核直径 3～4 mm。花期 8—9 月，果期 10 月。

【拍摄地点】 宜城市雷河镇，海拔 153.2 m。

【生物学特性】 喜光，喜温暖、湿润气候，耐寒。

【生境分布】 生于向阳山坡、沟谷、溪边疏林或灌丛中。分布于宜城市各乡镇。

【药用部位】根、叶、花及果实。

【采收加工】根：全年均可采收。叶：夏、秋季采收，晒干。

【功能主治】清热解毒，散瘀止血。用于感冒发热，支气管炎，咯血，腹泻，痢疾，痔疮出血。根、叶：外用治跌打损伤，毒蛇咬伤，漆疮。

【用法用量】内服：煎汤，15～60 g。外用：适量，鲜叶捣敷或煎水洗。

五七、无患子科

槭 属

203. 三角槭 *Acer buergerianum* Miq.

【形态特征】落叶乔木，高5～10 m，稀达20 m。树皮褐色或深褐色，粗糙。小枝细瘦；当年生枝紫色或紫绿色，近无毛；多年生枝淡灰色或灰褐色，稀被蜡粉。冬芽小，褐色，长卵圆形，鳞片内侧被长柔毛。叶纸质，基部近圆形或楔形，长6～10 cm，通常浅3裂，裂片向前延伸，稀全缘，中央裂片三角状卵形，急尖、锐尖或短渐尖；侧裂片短钝尖或甚小，以致不发育，裂片边缘通常全缘，稀具少数锯齿；裂片间的凹缺钝尖；上面深绿色，下面黄绿色或淡绿色，被白粉，略被毛，在叶脉上较密；初生脉3条，稀基部叶脉也发育良好，致成5条脉，在上面不显著，在下面显著；侧脉通常在两面都不显著；叶柄长2.5～5 cm，淡紫绿色，细瘦，无毛。花多数常成顶生被短柔毛的伞房花序，直径约3 cm，总花梗长1.5～2 cm，开花在叶长大以后；萼片5，黄绿色，卵形，无毛，长约1.5 mm；花瓣5，淡黄色，狭窄披针形或匙状披针形，先端钝圆，长约2 mm，雄蕊8枚，与萼片等长或微短，花盘无毛，微分裂，位于雄蕊外侧；子房密被淡黄色长柔毛，花柱无毛，很短，2裂，柱头平展或略反卷；花梗长5～10 mm，细瘦，嫩时被长柔毛，渐老时近无毛。翅果黄褐色；小坚果特别凸起，直径6 mm；翅与小坚果共长2～2.5 cm，稀达3 cm，宽8～10 mm，中部最宽，基部狭窄，张开成锐角或近直立。花期4月，果期8月。

【拍摄地点】宜城市板桥店镇东湾村，海拔183.7 m。

【生物学特性】喜光，稍耐阴，喜温暖、湿润气候，稍耐寒。

【生境分布】 生于阔叶林中。分布于宜城市各乡镇。

【药用部位】 根和根皮、茎皮。

【功能主治】 根：用于风湿性关节痛。根皮、茎皮：清热解毒，消暑。

204. 鸡爪槭 *Acer palmatum* Thunb.

【形态特征】 落叶小乔木，树皮深灰色。小枝细瘦；当年生枝紫色或淡紫绿色，多年生枝淡灰紫色或深紫色。叶纸质，圆形，直径 7～10 cm，基部心形或近心形，稀截形，5～9 掌状分裂，通常 7 裂，裂片长圆状卵形或披针形，先端锐尖或长锐尖，边缘具紧贴的尖锐锯齿；裂片间的凹缺钝尖或锐尖，深达叶片直径的 1/2 或 1/3；上面深绿色，无毛；下面淡绿色，在叶脉的脉腋被白色丛毛；主脉在上面微显著，在下面凸起；

叶柄长 4～6 cm，细瘦，无毛。花紫色，杂性，雄花与两性花同株，生于无毛的伞房花序，总花梗长 2～3 cm，叶发出后才开花；萼片 5，卵状披针形，先端锐尖，长 3 mm；花瓣 5，椭圆形或倒卵形，先端钝圆，长约 2 mm；雄蕊 8 枚，无毛，较花瓣略短而藏于其内；花盘位于雄蕊的外侧，微裂；子房无毛，花柱长，2 裂，柱头扁平，花梗长约 1 cm，细瘦，无毛。翅果嫩时紫红色，成熟时淡棕黄色；小坚果球形，直径 7 mm，脉纹显著；翅与小坚果共长 2～2.5 cm，宽 1 cm，张开成钝角。花期 5 月，果期 9 月。

【拍摄地点】 宜城市楚都公园，海拔 57.7 m。

【生物学特性】 喜温暖气候，适生于阴凉，土壤疏松、肥沃环境。

【生境分布】 生于林边或疏林中。栽培于宜城市园林。

【药用部位】 枝。

【采收加工】 夏季采收枝叶，晒干，切段。

【功能主治】 行气止痛，解毒消痈。用于气滞腹痛，痈肿发背。

【用法用量】 内服：煎汤，5～10 g。外用：适量，煎水洗。

205. 茶条槭 *Acer tataricum* subsp. *ginnala* (Maxim.) Wesmael

【形态特征】 落叶灌木或小乔木，高 5～6 m。树皮粗糙、微纵裂，灰色，稀深灰色或灰褐色。小枝细瘦，近圆柱形，无毛，当年生枝绿色或紫绿色，多年生枝淡黄色或黄褐色，皮孔椭圆形或近圆形，淡白色。冬芽细小，淡褐色，鳞片 8 枚，近边缘具长柔毛。叶纸质，基部圆形、截形或略近心形，叶片长圆状卵形或长圆状椭圆形，长 6～10 cm，宽 4～6 cm，常较深的 3～5 裂；中央裂片锐尖或狭长锐尖，侧裂片通常钝尖，向前伸展，各裂片的边缘均具不整齐的钝尖锯齿，裂片间的凹缺钝尖；上面深绿色，无毛，

下面淡绿色，近无毛，主脉和侧脉在下面均较在上面显著；叶柄长 4～5 cm，细瘦，绿色或紫绿色，无毛。伞房花序长 6 cm，无毛，具多数的花；花梗细瘦，长 3～5 cm。花杂性，雄花与两性花同株；萼片 5，卵形，黄绿色，外侧近边缘被长柔毛，长 1.5～2 mm；花瓣 5，长圆状卵形，白色，较萼片长；雄蕊 8 枚，与花瓣近等长，花丝无毛，花药黄色；花盘无毛，位于雄蕊外侧；子房密被长柔毛（在雄花中不发育）；花柱无毛，长 3～4 mm，顶端 2 裂，柱头平展或反卷。果实黄绿色或黄褐色；小坚果嫩时被长柔毛，脉纹显著，长 8 mm，宽 5 mm；翅连同小坚果长 2.5～3 cm，宽 8～10 mm，中段较宽或两侧近平行，张开近直立或成锐角。花期 5 月，果期 10 月。

【拍摄地点】宜城市板桥店镇东湾村，海拔 239.0 m。

【生物学特性】阳性树种，耐阴，耐寒。

【生境分布】生于河岸、向阳山坡、湿草地，散生或形成丛林。偶见于板桥店镇等地。

【药用部位】干燥叶、芽。

【功能主治】清热明目。用于肝热目赤，昏花。

【用法用量】内服：适量，白开水冲饮。

栾 属

206. 复羽叶栾 *Koelreuteria bipinnata* Franch.

【形态特征】乔木，高超过 20 m；皮孔圆形至椭圆形；枝具小疣点。叶平展，二回羽状复叶，长 45～70 cm；叶轴和叶柄向轴面常有一纵行皱曲的短柔毛；小叶 9～17 片，互生，很少对生，纸质或近革质，斜卵形，长 3.5～7 cm，宽 2～3.5 cm，顶端短尖至短渐尖，基部阔楔形或圆形，略偏斜，边缘有内弯的小锯齿，两面无毛或上面中脉上被微柔毛，下面密被短柔毛，有时杂以皱曲的毛；小叶柄长约 3 mm 或近无柄。圆锥花序大型，长 35～70 cm，分枝广展，与花梗同被短柔毛；萼 5 裂而达中部，裂片阔卵状三角形或长圆形，有短而硬的缘毛及流苏状腺体，边缘呈啮蚀状；花瓣 4，长圆状披针形，长 6～9 mm，宽 1.5～3 mm，顶端钝或短尖，瓣爪长 1.5～3 mm，被长柔毛，鳞片深 2 裂；

雄蕊8枚，长4～7 mm，花丝被白色、开展的长柔毛，下半部毛较多，花药有短疏毛；子房三棱状长圆形，被柔毛。蒴果椭圆形或近球形，具3棱，淡紫红色，老熟时褐色，长4～7 cm，宽3.5～5 cm，顶端钝或圆，有小突尖；果瓣椭圆形至近圆形，外面具网状脉纹，内面有光泽；种子近球形，直径5～6 mm。花期7—9月，果期8—10月。

【拍摄地点】 宜城市龙头街道办事处太平村，海拔68.9 m。

【生境分布】 生于疏林中。栽培于宜城市园林。

【药用部位】 根、根皮和花。

【采收加工】 根、根皮：全年均可采收。花：夏、秋季采收，晒干。

【功能主治】 疏风清热。用于止咳，杀虫。

【用法用量】 用于风热咳嗽：煎汤，根或花15 g，一日三次。用于驱蛔虫：树皮，煎汤，9 g，一日三次。

五八、凤仙花科

凤仙花属

207. 凤仙花 *Impatiens balsamina* L.

【别名】 指甲花。

【形态特征】 一年生草本，高60～100 cm。茎粗壮，肉质，直立，不分枝或有分枝，无毛或幼时被疏柔毛，基部直径可达8 mm，具多数纤维状根，下部节常膨大。叶互生，最下部叶有时对生；叶片披针形、狭椭圆形或倒披针形，长4～12 cm，宽1.5～3 cm，先端尖或渐尖，基部楔形，边缘有锐锯齿，向基部常有数对无柄的黑色腺体，两面无毛或被疏柔毛，侧脉4～7对；叶柄长1～3 cm，上面有浅沟，两侧具数对具柄的腺体。花单生或2～3朵簇生于叶腋，无总花梗，白色、粉红色或紫色，单瓣或重瓣；花梗长2～2.5 cm，密被柔毛；苞片线形，位于花梗的基部；侧生萼片2，卵形或卵状披针形，长2～3 mm，唇瓣深舟状，长13～19 mm，宽4～8 mm，被柔毛，基部急尖成长1～2.5 cm内弯的距；旗瓣圆形，兜状，先端微凹，背面中肋具狭龙骨状突起，顶端具小尖，翼瓣具短

柄，长 23～35 mm，2 裂，下部裂片小，倒卵状长圆形，上部裂片近圆形，先端 2 浅裂，外缘近基部具小耳；雄蕊 5 枚，花丝线形，花药卵球形，顶端钝；子房纺锤形，密被柔毛。蒴果宽纺锤形，长 10～20 mm；两端尖，密被柔毛。种子多数，圆球形，直径 1.5～3 mm，黑褐色。花期 7—10 月。

【拍摄地点】 宜城市流水镇马头村，海拔 200.9 m。

【生物学特性】 喜阳光，怕湿，耐热不耐寒。

【生境分布】 分布于宜城市各乡镇。

【药用部位】 茎、种子。

【采收加工】 茎：夏、秋季植株生长茂盛时割取地上部分，除去叶、花及果实，洗净，晒干。种子：8—9 月当蒴果由绿转黄时，要及时分批采摘，将蒴果脱粒，筛去果皮等杂质，即得药材。

【功能主治】 茎：祛湿，活血止痛。用于风湿性关节痛，屈伸不利。种子：软坚，消结。用于噎膈，骨鲠咽喉，腹部肿块，闭经。

【用法用量】 内服：煎汤，6～15 g；或研末，3～6 g；或浸酒。外用：适量，捣敷。

五九、冬青科

冬青属

208. 枸骨 *Ilex cornuta* Lindl. et Paxt.

【别名】 八角刺。

【形态特征】 常绿灌木或小乔木，高（0.6）1～3 m；幼枝具纵脊及沟，沟内被微柔毛或变无毛，二年生枝褐色，三年生枝灰白色，具纵裂缝及隆起的叶痕，无皮孔。叶片厚革质，二型，四角状长圆形或卵形，长 4～9 cm，宽 2～4 cm，先端具 3 枚尖硬刺齿，中央刺齿常反曲，基部圆形或近截形，两侧各具 1～2 枚刺齿，有时全缘（此情况常出现在卵形叶），叶面深绿色，有光泽，背面淡绿色，无光泽，两面无毛，主脉在上面凹下，背面隆起，侧脉 5 或 6 对，于叶缘附近网结，在叶面不明显，在背面凸起，网状脉两面不明显；叶柄长 4～8 mm，上面具狭沟，被微柔毛；托叶胼胝质，宽三角形。花序簇生于二年生枝的叶腋内，基部宿存鳞片近圆形，被柔毛，具缘毛；苞片卵形，先端钝或

具短尖头，被短柔毛和缘毛；花淡黄色，4基数。雄花：花梗长5～6 mm，无毛，基部具1～2枚阔三角形的小苞片；花萼盘状；直径约2.5 mm，裂片膜质，阔三角形，长约0.7 mm，宽约1.5 mm，疏被微柔毛，具缘毛；花冠辐状，直径约7 mm，花瓣长圆状卵形，长3～4 mm，反折，基部合生；雄蕊与花瓣近等长或稍长，花药长圆状卵形，长约1 mm；退化子房近球形，先端钝或圆形，不玥显4裂。雌花：花梗长8～9 mm，果期长达13～14 mm，无毛，基部具2枚小的阔三角形苞片；花萼与花瓣像雄花；退化雄蕊长为花瓣的4/5，略长于子房，败育花药卵状箭头形；子房长圆状卵球形，长3～4 mm，直径2 mm，柱头盘状，4浅裂。果实球形，直径8～10 mm，成熟时鲜红色，基部具四角形宿存花萼，顶端宿存柱头盘状，明显4裂；果梗长8～14 mm。分核4，轮廓倒卵形或椭圆形，长7～8 mm，背部宽约5 mm，遍布皱褶和皱褶状纹孔，背部中央具1纵沟，内果皮骨质。花期4—5月，果期10—12月。

【拍摄地点】 宜城市流水镇马头村，海拔200.9 m。

【生物学特性】 耐干旱。

【生境分布】 生于山坡、丘陵等灌丛中，疏林中以及路边、溪旁和村舍附近。分布于宜城市流水镇、刘猴镇等地。

【药用部位】 果实、根、叶。

【采收加工】 果实：冬季采摘成熟果实，拣去果柄等杂质，晒干。根：全年均可采收。叶：秋季采收，除去杂质，晒干。

【功能主治】 果实：滋阴，益精，活络。用于阴虚身热，淋浊，筋骨疼痛。根：补肝肾，清风热。用于腰膝痿弱，关节疼痛，头风，赤眼，牙痛。叶：清热养阴，平肝，益肾。用于肺痨咯血，骨蒸潮热，头晕目眩，高血压。

【用法用量】 果实：内服，煎汤，5～9 g；或浸酒。根：内服，煎汤，6～15 g（鲜品25～75 g）；外用，煎水洗。叶：内服，煎汤，9～15 g。

六〇、卫矛科

南蛇藤属

209. 苦皮藤 *Celastrus angulatus* Maxim.

【别名】 苦树皮。

【形态特征】 藤状灌木；小枝常具4～6纵棱，皮孔密生，圆形至椭圆形，白色，腋芽卵圆状，长2～4 mm。叶大，近革质，长方状阔椭圆形、阔卵形、圆形，长7～17 cm，宽5～13 cm，先端圆阔，中央具尖头，侧脉5～7对，在叶面明显凸起，两面光滑，稀于叶背的主侧脉上具短柔毛；叶柄长1.5～3 cm；托叶丝状，早落。聚伞圆锥花序顶生，下部分枝长于上部分枝，略呈塔锥形，长10～20 cm，花序轴及小花轴光滑或被锈色短毛；小花梗较短，关节在顶部；花萼镊合状排列，三角形至卵形，长约 1.2 mm，近全缘；花瓣长方形，长约 2 mm，宽约 1.2 mm，边缘不整齐；花盘肉质，浅盘状或盘状，5 浅裂；雄蕊着生于花盘之下，长约 3 mm，在雌花中退化雄蕊长约 1 mm；雌蕊长 3～4 mm，子房球状，柱头反曲，在雄花中退化雌蕊长约 1.2 mm。蒴果近球状，直径 8～10 mm；种子椭圆状，长 3.5～5.5 mm，直径 1.5～3 mm。花期 5—6 月。

【拍摄地点】宜城市板桥店镇东湾村，海拔 197.4 m。

【生物学特性】耐寒、耐旱、耐半阴。

【生境分布】生于山地丛林及山坡灌丛。偶见于板桥店镇等地。

210. 南蛇藤 *Celastrus orbiculatus* Thunb.

【别名】金银柳。

【形态特征】小枝光滑无毛，灰棕色或棕褐色，具稀而不明显的皮孔；腋芽小，卵状到卵圆状，长 1～3 mm。叶通常阔倒卵形、近圆形或长方椭圆形，长 5～13 cm，宽 3～9 cm，先端圆阔，具有小尖头或短渐尖，基部阔楔形到近钝圆形，边缘具锯齿，两面光滑无毛或叶背脉上具稀疏短柔毛，侧脉 3～5 对；叶柄细长 1～2 cm。聚伞花序腋生，间有顶生，花序长 1～3 cm，小花 1～3 朵，偶仅

1～2 朵，小花梗关节在中部以下或近基部；雄花萼片钝三角形；花瓣倒卵状椭圆形或长方形，长 3～4 cm，宽 2～2.5 mm；花盘浅杯状，裂片浅，顶端圆钝；雄蕊长 2～3 mm，退化雌蕊不发达；雌花花冠较雄花窄小，花盘稍深厚，肉质，退化雄蕊极短小；子房近球状，花柱长约 1.5 mm，柱头 3 深裂，裂端再 2 浅裂。蒴果近球状，直径 8～10 mm；种子椭圆状稍扁，长 4～5 mm，直径 2.5～3 mm，赤褐色。花期 5—6 月，果期 7—10 月。

【拍摄地点】宜城市刘猴镇，海拔 206.8 m。

【生物学特性】喜阳光、耐阴，抗寒、耐旱。

【生境分布】生于山坡灌丛。分布于宜城市各乡镇。

【药用部位】 根、藤、果实、叶。

【采收加工】 根、藤：全年均可采收。果实：秋季采收。叶：夏季采收。

【功能主治】 根、藤：祛风活血，消肿止痛。用于风湿性关节炎，跌打损伤，腰腿痛，闭经。果实：镇静安神。用于神经衰弱，心悸，失眠，健忘。叶：解毒，散瘀。用于跌打损伤，多发性疖肿，毒蛇咬伤。

【用法用量】 根、藤：内服，煎汤，9～15 g。果实：内服，煎汤，6～15 g。叶：外用，适量，研末调敷，或捣敷；内服，煎汤，25～50 g，或捣汁冲酒。

卫 矛 属

211. 卫矛 *Euonymus alatus* (Thunb.) Sieb.

【别名】 鬼箭羽。

【形态特征】 灌木，高1～3 m；小枝常具2～4列宽阔木栓翅；冬芽圆形，长2 mm左右，芽鳞边缘具不整齐细坚齿。叶卵状椭圆形、窄长椭圆形，偶倒卵形，长2～8 cm，宽1～3 cm，边缘具细锯齿，两面光滑无毛；叶柄长1～3 mm。聚伞花序1～3朵花；花序梗长约1 cm，小花梗长5 mm；花白绿色，直径约8 mm，4数；萼片半圆形；花瓣近圆形；雄蕊着生于花盘边缘处，花丝极短，开花后稍

增长，花药宽阔长方形，2室顶裂。蒴果1～4深裂，裂瓣椭圆状，长7～8 mm；种子椭圆状或阔椭圆状，长5～6 mm，种皮褐色或浅棕色，假种皮橙红色，全包种子。花期5—6月，果期7—10月。

【拍摄地点】 宜城市板桥店镇，海拔206.0 m。

【生物学特性】 喜光，稍耐阴。

【生境分布】 生于山坡、沟地边沿。分布于宜城市各乡镇。

【药用部位】 根、带翅的枝或叶。

【采收加工】 夏、秋季采收，切碎，晒干。

【功能主治】 行血调经，散瘀止痛。用于月经不调，产后瘀血腹痛，荨麻疹，跌打损伤。

【用法用量】 内服：煎汤，3～10 g。

212. 白杜 *Euonymus maackii* Rupr.

【别名】 桃叶卫矛。

【形态特征】 小乔木，高达6 m。叶卵状椭圆形、卵圆形或窄椭圆形，长4～8 cm，宽2～5 cm，

先端长渐尖，基部阔楔形或近圆形，边缘具细锯齿，有时极深而锐利；叶柄通常细长，常为叶片的 1/4～1/3，但有时较短。聚伞花序3朵至多朵花，花序梗略扁，长 1～2 cm；花4数，淡白绿色或黄绿色，直径约 8 mm；小花梗长 2.5～4 mm；雄蕊花药紫红色，花丝细长，长 1～2 mm。蒴果倒圆心状，4浅裂，长 6～8 mm，直径 9～10 mm，成熟后果皮粉红色；种子长椭圆状，长 5～

6 mm，直径约 4 mm，种皮棕黄色，假种皮橙红色，全包种子，成熟后顶端常有小口。花期 5—6 月，果期 9 月。

【拍摄地点】宜城市板桥店镇范湾村，海拔 209.4 m。

【生物学特性】喜光，耐寒、耐旱，稍耐阴，耐水湿。

【生境分布】分布于板桥店镇、刘猴镇等地。

六一、鼠李科

勾儿茶属

213. 勾儿茶 *Berchemia sinica* C. K. Schneid.

【别名】枪子柴。

【形态特征】藤状或攀援灌木，高达 5 m；幼枝无毛，老枝黄褐色，平滑无毛。叶纸质至厚纸质，互生或在短枝顶端簇生，卵状椭圆形或卵状矩圆形，长 3～6 cm，宽 1.6～3.5 cm，顶端圆形或钝，常有小尖头，基部圆形或近心形，上面绿色，无毛，下面灰白色，仅脉腋被疏微毛，侧脉每边 8～10 条；叶柄纤细，长 1.2～2.6 cm，带红色，无毛。花芽卵球形，顶端短锐尖或钝；

花黄色或淡绿色，单生或数个簇生，有短总花梗或无，在侧枝顶端排成具短分枝的窄聚伞状圆锥花序，花序轴无毛，长达 10 cm，分枝长达 5 cm，有时为腋生的短总状花序；花梗长 2 mm。核果圆柱形，长 5 ～ 9 mm，直径 2.5 ～ 3 mm，基部稍宽，有皿状的宿存花盘，成熟时紫红色或黑色；果梗长 3 mm。花期 6—8 月，果期翌年 5—6 月。

【拍摄地点】 宜城市刘猴镇，海拔 155.3 m。

【生境分布】 生于向阳的山坡灌丛或路旁。偶见于刘猴镇等地。

【药用部位】 根、叶。

【采收加工】 全年均可采收。

【功能主治】 祛湿，活血通络，止咳化痰，健脾益气。用于风湿性关节痛，腰痛，痛经，肺结核，瘰疬，小儿疳积，肝炎，胆道蛔虫症，毒蛇咬伤，跌打损伤。

【用法用量】 内服：煎汤，50 ～ 100 g。根、叶：外用，适量，鲜品捣敷或贴敷。

裸芽鼠李属

214. 长叶冻绿 *Frangula crenata* (Sieb. et Zucc.) Miq.

【形态特征】 落叶灌木或小乔木，高达 7 m；幼枝带红色，被毛，后脱落，小枝被疏柔毛。叶纸质，倒卵状椭圆形、椭圆形或倒卵形，稀倒披针状椭圆形或长圆形，长 4 ～ 14 cm，宽 2 ～ 5 cm，顶端渐尖、尾状长渐尖或骤缩成短尖，基部楔形或钝，边缘具圆状齿或细锯齿，上面无毛，下面被柔毛或沿脉被柔毛，侧脉每边 7 ～ 12 条；叶柄长 4 ～ 10（12）mm，被密柔毛。花几朵或十余朵密集成腋生聚伞花序，总花梗长 4 ～

10 mm，稀 15 mm，被柔毛，花梗长 2 ～ 4 mm，被短柔毛；萼片三角形与萼管等长，外面有疏微毛；花瓣近圆形，顶端 2 裂；雄蕊与花瓣等长而短于萼片；子房球形，无毛，3 室，每室具 1 胚珠，花柱不分裂，柱头不明显。核果球形或倒卵状球形，绿色或红色，成熟时黑色或紫黑色，长 5 ～ 6 mm，直径 6 ～ 7 mm，果梗长 3 ～ 6 mm，无或有疏短毛，具 3 分核，各有种子 1 颗；种子无沟。花期 5—8 月，果期 8—10 月。

【拍摄地点】 宜城市孔湾镇太山庙村，海拔 109.6 m。

【生物学特性】 喜温暖、湿润和阳光照射环境。

【生境分布】 生于山地林下或灌丛。分布于宜城市孔湾镇等地。

【药用部位】 根（有毒）。

【功能主治】 主治顽癣或疮疖。

【用法用量】外用：煎水洗。

枳 椇 属

215. 枳椇 *Hovenia acerba* Lindl.

【别名】拐枣。

【形态特征】高大乔木，高 10 ～ 25 m；小枝褐色或黑紫色，被棕褐色短柔毛或无毛，有白色的明显皮孔。叶互生，厚纸质至纸质，宽卵形、椭圆状卵形或心形，长 8 ～ 17 cm，宽 6 ～ 12 cm，顶端长渐尖或短渐尖，基部截形或心形，稀近圆形或宽楔形，边缘常具整齐浅而钝的细锯齿，上部或近顶端的叶有不明显的齿，稀近全缘，上面无毛，下面沿脉或脉腋常被短柔毛或无毛；叶柄长 2 ～ 5 cm，无毛。二歧式聚伞圆锥花序，顶生和腋生，被棕色短柔毛；花两性，直径 5 ～ 6.5 mm；萼片具网状脉或纵条纹，无毛，长 1.9 ～ 2.2 mm，宽 1.3 ～ 2 mm；花瓣椭圆状匙形，长 2 ～ 2.2 mm，宽 1.6 ～ 2 mm，具短爪；花盘被柔毛；花柱半裂，稀浅裂或深裂，长 1.7 ～ 2.1 mm，无毛。浆果状核果近球形，直径 5 ～ 6.5 mm，无毛，成熟时黄褐色或棕褐色；果序轴明显膨大；种子暗褐色或黑紫色，直径 3.2 ～ 4.5 mm。花期 5—7 月，果期 8—10 月。

【拍摄地点】宜城市雷河镇，海拔 73.3 m。

【生物学特性】喜充足阳光。

【生境分布】生于开旷地、山坡林缘或疏林中。栽培于宜城市刘猴镇、雷河镇等地。

【药用部位】种子、树皮。

【采收加工】树皮：全年均可采收。种子：果实成熟时采收，晒干，碾碎果壳，收集种子。

【功能主治】种子：清热利尿，止咳除烦，解酒毒。用于热病烦渴，呃逆，呕吐，小便不利，酒精中毒。树皮：活血，舒筋解毒。用于腓肠肌痉挛，食积，铁棒锤中毒。

【用法用量】种子、树皮：内服，煎汤，10 ～ 15 g。

鼠 李 属

216. 圆叶鼠李 *Rhamnus globosa* Bge.

【别名】冻绿。

【形态特征】灌木，稀小乔木，高 2 ～ 4 m；小枝对生或近对生，灰褐色，顶端具针刺，幼枝和当年生枝被短柔毛。叶纸质或薄纸质，对生或近对生，稀兼互生，或在短枝上簇生，近圆形、倒卵状圆形或卵圆形，稀圆状椭圆形，长 2~6 cm，宽 1.2~4 cm，顶端突尖或短渐尖，稀圆钝，基部宽楔形或近圆形，边缘具圆齿状锯齿，上面绿色，初时被密柔毛，后渐脱落或仅沿脉及边缘被疏柔毛，下面淡绿色，全部或沿脉被柔毛，侧脉每边 3~4 条，上面凹陷，下面凸起，网脉在下面明显，叶柄长 6~10 mm，被密柔毛；托叶线状披针形，宿存，有微毛。花单性，雌雄异株，通常数朵至 20 朵簇生于短枝端或长枝下部叶腋，稀 2~3 朵生于当年生枝下部叶腋，4 基数，有花瓣，花萼和花梗均有疏微毛，花柱 2~3 浅裂或半裂；花梗长 4~8 mm。核果球形或倒卵状球形，长 4~6 mm，直径 4~5 mm，基部有宿存的萼筒，具 2 分核，稀 3 分核，成熟时黑色；果梗长 5~8 mm，有疏柔毛；种子黑褐色，有光泽，背面或背侧有长为种子 3/5 的纵沟。花期 4—5 月，果期 6—10 月。

【拍摄地点】 宜城市板桥店镇肖云村，海拔 202.2 m。

【生物学特性】 耐阴，耐干旱。

【生境分布】 生于山坡、林下或灌丛。分布于宜城市各乡镇。

枣　　属

217. 酸枣 *Ziziphus jujuba* var. *spinosa* (Bge.) Hu ex H. F. Chow

【别名】 山枣树。

【形态特征】 常为灌木；树皮褐色或灰褐色；有长枝，短枝和无芽小枝（即新枝）比长枝光滑，紫红色或灰褐色，呈"之"字形曲折，具 2 个托叶刺，长刺可达 3 cm，粗直，短刺下弯，长 4~6 mm；短枝短粗，矩状，自老枝发出；当年生小枝绿色，下垂，单生或 2~7 个簇生于短枝上。叶较小。花黄绿色，两性，5 基数，无毛，具短总花梗，单生或 2~8 朵密集成腋生聚伞花序；花梗长 2~3 mm；萼片卵状三角形；花瓣倒卵圆形，基部有爪状物，与雄蕊等长；花盘厚，肉质，圆形，5 裂；子房下部藏于花盘内，

与花盘合生，2室，每室有1颗胚珠，花柱2半裂。核果小，近球形或短矩圆形。花期6—7月，果期8—9月。

【拍摄地点】 宜城市流水镇，海拔317.4 m。

【生物学特性】 喜温暖、干燥气候，耐寒，耐旱。

【生境分布】 生于山区、丘陵或平原、旷野或路旁。分布于宜城市各乡镇。

【药用部位】 种子。

【采收加工】 秋末冬初采收成熟果实，除去果肉和核壳，收集种子，晒干。

【功能主治】 养心补肝，宁心安神，敛汗，生津。用于虚烦不眠，惊悸多梦，体虚多汗，津伤口渴。

【用法用量】 内服：煎汤，10～15 g。

六二、葡 萄 科

蛇 葡 萄 属

218. 三裂蛇葡萄 *Ampelopsis delavayana* Planch.

【别名】 三裂叶蛇葡萄。

【形态特征】 木质藤本，小枝圆柱形，有纵棱纹，疏生短柔毛，以后脱落。卷须2～3叉分枝，相隔2节间断与叶对生。叶为3小叶，中央小叶披针形或椭圆状披针形，长5～13 cm，宽2～4 cm，顶端渐尖，基部近圆形，侧生小叶卵状椭圆形或卵状披针形，长4.5～11.5 cm，宽2～4 cm，基部不对称，近截形，边缘有粗锯齿，齿端通常尖细，上面绿色，嫩时被稀疏柔毛，以后脱落几无毛，下面浅绿色，侧脉5～7对，

网脉两面均不明显；叶柄长3～10 cm，中央小叶有柄或无柄，侧生小叶无柄，被稀疏柔毛。多歧聚伞花序与叶对生，花序梗长2～4 cm，被短柔毛；花梗长1～2.5 mm，伏生短柔毛；花蕾卵形，高1.5～2.5 mm，顶端圆形；花萼碟形，边缘呈波状浅裂，无毛；花瓣5，卵状椭圆形，高1.3～2.3 mm，外面无毛，雄蕊5枚，花药卵圆形，长、宽近相等，花盘明显，5浅裂；子房下部与花盘合生，花柱明显，柱

头不明显扩大。果实近球形，直径 0.8 cm，有种子 2～3 颗；种子倒卵圆形，顶端近圆形，基部有短喙，种脐在种子背面中部，向上渐狭，呈卵状椭圆形，顶端种脊突出，腹部中棱脊突出，两侧洼穴呈沟状楔形，上部宽，斜向上展达种子中部以上。花期 6—8 月，果期 9—11 月。

- 【拍摄地点】 宜城市流水镇马集村，海拔 130.2 m。
- 【生境分布】 生于山谷林中或山坡灌丛。分布于宜城市流水镇等地。
- 【药用部位】 根皮。
- 【采收加工】 秋、冬季采收，晒干。鲜用全年均可采收。
- 【功能主治】 消肿止痛，舒筋活血，止血。用于外伤出血，骨折，跌打损伤，风湿性关节痛。

219. 白蔹 *Ampelopsis japonica* (Thunb.) Makino

- 【别名】 白根、山葡萄。
- 【形态特征】 木质藤本。小枝圆柱形，有纵棱纹，无毛。卷须不分枝或卷须顶端有短的分叉，相隔 3 节以上间断与叶对生。叶为掌状 3～5 小叶，小叶片羽状深裂或小叶边缘有深锯齿而不分裂，羽状分裂者裂片宽 0.5～3.5 cm，顶端渐尖或急尖，掌状 5 小叶者中央小叶深裂至基部，并有 1～3 个关节，关节间有翅，翅宽 2～6 mm，侧小叶无关节或有 1 个关节，3 小叶者中央小叶有 1 个或无关节，基部狭窄呈翅状，翅

宽 2～3 mm，上面绿色，无毛，下面浅绿色，无毛或有时在脉上被稀疏短柔毛；叶柄长 1～4 cm，无毛；托叶早落。聚伞花序通常集生于花序梗顶端，直径 1～2 cm，通常与叶对生；花序梗长 1.5～5 cm，常呈卷须状卷曲，无毛；花梗极短或几无梗，无毛；花蕾卵球形，高 1.5～2 mm，顶端圆形；花萼碟形，边缘呈波状浅裂，无毛；花瓣 5 枚，卵圆形，高 1.2～2.2 mm，无毛；雄蕊 5 枚，花药卵圆形，长、宽近相等；花盘发达，边缘波状浅裂；子房下部与花盘合生，花柱短棒状，柱头不明显扩大。果实球形，直径 0.8～1 cm，成熟后带白色，有种子 1～3 颗；种子倒卵形，顶端圆形，基部喙短钝，种脐在种子背面中部呈带状椭圆形，向上渐狭，表面无肋纹，背部种脊凸出，腹部中棱脊凸出，两侧洼穴呈沟状，从基部向上达种子上部 1/3 处。花期 5—6 月，果期 7—9 月。

- 【拍摄地点】 宜城市流水镇黄岗村，海拔 116.5 m。
- 【生物学特性】 喜阳光，较耐干旱。
- 【生境分布】 生于山坡地边、灌丛或草地。分布于宜城市各乡镇。
- 【药用部位】 块根。
- 【采收加工】 春、秋季采挖，除去泥沙及细根，切成纵片或斜片，晒干。
- 【功能主治】 清热解毒，消痈散结，敛疮生肌。用于痈疽发背，疮疖，烧烫伤。

【用法用量】 内服：煎汤，5～10 g。外用：适量，煎水洗；或研粉敷。

乌蔹莓属

220. 乌蔹莓 *Causonis japonica* (Thunb.) Raf.

【别名】 乌蔹草、五叶莓。

【形态特征】 草质藤本。小枝圆柱形，有纵棱纹，无毛或微被疏柔毛。卷须2～3叉分枝，相隔2节间断与叶对生。叶为鸟足状5小叶，中央小叶长椭圆形或椭圆状披针形，长2.5～4.5 cm，宽1.5～4.5 cm，顶端急尖或渐尖，基部楔形，侧生小叶椭圆形或长椭圆形，长1～7 cm，宽0.5～3.5 cm，顶端急尖或圆形，基部楔形或近圆形，边缘每侧有6～15枚锯齿，上面绿色，无毛，下面浅绿色，无毛或微被毛；侧脉5～

9对，网脉不明显；叶柄长1.5～10 cm，中央小叶柄长0.5～2.5 cm，侧生小叶无柄或有短柄，侧生小叶总柄长0.5～1.5 cm，无毛或微被毛；托叶早落。花序腋生，复二歧聚伞花序；花序梗长1～13 cm，无毛或微被毛；花梗长1～2 mm，几无毛；花蕾卵圆形，高1～2 mm，顶端圆形；花萼碟形，边缘全缘或波状浅裂，外面被乳突状毛或几无毛；花瓣4，三角状卵圆形，高1～1.5 mm，外面被乳突状毛；雄蕊4枚，花药卵圆形，长、宽近相等；花盘发达，4浅裂；子房下部与花盘合生，花柱短，柱头微扩大。果实近球形，直径约1 cm，有种子2～4颗；种子三角状倒卵形，顶端微凹，基部有短喙，种脐在种子背面近中部呈带状椭圆形，上部种脊凸出，表面有凸出肋纹，腹部中棱脊凸出，两侧洼穴呈半月形，从近基部向上达种子近顶端。花期3—8月，果期8—11月。

【拍摄地点】 宜城市刘猴镇，海拔111.0 m。

【生物学特性】 喜光，耐半阴，好湿但耐干旱，不甚耐寒。

【生境分布】 生于山谷林中或山坡灌丛。分布于宜城市各乡镇。

【药用部位】 全草。

【采收加工】 夏、秋季采收，除去杂质，切段，晒干备用或鲜用。

【功能主治】 清热利湿，解毒消肿，利尿，止血。用于咽喉肿痛，腮腺炎，毒蛇咬伤，痈肿，疮疖，风湿痛，黄疸，痢疾，咯血，尿血。

【用法用量】 内服：煎汤，15～30 g；或研末；或泡酒；或捣烂取汁。外用：捣敷。

葡 萄 属

221. 蘡薁 *Vitis bryoniifolia* Bge.

【形态特征】 木质藤本。小枝圆柱形，有棱纹，嫩枝密被蛛丝状茸毛或柔毛，以后脱落变稀疏。卷须2叉分枝，每隔2节间断与叶对生。叶长圆状卵形，长2.5～8 cm，宽2～5 cm，叶片3～5（7）深裂或浅裂，稀混生有不裂叶者，中裂片顶端急尖至渐尖，基部常缢缩凹成圆形，边缘每侧有9～16缺刻粗齿或成羽状分裂，基部心形或深心形，基缺凹成圆形，下面密被蛛丝状茸毛和柔毛，以后脱落变稀疏；基生脉5出，中脉有侧脉4～6对，上面网脉不明显或微凸出，下面有时茸毛脱落后柔毛明显可见；叶柄长0.5～4.5 cm，初时密被蛛丝状茸毛或茸毛和柔毛，以后脱落变稀疏；托叶卵状长圆形或长圆状披针形，膜质，褐色，长3.5～8 mm，宽2.5～4 mm，顶端钝，边缘全缘，无毛或近无毛。花杂性异株，圆锥花序与叶对生，基部分枝发达或有时退化成一卷须，稀狭窄而基部分枝不发达；花序梗长0.5～2.5 cm，初时被蛛状丝茸毛，以后变稀疏；花梗长1.5～3 mm，无毛；花蕾倒卵状椭圆形或近球形，高1.5～2.2 mm，顶端圆形；花萼碟形，高约0.2 mm，近全缘，无毛；花瓣5，呈帽状粘合脱落；雄蕊5枚，花丝丝状，长1.5～1.8 mm，花药黄色，椭圆形，长0.4～0.5 mm，在雌花内雄蕊短而不发达，败育；花盘发达，5裂；雌蕊1枚，子房椭圆状卵形，花柱细短，柱头扩大。果实球形，成熟时紫红色，直径0.5～0.8 cm；种子倒卵形，顶端微凹，基部有短喙，种脐在种子背面中部呈圆形或椭圆形，腹面中棱脊凸出，两侧洼穴狭窄，向上达种子的3/4处。花期4—8月，果期6—10月。

【拍摄地点】 宜城市刘猴镇团山村，海拔138.0 m。
【生境分布】 生于山谷林中、灌丛、沟边或田埂。分布于宜城市刘猴镇等地。
【药用部位】 全草。
【采收加工】 全年均可采收，将根、茎、叶分别晒干或鲜用，果实成熟时摘下，晒干。
【功能主治】 清热解毒，祛风除湿。用于肝炎，阑尾炎，乳腺炎，肺脓疡，多发性脓肿，风湿性关节炎；外用治疮痈肿毒，中耳炎，蛇虫咬伤。
【用法用量】 内服：煎汤，25～50 g；或捣汁。外用：捣敷；或取汁点眼、滴耳。

222. 毛葡萄 *Vitis heyneana* Roem. et Schult.

【形态特征】 木质藤本。小枝圆柱形，有纵棱纹，被灰色或褐色蛛丝状茸毛。卷须2叉分枝，密被茸毛，每隔2节间断与叶对生。叶卵圆形、长卵状椭圆形或卵状五角形，长4～12 cm，宽3～8 cm，顶端急尖或渐尖，基部心形或微心形，基缺顶端凹成钝角，稀成锐角，边缘每侧有9～19枚尖锐锯齿，上面绿色，初时疏被蛛丝状茸毛，以后脱落无毛，下面密被灰色或褐色茸毛，稀脱落变稀疏，基生脉三至五出，中脉有侧脉4～6对，上面脉上无毛或有时疏被短柔毛，下面脉上密被茸毛，有时为短柔毛或稀茸毛状柔毛；叶柄长2.5～6 cm，密被蛛丝状茸毛；托叶膜质，褐色，卵状披针形，长3～5 mm，宽2～3 mm，顶端渐

尖，稀钝，边缘全缘，无毛。花杂性异株；圆锥花序疏散，与叶对生，分枝发达，长4～14 cm；花序梗长1～2 cm，被灰色或褐色蛛丝状茸毛；花梗长1～3 mm，无毛；花蕾倒卵圆形或椭圆形，高1.5～2 mm，顶端圆形；花萼碟形，边缘近全缘，高约1 mm；花瓣5，呈帽状粘合脱落；雄蕊5枚，花丝丝状，长1～1.2 mm，花药黄色，椭圆形或阔椭圆形，长约0.5 mm，在雌花内雄蕊显著短，败育；花盘发达，5裂；雌蕊1枚，子房卵圆形，花柱短，柱头微扩大。果实圆球形，成熟时紫黑色，直径1～1.3 cm；种子倒卵形，顶端圆形，基部有短喙，种脐在背面中部呈圆形，腹面中棱脊凸起，两侧洼穴狭窄呈条形，向上达种子1/4处。花期4—6月，果期6—10月。

【拍摄地点】宜城市板桥店镇肖云村，海拔189.7 m。

【生物学特性】耐热，耐贫瘠，耐旱。

【生境分布】生于山坡、沟谷灌丛、林缘或林中。分布于宜城市各乡镇。

六三、锦葵科

苘麻属

223. 苘麻 *Abutilon theophrasti* Medikus

【别名】白麻。

【形态特征】一年生亚灌木状草本，高达1～2 m，茎枝被柔毛。叶互生，圆心形，长5～10 cm，先端长渐尖，基部心形，边缘具细圆锯齿，两面均密被星状柔毛；叶柄长3～12 cm，被星状细柔毛；托叶早落。花单生于叶腋，花梗长1～13 cm，被柔毛，近顶端具节；花萼杯状，密被短茸毛，裂片5，卵形，长约6 mm；花黄色，花瓣倒卵形，长约1 cm；雄蕊柱平滑无毛，心皮15～20，长1～1.5 cm，

顶端平截，具扩展、被毛的长芒2，排列成轮状，密被软毛。蒴果半球形，直径约2 cm，长约1.2 cm，分果爿15～20，被粗毛，顶端具长芒2；种子肾形，褐色，被星状柔毛。花期7—8月。

【拍摄地点】宜城市楚风大道，海拔63.8 m。

【生境分布】生于路旁、荒地和田野间。分布于宜城市各乡镇。

【药用部位】种子。

【采收加工】秋季采收成熟果实，晒干，打下种子，除去杂质。

【功能主治】清热解毒，利湿，退翳。用于赤白痢疾，淋证涩痛，疮痈肿毒，目生翳膜。

【用法用量】内服：煎汤，3～9 g。

棉　　属

224. 陆地棉 *Gossypium hirsutum* L.

【别名】棉花。

【形态特征】一年生草本，高0.6～1.5 m，小枝疏被长毛。叶阔卵形，直径5～12 cm，长、宽近相等或较宽，基部心形或心状截头形，常3浅裂，很少为5裂，中裂片常深裂达叶片的1/2，裂片宽三角状卵形，先端突渐尖，基部宽，上面近无毛，沿脉被粗毛，下面疏被长柔毛；叶柄长3～14 cm，疏被柔毛；托叶卵状镰形，长5～8 mm，早落。花单生于叶腋，花梗通常较叶柄略短；小苞片3，分离，基部心形，具腺体1个，

边缘具7～9枚齿，连齿长达4 cm，宽约2.5 cm，被长硬毛和纤毛；花萼杯状，裂片5，三角形，具缘毛；花白色或淡黄色，后变淡红色或紫色，长2.5～3 cm；雄蕊柱长1.2 cm。蒴果卵圆形，长3.5～5 cm，具喙，3～4室；种子分离，卵圆形，具白色长棉毛和灰白色不易剥离的短棉毛。花期夏、秋季。

【拍摄地点】宜城市板桥店镇范湾村，海拔207.9 m。

【生物学特性】喜温暖、光照充足环境。

【生境分布】栽培于宜城市各乡镇。

木 槿 属

225. 木槿 *Hibiscus syriacus* L.

【别名】木棉。

【形态特征】落叶灌木，高 3～4 m，小枝密被黄色星状茸毛。叶菱形至三角状卵形，长 3～10 cm，宽 2～4 cm，具深浅不同的 3 裂或不裂，先端钝，基部楔形，边缘具不整齐齿缺，下面沿叶脉微被毛或近无毛；叶柄长 5～25 mm，上面被星状柔毛；托叶线形，长约 6 mm，疏被柔毛。花单生于枝端叶腋间，花梗长 4～14 mm，被星状短茸毛；

小苞片 6～8，线形，长 6～15 mm，宽 1～2 mm，密被星状疏茸毛；花萼钟形，长 14～20 mm，密被星状短茸毛，裂片 5，三角形；花钟形，淡紫色，直径 5～6 cm，花瓣倒卵形，长 3.5～4.5 cm，外面疏被纤毛和星状长柔毛；雄蕊柱长约 3 cm；花柱枝无毛。蒴果卵圆形，直径约 12 mm，密被黄色星状茸毛；种子肾形，背部被黄白色长柔毛。花期 7—10 月。

【拍摄地点】宜城市滨江大道，海拔 59.1 m。

【生物学特性】喜光、温暖、湿润气候，稍耐阴。

【生境分布】栽培于宜城市园林。

【药用部位】花、果实、根、叶和皮。

【功能主治】用于反胃，痢疾，脱肛，吐血，痄腮，白带过多，疮痈肿痛。

【用法用量】花、叶：内服，煎汤，3～9 g（鲜品 30～60 g）；外用，适量，捣敷。果实：内服，煎汤，9～15 g；外用，适量，煎水洗。根：内服，煎汤，15～25 g（鲜品 50～100 g）；外用，适量，煎水洗。皮：内服，煎汤，3～9 g；外用，煎水洗。

六四、椴 树 科

扁 担 杆 属

226. 扁担杆 *Grewia biloba* G. Don

【别名】扁担木。

【形态特征】 灌木或小乔木，高 1～4 m，多分枝；嫩枝被粗毛。叶薄革质，椭圆形或倒卵状椭圆形，长 4～9 cm，宽 2.5～4 cm，先端锐尖，基部楔形或钝，两面有稀疏星状粗毛，基出脉 3 条，两侧脉上行过半，中脉有侧脉 3～5 对，边缘有细锯齿；叶柄长 4～8 mm，被粗毛；托叶钻形，长 3～4 mm。聚伞花序腋生，多花，花序柄长不到 1 cm；花柄长 3～6 mm；苞片钻形，长 3～5 mm；萼片狭

长圆形，长 4～7 mm，外面被毛，内面无毛；花瓣长 1～1.5 mm；雌雄蕊柄长 0.5 mm，有毛；雄蕊长 2 mm；子房有毛，花柱与萼片平齐，柱头扩大，盘状，有浅裂。核果红色，有 2～4 颗分核。花期 5—7 月。

【拍摄地点】 宜城市孔湾镇太山庙村，海拔 111.8 m。

【生物学特性】 喜光，稍耐阴。

【生境分布】 生于丘陵、低山路边草地、灌丛或疏林。分布于宜城市板桥店镇、流水镇等地。

【药用部位】 根、枝、叶。

【采收加工】 春、夏、秋季采收，洗净，切片，晒干备用。

【功能主治】 健脾益气，祛风除湿，解毒，消痔。

六五、梧 桐 科

马 松 子 属

227. 马松子 *Melochia corchorifolia* L.

【别名】 野路葵。

【形态特征】 半灌木状草本，高不及 1 m；枝黄褐色，略被星状短柔毛。叶薄纸质，卵形、矩圆状卵形或披针形，稀有不明显的 3 浅裂，长 2.5～7 cm，宽 1～1.3 cm，顶端急尖或钝，基部圆形或心形，边缘有锯齿，上面近无毛，下面略被星状短柔毛，基生脉 5 条；叶柄长 5～25 mm；托叶条形，长 2～4 mm。花排成顶生或腋生的密聚伞花序或团伞花序；小苞片条形，混生在花序内；花萼钟形，5 浅裂，长约 2.5 mm，外面被长柔毛和刚毛，内面无毛，裂片三角形；花瓣 5 片，白色，后变为淡红色，矩圆形，长约 6 mm，基部收缩；雄蕊 5 枚，下部连合成筒，与花瓣对生；子房无柄，5 室，密被柔毛，花柱 5 枚，

线状。蒴果圆球形，有5棱，直径5～6 mm，被长柔毛，每室有种子1～2颗；种子卵圆形，略呈三角状，褐黑色，长2～3 mm。花期夏、秋季。

【拍摄地点】宜城市流水镇，海拔56.7 m。

【生境分布】生于山坡、路旁草丛中。分布于宜城市流水镇等地。

【药用部位】根、叶。

【功能主治】止痒退疹。用于皮肤瘙痒，癣症，湿疮，湿疹，阴部湿痒。

【用法用量】内服：煎汤，3～6 g。外用：适量，煎水洗；或研末敷。

【用法用量】内服：煎汤，25～50 g；或浸酒服。

六六、瑞 香 科

瑞 香 属

228. 芫花 *Daphne genkwa* Sieb. et Zucc.

【别名】闷头花。

【形态特征】落叶灌木，高0.3～1 m，多分枝；树皮褐色，无毛；小枝圆柱形，细瘦，干燥后多具皱褶，幼枝黄绿色或紫褐色，密被淡黄色丝状柔毛，老枝紫褐色或紫红色，无毛。叶对生，稀互生，纸质，卵形或卵状披针形至椭圆状长圆形，长3～4 cm，宽1～2 cm，先端急尖或短渐尖，基部宽楔形或钝圆形，边缘全缘，上面绿色，干燥后黑褐色，下面淡绿色，干燥后黄褐色，幼时密被绢状黄色柔毛，老时则仅叶脉基部散生绢状黄色柔毛，侧脉5～7对，在下面较上面显著；叶柄短或几无，长约2 mm，具灰色柔毛。花比叶先开放，紫色或淡紫蓝色，无香味，常3～6朵

簇生于叶腋或侧生，花梗短，具灰黄色柔毛；花萼筒细瘦，筒状，长 6～10 mm，外面具丝状柔毛，裂片 4，卵形或长圆形，长 5～6 mm，宽 4 mm，顶端圆形，外面疏生短柔毛；雄蕊 8 枚，2 轮，分别着生于花萼筒的上部和中部，花丝短，长约 0.5 mm，花药黄色，卵状椭圆形，长约 1 mm，伸出喉部，顶端钝尖；花盘环状，不发达；子房长倒卵形，长 2 mm，密被淡黄色柔毛，花柱短或无，柱头头状，橘红色。果实肉质，白色，椭圆形，长约 4 mm，包藏于宿存花萼筒的下部，具 1 颗种子。花期 3—5 月，果期 6—7 月。

【拍摄地点】宜城市王集镇响水村，海拔 137.9 m。

【生物学特性】喜温暖气候，耐旱怕涝。

【生境分布】分布于宜城市板桥店镇、流水镇、南营街道办事处等。

【药用部位】花蕾。

【采收加工】春季花未开放时采收，除去杂质，干燥。

【功能主治】泻水逐饮，杀虫疗疮。用于水肿痞满，胸腹积水，痰饮积聚，二便不利；外用治疥癣，痈肿，冻疮。

【用法用量】内服：煎汤，1.5～3 g。醋芫花：研末吞服，一次 0.6～0.9 g，一日一次。外用：适量，研末调敷；或煎水含漱。

结 香 属

229. 结香 *Edgeworthia chrysantha* Lindl.

【形态特征】灌木，高 0.7～1.5 m，小枝粗壮，褐色，常作 3 叉分枝，幼枝常被短柔毛，韧皮极坚韧，叶痕大，直径约 5 mm。叶在花前凋落，长圆形、披针形至倒披针形，先端短尖，基部楔形或渐狭，长 8～20 cm，宽 2.5～5.5 cm，两面均被银灰色绢状毛，下面较多，侧脉纤细，弧形，每边 10～13 条，被柔毛。头状花序顶生或侧生，具花 30～50 朵成绒球状，外围以 10 枚左右被长毛而早落的总苞；花序梗长 1～2 cm，被灰白色长硬毛；花芳香，无梗，花萼长 1.3～2 cm，宽 4～5 mm，外面密被白色丝状毛，内面无毛，黄色，顶端 4 裂，裂片卵形，长约 3.5 mm，宽约 3 mm；雄蕊 8 枚，2 列，上列 4 枚与花萼裂片对生，下列 4 枚与花萼裂片互生，花丝短，花药近卵形，长约 2 mm；子房卵形，长约 4 mm，直径约 2 mm，顶端被丝状毛，花柱线形，长约 2 mm，无毛，柱头棒状，长约 3 mm，具乳突，花盘浅杯状，膜质，边缘不整齐。果实椭圆形，绿色，长约 8 mm，直径约 3.5 mm，顶端被毛。花期冬末春初，果期春、夏季。

【拍摄地点】宜城市流水镇马头村，海拔 40.0 m。

【生境分布】生于山坡路边。栽培于宜城市流水镇等地。

【采收加工】全株。

【功能主治】根：舒筋活络，消肿止痛。用于风湿性关节痛，腰痛；外用治跌打损伤，骨折。花：祛风明目。用于目赤疼痛，夜盲。

【用法用量】根：内服，煎汤，10～15 g；外用，适量，捣敷。花：内服，煎汤，6～9 g。

六七、胡颓子科

胡颓子属

230. 佘山羊奶子 *Elaeagnus argyi* Levl.

【别名】佘山胡颓子。

【形态特征】落叶或常绿直立灌木，高2～3 m，通常具刺；小枝呈近90°的角开展，幼枝淡黄绿色，密被淡黄白色鳞片，稀被红棕色鳞片，老枝灰黑色；芽棕红色。叶大小不等，发于春秋两季，薄纸质或膜质，发于春季的为小型叶，椭圆形或矩圆形，长1～4 cm，宽0.8～2 cm，顶端圆形或钝形，基部钝形，下面有时具星状茸毛；发于秋季的为大型叶，矩圆状倒卵形至阔椭圆形，长6～10 cm，宽3～5 cm，两端钝形，边缘全缘，稀皱卷，上面幼时具灰白色鳞毛，成熟后无毛，淡绿色，下面幼时具白色星状柔毛或鳞毛，成熟后常脱落，被白色鳞片，侧脉8～10对，上面凹下，近边缘分叉而互相连接；叶柄黄褐色，长5～7 mm。花淡黄色或泥黄色，质厚，被银白色和淡黄色鳞片，下垂或开展，常5～7花簇生于新枝基部成伞形总状花序，花枝花后发育成枝叶；花梗纤细，长3 mm；萼筒漏斗状圆筒形，长5.5～6 mm，在裂片下面扩大，在子房上收缩，裂片卵形或卵状三角形，长2 mm，顶端钝形或急尖，内面疏生短细柔毛，包围子房的萼管椭圆形，长2 mm；雄蕊的花丝极短，花药椭圆形，长1.2 mm；花柱直立，无毛。果实倒卵状矩圆形，长13～15 mm，直径6 mm，幼时被银白色鳞片，成熟时红色；果梗纤细，长8～10 mm。花期1—3月，果期4—5月。

【拍摄地点】宜城市流水镇马集村，海拔112.5 m。

【生物学特性】喜光，稍耐阴。不耐干旱，较耐寒。

【生境分布】生于林下、路旁、屋边。分布于宜城市流水镇等地。

【药用部位】根。
【采收加工】夏、秋季挖根，切片，晒干。
【功能主治】祛痰止咳，利湿退黄，解毒。用于咳喘，黄疸型肝炎，风湿痹痛，疮疖。
【用法用量】内服：煎汤，9～15 g。

六八、堇菜科

堇菜属

231. 鸡腿堇菜 *Viola acuminata* Ledeb.

【形态特征】多年生草本，通常无基生叶。根状茎较粗，垂直或倾斜，密生多条淡褐色根。茎直立，通常2～4条丛生，高10～40 cm，无毛或上部被白色柔毛。叶片心形、卵状心形或卵形，长1.5～5.5 cm，宽1.5～4.5 cm，先端锐尖、短渐尖至长渐尖，基部通常心形（狭或宽心形变异幅度较大），稀截形，边缘具钝锯齿及短缘毛，两面密生褐色腺点，沿叶脉被疏柔毛；叶柄下部者长达6 cm，上部者较短，长1.5～2.5 cm，无毛或被疏柔毛；托叶草质，叶状，长1～3.5 cm，宽2～8 mm，通常羽状深裂成流苏状，或浅裂成齿状，边缘被缘毛，两面有褐色腺点，沿脉疏生柔毛。花淡紫色或近白色，具长梗；花梗细，被细柔毛，通常均超出于叶，中部以上或在花附近具2枚线形小苞片；萼片线状披针形，长7～12 mm，宽1.5～2.5 mm，外面3片较长而宽，先端渐尖，基部附属物长2～3 mm，末端截形或有时具1～2齿裂，上面及边缘有短毛，具3脉；花瓣有褐色腺点，上方花瓣与侧方花瓣近等长，上瓣向上反曲，侧瓣里面近基部有长须毛，下瓣里面常有紫色脉纹，连距长0.9～1.6 cm；距通常直，长1.5～3.5 mm，呈囊状，末端钝；下方2枚雄蕊之距短而钝，长约1.5 mm；子房圆锥状，无毛，花柱基部微向前膝曲，向上渐增粗，顶部具数列明显的乳头状突起，先端具短喙，喙端微向上噘，具较大的柱头孔。蒴果椭圆形，长约1 cm，无毛，通常有黄褐色腺点，先端渐尖。花、果期5—9月。

【拍摄地点】宜城市板桥店镇肖云村，海拔260.0 m。
【生境分布】生于杂木林林下、林缘、灌丛、山坡草地或溪谷湿地等处。偶见于板桥店镇等地。

【药用部位】 全草。

【功能主治】 清热解毒，排脓消肿。

【用法用量】 内服：煎汤，9～15 g。外用：适量，捣敷。

232. 球果堇菜 *Viola collina* Besser

【别名】 毛果堇菜。

【形态特征】 多年生草本，花期高4～9 cm，果期高可达20 cm。根状茎粗而肥厚，具结节，长2～6 cm，黄褐色，垂直或斜生，顶端常具分枝；根多条，淡褐色。叶均基生，呈莲座状；叶片宽卵形或近圆形，长1～3.5 cm，宽1～3 cm，先端钝、锐尖或稀渐尖，基部弯缺浅或深而狭窄，边缘具浅而钝的锯齿，两面密生白色短柔毛，果期叶片显著增大，长可达8 cm，宽约6 cm，基部心形；叶柄具

狭翅，被倒生短柔毛，花期长2～5 cm，果期长达19 cm；托叶膜质，披针形，长1～1.5 cm，先端渐尖，基部与叶柄合生，边缘具较稀疏的流苏状细齿。花淡紫色，长约1.4 cm，具长梗，在花梗的中部或中部以上有2枚长约6 mm的小苞片；萼片长圆状披针形或披针形，长5～6 mm，具缘毛和腺体，基部的附属物短而钝；花瓣基部微带白色，上方花瓣及侧方花瓣先端钝圆，侧方花瓣里面有须毛或近无毛；下方花瓣的距白色，较短，长约3.5 mm，平伸而稍向上方弯曲，末端钝；子房被毛，花柱基部膝曲，向上渐增粗，常疏生乳头状突起，顶部向下方弯曲成钩状喙，喙端具较细的柱头孔。蒴果球形，密被白色柔毛，成熟时果梗通常向下方弯曲，使果实接近地面。花、果期5—8月。

【拍摄地点】 宜城市板桥店镇，海拔244.4 m。

【生境分布】 生于沟谷、草坡、灌丛、林下、林缘或路旁阴湿处。分布于宜城市各乡镇。

【药用部位】 全草。

【功能主治】 清热解毒，消肿止血。用于疮痈肿毒，肺痛，跌打损伤，刀伤出血。

233. 长萼堇菜 *Viola inconspicua* Bl.

【别名】 犁头草。

【形态特征】 多年生草本，无地上茎。根状茎垂直或斜生，较粗壮，长1～2 cm，粗2～8 mm，节密生，通常被残留的褐色托叶所包被。叶均基生，呈莲座状；叶片三角形、三角状卵形或戟形，长1.5～7 cm，宽1～3.5 cm，最宽处在叶的基部，中部向上渐变狭，先端渐尖或尖，基部宽心形，弯缺呈宽半圆形，两侧垂片发达，通常平展，稍下延于叶柄成狭翅，边缘具圆锯齿，两面通常无毛，少有在下面的

叶脉及近基部的叶缘上有短毛，上面密生乳头状小白点，但在较老的叶上则变成暗绿色；叶柄无毛，长 2～7 cm；托叶的 3/4 与叶柄合生，分离部分披针形，长 3～5 mm，先端渐尖，边缘疏生流苏状短齿，稀全缘，通常有褐色锈点。花淡紫色，有暗色条纹；花梗细弱，通常与叶片等长或稍高出于叶，无毛或上部被柔毛，中部稍上处有 2 枚线形小苞片；萼片卵状披针形或披针形，长 4～7 mm，顶端渐尖，基部附属物伸长，长

2～3 mm，末端具缺刻状浅齿，具狭膜质缘，无毛或具纤毛；花瓣长圆状倒卵形，长 7～9 mm，侧方花瓣里面基部有须毛，下方花瓣连距长 10～12 mm；距管状，长 2.5～3 mm，直，末端钝；下方雄蕊背部的距角状，长约 2.5 mm，顶端尖，基部宽；子房球形，无毛，花柱棍棒状，长约 2 mm，基部稍膝曲，顶端平，两侧具较宽的缘边，前方具明显的短喙，喙端具向上开口的柱头孔。蒴果长圆形，长 8～10 mm，无毛。种子卵球形，长 1～1.5 mm，直径 0.8 mm，深绿色。花、果期 3—11 月。

【拍摄地点】宜城市小河镇山河村，海拔 327.9 m。

【生境分布】生于林缘、山坡草地、田边及溪旁等处。分布于宜城市板桥店镇、流水镇、小河镇等地。

【药用部位】全草。

【功能主治】清热解毒，拔毒消肿。用于急性结膜炎、咽喉炎，急性黄疸型肝炎，乳腺炎，疮痈肿毒，化脓性骨髓炎，毒蛇咬伤。

234. 三色堇 *Viola tricolor* L.

【别名】三色堇菜、蝴蝶花。

【形态特征】一年生、二年生或多年生草本，高 10～40 cm。地上茎较粗，直立或稍倾斜，有棱，单一或多分枝。基生叶叶片长卵形或披针形，具长柄；茎生叶叶片卵形、长圆状圆形或长圆状披针形，先端圆或钝，基部圆，边缘具稀疏的圆齿或钝锯齿，上部叶叶柄较长，下部者较短；托叶大型，叶状，羽状深裂，长 1～4 cm。花大，直径 3.5～6 cm，每个茎上有 3～10 朵，通常每花有紫、白、黄三色；花梗稍粗，单生于叶腋，上部具 2 枚对生的小苞片；小苞片极小，卵状三角形；萼片绿色，长圆状披针形，长 1.2～

2.2 cm，宽3～5 mm，先端尖，边缘狭膜质，基部附属物发达，长3～6 mm，边缘不整齐；上方花瓣深紫堇色，侧方及下方花瓣均为三色，有紫色条纹，侧方花瓣里面基部密被须毛，下方花瓣距较细，长5～8 mm；子房无毛，花柱短，基部明显膝曲，柱头膨大，呈球状，前方具较大的柱头孔。蒴果椭圆形，长8～12 mm。无毛。染色体数目不定。花期4—7月，果期5—8月。

【拍摄地点】宜城市滨江大道，海拔40.9 m。

【生物学特性】较耐寒，喜凉爽，喜阳光。

【生境分布】栽培于宜城市园林。

【药用部位】全草。

【功能主治】清热解毒，散瘀，止咳，利尿。用于咳嗽，瘰疬，无名肿毒。

【用法用量】内服：煎汤，3～9 g。外用：捣汁涂。

235. 紫花地丁 *Viola philippica* Cav.

【别名】野堇菜、光瓣堇菜。

【形态特征】多年生草本，无地上茎，高4～14 cm，果期高可超过20 cm。根状茎短，垂直，淡褐色，长4～13 mm，直径2～7 mm，节密生，有数条淡褐色或近白色的细根。叶多数，基生，莲座状；叶片下部者通常较小，呈三角状卵形或狭卵形，上部者较长，呈长圆形、狭卵状披针形或长圆状卵形，长1.5～4 cm，宽0.5～1 cm，先端圆钝，基部截形或楔形，稀微心形，边缘具较平的圆齿，两面无毛或被细短毛，

有时仅下面沿叶脉被短毛，果期叶片增大，长可超过10 cm，宽可达4 cm；叶柄在花期通常长于叶片1～2倍，上部具极狭的翅，果期长可超过10 cm，上部具较宽的翅，无毛或被细短毛；托叶膜质，苍白色或淡绿色，长1.5～2.5 cm，其2/3～4/5与叶柄合生，离生部分线状披针形，边缘疏生具腺体的流苏状细齿或近全缘。花中等大，紫堇色或淡紫色，稀呈白色，喉部色较淡并带有紫色条纹；花梗通常多数，细弱，与叶片等长或高出于叶片，无毛或有短毛，中部附近有2枚线形小苞片；萼片卵状披针形或披针形，长5～7 mm，先端渐尖，基部附属物短，长1～1.5 mm，末端圆形或截形，边缘具膜质白边，无毛或有短毛；花瓣倒卵形或长圆状倒卵形，侧方花瓣长，1～1.2 cm，里面无毛或有须毛，下方花瓣连距长1.3～2 cm，里面有紫色脉纹；距细管状，长4～8 mm，末端圆；花药长约2 mm，药隔顶部的附属物长约1.5 mm，下方2枚雄蕊背部的距细管状，长4～6 mm，末端稍细；子房卵形，无毛，花柱棍棒状，比子房稍长，基部稍膝曲，柱头三角形，两侧及后方稍增厚成微隆起的缘边，顶部略平，前方具短喙。蒴果长圆形，长5～12 mm，无毛；种子卵球形，长1.8 mm，淡黄色。花、果期4月中下旬至9月。

【拍摄地点】宜城市小河镇山河村，海拔90.5 m。

【生物学特性】 喜阳光，喜湿润，耐阴也耐寒。
【生境分布】 生于田间、荒地、山坡草丛、林缘或灌丛中。分布于宜城市各乡镇。
【药用部位】 全草。
【采收加工】 春、秋季采收，除去杂质，晒干。
【功能主治】 清热解毒，凉血消肿。用于疮痈肿毒，痈疽发背，丹毒，毒蛇咬伤。
【用法用量】 内服：煎汤，15～30 g。

六九、葫芦科

冬瓜属

236. 冬瓜 *Benincasa hispida* (Thunb.) Cogn.

【形态特征】 一年生蔓生或架生草本；茎被黄褐色硬毛及长柔毛，有棱沟。叶柄粗壮，长5～20 cm，被黄褐色的硬毛和长柔毛；叶片肾状近圆形，宽15～30 cm，5～7浅裂或有时中裂，裂片宽三角形或卵形，先端急尖，边缘有小齿，基部深心形，弯缺张开，近圆形，深、宽均2.5～3.5 cm，表面深绿色，稍粗糙，有疏柔毛，老后渐脱落，变近无毛；背面粗糙，灰白色，有粗硬毛，叶脉在叶背面稍隆起，密被毛。卷须2～3歧，被粗硬毛和长柔毛。雌雄同株；花单生。雄花梗长5～15 cm，密被黄褐色短刚毛和长柔毛，常在花梗的基部具一苞片，苞片卵形或宽长圆形，长6～10 mm，先端急尖，有短柔毛；花萼筒宽钟形，宽12～15 mm，密生刚毛状长柔毛，裂片披针形，长8～12 mm，有锯齿，反折；花冠黄色，辐状，裂片宽倒卵形，长3～6 cm，宽2.5～3.5 cm，两面有稀疏的柔毛，先端钝圆，具5脉；雄蕊3枚，离生，花丝长2～3 mm，基部膨大，被毛，花药长5 mm，宽7～10 mm，药室三回折曲，雌花梗长不及5 cm，密生黄褐色硬毛和长柔毛；子房卵形或圆筒形，密生黄褐色茸毛状硬毛，长2～4 cm；花柱长2～3 mm，柱头3，长12～15 mm，2裂。果实长圆柱状或近球状，大型，有硬毛和白霜，长25～60 cm，直径10～25 cm。种子卵形，白色或淡黄色，压扁，有边缘，长10～11 mm，宽5～7 mm，厚2 mm。

【拍摄地点】 宜城市流水镇马头村，海拔 40.0 m。

【生物学特性】 喜温，耐热。

【生境分布】 栽培于宜城市各乡镇。

【药用部位】 皮和种子。

【功能主治】 利尿，清热，化痰，解渴。用于水肿，痰饮，暑热，痔疮。

【用法用量】 皮：内服，煎汤，15～30 g；外用，适量，煎水洗。种子：内服，煎汤，10～15 g，或研末服；外用：适量，研膏涂、敷。

西 瓜 属

237. 西瓜 *Citrullus lanatus* (Thunb.) Matsum. et Nakai

【形态特征】 一年生蔓生藤本；茎、枝粗壮，具明显的棱沟，被长而密的白色或淡黄褐色长柔毛。卷须较粗壮，具短柔毛，2 歧，叶柄粗，长 3～12 cm，粗 0.2～0.4 cm，具不明显的沟纹，密被柔毛；叶片纸质，轮廓三角状卵形，带白绿色，长 8～20 cm，宽 5～15 cm，两面具短硬毛，脉上和背面较多，3 深裂，中裂片较长，倒卵形、长圆状披针形或披针形，顶端急尖或渐尖，裂片又羽状或二重羽状浅裂或深裂，边缘波状或有疏齿，末次裂片通常有少数浅锯齿，先端钝圆，叶片基部心形，有时形成半圆形的弯缺，弯缺宽 1～2 cm，深 0.5～0.8 cm。雌雄同株。雌、雄花均单生于叶腋。雄花：花梗长 3～4 cm，密被黄褐色长柔毛；花萼筒宽钟形，密被长柔毛，花萼裂片狭披针形，与花萼筒近等长，长 2～3 mm；花冠淡黄色，直径 2.5～3 cm，外面带绿色，被长柔毛，裂片卵状长圆形，长 1～1.5 cm，宽 0.5～0.8 cm，顶端钝或稍尖，脉黄褐色，被毛；雄蕊 3 枚，近离生，1 枚 1 室、2 枚 2 室，花丝短，药室折曲。雌花：花萼和花冠与雄花同；子房卵形，长 0.5～0.8 cm，宽 0.4 cm，密被长柔毛，花柱长 4～5 mm，柱头 3，肾形。果实大型，近球形或椭圆形，肉质，多汁，果皮光滑，色泽及纹饰各式。种子多数，卵形，黑色、红色，有时为白色、黄色、淡绿色或有斑纹，两面平滑，基部钝圆，通常边缘稍拱起，长 1～1.5 cm，宽 0.5～0.8 cm，厚 1～2 mm，花、果期夏季。

【拍摄地点】 宜城市滨江大道，海拔 55.3 m。

【生物学特性】 喜光照，喜温暖、干燥气候，不耐寒，耐旱。

【生境分布】 栽培于宜城市各乡镇。

【药用部位】 果皮。

【功能主治】 清热，利尿，降血压。

黄 瓜 属

238. 甜瓜 *Cucumis melo* L.

【别名】 香瓜。

【形态特征】 一年生匍匐或攀援草本；茎、枝有棱，有黄褐色或白色的糙硬毛和疣状突起。卷须纤细，单一，被微柔毛。叶柄长 8~12 cm，具槽沟及短刚毛；叶片厚纸质，近圆形或肾形，长、宽均 8~15 cm，上面粗糙，被白色糙硬毛，背面沿脉密被糙硬毛，边缘不分裂或 3~7 浅裂，裂片先端圆钝，有锯齿，基部截形或具半圆形的弯缺，具掌状脉。花单性，雌雄同株。雄花：数朵簇生于叶腋；花梗纤细，长 0.5~

2 cm，被柔毛；花萼筒狭钟形，密被白色长柔毛，长 6~8 mm，裂片近钻形，直立或开展，比筒部短；花冠黄色，长 2 cm，裂片卵状长圆形，急尖；雄蕊 3 枚，花丝极短，药室折曲；退化雌蕊长约 1 mm。雌花：单生，花梗粗糙，被柔毛；子房长椭圆形，密被长柔毛和长糙硬毛，花柱长 1~2 mm，柱头靠合，长约 2 mm。果实的形状、颜色因品种而异，通常为球形或长椭圆形，果皮平滑，有纵沟纹或斑纹，无刺状突起，果肉白色、黄色或绿色，有香甜味；种子污白色或黄白色，卵形或长圆形，先端尖，基部钝，表面光滑，无边缘。花、果期夏季。

【拍摄地点】 宜城市流水镇马头村，海拔 40.0 m。

【生物学特性】 喜光照，喜温，耐热，极不耐寒。

【生境分布】 栽培于宜城市各乡镇。

【药用部位】 全草。

【功能主治】 消炎败毒，催吐，除湿，退黄疸。

南 瓜 属

239. 南瓜 *Cucurbita moschata* (Duch. ex Lam.) Duch. ex Poiret

【形态特征】 一年生蔓生草本；茎常节部生根，伸长达 2~5 m，密被白色短刚毛。叶柄粗壮，长 8~19 cm，被短刚毛；叶片宽卵形或卵圆形，质稍柔软，有 5 角或 5 浅裂，稀钝，长 12~25 cm，宽 20~30 cm，侧裂片较小，中间裂片较大，三角形，上面密被黄白色刚毛和茸毛，常有白斑，叶脉隆起，各裂片之中脉常延伸至顶端，成一小尖头，背面色较淡，毛更明显，边缘有小而密的细齿，顶端稍钝。卷须稍粗壮，与叶柄一样被短刚毛和茸毛，3~5 歧。雌雄同株。雄花单生；花萼筒钟形，长 5~6 mm，裂片条形，长1～1.5 cm，被柔毛，上部扩大成叶状；花冠黄色，钟形，长8 cm，直径6 cm，5中裂，裂片边缘反卷，具皱褶，先端急尖；雄蕊3枚，花丝腺体状，长5～8 mm，花药靠合，长15 mm，药室折曲。雌花单生；子房1室，花柱短，柱头3，膨大，顶端2裂。果梗粗壮，有棱和槽，长5～7 cm，瓜蒂扩大成喇叭状；瓠果形状多样，因品种而异，外面常有数条纵沟或无。种子多数，长卵形或长圆形，灰白色，边缘薄，长10～15 mm，宽7～10 mm。

【拍摄地点】 宜城市楚风大道，海拔64.5 m。

【生物学特性】 喜温，耐旱。

【生境分布】 栽培于宜城市各乡镇。

【药用部位】 种子、藤、瓜蒂及根。

【功能主治】 种子：清热除湿，驱虫。藤：清热。瓜蒂：安胎。根：用于牙痛。

丝 瓜 属

240. 丝瓜 *Luffa aegyptiaca* Mill.

【形态特征】 一年生攀援藤本；茎、枝粗糙，有棱沟，被微柔毛。卷须稍粗壮，被短柔毛，通常2～4歧。叶柄粗糙，长10～12 cm，具不明显的沟，近无毛；叶片三角形或近圆形，长、宽均为10～20 cm，通常掌状5～7裂，裂片三角形，中间的较长，长8～12 cm，顶端急尖或渐尖，边缘有锯齿，基部深心形，弯缺深2～3 cm，宽2～2.5 cm，上面深绿色，粗糙，有疣点，下面浅绿色，有短柔毛，脉掌状，具

白色的短柔毛。雌雄同株。雄花：通常15～20朵花，生于总状花序上部，花序梗稍粗壮，长12～14 cm，被柔毛；花梗长1～2 cm，花萼筒宽钟形，直径0.5～0.9 cm，被短柔毛，裂片卵状披针形或近三角形，上端向外反折，长0.8～1.3 cm，宽0.4～0.7 cm，里面密被短柔毛，边缘尤为明显，外面毛被较少，先端渐尖，具3脉；花冠黄色，辐状，开展时直径5～9 cm，裂片长圆形，长2～4 cm，

宽 2～2.8 cm，里面基部密被黄白色长柔毛，外面具 3～5 条凸起的脉，脉上密被短柔毛，顶端钝圆，基部狭窄；雄蕊通常 5 枚，稀 3 枚，花丝长 6～8 mm，基部有白色短柔毛，花初开放时稍靠合，最后完全分离，药室多回曲折。雌花：单生，花梗长 2～10 cm；子房长圆柱状，有柔毛，柱头 3，膨大。果实圆柱状，直或稍弯，长 15～30 cm，直径 5～8 cm，表面平滑，通常有深色纵条纹，未成熟时肉质，成熟后干燥，里面呈网状纤维，由顶端盖裂。种子多数，黑色、卵形、扁、平滑，边缘狭翼状。花、果期夏、秋季。

【拍摄地点】宜城市滨江大道，海拔 61.5 m。

【生物学特性】喜较强阳光，而且较耐弱光。

【生境分布】栽培于宜城市各乡镇。

【药用部位】根、藤、叶、果实维管束、果柄、果皮及种子。

【功能主治】根：活血，通络。用于鼻塞，流涕。藤：通经络，止咳化痰。用于腰痛，咳嗽，鼻塞，流涕。叶：止血，化痰止咳，清热解毒。用于顿咳，咳嗽，暑热口渴，创伤出血，疥癣，天疱疮，痱子。果实维管束：清热解毒，活血通络，利尿消肿。用于筋骨痛，胸胁痛，闭经，乳汁不通，乳痈，水肿。果柄：用于小儿痘疹，咽喉肿痛。果皮：用于金疮，疔疮，臀疮。种子：清热化痰，润燥，驱虫。用于咳嗽痰多，便秘。

【用法用量】根和藤：内服，煎汤，3～9 g（鲜品 30～60 g），或烧存性研末；外用：适量，煎水洗，或捣汁涂。果实维管束：内服，煎汤，4.5～9 g。果皮：外用，焙干研末调敷。种子：内服，煎汤，6～9 g，或炒焦研末；外用，适量，研末调敷。

苦 瓜 属

241. 苦瓜 *Momordica charantia* L.

【形态特征】一年生攀援状柔弱草本，多分枝；茎、枝被柔毛。卷须纤细，长达 20 cm，具微柔毛，不分歧。叶柄细，初时被白色柔毛，后变近无毛，长 4～6 cm；叶片轮廓卵状肾形或近圆形，膜质，长、宽均为 4～12 cm，上面绿色，背面淡绿色，脉上密被明显的微柔毛，其余毛较稀疏，5～7 深裂，裂片卵状长圆形，边缘具粗齿或有不规则小裂片，先端多钝圆，稀急尖，基部弯缺半圆形，叶脉掌状。雌雄同株。雄花：单生于叶腋，花梗纤细，被微柔毛，长 3～7 cm，中部或下部具 1 苞片；苞片绿色，肾形或圆形，全缘，稍有缘毛，两面被疏柔毛，长、宽均为 5～15 mm；花萼裂片卵状披针形，被白色柔毛，长 4～6 mm，宽 2～3 mm，急尖；花冠黄色，裂片倒卵形，先端钝，急尖或微凹，长

1.5～2 cm，宽0.8～1.2 cm，被柔毛；雄蕊3枚，离生，药室二回曲折。雌花：单生，花梗被微柔毛，长10～12 cm，基部常具1苞片；子房纺锤形，密生瘤状突起，柱头3，膨大，2裂。果实纺锤形或圆柱形，多瘤皱，长10～20 cm，成熟后橙黄色，由顶端3瓣裂。种子多数，长圆形，具红色假种皮，两端各具3小齿，两面有刻纹，长1.5～2 cm，宽1～1.5 cm。花、果期5—10月。

【拍摄地点】宜城市流水镇牌坊河村，海拔138.0 m。

【生物学特性】喜光不耐阴，喜湿而怕涝。

【生境分布】栽培于宜城市各乡镇。

【药用部位】根、藤、叶及果实。

【功能主治】清热解毒，明目。用于中暑发热，牙痛，泄泻，痢疾。

栝 楼 属

242. 栝楼 *Trichosanthes kirilowii* Maxim.

【别名】瓜蒌。

【形态特征】攀援藤本，长达10 m；块根圆柱状，粗大肥厚，富含淀粉，淡黄褐色。茎较粗，多分枝，具纵棱及槽，被白色伸展柔毛。叶片纸质，轮廓近圆形，长、宽均为5～20 cm，常3～5（7）浅裂至中裂，稀深裂或不分裂而仅有不等大的粗齿，裂片菱状倒卵形、长圆形，先端钝，急尖，边缘常再浅裂，叶基心形，弯缺深2～4 cm，上面深绿色，粗糙，背面淡绿色，两面沿脉被长柔毛状硬毛，基出掌状脉5条，细脉网状；叶柄长3～10 cm，具纵条纹，被长柔毛。卷须3～7歧，被柔毛。花雌雄异株。雄总状花序单生，或与一单花并生，或在枝条上部者单生，总状花序长10～20 cm，粗壮，具纵棱与槽，被微柔毛，顶端有5～8朵花，单花花梗长约15 cm，花梗长约3 mm，小苞片倒卵形或阔卵形，长1.5～2.5（3）cm，宽1～2 cm，中上部具粗齿，基部具柄，被短柔毛；花萼筒筒状，长2～4 cm，顶端扩大，直径约10 mm，中、下部直径约5 mm，被短柔毛，裂片披针形，长10～15 mm，宽3～5 mm，全缘；花冠白色，裂片倒卵形，长20 mm，宽18 mm，顶端中央具1绿色尖头，两侧具丝状流苏，被柔毛；花药靠合，长约6 mm，直径约4 mm，花丝分离，粗壮，被长柔毛。雌花单生，花梗长7.5 cm，被短柔毛；花萼筒圆筒状，长2.5 cm，直径1.2 cm，裂片和花冠同雄花；子房椭圆形，绿色，长2 cm，直径1 cm，花柱长2 cm，柱头3。果梗粗壮，长4～11 cm；果实椭圆形或圆形，长7～10.5 cm，成熟时黄褐色或橙黄色；种子卵状椭圆形，压扁，长11～16 mm，宽7～12 mm，淡黄褐色，近边缘处具棱线。花期5—8月，果期8—10月。

【拍摄地点】宜城市板桥店镇范

湾村，海拔 207.9 m。

【生物学特性】 较耐寒，不耐干旱。

【生境分布】 生于山坡林下、灌丛中、草地和村旁的田边。分布于宜城市板桥店镇、刘猴镇等地。

【药用部位】 果实、种子及果皮。

【采收加工】 果实：秋季果实成熟时，连果梗剪下，置通风处阴干。种子：秋季采摘成熟果实，剖开，取出种子，洗净，晒干。果皮：秋季采摘成熟果实，剖开，除去果瓤及种子，阴干。

【功能主治】 果实：清热涤痰，宽胸散结，润肺滑肠。用于肺热咳嗽，痰浊黄稠，胸痹心痛，胸痞胀满，乳痈，肺痈，肠痈，大便秘结。种子：润肺化痰，滑肠通便。用于咳嗽痰黏，肠燥便秘。果皮：清热化痰，利气宽胸。用于痰热咳嗽，胸闷胁痛。

【用法用量】 果实：内服，煎汤，9～15 g。种子：内服，煎汤，9～15 g。果皮：内服，煎汤，6～10 g。

七〇、千 屈 菜 科

紫 薇 属

243. 南紫薇 *Lagerstroemia subcostata* Koehne

【别名】 九芎。

【形态特征】 落叶乔木或灌木，高可达 14 m；树皮薄，灰白色或茶褐色，无毛或稍被短硬毛。叶膜质，矩圆形、矩圆状披针形，稀卵形，长 2～9（11）cm，宽 1～4.4（5）cm，顶端渐尖，基部阔楔形，上面通常无毛或有时散生小柔毛，下面无毛或微被柔毛，或沿中脉被短柔毛，有时脉腋间有丛毛，中脉在上面略下陷，在下面凸起，侧脉 3～10 对，顶端联结；叶柄短，长 2～4 mm。花小，白色或玫瑰色，直径约 1 cm，组成顶生圆锥花序，长 5～15 cm，具灰褐色微柔毛，花密生；花萼有棱 10～12 条，长 3.5～4.5 mm，5 裂，裂片三角形，直立，内面无毛；花瓣 6，长 2～6 mm，皱缩，有爪状物；雄蕊 15～30 枚，5～6 枚较长，12～14 枚较短，着生于萼片或花瓣上，花丝细长；子房无毛，5～6 室。蒴果椭圆形，长 6～8 mm，3～6 瓣裂；种子有翅。花期

6—8 月，果期 7—10 月。

【拍摄地点】 宜城市刘猴镇钱湾村五组，海拔 190.1 m。

【生物学特性】 喜光，略耐阴，耐干旱，忌涝。

【生境分布】 生于林缘、溪边。分布于宜城市刘猴镇等地。

【药用部位】 花。

【功能主治】 解毒祛瘀。

千 屈 菜 属

244. 千屈菜 *Lythrum salicaria* L.

【别名】 水柳。

【形态特征】 多年生草本，根茎横卧于地下，粗壮；茎直立，多分枝，高 30～100 cm，全株青绿色，略被粗毛或密被茸毛，枝通常具 4 棱。叶对生或三叶轮生，披针形或阔披针形，长 4～6（10）cm，宽 8～15 mm，顶端钝形或短尖，基部圆形或心形，有时略抱茎，全缘，无柄。花组成小聚伞花序，簇生，因花梗及总梗极短，因此花枝全形似一大型穗状花序；苞片阔披针形至三角状卵形，长 5～12 mm；萼筒长 5～8 mm，有纵棱 12 条，稍被粗毛，裂片 6，三角形；附属体针状，直立，长 1.5～2 mm；花瓣 6，紫红色或淡紫色，倒披针状长椭圆形，基部楔形，长 7～8 mm，着生于萼筒上部，有短爪，稍皱缩；雄蕊 12 枚，6 长 6 短，伸出萼筒之外；子房 2 室，花柱长短不一。蒴果扁圆形。

【拍摄地点】 宜城市流水镇牌坊河村，海拔 46.0 m。

【生物学特性】 喜强光，耐寒性强，喜水湿。

【生境分布】 生于河岸、湖畔、溪沟边和潮湿草地。分布于宜城市流水镇等地。

【药用部位】 全草。

【功能主治】 用于痢疾，崩漏，吐血，外伤出血，疮疡溃烂。

【用法用量】 内服：煎汤，6～12 g。

七一、石 榴 科

石 榴 属

245. 石榴 *Punica granatum* L.

【形态特征】 落叶灌木或乔木，高通常3～5 m，稀达10 m，枝顶常成尖锐长刺。幼枝具棱角，无毛，老枝近圆柱形。叶通常对生，纸质，矩圆状披针形，长2～9 cm，顶端短尖、钝尖或微凹，基部短尖至稍钝形，上面光亮，侧脉稍细密；叶柄短。花大，1～5朵生于枝顶；萼筒长2～3 cm，通常红色或淡黄色，裂片略外展，卵状三角形，长8～13 mm，外面近顶端有1黄绿色腺体，边缘有小乳突；花瓣通常大，红色、黄色或白色，长1.5～3 cm，宽1～2 cm，顶端圆形；花丝无毛，长达13 mm；花柱长超过雄蕊。浆果近球形，直径5～12 cm，通常为淡黄褐色或淡黄绿色，有时白色，稀暗紫色。种子多数，钝角形，红色至乳白色，肉质的外种皮供食用。

【拍摄地点】 宜城市自忠路，海拔37.0 m。
【生物学特性】 喜温暖向阳环境，耐旱、耐寒，也耐贫瘠，不耐涝和荫蔽。
【生境分布】 栽培于宜城市各乡镇。
【药用部位】 果皮。
【功能主治】 涩肠止泻，止血，驱虫。用于久泻，久痢，便血，脱肛，崩漏，带下。
【用法用量】 内服：煎汤，3～9 g。

七二、柳叶菜科

柳叶菜属

246. 柳叶菜 *Epilobium hirsutum* L.

【别名】水丁香。

【形态特征】多年生粗壮草本，有时近基部木质化，在秋季自根颈常平卧生出长可达 1 m 多粗壮地下匍匐根状茎，茎上疏生鳞片状叶，先端常生莲座状叶芽。茎高 25～120（250）cm，粗 3～12（22）mm，常在中上部多分枝，周围密被伸展长柔毛，常混生较短而直的腺毛，尤其花序上如此，稀密被白色绵毛。叶草质，对生，茎上部的互生，无柄，并抱茎；茎生叶披针状椭圆形至狭倒卵形或椭圆形，稀狭披针形，长 4～

12（20）cm，宽 0.3～3.5（5）cm，先端锐尖至渐尖，基部近楔形，边缘每侧具 20～50 枚细锯齿，两面被长柔毛，有时在背面混生短腺毛，稀背面密被绵毛或近无毛，侧脉常不明显，每侧 7～9 条。总状花序直立；苞片叶状。花直立，花蕾卵状长圆形，长 4.5～9 mm，直径 2.5～5 mm；子房灰绿色至紫色，长 2～5 cm，密被长柔毛与短腺毛，有时主要被腺毛，稀被绵毛且无腺毛；花梗长 0.3～1.5 cm；花管长 1.3～2 mm，直径 2～3 mm，在喉部有一圈长白毛；萼片长圆状线形，长 6～12 mm，宽 1～2 mm，背面隆起成龙骨状，被毛如子房上的；花瓣常玫瑰红色，或粉红色、紫红色，宽倒心形，长 9～20 mm，宽 7～15 mm，先端凹缺，深 1～2 mm；花药乳黄色，长圆形，长 1.5～2.5 mm，宽 0.6～1 mm；花丝外轮的长 5～10 mm，内轮的长 3～6 mm；花柱直立，长 5～12 mm，白色或粉红色，无毛，稀疏生长柔毛；柱头白色，4 深裂，裂片长圆形，长 2～3.5 mm，初时直立，彼此合生，开放时展开，不久下弯，外面无毛或有稀疏的毛，长稍高过雄蕊。蒴果长 2.5～9 cm，被毛同子房上的；果梗长 0.5～2 cm。种子倒卵状，长 0.8～1.2 mm，直径 0.35～0.6 mm，顶端具很短的喙，深褐色，表面具粗乳突；种缨长 7～10 mm，黄褐色或灰白色，易脱落。花期 6—8 月，果期 7—9 月。

【拍摄地点】宜城市流水镇杨林村，海拔 214.5 m。

【生物学特性】喜光、喜凉爽环境。

【生境分布】生于河谷、溪流河床沙地或石砾地，或沟边、湖边向阳湿处，也生于灌丛、荒坡、路旁。

分布于宜城市流水镇等地。

【药用部位】 花、根、带根全草。

【功能主治】 花：清热消炎，调经止带，止痛。用于牙痛，急性结膜炎，咽喉炎，月经不调，白带过多。根：理气活血，止血。用于闭经，胃痛，食滞饱胀。带根全草：用于骨折，跌打损伤，疮痈肿毒，外伤出血。

【用法用量】 内服：煎汤，6～15 g；或鲜品捣汁。外用：适量，捣敷；或捣汁外涂。

丁 香 蓼 属

247. 丁香蓼 *Ludwigia prostrata* Roxb.

【别名】 小石榴树。

【形态特征】 一年生直立草本；茎高 25～60 cm，粗 2.5～4.5 mm，下部圆柱状，上部四棱形，常淡红色，近无毛，多分枝，小枝近水平开展。叶狭椭圆形，长 3～9 cm，宽 1.2～2.8 cm，先端锐尖或稍钝，基部狭楔形，在下部骤变窄，侧脉每侧 5～11 条，至近边缘渐消失，两面近无毛或幼时脉上疏生微柔毛；叶柄长 5～18 mm，稍具翅；托叶几乎全退化。萼片 4，三角状卵形至披针形，长 1.5～3 mm，宽 0.8～1.2 mm，疏被微柔毛或近无毛；花瓣黄色，匙形，长 1.2～2 mm，宽 0.4～0.8 mm，先端近圆形，基部楔形，雄蕊 4 枚，花丝长 0.8～1.2 mm；花药扁圆形，宽 0.4～0.5 mm，开花时以四合花粉直接授在柱头上；花柱长约 1 mm；柱头近卵状或球状，直径约 0.6 mm；花盘围以花柱基部，稍隆起，无毛。蒴果四棱形，长 1.2～2.3 cm，直径 1.5～2 mm，淡褐色，无毛，成熟时室背迅速不规则开裂；果梗长 3～5 mm。种子呈一列横卧于每室内，里生，卵状，长 0.5～0.6 mm，直径约 0.3 mm，顶端稍偏斜，具小尖头，表面有由横条排成的棕褐色纵横条纹；种脊线形，长约 0.4 mm。花期 6—7 月，果期 8—9 月。

【拍摄地点】 宜城市流水镇，海拔 56.7 m。

【生境分布】 生于沟边、草地、河谷、田埂、沼泽。分布于宜城市流水镇等地。

【药用部位】 全株。

【功能主治】 用于白痢，咳嗽，目翳，蛇虫咬伤，血崩，疮毒。

【用法用量】 内服：煎汤，15～30 g；或泡酒。外用：适量，捣敷。

七三、八角枫科

八角枫属

248. 八角枫 *Alangium chinense* (Lour.) Harms

【别名】 枢木。

【形态特征】 落叶乔木或灌木，高 3～5 m，稀达 15 m，胸高直径 20 cm；小枝略呈"之"字形，幼枝紫绿色，无毛或有疏柔毛，冬芽锥形，生于叶柄的基部内，鳞片细小。叶纸质，近圆形、椭圆形或卵形，顶端短锐尖或钝尖，基部两侧常不对称，一侧微向下扩张，另一侧向上倾斜，阔楔形、截形，稀近心形，长 13～19（26）cm，宽 9～15（22）cm，不分裂或 3～

7（9）裂，裂片短锐尖或钝尖，叶上面深绿色，无毛，下面淡绿色，除脉腋有丛状毛外，其余部分近无毛；基出脉 3～5（7），呈掌状，侧脉 3～5 对；叶柄长 2.5～3.5 cm，紫绿色或淡黄色，幼时有微柔毛，后无毛。聚伞花序腋生，长 3～4 cm，被稀疏微柔毛，有 7～30（50）朵花，花梗长 5～15 mm；小苞片线形或披针形，长 3 mm，常早落；总花梗长 1～1.5 cm，常分节；花冠圆筒形，长 1～1.5 cm，花萼长 2～3 mm，顶端分裂为 5～8 片齿状萼片，长 0.5～1 mm，宽 2.5～3.5 mm；花瓣 6～8，线形，长 1～1.5 cm，宽 1 mm，基部黏合，上部开花后反卷，外面有微柔毛，初为白色，后变黄色；雄蕊和花瓣同数而近等长，花丝略扁，长 2～3 mm，有短柔毛，花药长 6～8 mm，药隔无毛，外面有时有皱褶；花盘近球形；子房 2 室，花柱无毛，疏生短柔毛，柱头头状，常 2～4 裂。核果卵圆形，长 5～7 mm，直径 5～8 mm，幼时绿色，成熟后黑色，顶端有宿存的萼齿和花盘，种子 1 颗。花期 5—7 月、9—10 月，果期 7—11 月。

【拍摄地点】 宜城市流水镇黄冲村，海拔 273.0 m。

【生物学特性】 喜阳，稍耐阴。

【生境分布】 生于山野、灌丛和杂木林中，村边路旁常见。分布于宜城市各乡镇。

【药用部位】 侧根及须根。

【采收加工】 全年均可采收，挖取侧根及须根，除去泥沙，晒干。

【功能主治】 祛风除湿，舒筋活络，散瘀止痛。用于风湿痹痛，四肢麻木，跌打损伤。

【用法用量】 内服：煎汤，须根 1.5～3 g，侧根 3～6 g。外用：适量，煎水洗或捣敷。

七四、山茱萸科

山茱萸属

249. 红瑞木 *Cornus alba* L.

【别名】 凉子木。

【形态特征】 灌木，高达 3 m；树皮紫红色；幼枝有淡白色短柔毛，后即秃净而被蜡状白粉，老枝红白色，散生灰白色圆形皮孔及略为凸起的环形叶痕。冬芽卵状披针形，长 3～6 mm，被灰白色或淡褐色短柔毛。叶对生，纸质，椭圆形，稀卵圆形，长 5～8.5 cm，宽 1.8～5.5 cm，先端突尖，基部楔形或阔楔形，边缘全缘或波状反卷，上面暗绿色，有极少的白色平贴短柔毛，下面粉绿色，被白色贴生短柔毛，有时脉腋有浅褐色毛，中脉在上面微凹陷，下面凸起，侧脉 4～6 对，弓形内弯，在上面微凹下，下面凸出，细脉在两面微明显。伞房状聚伞花序顶生，较密，宽 3 cm，被白色短柔毛；总花梗圆柱形，长 1.1～2.2 cm，被淡白色短柔毛；花小，白色或淡黄白色，长 5～6 mm，直径 6～8.2 mm，花萼裂片 4，尖三角形，长 0.1～0.2 mm，短于花盘，外侧有疏生短柔毛；花瓣 4，卵状椭圆形，长 3～3.8 mm，宽 1.1～1.8 mm，先端急尖或短渐尖，上面无毛，下面疏生贴生短柔毛；雄蕊 4 枚，长 5～5.5 mm，着生于花盘外侧，花丝线形，微扁，长 4～4.3 mm，无毛，花药淡黄色，2 室，卵状椭圆形，长 1.1～1.3 mm，"丁"字形着生；花盘垫状，高 0.2～0.25 mm；花柱圆柱形，长 2.1～2.5 mm，近无毛，柱头盘状，宽于花柱，子房下位，花托倒卵形，长 1.2 mm，直径 1 mm，被贴生灰白色短柔毛；花梗纤细，长 2～6.5 mm，被淡白色短柔毛，与子房交接处有关节。核果长圆形，微扁，长约 8 mm，直径 5.5～6 mm，成熟时乳白色或蓝白色，花柱宿存；核棱形，侧扁，两端稍尖，呈喙状，长 5 mm，宽 3 mm，每侧有脉纹 3 条；果梗细圆柱形，

长 3～6 mm，有疏生短柔毛。花期 6—7 月，果期 8—10 月。

【拍摄地点】宜城市楚都公园，海拔 60.0 m。

【生物学特性】喜光照环境。

【生境分布】栽培于宜城市园林。

【药用部位】树皮、枝叶。

【采收加工】全年均可采收，切段，晒干。

【功能主治】清热解毒，止痢，止血。用于湿热痢疾，风湿性关节痛，目赤肿痛，中耳炎，咯血，便血。

【用法用量】内服：煎汤，6～9 g。外用：适量，煎水洗；或研末撒。

250. 毛梾 *Cornus walteri* Wanger.

【形态特征】落叶乔木，高 6～15 m；树皮厚，黑褐色，纵裂而又横裂成块状；幼枝对生，绿色，略有棱角，密被贴生灰白色短柔毛，老后黄绿色，无毛。冬芽腋生，扁圆锥形，长约 1.5 mm，被灰白色短柔毛。叶对生，纸质，椭圆形、长圆状椭圆形或阔卵形，长 4～12（15.5）cm，宽 1.7～5.3（8）cm，先端渐尖，基部楔形，有时稍不对称，上面深绿色，稀被贴生短柔毛，下面淡绿色，密被灰白色贴生短柔毛，中脉在上面明显，下面突出，侧脉 4（5）对，弓形内弯，在上面稍明显，下面凸起；叶柄长 0.8～3.5 cm，幼时被短柔毛，后渐无毛，上面平坦，下面圆形。伞房状聚伞花序顶生，花密，宽 7～9 cm，被灰白色短柔毛；总花梗长 1.2～2 cm；花白色，有香味，直径 9.5 mm；花萼裂片 4，绿色，齿状三角形，长约 0.4 mm，与花盘近等长，外侧被有黄白色短柔毛；花瓣 4，长圆状披针形，长 4.5～5 mm，宽 1.2～1.5 mm，上面无毛，下面有贴生短柔毛；雄蕊 4 枚，无毛，长 4.8～5 mm；花丝线形，微扁，长 4 mm；花药淡黄色，长圆状卵形，2 室，长 1.5～2 mm，"丁"字形着生；花盘明显，垫状或腺体状，无毛；花柱棍棒形，长 3.5 mm，被稀疏的贴生短柔毛，柱头小，头状，子房下位，花托倒卵形，长 1.2～1.5 mm，直径 1～1.1 mm，密被灰白色贴生短柔毛；花梗细圆柱形，长 0.8～2.7 mm，有稀疏短柔毛。核果球形，直径 6～7（8）mm，成熟时黑色，近无毛；核骨质，扁圆球形，直径 5 mm，高 4 mm，有不明显的肋纹。花期 5 月，果期 9 月。

【拍摄地点】宜城市板桥店镇东湾村，海拔 187.3 m。

【生物学特性】喜光。

【生境分布】生于杂木林或密林下。分布于宜城市板桥店镇、雷河镇等地。

七五、五 加 科

五 加 属

251. 细柱五加 *Eleutherococcus nodiflorus* (Dunn) S. Y. Hu

【别名】 五加。

【形态特征】 灌木或小乔木；枝灰棕色，软弱而下垂，蔓生状，无毛，节上通常疏生反曲扁刺。小叶片椭圆形或长圆形，较大，长 14 cm，宽 5 cm，边缘有粗大钝齿。伞形花序单个，稀 2 个腋生，或顶生在短枝上，直径约 2 cm，有花多数；总花梗长 1～2 cm，结实后延长，无毛；花梗细长，长 6～10 mm，无毛；花黄绿色；萼片边缘近全缘或有 5 小齿；花瓣 5，长圆状卵形，先端尖，长 2 mm；雄蕊 5 枚，花丝长 2 mm；子房 2 室；花柱 2，细长，离生或基部合生。果实扁球形，长约 6 mm，宽约 5 mm，黑色；宿存花柱长 2 mm，反曲。花期 4—8 月，果期 6—10 月。

【拍摄地点】 宜城市板桥店镇肖云村，海拔 198.9 m。

【生境分布】 生于林缘、路边或灌丛中。偶见于宜城市板桥店镇等地。

【药用部位】 根皮。

【功能主治】 祛湿，补肝肾，强筋骨。用于风湿痹痛，筋骨痿软，小儿行迟，体虚乏力，水肿，脚气。

常 春 藤 属

252. 常春藤 *Hedera nepalensis* K. Koch var. *sinensis* (Tobl.) Rehd.

【别名】 三角风。

【形态特征】 常绿攀援灌木；茎长 3～20 m，灰棕色或黑棕色，有气生根；一年生枝疏生锈色鳞片，鳞片通常有 10～20 条辐射肋。叶片革质，在不育枝上通常为三角状卵形或三角状长圆形，稀三角形或箭形，长 5～12 cm，宽 3～10 cm，先端短渐尖，基部截形，稀心形，边缘全缘或 3 裂，花枝上的叶片通常为椭圆状卵形至椭圆状披针形，略歪斜而带菱形，稀卵形或披针形，极稀为阔卵形、圆卵形或箭形，长5～16 cm，宽1.5～10.5 cm，先端渐尖或长渐尖，基部楔形或阔楔形，稀圆形，全缘或有1～3浅裂，上面深绿色，有光泽，下面淡绿色或淡黄绿色，无毛或疏生鳞片，侧脉和网脉两面均明显；叶柄细长，长2～9 cm，有鳞片，无托叶。伞形花序单个顶生，或2～7个总状排列或伞房状排列成圆锥花序，直径1.5～

2.5 cm，有花5～40朵；总花梗长1～3.5 cm，通常有鳞片；苞片小，三角形，长1～2 mm；花梗长0.4～1.2 cm；花淡黄白色或淡绿白色，芳香；萼片密生棕色鳞片，长2 mm，边缘近全缘；花瓣5，三角状卵形，长3～3.5 mm，外面有鳞片；雄蕊5枚，花丝长2～3 mm，花药紫色；子房5室；花盘隆起，黄色；花柱全部合生成柱状。果实球形，红色或黄色，直径7～13 mm；宿存花柱长1～1.5 mm。花期9—11月，果期次年3—5月。

【拍摄地点】宜城市板桥店镇珍珠村，海拔303.7 m。

【生物学特性】阴性植物。

【生境分布】分布于板桥店镇等地。

【药用部位】全株。

【采收加工】全年均可采收，切段，晒干或鲜用。

【功能主治】祛风利湿，活血消肿，平肝，解毒。

【用法用量】内服：煎汤，6～15 g；或研末；或浸酒；或捣汁。外用：适量，捣敷；或煎水洗。

刺 楸 属

253. 刺楸 *Kalopanax septemlobus* (Thunb.) Koidz.

【形态特征】落叶乔木，高约10 m，最高可达30 m，胸径可超过70 cm，树皮暗灰棕色；小枝淡黄棕色或灰棕色，散生粗刺；刺基部宽阔扁平，通常长5～6 mm，基部宽6～7 mm，在茁壮枝上的长可超过1 cm，宽可超过1.5 cm。叶片纸质，在长枝上互生，在短枝上簇生，圆形或近圆形，直径9～25 cm，稀达35 cm，掌状5～7浅裂，裂片阔三角状卵形至长圆状卵形，长不及全叶片的1/2，茁壮枝上的叶片分裂较深，裂片长超过全叶片的1/2，先端渐尖，基部心形，上面深绿色，无毛或几无毛，下面淡绿色，幼时疏生短柔毛，边缘有细锯齿，放射状主脉5～7条，两面均明显；叶柄细长，长8～50 cm，无毛。圆锥花序大，长15～25 cm，直径20～30 cm；伞形花序直径1～2.5 cm，有花多数；总花梗细长，长2～3.5 cm，无毛；花梗细长，无关节，无毛或稍有短柔毛，长5～12 mm；花白色或淡绿黄色；萼片无毛，长约1 mm，边缘有5小齿；花瓣5，三角状卵形，长约1.5 mm；雄蕊5枚；花丝长 3～4 mm；子房 2 室，花盘隆起；花柱合生成柱状，柱头离生。果实球形，直径约 5 mm，蓝黑色；宿存花柱长 2 mm。花期 7—10 月，果期 9—12 月。

【拍摄地点】宜城市刘猴镇钱湾村五组，海拔 168.7 m。

【生物学特性】喜阳光充足和湿润环境，稍耐阴，耐寒冷。

【生境分布】生于阳性森林中和林缘。分布于宜城市刘猴镇、孔湾镇等地。

【药用部位】树皮（心材有毒）。

【采收加工】全年均可采收，剥取树皮，洗净，晒干，或用水洗净，去刺，润透，切丝，晒干。

【功能主治】祛风，除湿，杀虫，活血。用于风湿痹痛，腰膝痛，疥癣。

【用法用量】内服：煎汤，9～15 g。外用：煎水洗；或捣敷；或研末调敷。

七六、伞形科

莳萝属

254. 莳萝 *Anethum graveolens* L.

【别名】土茴香。

【形态特征】一年生草本，稀为二年生，高 60～120 cm，全株无毛，有强烈香味。茎单一，直立，圆柱形，光滑，有纵长细条纹，直径 0.5～1.5 cm。基生叶有柄，叶柄长 4～6 cm，基部有宽阔叶鞘，边缘膜质；叶片轮廓宽卵形，三至四回羽状全裂，末回裂片丝状，长 4～20 mm，宽不及 0.5 mm；茎上部叶较小，分裂次数少，无叶柄，

仅有叶鞘。复伞形花序常呈二歧式分枝，伞形花序直径 5～15 cm；伞辐 10～25 朵，稍不等长；无总苞片；小伞形花序有花 15～25 朵；无小总苞片；花瓣黄色，中脉常呈褐色，长圆形或近方形，小舌片钝，近长方形，内曲；花柱短，先直后弯；萼齿不显；花柱基圆锥形至垫状。分生果卵状椭圆形，长 3～5 mm，宽 2～2.5 mm，成熟时褐色，背部压扁状，背棱细但明显凸起，侧棱狭翅状，灰白色；每棱槽内有油管 1，合生面有油管 2；胚乳腹面平直。花期 5—8 月，果期 7—9 月。

【拍摄地点】 宜城市流水镇马集村，海拔 472.9 m。

【生物学特性】 喜温暖、湿润气候，不耐高温，也不耐寒。

【生境分布】 偶见于宜城市流水镇等地。

【药用部位】 果实。

【功能主治】 祛风，健胃，散瘀。

【用法用量】 内服：煎汤，1～5 g；或入丸、散。

当 归 属

255. 白芷 *Angelica dahurica* (Fisch. ex Hoffm.) Benth. et Hook. f. ex Franch. et Sav.

【别名】 香白芷。

【形态特征】 多年生高大草本，高 1～2.5 m。根圆柱形，有分枝，直径 3～5 cm，外表皮黄褐色至褐色，有浓烈气味。茎基部直径 2～5 cm，有时可达 7～8 cm，通常带紫色，中空，有纵长沟纹。基生叶一回羽状分裂，有长柄，叶柄下部有管状抱茎边缘膜质的叶鞘；茎上部叶二至三回羽状分裂，叶片轮廓为卵形至三角形，长 15～30 cm，宽 10～25 cm，叶柄长至 15 cm，下部为囊状膨大的膜质叶鞘，无毛，稀有毛，

常带紫色；末回裂片长圆形、卵形或线状披针形，多无柄，长 2.5～7 cm，宽 1～2.5 cm，急尖，边缘有不规则的白色软骨质粗锯齿，具短尖头，基部两侧常不等大，沿叶轴下延成翅状；花序下方的叶简化成无叶的、显著膨大的囊状叶鞘，外面无毛。复伞形花序顶生或侧生，直径 10～30 cm，花序梗长 5～20 cm，花序梗、伞辐和花柄均有短糙毛；伞辐 18～40，中央主伞有时伞辐多至 70；总苞片通常缺，或有 1～2，成长卵形膨大的鞘；小总苞片 5 至超过 10，线状披针形，膜质，花白色；无萼齿；花瓣倒卵形，顶端内曲成凹头状；子房无毛或有短毛；花柱比短圆锥状的花柱基长 2 倍。果实长圆形至卵圆形，黄棕色，有时带紫色，长 4～7 mm，宽 4～6 mm，无毛，背棱扁，厚而钝圆，近海绵质，远较棱槽宽，侧棱翅状，较果体狭；棱槽中有油管 1，合生面有油管 2。花期 7—8 月，果期 8—9 月。

【拍摄地点】 宜城市刘猴镇胡坪村，海拔 96.3 m。

【生物学特性】 喜温和、湿润气候及阳光充足的环境，能耐寒。

【生境分布】 生于林下、林缘、溪旁、灌丛及山谷。栽培于宜城市刘猴镇、流水镇等地。

【药用部位】 根。

【采收加工】 夏、秋季叶黄时采挖，除去须根和泥沙，晒干或低温干燥。

【功能主治】 解表散寒，祛风止痛，宣通鼻窍，燥湿止带，消肿排脓。用于感冒头痛，眉棱骨痛，鼻塞流涕，鼻鼽，鼻渊，牙痛，带下，疮疡肿痛。

【用法用量】 内服：煎汤，5～10 g。

柴 胡 属

256. 北柴胡 *Bupleurum chinense* DC.

【别名】 韭叶柴胡。

【形态特征】 多年生草本，高50～85 cm。主根较粗大，棕褐色，质坚硬。茎单一或数茎，表面有细纵槽纹，实心，上部多回分枝，微作"之"字形曲折。基生叶倒披针形或狭椭圆形，长4～7 cm，宽6～8 mm，顶端渐尖，基部收缩成柄，早枯落；茎中部叶倒披针形或广线状披针形，长4～12 cm，宽6～18 mm，有时达3 cm，顶端渐尖或急尖，有短芒尖头，基部收缩成叶鞘抱茎，脉7～9，叶表面鲜绿色，背面淡绿色，常有白霜；

茎顶部叶同型，但更小。复伞形花序很多，花序梗细，常水平伸出，形成疏松的圆锥状；总苞片2～3或无，甚小，狭披针形，长1～5 mm，宽0.5～1 mm，3脉，很少1或5脉；伞辐3～8，纤细，不等长，长1～3 cm；小总苞片5，披针形，长3～3.5 mm，宽0.6～1 mm，顶端尖锐，3脉，向叶背突出；小伞直径4～6 mm，花5～10朵；花柄长1 mm；花直径1.2～1.8 mm；花瓣鲜黄色，上部向内折，中肋隆起，小舌片矩圆形，顶端2浅裂；花柱基深黄色，宽于子房。果实广椭圆形，棕色，两侧略扁，长约3 mm，宽约2 mm，棱狭翼状，淡棕色，每棱槽有油管3，很少4，合生面有油管4。花期9月，果期10月。

【拍摄地点】 宜城市雷河镇，海拔161.7 m。

【生物学特性】 喜温、喜光，喜潮湿气候，较能耐寒、耐旱，忌高温。

【生境分布】 生于山区、丘陵、荒坡、草丛、路边和林中隙地。分布于宜城市板桥店镇、流水镇等地。

【药用部位】 根。

【采收加工】 春、秋季采挖，除去茎叶和泥沙，干燥。

【功能主治】 疏散退热，疏肝解郁，升举阳气。用于感冒发热，寒热往来，胸胁胀痛，月经不调，子宫脱垂，脱肛。

【用法用量】 内服：煎汤，3～10 g。

蛇 床 属

257. 蛇床 *Cnidium monnieri* (L.) Cuss.

【形态特征】 一年生草本，高 10～60 cm。根圆锥状，较细长。茎直立或斜上，多分枝，中空，表面具深条棱，粗糙。下部叶具短柄，叶鞘短宽，边缘膜质，上部叶柄全部鞘状；叶片轮廓卵形至三角状卵形，长 3～8 cm，宽 2～5 cm，二至三回三出式羽状全裂，羽片轮廓卵形至卵状披针形，长 1～3 cm，宽 0.5～1 cm，先端常略呈尾状，末回裂片线形至线状披针形，长 3～10 mm，宽 1～1.5 mm，具小尖头，边缘及脉上粗糙。复伞形花序直径 2～3 cm；总苞片 6～10，线形至线状披针形，长约 5 mm，边缘膜质，具细睫毛状毛；伞辐 8～20，不等长，长 0.5～2 cm，棱上粗糙；小总苞片多数，线形，长 3～5 mm，边缘具细睫毛状毛；小伞形花序具花 15～20 朵，萼齿无；花瓣白色，先端具内折小舌片；花柱基略隆起，花柱长 1～1.5 mm，向下反曲。分生果长圆状，长 1.5～3 mm，宽 1～2 mm，横剖面近五角形，主棱 5，均扩大成翅；每棱槽内有油管 1，合生面有油管 2；胚乳腹面平直。花期 4—7 月，果期 6—10 月。

【拍摄地点】 宜城市滨江大道，海拔 48.7 m。

【生物学特性】 喜温暖、湿润环境，不畏严寒与干旱。

【生境分布】 生于田边、路旁、草地及河边湿地。分布于宜城市各乡镇。

【药用部位】 果实。

【采收加工】 夏、秋季果实成熟时采收，除去杂质，晒干。

【功能主治】 燥湿祛风，杀虫止痒，温肾壮阳。用于阴痒带下，湿疹瘙痒，湿痹腰痛，肾虚阳痿，宫冷不孕。

【用法用量】 内服：煎汤，3～10 g。外用：适量，多煎汤熏洗；或研末调敷。

芫 荽 属

258. 芫荽 *Coriandrum sativum* L.

【别名】 香菜。

【形态特征】 一年生或二年生，有强烈气味的草本，高 20～100 cm。根纺锤形，细长，有多数纤细的支根。茎圆柱形，直立，多分枝，有条纹，通常光滑。根生叶有柄，柄长2～8 cm；叶片一或二回羽状全裂，羽片广卵形或扇形半裂，长1～2 cm，宽1～1.5 cm，边缘有钝锯齿、缺刻或深裂，上部的茎生叶三回至多回羽状分裂，末回裂片狭线形，长5～10 mm，宽0.5～1 mm，顶端钝，全缘。伞形花序顶生或与叶对生，花序梗长2～8 cm；伞辐3～7，长1～2.5 cm；小总苞片2～5，线形，全缘；小伞形花序有孕花3～

9朵，花白色或带淡紫色；萼齿通常大小不等，小的卵状三角形，大的长卵形；花瓣倒卵形，长1～1.2 mm，宽约1 mm，顶端有内凹的小舌片，辐射瓣长2～3.5 mm，宽1～2 mm，通常全缘，有3～5脉；花丝长1～2 mm，花药卵形，长约0.7 mm；花柱幼时直立，果熟时向外反曲。果实圆球形，背面主棱及相邻的次棱明显。胚乳腹面内凹。油管不明显，或有1个位于次棱的下方。花、果期4—11月。

【拍摄地点】 宜城市刘猴镇老街，海拔120.0 m。
【生物学特性】 耐低温。
【生境分布】 栽培于宜城市各乡镇。
【药用部位】 全草、成熟的果实。
【采收加工】 全草：春、夏季采收，切段，晒干。果实：夏季采收，除去杂质，晒干。
【功能主治】 全草：用于麻疹不透，感冒无汗。果实：用于消化不良，食欲不振。
【用法用量】 内服：煎汤，3～9 g。外用：全草适量，煎水熏洗。

鸭 儿 芹 属

259. 鸭儿芹 *Cryptotaenia japonica* Hassk.

【形态特征】 多年生草本，高20～100 cm。主根短，侧根多数，细长。茎直立，光滑，有分枝。表面有时略带淡紫色。基生叶或上部叶有柄，叶柄长5～20 cm，叶鞘边缘膜质；叶片轮廓三角形至广卵形，长2～14 cm，宽3～17 cm，通常为3小叶；中间小叶片呈菱状倒卵形或心形，长2～14 cm，宽1.5～10 cm，顶端短尖，基部楔形；两侧小叶片斜倒卵形至长卵形，长1.5～13 cm，宽1～7 cm，近无柄，所有的小叶片边缘有不规则的尖锐重锯齿，表面绿色，背面淡绿色，两面叶脉隆起，最上部的茎生叶近无柄，小叶片呈卵状披针形至窄披针形，边缘有锯齿。复伞形花序呈圆锥状，花序梗不等长，总苞片1，呈线形或钻形，长4～10 mm，宽0.5～1.5 mm；伞辐2～3，不等长，长5～35 mm；小总苞片1～3，长2～3 mm，宽不及1 mm。小伞形花序有花2～4朵；花柄极不等长；萼齿细小，呈三角形；花瓣白色，倒卵形，长1～1.2 mm，宽约1 mm，顶端有内折的小舌片；花丝短于花瓣，花药卵圆形，长约0.3 mm；花柱基圆锥形，花柱短，直立。分生果线状长圆形，长4～

6 mm，宽 2～2.5 mm，合生面略收缩，胚乳腹面近平直，每棱槽内有油管 1～3，合生面有油管 4。花期 4—5 月，果期 6—10 月。

【拍摄地点】宜城市刘猴镇，海拔 206.8 m。

【生物学特性】喜冷凉、高温干燥环境，耐寒。

【生境分布】生于山地、山沟及林下较阴湿的地区。偶见于宜城市刘猴镇等地。

【药用部位】茎叶。

【采收加工】夏、秋季采收，割取茎叶，鲜用或晒干。

【功能主治】祛风止咳，利湿解毒，化瘀止痛。用于感冒咳嗽，肺痈，淋痛，疝气，月经不调，风火牙痛，目赤翳障，痈疽疮疡，皮肤瘙痒，跌打肿痛，蛇虫咬伤。

【用法用量】内服：煎汤，15～30 g。外用：适量，捣敷；或研末撒，或煎水洗。

胡 萝 卜 属

260. 野胡萝卜 *Daucus carota* L.

【形态特征】二年生草本，高 15～120 cm。茎单生，全体有白色粗硬毛。基生叶薄膜质，长圆形，二至三回羽状全裂，末回裂片线形或披针形，长 2～15 mm，宽 0.5～4 mm，顶端尖锐，有小尖头，光滑或有糙硬毛；叶柄长 3～12 cm；茎生叶近无柄，有叶鞘，末回裂片小或细长。复伞形花序，花序梗长 10～55 cm，有糙硬毛；总苞有多数苞片，呈叶状，羽状分裂，少有不裂的，裂片线形，长 3～30 mm；伞辐多数，长 2～7.5 cm，

结果时外缘的伞辐向内弯曲；小总苞片 5～7，线形，不分裂或 2～3 裂，边缘膜质，具纤毛；花通常白色，有时带淡红色；花柄不等长，长 3～10 mm。果实卵圆形，长 3～4 mm，宽 2 mm，棱上有白色刺毛。花期 5—7 月。

【拍摄地点】宜城市板桥店镇，海拔 138.7 m。

【生物学特性】抗寒，耐旱，喜光照。

【生境分布】 生于山坡路旁、旷野或田间。分布于宜城市各乡镇。

【药用部位】 果实。

【采收加工】 秋季果实成熟时割取果枝，晒干，打下果实，除去杂质。

【功能主治】 杀虫消积。用于蛔虫病、蛲虫病、绦虫病、虫积腹痛、小儿疳积。

【用法用量】 内服：煎汤，3～9 g。

水 芹 属

261. 水芹 *Oenanthe javanica* (Bl.) DC.

【别名】 水芹菜、野芹菜。

【形态特征】 多年生草本，高15～80 cm，茎直立或基部匍匐。基生叶有柄，柄长达10 cm，基部有叶鞘；叶片轮廓三角形，一至二回羽状分裂，末回裂片卵形至菱状披针形，长2～5 cm，宽1～2 cm，边缘有齿或圆齿状锯齿；茎上部叶无柄，裂片和基生叶的裂片相似，较小。复伞形花序顶生，花序梗长2～16 cm；无总苞；伞辐6～

16，不等长，长1～3 cm，直立和展开；小总苞片2～8，线形，长2～4 mm；小伞形花序有花20余朵，花柄长2～4 mm；萼齿线状披针形，长与花柱基相等；花瓣白色，倒卵形，长1 mm，宽0.7 mm，有一长而内折的小舌片；花柱基圆锥形，花柱直立或两侧分开，长2 mm。果实近四角状椭圆形或筒状长圆形，长2.5～3 mm，宽2 mm，侧棱较背棱和中棱隆起，木栓质，分生果横剖面近五边状半圆形；每棱槽内有油管1，合生面有油管2。花期6—7月，果期8—9月。

【拍摄地点】 宜城市流水镇杨林村，海拔119.8 m。

【生物学特性】 喜湿润、肥沃土壤，耐涝，耐寒。

【生境分布】 生于低湿地、浅水沼泽、河流岸边，或生于水田中。偶见于宜城市流水镇等地。

【药用部位】 全草。

【功能主治】 清热解毒，润肺利湿。用于感冒发热、呕吐腹泻、尿路感染、水肿、高血压。

【用法用量】 内服：煎汤，30～60 g；或捣汁。外用：适量，捣汁涂。

前 胡 属

262. 前胡 *Peucedanum praeruptorum* Dunn

【别名】 白花前胡。

【形态特征】 多年生草本，高0.6～1 m。根茎粗壮，直径1～1.5 cm，灰褐色，存留多数越年枯鞘纤维；根圆锥形，末端细瘦，常分叉。茎圆柱形，下部无毛，上部分枝多有短毛，髓部充实。基生叶具长柄，叶柄长5～15 cm，基部有卵状披针形叶鞘；叶片轮廓宽卵形或三角状卵形，三出式二至三回分裂，第一回羽片具柄，柄长3.5～6 cm，末回裂片菱状倒卵形，先端渐尖，基部楔形至截形，无柄或具短柄，边缘具不整齐的3～4粗或圆锯齿，有时下部锯齿呈浅裂或深裂状，长1.5～6 cm，宽1.2～4 cm，下表面叶脉明显突起，两面无毛，或有时在下表面叶脉上以及边缘有稀疏短毛；茎下部叶具短柄，叶片形状与茎生叶相似；茎上部叶无柄，叶鞘稍宽，边缘膜质，叶片三出分裂，裂片狭窄，基部楔形，中间1枚基部下延。复伞形花序多数，顶生或侧生，伞形花序直径3.5～9 cm；花序梗上端多短毛；总苞片无或1至数枚，线形；伞辐6～15，不等长，长0.5～4.5 cm，内侧有短毛；小总苞片8～12枚，卵状披针形，在同一小伞形花序上，宽度和大小常有差异，比花柄长，与果柄近等长，有短糙毛；小伞形花序有花15～20朵；花瓣卵形，小舌片内曲，白色；萼齿不显著；花柱短，弯曲，花柱基圆锥形。果实卵圆形，背部压扁，长约4 mm，宽3 mm，棕色，有稀疏短毛，背棱线形，稍凸起，侧棱呈翅状，比果体窄，稍厚；棱槽内有油管3～5，合生面有油管6～10；胚乳腹面平直。花期8—9月，果期10—11月。

【拍摄地点】 宜城市雷河镇，海拔144.7 m。
【生物学特性】 喜冷凉、湿润气候。
【生境分布】 生于山坡、林缘、路旁或半阴性的山坡草丛中。分布于宜城市板桥店镇、流水镇、刘猴镇等地。
【药用部位】 根。
【采收加工】 冬季至次春茎叶枯萎或未抽花茎时采挖，除去须根，洗净，晒干或低温干燥。
【功能主治】 降气化痰，散风清热。用于痰热咳嗽，风热咳嗽痰多。
【用法用量】 内服：煎汤，3～10 g。

变豆菜属

263. 变豆菜 *Sanicula chinensis* Bge.

【形态特征】 多年生草本，高达1 m。根茎粗而短，斜生或近直立，有许多细长的支根。茎粗壮或细弱，直立，无毛，有纵沟纹，下部不分枝，上部重覆叉式分枝。基生叶少数，近圆形、圆肾形至圆心形，通常3裂，多至5裂，中间裂片倒卵形，基部近楔形，长3～10 cm，宽4～13 cm，主脉1，无柄或有1～2 mm长的短柄，两侧裂片通常各有1深裂，裂口深达基部的1/3～3/4，内裂片的形状、大小同中间裂片，外裂片披针形，大小约为内裂片的一半，所有裂片表面绿色，背面淡绿色，边缘有大小不等的重锯齿；叶柄长7～30 cm，稍扁平，基部有透明的膜质鞘；茎生叶逐渐变小，有柄或近无柄，通常3裂，裂片边缘有大小不等的重锯齿。花序二至三回叉状分枝，侧枝向两边开展而伸长，中间的分枝较短，长1～2.5 cm，总苞片叶状，通常3深裂；伞形花序二至三出；小总苞片8～10枚，卵状披针形或线形，长1.5～

2 mm，宽约1 mm，顶端尖；小伞形花序有花6～10朵，雄花3～7朵，稍短于两性花，花柄长1～1.5 mm；萼齿窄线形，长约1.2 mm，宽0.5 mm，顶端渐尖；花瓣白色或绿白色，倒卵形至长倒卵形，长1 mm，宽0.5 mm，顶端内折；花丝与萼齿等长或稍长；两性花3～4朵，无柄；萼齿和花瓣的形状、大小同雄花；花柱与萼齿同长，很少超过。果实卵圆形，长4～5 mm，宽3～4 mm，顶端萼齿呈喙状突出，皮刺直立，顶端钩状，基部膨大；果实的横剖面近圆形，胚乳的腹面略凹陷。油管5，中型，合生面通常2，大而显著。花、果期4—10月。

【拍摄地点】 宜城市板桥店镇范湾村，海拔248.3 m。
【生境分布】 生于阴湿的山坡路旁、杂木林下及溪边等草丛中。分布于宜城市板桥店镇等地。
【药用部位】 全草。
【采收加工】 夏、秋季采收，鲜用或晒干。
【功能主治】 解毒，止血。用于咽痛、咳嗽、月经过多、尿血、外伤出血、疮痈肿毒。
【用法用量】 内服：煎汤，6～15 g。外用：适量，捣敷。

窃 衣 属

264. 小窃衣 *Torilis japonica* (Houtt.) DC.

【别名】 破子草。
【形态特征】 一年生或多年生草本，高20～120 cm。主根细长，圆锥形，棕黄色，支根多数。茎有纵条纹及刺毛。叶柄长2～7 cm，下部有窄膜质的叶鞘；叶片长卵形，一至二回羽状分裂，两面疏生紧贴的粗毛，第一回羽片卵状披针形，长2～6 cm，宽1～2.5 cm，先端渐窄，边缘羽状深裂至全缘，有0.5～2 cm长的短柄，末回裂片披针形至长圆形，边缘有条裂状的粗齿至缺刻或分裂。复伞形花序顶生或腋生，花序梗长3～25 cm，有倒生的刺毛；总苞片3～6枚，长0.5～2 cm，通常线形，极少叶状；伞辐4～12，长1～3 cm，开展，有向上的刺毛；小总苞片5～8枚，线形或钻形，长1.5～7 mm，宽0.5～1.5 mm；小伞形花序有花4～12朵，花柄长1～4 mm，短于小总苞片；萼齿细小，三角形或三角状披针形；花瓣白色、紫红色或蓝紫色，倒圆卵形，顶端内折，长、宽均0.8～1.2 mm，外面中间至基部有紧贴的粗毛；花丝长约 1 mm，花药圆卵形，长约 0.2 mm；花柱基部平压状或圆锥形，花柱幼时直立，果实熟时向外反曲。果实卵圆形，长 1.5～4 mm，宽 1.5～2.5 mm，通常有内弯或呈钩状的皮刺；皮刺基部阔展，粗糙；胚乳腹面凹陷，每棱槽有油管 1。花、果期 4—10 月。

【拍摄地点】宜城市南营街道办事处土城村，海拔 136.0 m。

【生境分布】生于杂木林下、林缘、路旁、河沟边及溪边草丛。分布于宜城市各乡镇。

【药用部位】果实或全草。

【采收加工】夏末秋初采收，晒干或鲜用。

【功能主治】杀虫止泻，祛湿止痒。用于虫积腹痛，泻痢，疮疡溃烂，阴痒带下，风湿疹。

【用法用量】内服：煎汤，6～9 g。外用：适量，捣汁涂；或煎水洗。

七七、杜鹃花科

杜鹃花属

265. 杜鹃 *Rhododendron simsii* Planch.

【别名】杜鹃花、映山红。

【形态特征】落叶灌木，高 2（5）m；分枝多而纤细，密被亮棕褐色扁平糙伏毛。叶革质，常集生于枝端，卵形、椭圆状卵形、倒卵形或倒卵形至倒披针形，长 1.5～5 cm，宽 0.5～3 cm，先端短渐尖，基部楔形或宽楔形，边缘微反卷，具细齿，上面深绿色，疏被糙伏毛，下面淡白色，密被褐色糙伏毛，中脉在上面凹陷，下面凸出；叶柄长

2～6 mm，密被亮棕褐色扁平糙伏毛。花芽卵球形，鳞片外面中部以上被糙伏毛，边缘具睫毛状毛。花2～3（6）朵簇生于枝顶；花梗长8 mm，密被亮棕褐色糙伏毛；花萼5深裂，裂片三角状长卵形，长5 mm，被糙伏毛，边缘具睫毛状毛；花冠阔漏斗形，玫瑰色、鲜红色或暗红色，长3.5～4 cm，宽1.5～2 cm，裂片5，倒卵形，长2.5～3 cm，上部裂片具深红色斑点；雄蕊10枚，长约与花冠相等，花丝线状，中部以下被微柔毛；子房卵球形，10室，密被亮棕褐色糙伏毛，花柱伸出花冠外，无毛。蒴果卵球形，长达1 cm，密被糙伏毛；花萼宿存。花期4—5月，果期6—8月。

【拍摄地点】 宜城市楚都公园，海拔68.7 m。

【生物学特性】 喜凉爽、湿润、通风的半阴环境。

【生境分布】 分布于宜城市各乡镇。

【药用部位】 根、叶、花。

【功能主治】 根：活血，止痛，祛风。用于吐血，衄血，月经不调，崩漏，风湿痛，跌打损伤。叶：清热解毒，止血。用于疮痈肿毒，外伤出血，荨麻疹。花：活血，调经，祛湿。用于月经不调，崩漏，跌打损伤，风湿痛，吐血，衄血。

【用法用量】 根：内服，煎汤，15～30 g，或浸酒；外用，适量，研末敷，或鲜根皮捣敷。叶：内服，煎汤，10～15 g；外用，适量，鲜品捣敷，或煎水洗。花：内服，煎汤，9～15 g；外用，适量，捣敷。

七八、报春花科

点地梅属

266. 点地梅 *Androsace umbellata* (Lour.) Merr.

【别名】 白花草。

【形态特征】 一年生或二年生草本。主根不明显，具多数须根。叶全部基生，叶片近圆形或卵圆形，直径5～20 mm，先端钝圆，基部浅心形至近圆形，边缘具三角状钝齿，两面均被贴伏的短柔毛；叶柄长1～4 cm，被开展的柔毛。花葶通常数枚自叶丛中抽出，高4～15 cm，被白色短柔毛。伞形花序4～15朵花；苞片卵形至披针形，长3.5～4 mm；花梗纤细，长1～3 cm，果时

伸长可达 6 cm，被柔毛并杂生短柄腺体；花萼杯状，长 3～4 mm，密被短柔毛，分裂近达基部，裂片菱状卵圆形，具 3～6 纵脉，果期增大，呈星状展开；花冠白色，直径 4～6 mm，筒部长约 2 mm，短于花萼，喉部黄色，裂片倒卵状长圆形，长 2.5～3 mm，宽 1.5～2 mm。蒴果近球形，直径 2.5～3 mm，果皮白色，近膜质。花期 2—4 月，果期 5—6 月。

【拍摄地点】 宜城市小河镇山河村，海拔 160.5 m。

【生物学特性】 喜湿润、温暖、向阳环境。

【生境分布】 生于山野草地或路旁。分布于宜城市板桥店镇、雷河镇等地。

【药用部位】 全草。

【采收加工】 春季开花时采收，除去泥沙，晒干。

【功能主治】 清热解毒，消肿止痛。用于扁桃体炎，咽喉炎，风火目赤，跌打损伤，咽喉肿痛。

【用法用量】 内服：煎汤，9～15 g；或研末，或泡酒，或开水泡代茶饮。外用：适量，鲜品捣敷；或煎水洗、含漱。

珍 珠 菜 属

267. 矮桃 *Lysimachia clethroides* Duby

【别名】 珍珠草。

【形态特征】 多年生草本，全株被黄褐色卷曲柔毛。根茎横走，淡红色。茎直立，高 40～100 cm，圆柱形，基部带红色，不分枝。叶互生，长椭圆形或阔披针形，长 6～16 cm，宽 2～5 cm，先端渐尖，基部渐狭，两面散生黑色粒状腺点，近无柄或具长 2～10 mm 的柄。总状花序顶生，盛花期长约 6 cm，花密集，常转向一侧，后渐伸长，果时长 20～40 cm；苞片线状钻形，比花梗稍长；花梗长 4～6 mm；花萼长 2.5～3 mm，分裂近达基部，裂片卵状椭圆形，先端圆钝，周边膜质，有腺状缘毛；花冠白色，长 5～6 mm，基部合生部分长约 1.5 mm，裂片狭长圆形，先端圆钝；雄蕊内藏，花丝基部约 1 mm 连合并贴生于花冠基部，分离部分长约 2 mm，被腺毛；花药长圆形，长约 1 mm；花粉粒具 3 孔沟，长球形，（29.5～36.5）μm×（22～26）μm，表面近平滑；子房卵珠形，花柱稍粗，长 3～3.5 mm。蒴果近球形，直径 2.5～3 mm。花期 5—7 月，果期 7—10 月。

【拍摄地点】 宜城市板桥店镇肖云村，海拔 137.5 m。

【生境分布】 生于山坡林缘、草丛中和湿润处。分布于宜城市板桥店镇等地。

【药用部位】 全草。

【功能主治】 活血调经，消肿止痛。用于月经不调，带下，风湿痹痛，跌打损伤，乳痈，蛇虫咬伤。

【用法用量】 内服：煎汤，15～30 g。外用：适量，鲜品捣敷。

268. 山罗过路黄 *Lysimachia melampyroides* R. Knuth

【形态特征】 茎通常2至多条簇生，直立或上升，高15～50 cm，圆柱形，密被褐色小糙伏毛，通常有分枝。叶对生，茎下部的2～3对较小，卵形至卵状披针形，具基部扩展成耳状的柄，茎上部叶卵状披针形至狭披针形，长3～9 cm，宽5～25 mm，先端渐尖或长渐尖，极少锐尖或稍钝，基部楔形，上面密被小糙伏毛，老时近无毛，下面沿叶脉被毛，其余部分近无毛，两面均密布粒状透明腺点，侧脉4～5对，网脉不明显；叶柄长2～10 mm，密被褐色小糙伏毛，基部扩展成耳状或不明显扩大。花通常单生于茎中部以上叶腋，有时在茎端和枝端稍密聚成总状花序状；花梗密被小糙伏毛，最下方的长可达2 cm，茎端的较短，长4～7 mm，果时下弯；花萼长6～8 mm，分裂近达基部，裂片披针形，下部宽1～1.5 mm，先端渐尖成钻形，背面被小糙伏毛，有透明腺点，中肋明显；花冠黄色，长7～9 mm，基部合生部分长1～2 mm，裂片倒卵状椭圆形，宽4～6 mm，先端圆钝；花丝基部合生成高约2 mm的筒，分离部分长3～5 mm；花药长圆形，长约1.5 mm，花粉粒具3孔沟，近长球形，（30～36.5）μm ×（26～31.5）μm，表面具网状纹饰；花柱长约6 mm，下部和子房顶端均被铁锈色柔毛。蒴果近球形，直径3～4 mm，褐色。花期5—6月，果期7—11月。

【拍摄地点】 宜城市流水镇，海拔313.8 m。

【生境分布】 生于山谷林缘和灌丛中。分布于宜城市流水镇、刘猴镇等地。

269. 狭叶珍珠菜 *Lysimachia pentapetala* Bge.

【形态特征】 一年生草本，全体无毛。茎直立，高30～60 cm，圆柱形，多分枝，密被褐色无柄腺体。叶互生，狭披针形至线形，长2～7 cm，宽2～8 mm，先端锐尖，基部楔形，上面绿色，下面粉绿色，有褐色腺点；叶柄短，长约0.5 mm。总状花序顶生，初时因花密集而成圆头状，后渐伸长，果时长4～13 cm；苞片钻形，长5～6 mm；花梗长5～10 mm；花萼长2.5～3 mm，下部合生达全长的1/3或近1/2，裂片狭三角形，边缘膜质；花冠白色，长约5 mm，基部合生仅0.3 mm，近分离，裂片匙形或倒披针形，先端圆钝；雄蕊比花冠短，花丝贴生于花冠裂片的近中部，分离部分长约0.5 mm；花药卵圆形，长约1 mm；花粉粒具3孔沟，长球形，（23.5～24.5）μm×（15～17.5）μm，表面具网状纹饰；子房无毛，花柱长约2 mm。蒴果球形，直径2～3 mm。花期7—8月，果期8—9月。

【拍摄地点】宜城市流水镇杨鹏村，海拔202.1 m。

【生境分布】生于山坡荒地、路旁、田边和疏林下。分布于宜城市板桥店镇、流水镇等地。

【药用部位】全草。

【功能主治】活血调经。用于月经不调，白带过多，跌打损伤；外用治蛇咬伤。

270. 疏头过路黄 *Lysimachia pseudohenryi* Pamp.

【形态特征】茎通常2～4条簇生，直立或膝曲直立，高7～25（45）cm，基部圆柱形，上部微具棱，单一或上部具短分枝，密被多细胞柔毛。叶对生，茎下部的较小，菱状卵形或卵圆形，上部叶较大，茎端的2～3对通常稍密聚，叶片卵形，稀卵状披针形，长2～8 cm，宽8～25 mm，先端锐尖或稍钝，基部近圆形或阔楔形，两面均密被小糙伏毛，散生粒状半透明腺点，侧脉2～3对，纤细，网脉不明显；叶柄长3～12 mm，具草质狭边缘。花序顶生缩短成近头状的总状花序，花有时稍疏离，单生于茎端稍密聚的苞片状叶腋内；花梗长4～10（18）mm，果时下弯；花萼长8～11 mm，分裂近达基部，裂片披针形，宽1～1.5 mm，背面被柔毛，中肋稍明显；花冠黄色，长10～15 mm，基部合生部分长3～4 mm，裂片窄椭圆形或倒卵状椭圆形，宽5～6 mm，先端锐尖或钝，有透明腺点；花丝下部合生成高2～3 mm的筒，分离部分长3～5 mm；子房和花柱下部被毛，花柱长5～6 mm。蒴果近球形，直径3～3.5 mm。花期5—6月，果期6—7月。

【拍摄地点】宜城市刘猴镇团山村，海拔142.5 m。

【生境分布】生于阔叶林和山谷溪边、路旁。偶见于宜城市刘猴镇等地。

【药用部位】全草。

【功能主治】清热解毒，消肿止痛。用于肠胃炎，痢疾，皮肤红肿，无名肿毒，跌打损伤。

七九、柿　科

柿　属

271. 柿 *Diospyros kaki* Thunb.

【别名】柿子。

【形态特征】落叶大乔木，通常高超过 10 m，胸径达 65 cm，高龄老树有高达 27 m 的；树皮深灰色至灰黑色，或者黄灰褐色至褐色，沟纹较密，裂成长方块状；树冠球形或长圆状球形，老树冠直径超过 10 m，有达 18 m 的。枝开展，带绿色至褐色，无毛，散生纵裂的长圆形或狭长圆形皮孔；嫩枝初时有棱，有棕色柔毛、茸毛或无毛。冬芽小，卵形，长 2～3 mm，先端钝。叶纸质，卵状椭圆形至倒卵

形或近圆形，通常较大，长 5～18 cm，宽 2.8～9 cm，先端渐尖或钝，基部楔形、钝圆形或近截形，很少为心形，新叶疏生柔毛，老叶上面有光泽，深绿色，无毛，下面绿色，有柔毛或无毛，中脉在上面凹下，有微柔毛，在下面凸起，侧脉每边 5～7 条，上面平坦或稍凹下，下面略凸起，下部的脉较长，上部的较短，向上斜生，稍弯，将近叶缘网结，小脉纤细，在上面平坦或微凹下，联结成小网状；叶柄长 8～20 mm，变无毛，上面有浅槽。花雌雄异株，但间或有雄株中有少数雌花、雌株中有少数雄花的，花序腋生，为聚伞花序；雄花序小，长 1～1.5 cm，弯垂，有短柔毛或茸毛，有花 3～5 朵，通常有花 3 朵；总花梗长约 5 mm，有微小苞片；雄花小，长 5～10 mm；花萼钟状，两面有毛，深 4 裂，裂片卵形，长约 3 mm，有睫毛状毛；花冠钟状，长度不超过花萼的 2 倍，黄白色，外面或两面有毛，长约 7 mm，4 裂，裂片卵形或心形，开展，两面有绢毛或外面脊上有长伏柔毛，里面近无毛，先端钝，雄蕊 16～24 枚，着生于花冠管的基部，连生成对，腹面 1 枚较短，花丝短，先端有柔毛，花药椭圆状长圆形，顶端渐尖，药隔背部有柔毛，退化子房微小；花梗长约 3 mm。雌花单生于叶腋，长约 2 cm，花萼绿色，有光泽，直径约 3 cm 或更大，深 4 裂，萼管近球状钟形，肉质，长约 5 mm，直径 7～10 mm，外面密生伏柔毛，里面有绢毛，裂片开展，阔卵形或半圆形，有脉，长约 1.5 cm，两面疏生伏柔毛或近无毛，先端钝或急尖，两端略向背后弯曲；花冠淡黄白色或黄白色而带紫红色，壶形或近钟形，较花萼短小，长和直径均 1.2～1.5 cm，4 裂，花冠管近四棱形，直径

6～10 mm，裂片阔卵形，长5～10 mm，宽4～8 mm，上部向外弯曲；退化雄蕊8枚，着生于花冠管的基部，带白色，有长柔毛；子房近扁球形，直径约6 mm，具4棱，无毛或有短柔毛，8室，每室有胚珠1颗；花柱4深裂，柱头2浅裂；花梗长6～20 mm，密生短柔毛。果形多种，有球形、扁球形、球形而略呈方形、卵形等，直径3.5～8.5 cm不等，基部通常有棱，嫩时绿色，后变黄色、橙黄色，果肉较脆硬，老熟时果肉则柔软多汁，呈橙红色或大红色等，有种子数颗；种子褐色，椭圆状，长约2 cm，宽约1 cm，侧扁，在栽培品种中通常无种子或有少数种子；宿存花萼在花后增大、增厚，宽3～4 cm，4裂，方形或近圆形，近平扁，厚革质或干时近木质，外面有伏柔毛，后变无毛，里面密被棕色绢毛，裂片革质，宽1.5～2 cm，长1～1.5 cm，两面无毛，有光泽；果柄粗壮，长6～12 mm。花期5—6月，果期9—10月。

【拍摄地点】 宜城市刘猴镇钱湾村五组，海拔145.7 m。

【生物学特性】 喜温暖气候及阳光充足环境。

【生境分布】 生于山地自然林或次生林中及山坡灌丛中。栽培于宜城市各乡镇。

【药用部位】 宿萼。

【采收加工】 冬季果实成熟时采摘，食用时收集起来，洗净，晒干。

【功能主治】 降逆止呃。用于呃逆。

【用法用量】 内服：煎汤，5～10 g。

272. 君迁子 *Diospyros lotus* L.

【别名】 软枣、牛奶柿。

【形态特征】 落叶乔木，高可达30 m，胸径可达1.3 m；树冠近球形或扁球形；树皮灰黑色或灰褐色，深裂或不规则的厚块状剥落；小枝褐色或棕色，有纵裂的皮孔；嫩枝通常淡灰色，有时带紫色，平滑或有时有黄灰色短柔毛。冬芽狭卵形，带棕色，先端急尖。叶近膜质，椭圆形至长椭圆形，长5～13 cm，宽2.5～6 cm，先端渐尖或急尖，基部钝，宽楔形至近圆形，上面深绿色，有光泽，初时有柔毛，但后渐脱落，下面绿色或粉绿色，有柔毛，且在脉上较多，或无毛，中脉在下面平坦或下陷，有微柔毛，在下面凸起，侧脉纤细，每边7～10条，上面稍下陷，下面略凸起，小脉很纤细，连接成不规则的网状；叶柄长7～15（18）mm，有时有短柔毛，上面有沟。雄花1～3朵腋生或簇生，近无梗，长约6 mm；花萼钟形，4裂，偶有5裂，裂片卵形，先端急尖，内面有绢毛，边缘有睫毛状毛；花冠壶形，带红色或淡黄色，长约4 mm，无毛或近无毛，4裂，裂片近圆形，边缘有睫毛状毛；雄蕊16枚，每2枚连生成对，腹面1枚较短，无毛；花药披针形，长约3 mm，先端渐尖；药隔两面都有长毛；子房退化；雌花单生，几无梗，淡绿色或带红色；花萼4裂，深裂至

中部，外面下部有伏粗毛，内面基部有棕色绢毛，裂片卵形，长约 4 mm，先端急尖，边缘有睫毛状毛；花冠壶形，长约 6 mm，4 裂，偶有 5 裂，裂片近圆形，长约 3 mm，反曲；退化雄蕊 8 枚，着生于花冠基部，长约 2 mm，有白色粗毛；子房除顶端外无毛，8 室；花柱 4，有时基部有白色长粗毛。果实近球形或椭圆形，直径 1～2 cm，初熟时为淡黄色，后则变为蓝黑色，常被有白色薄蜡层，8 室；种子长圆形，长约 1 cm，宽约 6 mm，褐色，侧扁，背面较厚；宿存萼 4 裂，深裂至中部，裂片卵形，长约 6 mm，先端钝圆。花期 5—6 月，果期 10—11 月。

【拍摄地点】 宜城市板桥店镇东湾村，海拔 187.3 m。

【生物学特性】 性强健，阳性植物，耐寒，耐干旱、瘠薄。

【生境分布】 生于山地、山坡、山谷的灌丛或林缘中。偶见栽培于宜城市板桥店镇等地。

【药用部位】 果实。

【功能主治】 清热止咳。用于烦热，消渴。

【用法用量】 内服：煎汤，15～30 g。

八〇、山 矾 科

山 矾 属

273. 日本白檀 *Symplocos paniculata* (Thunb.) Miq.

【别名】 乌子树、白檀。

【形态特征】 落叶灌木或小乔木；嫩枝有灰白色柔毛，老枝无毛。叶膜质或薄纸质，阔倒卵形、椭圆状倒卵形或卵形，长 3～11 cm，宽 2～4 cm，先端急尖或渐尖，基部阔楔形或近圆形，边缘有细尖锯齿，叶面无毛或有柔毛，叶背通常有柔毛或仅脉上有柔毛；中脉在叶面凹下，侧脉在叶面平坦或微凸起，每边 4～8 条；叶柄长 3～5 mm。圆锥花序长 5～8 cm，通常有柔毛；苞片早落，通常条形，有褐色腺点；花萼长 2～3 mm，萼筒褐色，无毛或有疏柔毛，裂片半圆形或卵形，稍长于萼筒，淡黄色，有纵脉纹，边缘有毛；花冠白色，长 4～5 mm，5 深裂几达基部；雄蕊 40～60 枚，子

房2室，花盘具5凸起的腺点。核果成熟时蓝色，卵状球形，稍偏斜，长5～8 mm，顶端宿萼裂片直立。

【拍摄地点】宜城市板桥店镇肖云村，海拔202.2 m。

【生境分布】生于山坡、路边、疏林或密林中。分布于宜城市各乡镇。

【药用部位】树皮。

【功能主治】清热解毒，祛风止痒。用于疮痈肿毒，皮肤瘙痒。

八一、木 樨 科

连 翘 属

274. 金钟花 *Forsythia viridissima* Lindl.

【别名】迎春条。

【形态特征】落叶灌木，高可达3 m，全株除花萼裂片边缘具睫毛状毛外，其余均无毛。枝棕褐色或红棕色，直立，小枝绿色或黄绿色，呈四棱形，皮孔明显，具片状髓。叶片长椭圆形至披针形，或倒卵状长椭圆形，长3.5～15 cm，宽1～4 cm，先端锐尖，基部楔形，通常上半部具不规则锐锯齿或粗锯齿，稀近全缘，上面深绿色，下面淡绿色，两面无毛，中脉和侧脉在上面凹入，下面凸起；叶柄长6～

12 mm。花1～3(4)朵着生于叶腋，先于叶开放；花梗长3～7 mm；花萼长3.5～5 mm，裂片绿色，卵形或宽卵形，长2～4 mm，具睫毛状毛；花冠深黄色，长1.1～2.5 cm，花冠管长5～6 mm，裂片狭长圆形至长圆形，长0.6～1.8 cm，宽3～8 mm，内面基部具橘黄色条纹，反卷；在雄蕊长3.5～5 mm的花中，雌蕊长5.5～7 mm，在雄蕊长6～7 mm的花中，雌蕊长约3 mm。果实卵形或宽卵形，长1～1.5 cm，宽0.6～1 cm，基部稍圆，先端喙状渐尖，具皮孔；果梗长3～7 mm。花期3—4月，果期8—11月。

【拍摄地点】宜城市板桥店镇罗屋村，海拔157.0 m。

【生物学特性】耐半阴，耐旱，耐寒。

【生境分布】 生于半阴坡的平缓地。栽培于宜城市园林。

【药用部位】 根、叶、果壳。

【采收加工】 根：全年均可采挖，洗净，切段，鲜用或晒干。叶：春、夏、秋季均可采收，鲜用或晒干。果壳：夏、秋季采收，晒干。

【功能主治】 清热解毒，祛湿泻火。

【用法用量】 内服：煎汤，9～15 g。外用：适量，捣敷。

素 馨 属

275. 茉莉花 *Jasminum sambac* (L.) Ait.

【别名】 茉莉。

【形态特征】 直立或攀援灌木，高达 3 m。小枝圆柱形或稍压扁状，有时中空，疏被柔毛。叶对生，单叶，叶片纸质，圆形、椭圆形、卵状椭圆形或倒卵形，长 4～12.5 cm，宽 2～7.5 cm，两端圆或钝，基部有时微心形，侧脉 4～6 对，在上面稍凹入或凹陷，下面凸起，细脉在两面常明显，微凸起，除下面脉腋间常具簇毛外，其余无毛；叶柄长 2～6 mm，被短柔毛，具关节。聚伞花序顶生，通常有花 3 朵，有时

单花或多达 5 朵；花序梗长 1～4.5 cm，被短柔毛；苞片微小，锥形，长 4～8 mm；花梗长 0.3～2 cm；花极芳香；花萼无毛或疏被短柔毛，裂片线形，长 5～7 mm；花冠白色，花冠管长 0.7～1.5 cm，裂片长圆形至近圆形，宽 5～9 mm，先端圆或钝。果实球形，直径约 1 cm，呈紫黑色。花期 5—8 月，果期 7—9 月。

【拍摄地点】 宜城市自忠路，海拔 11.0 m。

【生物学特性】 喜温暖、湿润、半阴环境。

【生境分布】 栽培于宜城市园林。

【药用部位】 根（有毒）、叶、花。

【功能主治】 根：麻醉，止痛。用于跌损筋骨，龋齿，头痛，失眠。叶：清热解表。用于外感发热，腹胀，腹泻。花：理气，开郁，辟秽，和中。用于下痢腹痛，目赤红肿，疮毒。

【用法用量】 根：内服，研末，1～1.5 g，或磨汁；外用，适量，捣敷，或塞龋洞。叶：内服：煎汤，6～10 g；外用：适量，煎水洗，或捣敷。花：内服：煎汤，3～10 g，或代茶饮；外用，适量，煎水洗目或菜油浸滴耳。

女 贞 属

276. 女贞 *Ligustrum lucidum* W. T. Ait.

【别名】 冬青。

【形态特征】 灌木或乔木，高可达 25 m；树皮灰褐色。枝黄褐色、灰色或紫红色，圆柱形，疏生圆形或长圆形皮孔。叶片常绿，革质，卵形、长卵形或椭圆形至宽椭圆形，长 6～17 cm，宽 3～8 cm，先端锐尖至渐尖或钝，基部圆形或近圆形，有时宽楔形或渐狭，叶缘平坦，上面光亮，两面无毛，中脉在上面凹入，下面凸起，侧脉 4～9 对，两面稍凸起或有时不明显；叶柄长 1～3 cm，上面具沟，
无毛。圆锥花序顶生，长 8～20 cm，宽 8～25 cm；花序梗长 0～3 cm；花序轴及分枝轴无毛，紫色或黄棕色，果时具棱；花序基部苞片常与叶同型，小苞片披针形或线形，长 0.5～6 cm，宽 0.2～1.5 cm，凋落；花无梗或近无梗，长不超过 1 mm；花萼无毛，长 1.5～2 mm，齿不明显或近截形；花冠长 4～5 mm，花冠管长 1.5～3 mm，裂片长 2～2.5 mm，反折；花丝长 1.5～3 mm，花药长圆形，长 1～1.5 mm；花柱长 1.5～2 mm，柱头棒状。果实肾形或近肾形，长 7～10 mm，直径 4～6 mm，深蓝黑色，成熟时呈红黑色，被白粉；果梗长 0～5 mm。花期 5—7 月，果期 7 月至翌年 5 月。

【拍摄地点】 宜城市滨江大道，海拔 54.7 m。

【生物学特性】 耐寒性好，喜温暖、湿润气候，喜光耐阴。

【生境分布】 栽培于宜城市园林。

【药用部位】 果实。

【采收加工】 冬季果实成熟时采收，除去枝叶，稍蒸或置沸水中略烫后，干燥；或直接干燥。

【功能主治】 滋补肝肾，明目乌发。用于肝肾阴虚，眩晕耳鸣，腰膝酸软，须发早白，目暗不明，内热消渴，骨蒸潮热。

【用法用量】 内服：煎汤，6～12 g。

木 樨 属

277. 木樨 *Osmanthus fragrans* (Thunb.) Lour.

【别名】 桂花。

【形态特征】 常绿乔木或灌木，高 3～5 m，最高可达 18 m；树皮灰褐色。小枝黄褐色，无毛。

叶片革质，椭圆形、长椭圆形或椭圆状披针形，长 7 ~ 14.5 cm，宽 2.6 ~ 4.5 cm，先端渐尖，基部渐狭成楔形或宽楔形，全缘或通常上半部具细锯齿，两面无毛，腺点在两面连成小水泡状突起，中脉在上面凹入，下面凸起，侧脉 6 ~ 8 对，多达 10 对，在上面凹入，下面凸起；叶柄长 0.8 ~ 1.2 cm，无毛。聚伞花序簇生于叶腋，或近帚状，每腋内有花多朵；苞片宽卵形，质厚，长 2 ~ 4 mm，具小尖头，无毛；花梗细弱，

长 4 ~ 10 mm，无毛；花极芳香；花萼长约 1 mm，裂片稍不整齐；花冠黄白色、淡黄色、黄色或橘红色，长 3 ~ 4 mm，花冠管仅长 0.5 ~ 1 mm；雄蕊着生于花冠管中部，花丝极短，长约 0.5 mm，花药长约 1 mm，药隔在花药先端稍延伸，呈不明显的小尖头；雌蕊长约 1.5 mm，花柱长约 0.5 mm。果实歪斜，椭圆形，长 1 ~ 1.5 cm，呈紫黑色。花期 9 月至 10 月上旬，果期翌年 3 月。

【拍摄地点】宜城市孔湾镇，海拔 37.0 m。

【生境分布】栽培于宜城市各乡镇。

【药用部位】花。

【功能主治】散寒破结，化痰止咳。用于牙痛，咳喘痰多，闭经腹痛。

【用法用量】内服：煎汤，1.5 ~ 3 g；或泡茶；或浸酒。外用：适量，煎水含漱；或蒸热外敷。

丁 香 属

278. 紫丁香 *Syringa oblata* Lindl.

【别名】丁香。

【形态特征】灌木或小乔木，高可达 5 m；树皮灰褐色或灰色。小枝、花序轴、花梗、苞片、花萼、幼叶两面以及叶柄均无毛而密被腺毛。小枝较粗，疏生皮孔。叶片革质或厚纸质，卵圆形至肾形，宽常大于长，长 2 ~ 14 cm，宽 2 ~ 15 cm，先端短突尖至长渐尖或锐尖，基部心形、截形至近圆形，或宽楔形，上面深绿色，下面淡绿色；萌枝上叶片常呈长卵形，先端渐尖，基部截形至宽楔形；叶柄长 1 ~ 3 cm。圆锥

花序直立，由侧芽抽生，近球形或长圆形，长 4～16（20）cm，宽 3～7（10）cm；花梗长 0.5～3 mm；花萼长约 3 mm，萼齿渐尖、锐尖或钝；花冠紫色，长 1.1～2 cm，花冠管圆柱形，长 0.8～1.7 cm，裂片呈直角开展，卵圆形、椭圆形至倒卵圆形，长 3～6 mm，宽 3～5 mm，先端内弯而略呈兜状或不内弯；花药黄色，位于距花冠管喉部 0～4 mm 处。果实倒卵状椭圆形、卵形至长椭圆形，长 1～1.5（2）cm，宽 4～8 mm，先端长渐尖，光滑。花期 4—5 月，果期 6—10 月。

【拍摄地点】宜城市铁湖大道，海拔 62.8 m。

【生物学特性】喜光，稍耐阴，喜温暖、湿润及阳光充足环境。

【生境分布】生于山坡丛林、山沟溪边、山谷路旁及滩地水边。栽培于宜城市园林。

【药用部位】叶。

【功能主治】清热燥湿。用于急性黄疸型肝炎。

【用法用量】内服：煎汤，2～6 g。

八二、夹竹桃科

鹅绒藤属

279. 牛皮消 *Cynanchum auriculatum* Royle ex Wight

【别名】隔山消。

【形态特征】蔓性半灌木；宿根肥厚，呈块状；茎圆形，被微柔毛。叶对生，膜质，被微毛，宽卵形至卵状长圆形，长 4～12 cm，宽 4～10 cm，顶端短渐尖，基部心形。聚伞花序伞房状，着花 30 朵；花萼裂片卵状长圆形；花冠白色，辐状，裂片反折，内面具疏柔毛；副花冠浅杯状，裂片椭圆形，肉质，钝头，在每裂片内面的中部有 1 个三角形的舌状鳞片；花粉块每室 1 个，下垂；柱头圆锥状，顶端 2 裂。蓇葖双生，披针形，

长 8 cm，直径 1 cm；种子卵状椭圆形；种毛白色绢质。花期 6—9 月，果期 7—11 月。

【拍摄地点】宜城市板桥店镇肖云村，海拔 204.4 m。

【生物学特性】喜阳光充足环境，喜湿润，耐寒。

【生境分布】 生于山坡林缘及路旁灌丛中或河流、水沟边潮湿地。偶见于宜城市板桥店镇等地。

【药用部位】 块根。

【功能主治】 养阴清热，润肺止咳，解毒，健脾胃。用于神经衰弱，胃及十二指肠溃疡，肾炎，水肿，食积腹痛，小儿疳积，痢疾；外用治毒蛇咬伤，疮疖。

280. 地梢瓜 *Cynanchum thesioides* (Freyn) K. Schum.

【别名】 山角、地瓜儿。

【形态特征】 直立半灌木；地下茎单轴横生；茎自基部多分枝。叶对生或近对生，线形，长 3～5 cm，宽 2～5 mm，叶背中脉隆起。伞形聚伞花序腋生；花萼外面被柔毛；花冠绿白色；副花冠杯状，裂片三角状披针形，渐尖，高过药隔的膜片。蓇葖纺锤形，先端渐尖，中部膨大，长 5～6 cm，直径 2 cm；种子扁平，暗褐色，长 8 mm；种毛白色绢质，长 2 cm。花期 5—8 月，果期 8—10 月。

【拍摄地点】 宜城市板桥店镇，海拔 172.0 m。

【生物学特性】 耐寒，耐热，耐贫瘠，耐强光。

【生境分布】 生于林缘、草丛、石坡、沙石滩。分布于宜城市板桥店镇等地。

【药用部位】 全草。

【采收加工】 夏、秋季采收，洗净，切段，晒干。

【功能主治】 益气，通乳。用于乳汁不下；外用治鼠乳。

【用法用量】 内服：煎汤，15～30 g。

夹 竹 桃 属

281. 夹竹桃 *Nerium oleander* L.

【别名】 洋桃。

【形态特征】 常绿直立大灌木，高达 5 m，枝条灰绿色，含水液；嫩枝条具棱，被微毛，老时毛脱落。叶 3～4 片轮生，下枝为对生，窄披针形，顶端急尖，基部楔形，叶缘反卷，长 11～15 cm，宽 2～2.5 cm，叶面深绿色，无毛，叶背浅绿色，有多数洼点，幼时疏被微毛，老时毛渐脱落；中脉在叶面凹陷，在叶背凸起，侧脉两面扁平，纤细，密生而平行，每边达 120 条，直达叶缘；叶柄扁平，基部稍宽，长 5～8 mm，幼时被微毛，老时毛脱落；叶柄内具腺体。聚伞花序顶生，着生花数朵；总花梗长约 3 cm，被微毛；

花梗长 7～10 mm；苞片披针形，长 7 mm，宽 1.5 mm；花芳香；花萼 5 深裂，红色，披针形，长 3～4 mm，宽 1.5～2 mm，外面无毛，内面基部具腺体；花冠深红色或粉红色，栽培种有演变为白色或黄色，花冠为单瓣，呈 5 裂时，其花冠为漏斗状，长和直径约 3 cm，其花冠筒圆筒形，上部扩大成钟形，长 1.6～2 cm，花冠筒内面被长柔毛，花冠喉部具 5 片宽鳞片状副花冠，每片其顶端撕裂，并伸出花冠喉部之外，花冠裂片倒卵形，顶端圆形，长 1.5 cm，宽 1 cm；花冠为重瓣、呈 15～18 片时，裂片组成 3 轮，内轮为漏斗状，外面 2 轮为辐状，分裂至基部或每 2～3 片基部连合，裂片长 2～3.5 cm，宽 1～2 cm，每花冠裂片基部具长圆形而顶端撕裂的鳞片；雄蕊着生于花冠筒中部以上，花丝短，被长柔毛，花药箭头状，内藏，与柱头连生，基部具耳，顶端渐尖，药隔延长成丝状，被柔毛；无花盘；心皮 2，离生，被柔毛，花柱丝状，长 7～8 mm，柱头近球圆形，顶端突尖；每心皮有胚珠多颗。蓇葖 2，离生，平行或并连，长圆形，两端较窄，长 10～23 cm，直径 6～10 mm，绿色，无毛，具细纵条纹；种子长圆形，基部较窄，顶端钝、褐色，种皮被锈色短柔毛，顶端具黄褐色绢质种毛；种毛长约 1 cm。花期几乎全年，夏、秋季最盛；果期一般在冬、春季，栽培种很少结果。

【拍摄地点】 宜城市南营街道办事处官庄村，海拔 59.3 m。

【生境分布】 公园、风景区、道路旁或河旁、湖边常有栽培。

【药用部位】 根皮、叶。

【功能主治】 根皮（有毒）：强心，杀虫。用于心力衰竭，癫痫；外用治甲沟炎，斑秃。叶（有毒）：强心利尿，祛痰杀虫。用于心力衰竭，癫痫；外用治甲沟炎，斑秃；杀蝇。全株（有毒）：强心利尿，发汗，祛痰，散瘀，止痛，解毒，透疹。用于哮喘，癫痫，心力衰竭；杀蝇，灭孑孓。

【用法用量】 内服：煎汤，0.3～0.9 g；或研末，0.05～0.1 g。外用：适量，捣敷；或制成酊剂涂。

杠 柳 属

282. 杠柳 *Periploca sepium* Bge.

【别名】 香加皮、北五加皮。

【形态特征】 落叶蔓性灌木，长可达 1.5 m。主根圆柱状，外皮灰棕色，内皮浅黄色。具乳汁，除花外，全株无毛；茎皮灰褐色；小枝通常对生，有细条纹，具皮孔。叶卵状长圆形，长 5～9 cm，宽 1.5～2.5 cm，顶端渐尖，基部楔形，叶面深绿色，叶背淡绿色；中脉在叶面扁平，在叶背微凸起，侧脉纤细，两面扁平，每边 20～25 条；叶柄长约 3 mm。聚伞花序腋生，着花数朵；花序梗和花梗柔弱；花萼裂片卵圆形，长 3 mm，宽 2 mm，顶端钝，花萼内面基部有 10 个小腺体；花冠紫红色，辐状，张开直径 1.5 cm，花冠筒短，约长 3 mm，裂片长圆状披针形，长 8 mm，宽 4 mm，中间加厚成纺锤形，反折，内面被长柔毛，外面无毛；副花冠环状，10 裂，其中 5 裂延伸成丝状，被短柔毛，顶端向内弯；雄蕊着生于副花冠内面，并与其合生，花药彼此粘连并包围柱头，背面被长柔毛；心皮离生，无毛，每心皮有胚珠多颗，柱头盘状凸起；花粉器匙形，四合花粉藏在载粉器内，黏盘黏连在柱头上。蓇葖 2，圆柱状，长 7～12 cm，直径约 5 mm，无毛，具纵条纹；种子长圆形，长约 7 mm，宽约 1 mm，黑褐色，顶端具白色绢质种毛；种毛长 3 cm。花期 5—6 月，果期 7—9 月。

【拍摄地点】 宜城市刘猴镇小南河，海拔 169.7 m。

【生物学特性】 喜光，耐旱，耐寒，耐瘠薄，耐阴。

【生境分布】 生于干旱山坡、沟边、沙地、灌丛中。偶见于宜城市刘猴镇等地。

【药用部位】 根皮。

【功能主治】 祛湿，壮筋骨。用于风湿性关节炎，小儿筋骨软弱，脚痿行迟，水肿。

【用法用量】 内服（有毒）：煎汤，3～6 g；或浸酒；或入丸、散。

络 石 属

283. 络石 *Trachelospermum jasminoides* (Lindl.) Lem.

【别名】 石龙藤。

【形态特征】 常绿木质藤本，长达 10 m，具乳汁；茎赤褐色，圆柱形，有皮孔；小枝被黄色柔毛，老时渐无毛。叶革质或近革质，椭圆形至卵状椭圆形或宽倒卵形，长 2～10 cm，宽 1～4.5 cm，顶端锐尖至渐尖或钝，有时微凹或有小突尖，基部渐狭至钝，叶面无毛，叶背被疏短柔毛，老渐无毛；叶面中脉微凹，侧脉扁平，叶背中脉凸起，侧脉每边 6～12 条，扁平或稍凸起；叶柄短，被短柔毛，老渐无毛；叶柄内和叶腋外腺体钻形，长约 1 mm。二歧聚伞花序腋生或顶生，花多朵组成圆锥状，

与叶等长或较长；花白色，芳香；总花梗长 2～5 cm，被柔毛，老时渐无毛；苞片及小苞片狭披针形，长 1～2 mm；花萼 5 深裂，裂片线状披针形，顶部反卷，长 2～5 mm，外面被长柔毛及缘毛，内面无毛，基部具 10 个鳞片状腺体；花蕾顶端钝，花冠筒圆筒形，中部膨大，外面无毛，内面在喉部及雄蕊着生处被短柔毛，长 5～10 mm，花冠裂片长 5～10 mm，无毛；雄蕊着生于花冠筒中部，腹部黏生在柱头上，花药箭头状，基部具耳，隐藏在花喉内；花盘环状 5 裂，与子房等长；子房由 2 枚离生心皮组成，无毛，花柱圆柱状，柱头卵圆形，顶端全缘；每心皮有胚珠多颗，着生于 2 个并生的侧膜胎座上。蓇葖双生，叉开，无毛，线状披针形，向先端渐尖，长 10～20 cm，宽 3～10 mm；种子多颗，褐色，线形，长 1.5～2 cm，直径约 2 mm，顶端具白色绢质种毛；种毛长 1.5～3 cm。花期 3—7 月，果期 7—12 月。

【拍摄地点】宜城市雷河镇东方社区，海拔 82.0 m。
【生物学特性】喜弱光，亦耐烈日高温，喜湿润环境。
【生境分布】生于山野、溪边、路旁、林缘或杂木林中。分布于宜城市各乡镇。
【药用部位】根、茎、叶、果实。
【功能主治】祛风活络，止血，止痛，消肿。用于关节炎，肌肉麻痹，跌打损伤，产后腹痛。
【用法用量】内服：煎汤，6～12 g。外用：鲜品适量，捣敷。

白 前 属

284. 徐长卿 *Vincetoxicum pycnostelma* Kitag.

【形态特征】多年生直立草本，高约 1 m；根须状，可多至 50 余条；茎不分枝，稀从根部发生几条，无毛或被微生。叶对生，纸质，披针形至线形，长 5～13 cm，宽 0.5～1.5 cm（最大达 13 cm×1.5 cm），两端锐尖，两面无毛或叶面具疏柔毛，叶缘有边毛；侧脉不明显；叶柄长约 3 mm，圆锥状聚伞花序生于顶端的叶腋内，长达 7 cm，着花 10 余朵；花萼内有腺体或无；花冠黄绿色，近辐状，裂片长达 4 mm，
宽 3 mm；副花冠裂片 5，基部增厚，顶端钝；花粉块每室 1 个，下垂；子房椭圆形；柱头五角形，顶端略凸起。蓇葖单生，披针形，长 6 cm，直径 6 mm，向端部长渐尖；种子长圆形，长 3 mm；种毛白色绢质，长 1 cm。花期 5—7 月，果期 9—12 月。

【拍摄地点】宜城市流水镇，海拔 118.6 m。
【生物学特性】适应性较强，喜温暖、湿润的环境，但忌积水，耐热、耐寒能力强。
【生境分布】生于向阳山坡及草丛中。分布于宜城市流水镇、板桥店镇等地。

【药用部位】 根及根茎。

【采收加工】 秋季采挖，除去杂质，阴干。

【功能主治】 祛风，化湿，止痛，止痒。用于风湿痹痛，胃痛胀满，牙痛，腰痛，跌打伤痛，风疹，湿疹。

【用法用量】 内服：煎汤，3～12 g，后下。

八三、茜草科

水团花属

285. 细叶水团花 *Adina rubella* Hance

【别名】 水杨梅。

【形态特征】 落叶小灌木，高1～3 m；小枝延长，具赤褐色微毛，后无毛；顶芽不明显，被开展的托叶包裹。叶对生，近无柄，薄草质，卵状披针形或卵状椭圆形，全缘，长2.5～4 cm，宽8～12 mm，顶端渐尖或短尖，基部阔楔形或近圆形；侧脉5～7对，被稀疏或稠密的短柔毛；托叶小，早落。头状花序不计花冠直径4～5 mm，单生，顶生或兼有腋生，总花梗略被柔毛；小苞片线形或线状棒形；花萼管疏被短柔毛，萼裂片匙形或匙状棒形；花冠管长2～3 mm，5裂，花冠裂片三角状，紫红色。果序直径8～12 mm；小蒴果长卵状楔形，长3 mm。花、果期5—12月。

【拍摄地点】 宜城市流水镇牌坊河村，海拔94.9 m。

【生物学特性】 喜光，较耐寒，畏炎热，不耐旱。

【生境分布】 偶见于宜城市流水镇等地。

【药用部位】 果实。

【功能主治】 清热解毒，消肿止痛，止痢。用于湿热泻痢，痢疾，湿疹，疮痈肿毒，风火牙痛，跌打损伤，外伤出血。

风 箱 树 属

286. 风箱树 *Cephalanthus tetrandrus* (Roxb.) Ridsd. et Bakh. f.

【别名】 水杨梅、马烟树。

【形态特征】 落叶灌木或小乔木，高 1～5 m；嫩枝近四棱柱形，被短柔毛，老枝圆柱形，褐色，无毛。叶对生或轮生，近革质，卵形至卵状披针形，长 10～15 cm，宽 3～5 cm，顶端短尖，基部圆形至近心形，上面无毛至疏被短柔毛，下面无毛或密被柔毛；侧脉 8～12 对，脉腋常有毛窝；叶柄长 5～10 mm，被毛或近无毛；托叶阔卵形，长 3～5 mm，顶部骤尖，常有 1 个黑色腺体。头状花序不计花冠直径 8～12 mm，顶生或腋生，总花梗长 2.5～6 cm，不分枝或有 2～3 分枝，有毛；小苞片棒形至棒状匙形；花萼管长 2～3 mm，疏被短柔毛，基部常有柔毛，萼裂片 4，顶端钝，密被短柔毛，边缘裂口处常有黑色腺体 1 个；花冠白色，花冠管长 7～12 mm，外面无毛，内面有短柔毛，花冠裂片长圆形，裂口处通常有 1 个黑色腺体；柱头棒形，伸出花冠外。果序直径 10～20 mm；坚果长 4～6 mm，顶部有宿存萼檐；种子褐色，具翅状苍白色假种皮。花期春末夏初。

【拍摄地点】 宜城市板桥店镇东湾村，海拔 187.3 m。

【生境分布】 生于溪边、沟边、山坡潮湿地、山沟两旁疏林中或灌丛中。偶见于宜城市板桥店镇等地。

【药用部位】 根、叶、花序。

【采收加工】 根、叶：全年均可采收，洗净，鲜用或晒干。花序：夏季或秋季采摘，除去总花梗及杂物，阴干。

【功能主治】 根：清热解毒，止血生肌，散瘀止痛，祛痰止咳。用于流行性感冒，咳嗽，上呼吸道感染，咽喉肿痛，肺炎，腮腺炎，乳腺炎，肝炎，睾丸炎，尿路感染，盆腔炎；外用治跌打损伤，疖肿，骨折。叶：清热解毒，散瘀消肿。用于肠炎，痢疾，风火牙痛，疮痈肿毒；外用治跌打损伤，骨折，外伤出血，烫伤。花序：清热利湿，收敛止泻。用于肠炎，泄泻，细菌性痢疾。

【用法用量】 根：内服，煎汤，30～60 g，或浸酒；外用，适量，煎水含漱，或研末撒，或调敷。叶：内服，煎汤，10～15 g；外用，适量，捣敷，或研末调敷。花序：内服，煎汤，15～20 g。

拉 拉 藤 属

287. 拉拉藤 *Galium spurium* L.

【别名】 猪殃殃。

【形态特征】 多枝、蔓生或攀援状草本，植株矮小，柔弱；茎有4棱角；棱上、叶缘、叶脉上均有倒生的小刺毛。叶纸质或近膜质，6～8片轮生，稀4～5片，带状倒披针形或长圆状倒披针形，长1～5.5 cm，宽1～7 mm，顶端有针状突尖头，基部渐狭，两面常有紧贴的刺状毛，常萎软状，干时常卷缩，1脉，近无柄。花序常单花；花萼被钩毛，萼檐近截平；花冠黄绿色或白色，辐状，裂片长圆形，长不及1 mm，镊合状排列；子房被毛，花柱2裂至中部，柱头头状。果实干燥，有1或2个近球状的分果爿，直径达5.5 mm，肿胀，密被钩毛，果柄直，长可达2.5 cm，较粗，每一分果爿有1颗平凸的种子。花期3—7月，果期4—9月。

【拍摄地点】 宜城市板桥店镇，海拔202.7 m。

【生境分布】 生于山坡、旷野、沟边、湖边、林缘、草地。分布于宜城市各乡镇。

【药用部位】 全草。

【功能主治】 清热利尿，消肿止痛，散瘀。用于淋浊，尿血，跌打损伤，肠痈，疔肿。

【用法用量】 内服：煎汤，50～100 g。外用：适量，鲜品捣敷；或绞汁涂。

288. 蓬子菜 *Galium verum* L.

【形态特征】 多年生近直立草本，基部稍木质，高25～45 cm；茎有4棱角，被短柔毛或秕糠状毛。叶纸质，6～10片轮生，线形，通常长1.5～3 cm，宽1～1.5 mm，顶端短尖，边缘极反卷，常卷成管状，上面无毛，稍有光泽，下面有短柔毛，稍苍白，干时常变黑色，1脉，无柄。聚伞花序顶生和腋生，较大，多花，通常在枝顶结成带叶的、长可达15 cm、宽可达12 cm的圆锥花序状；总花梗密被短柔毛；花小，稠密；花梗有疏短柔毛或无毛，长1～2.5 mm；萼管无毛；花冠黄色，辐状，无毛，直径约3 mm，花冠裂片卵形或长圆形，顶端稍钝，长约1.5 mm；花药黄色，花丝长约0.6 mm；花柱长约0.7 mm，顶部2裂。果实小，果爿双生，近球状，直径约2 mm，无毛。花期4—8月，果期5—10月。

【拍摄地点】 宜城市板桥店镇，海拔212.3 m。

【生境分布】 生于山坡灌丛及旷

野草地。分布于宜城市板桥店镇等地。

【药用部位】 全草。

【采收加工】 夏、秋季采收，鲜用或晒干。

【功能主治】 清热解毒，活血通经，祛风止痒。用于肝炎，腹水，咽喉肿痛，疮痈肿毒，跌打损伤，妇女闭经，带下，毒蛇咬伤，荨麻疹，稻农皮炎。

【用法用量】 内服：煎汤，10～15 g。外用：适量，捣敷；或熬膏涂。

栀 子 属

289. 栀子 *Gardenia jasminoides* J. Ellis

【别名】 山栀子、水栀子。

【形态特征】 灌木，高 0.3～3 m；嫩枝常被短毛，枝圆柱形，灰色。叶对生，革质，稀纸质，少为 3 片轮生，叶形多样，通常为长圆状披针形、倒卵状长圆形、倒卵形或椭圆形，长 3～25 cm，宽 1.5～8 cm，顶端渐尖、骤然长渐尖或短尖而钝，基部楔形或短尖，两面常无毛，上面亮绿绿，下面色较暗；侧脉 8～15 对，在下面凸起，在上面平；叶柄长 0.2～1 cm；托叶膜质。花芳香，通常单花生于枝顶，

花梗长 3～5 mm；萼管倒圆锥形或卵形，长 8～25 mm，有纵棱，萼檐管形，膨大，顶部 5～8 裂，通常 6 裂，裂片披针形或线状披针形，长 10～30 mm，宽 1～4 mm，结果时增长，宿存；花冠白色或乳黄色，高脚碟状，喉部有疏柔毛，冠管狭圆筒形，长 3～5 cm，宽 4～6 mm，顶部 5～8 裂，通常 6 裂，裂片广展，倒卵形或倒卵状长圆形，长 1.5～4 cm，宽 0.6～2.8 cm；花丝极短，花药线形，长 1.5～2.2 cm，伸出；花柱粗厚，长约 4.5 cm，柱头纺锤形，伸出，长 1～1.5 cm，宽 3～7 mm，子房直径约 3 mm，黄色，平滑。果实卵形、近球形、椭圆形或长圆形，黄色或橙红色，长 1.5～7 cm，直径 1.2～2 cm，有翅状纵棱 5～9 条，顶部的宿存萼片长达 4 cm，宽达 6 mm；种子多数，扁，近圆形而稍有棱角，长约 3.5 mm，宽约 3 mm。花期 3—7 月，果期 5 月至翌年 2 月。

【拍摄地点】 宜城市楚都公园，海拔 68.7 m。

【生物学特性】 喜温暖、湿润气候，喜阳光但不能经受强烈阳光照射。

【生境分布】 生于旷野、丘陵、山谷、山坡、溪边的灌丛或林中。栽培于宜城市各乡镇。

【药用部位】 果实。

【采收加工】 9—11 月果实成熟呈红黄色时采收，除去果梗和杂质，蒸至上汽或置沸水中略烫，取出，干燥。

【功能主治】 泻火除烦，清热利湿，凉血解毒，消肿止痛。用于热病心烦，湿热黄疸，淋证涩痛，

血热吐衄，目赤肿痛，热毒疮疡；外用治扭挫伤痛。

【用法用量】 内服：煎汤，6～10 g。外用：生品适量，研末调敷。

茜草属

290. 茜草 *Rubia cordifolia* L.

【形态特征】 草质攀援藤木，长通常 1.5～3.5 m；根状茎和其节上的须根均红色；茎多条，从根状茎的节上发出，细长，方柱形，有4棱，棱上生倒生皮刺，中部以上多分枝。叶通常4片轮生，纸质，披针形或长圆状披针形，长 0.7～3.5 cm，顶端渐尖，有时钝尖，基部心形，边缘有齿状皮刺，两面粗糙，脉上有微小皮刺；基出脉3条，极少外侧有1对很小的基出脉。叶柄通常长 1～2.5 cm，有倒生皮刺。聚伞花序腋生和顶生，多回分枝，有花10余朵至数十朵，花序和分枝均纤瘦，有微小皮刺；花冠淡黄色，干时淡褐色，盛开时花冠檐部直径 3～3.5 mm，花冠裂片近卵形，微伸展，长约 1.5 mm，外面无毛。果实球形，直径通常 4～5 mm，成熟时橘黄色。花期8—9月，果期10—11月。

【拍摄地点】 宜城市雷河镇东方社区，海拔 161.7 m。

【生物学特性】 喜凉爽而湿润的环境，耐寒，怕积水。

【生境分布】 生于疏林、林缘、灌丛或草地上。分布于宜城市各乡镇。

【药用部位】 根和根茎。

【采收加工】 春、秋季采挖，除去泥沙，干燥。

【功能主治】 凉血，祛瘀，止血，通经。用于吐血，衄血，崩漏，外伤出血，瘀阻闭经，关节痹痛，跌打肿痛。

【用法用量】 内服：煎汤，6～10 g。

白马骨属

291. 六月雪 *Serissa japonica* (Thunb.) Thunb.

【别名】 白马骨。

【形态特征】 小灌木，高 60～90 cm，有臭气。叶革质，卵形至倒披针形，长 6～22 mm，宽 3～6 mm，顶端短尖至长尖，边缘全缘，无毛；叶柄短。花单生或数朵丛生于小枝顶部或腋生，有被毛、边缘浅波状的苞片；萼檐裂片细小，锥形，被毛；花冠淡红色或白色，长 6～12 mm，裂片扩展，顶端3裂；

雄蕊凸出冠管喉部外；花柱长而凸出，柱头2，直，略分开。花期5—7月。

【拍摄地点】 宜城市孔湾镇太山庙村，海拔119.4 m。

【生物学特性】 畏强光，喜温暖气候，稍能耐寒、耐旱。

【生境分布】 生于河溪边或丘陵的杂木林内。分布于宜城市各乡镇。

【药用部位】 全株。

【采收加工】 洗净，鲜用；或切断，晒干。

【功能主治】 疏风解表，清热利湿，舒筋活络。用于感冒，咳嗽，牙痛，急性扁桃体炎，咽喉炎，急、慢性肝炎，痢疾，小儿疳积，偏头痛，风湿性关节痛，带下。茎烧灰点眼用于眼翳。

【用法用量】 内服：煎汤，25～50 g。

八四、旋 花 科

打 碗 花 属

292. 打碗花 *Calystegia hederacea* Wall.

【别名】 兔耳草、小旋花。

【形态特征】 一年生草本，全体不被毛，植株通常矮小，高8～30（40）cm，常自基部分枝，具细长白色的根。茎细，平卧，有细棱。基部叶片长圆形，长2～3（5.5）cm，宽1～2.5 cm，顶端圆，基部戟形，上部叶片3裂，中裂片长圆形或长圆状披针形，侧裂片近三角形，全缘或2～3裂，叶片基部心形或戟形；叶柄长1～5 cm。花腋生，1朵，花梗长于叶柄，有细棱；苞片宽卵形，

长0.8～1.6 cm，顶端钝或锐尖至渐尖；萼片长圆形，长0.6～1 cm，顶端钝，具小短尖头，内萼片稍短；

花冠淡紫色或淡红色，钟形，长 2～4 cm，冠檐近截形或微裂；雄蕊近等长，花丝基部扩大，贴生于花冠管基部，被小鳞毛；子房无毛，柱头 2 裂，裂片长圆形，扁平。蒴果卵球形，长约 1 cm，宿存萼片与之近等长或稍短。种子黑褐色，长 4～5 mm，表面有小疣。

【拍摄地点】宜城市刘猴镇，海拔 109.1 m。

【生物学特性】喜湿润环境，耐热，耐寒。

【生境分布】生于农田、荒地、路旁。分布于宜城市刘猴镇等地。

【药用部位】根。

【功能主治】调经活血，滋阴补虚。用于淋病，带下，月经不调。

【用法用量】内服：煎汤，50～100 g。

<h2 style="text-align:center">菟 丝 子 属</h2>

293. 菟丝子 *Cuscuta chinensis* Lam.

【别名】豆寄生。

【形态特征】一年生寄生草本。茎缠绕，黄色，纤细，直径约 1 mm，无叶。花序侧生，少花或多花簇生成小伞形或小团伞花序，近无总花序梗；苞片及小苞片小，鳞片状；花梗稍粗壮，长仅 1 mm 许；花萼杯状，中部以下连合，裂片三角状，长约 1.5 mm，顶端钝；花冠白色，壶形，长约 3 mm，裂片三角状卵形，顶端锐尖或钝，向外反折，宿存；雄蕊着生于花冠裂片弯缺微下处；鳞片长圆形，边缘长流

苏状；子房近球形，花柱 2，等长或不等长，柱头球形。蒴果球形，直径约 3 mm，几乎全为宿存的花冠所包围，成熟时整齐的周裂。种子 2～4 颗，淡褐色，卵形，长约 1 mm，表面粗糙。

【拍摄地点】宜城市流水镇马头村，海拔 107.3 m。

【生物学特性】喜高温、湿润气候。

【生境分布】生于田边、山坡阳处、路边灌丛或海边沙丘，寄生于豆科、菊科等多种植物上。分布于宜城市流水镇、板桥店镇、刘猴镇等地。

【药用部位】种子。

【采收加工】秋季果实成熟时采收植株，晒干，打下种子，除去杂质。

【功能主治】补益肝肾，固精缩尿，安胎，明目，止泻，消风祛斑。用于肝肾不足，腰膝酸软，阳痿遗精，尿频，肾虚胎漏，胎动不安，目昏耳鸣，脾肾虚泻；外用治白癜风。

【用法用量】内服：煎汤，6～12 g。外用：适量，炒后研末调敷。

土 丁 桂 属

294. 土丁桂 *Evolvulus alsinoides* (L.) L.

【别名】 白毛将、毛辣花。

【形态特征】 多年生草本，茎少数至多数，平卧或上升，细长，具贴生的柔毛。叶长圆形、椭圆形或匙形，长（7）15～25 mm，宽5～9（10）mm，先端钝及具小短尖，基部圆形或渐狭，两面或多或少被贴生疏柔毛，或有时上面少毛至无毛，中脉在下面明显，上面不明显，侧脉两面均不明显；叶柄短至近无柄。总花梗丝状，较叶短或长得多，长2.5～3.5 cm，被贴生毛；花单一或数朵组成聚伞花序，花柄与萼片等长或通常较萼片长；苞片线状钻形至线状披针形，长1.5～4 mm；萼片披针形，锐尖或渐尖，长3～4 mm，被长柔毛；花冠辐状，直径7～8（10）mm，蓝色或白色；雄蕊5枚，内藏，花丝丝状，长约4 mm，贴生于花冠管基部；花药长圆状卵形，先端渐尖，基部钝，长约1.5 mm；子房无毛；花柱2，每1花柱2尖裂，柱头圆柱形，先端稍棒状。蒴果球形，无毛，直径3.5～4 mm，4瓣裂；种子4颗或较少，黑色，平滑。花期5—9月。

【拍摄地点】 宜城市流水镇牌坊河村，海拔138.4 m。

【生境分布】 生于草坡、灌丛及路边。偶见于宜城市流水镇等地。

【药用部位】 全草。

【功能主治】 清热利湿。用于黄疸，痢疾，淋浊，带下，疮疖。

【用法用量】 内服：煎汤，3～10 g；或捣汁饮。外用：捣敷；或煎水洗。

番 薯 属

295. 心萼薯 *Ipomoea biflora* (L.) Pers.

【别名】 毛牵牛。

【形态特征】 攀援或缠绕草本；茎细长，直径1.5～4 mm，有细棱，被灰白色倒向硬毛。叶心形或心状三角形，长4～9.5 cm，宽3～7 cm，顶端渐尖，基部心形，全缘或很少为不明显的3裂，两面被长硬毛，侧脉6～7对，在两面稍凸起，第三次脉近平行，细弱；叶柄长1.5～8 cm，毛被同茎。花序腋生，短于叶柄，花序梗长 3～15 mm，有时更短则花梗近簇生，毛被同叶柄，通常着生 2 朵花，有时 1 或 3 朵；苞片小，线状披针形，被疏长硬毛；花梗纤细，长 8～15 mm，毛被同叶柄；萼片 5，外萼片三角状披针形，长 8～10 mm，宽 4～5 mm，基部耳形，外面被灰白色疏长硬毛，具缘毛，内面近无毛，在内的 2 萼片线状披针形，与外萼片近等长或稍长，萼片于结果时稍增大；花冠白色，狭钟状，长 1.2～1.5（1.9）

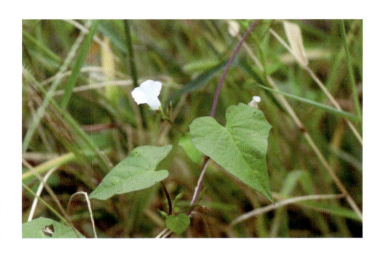

cm，冠檐浅裂，裂片圆；瓣中带被短柔毛；雄蕊 5 枚，内藏，长 3 mm，花丝向基部渐扩大，花药卵状三角形，基部箭形；子房圆锥状，无毛，花柱棒状，长 3 mm，柱头头状，2 浅裂。蒴果近球形，直径约 9 mm，果瓣内面光亮。种子 4 颗，卵状三棱形，高 4 mm，毛被不尽相同，被微毛或短茸毛，沿两边有时被白色长绵毛。

【拍摄地点】 宜城市流水镇，海拔 40.0 m。

【生境分布】 生于山谷、山坡、路旁和林下。分布于宜城市各乡镇。

【药用部位】 茎、叶、种子。

【功能主治】 茎、叶：用于小儿疳积。种子：用于跌打损伤，蛇咬伤。

296. 牵牛 *Ipomoea nil* (L.) Roth

【别名】 牵牛花。

【形态特征】 一年生缠绕草本，茎上被倒向的短柔毛及杂有倒向或开展的长硬毛。叶宽卵形或近圆形，深或浅 3 裂，偶 5 裂，长 4～15 cm，宽 4.5～14 cm，基部圆，心形，中裂片长圆形或卵圆形，渐尖或骤尖，侧裂片较短，三角形，裂口锐或圆，叶面或疏或密被微硬的柔毛；叶柄长 2～15 cm，毛被同茎。花腋生，单一或通常 2 朵着生于花序梗顶，花序梗长短不一，长 1.5～18.5 cm，通常短于叶柄，

有时较长，毛被同茎；苞片线形或叶状，被开展的微硬毛；花梗长 2～7 mm；小苞片线形；萼片近等长，长 2～2.5 cm，披针状线形，内面 2 片稍狭，外面被开展的刚毛，基部更密，有时也杂有短柔毛；花冠漏斗状，长 5～8（10）cm，蓝紫色或紫红色，花冠管色淡；雄蕊及花柱内藏；雄蕊不等长；

花丝基部被柔毛；子房无毛，柱头头状。蒴果近球形，直径 0.8～1.3 cm，3 瓣裂。种子卵状三棱形，长约 6 mm，黑褐色或米黄色，被褐色短茸毛。

【拍摄地点】 宜城市滨江大道，海拔 59.7 m。

【生物学特性】 喜阳光充足环境，亦可耐半遮阴。喜暖和凉快，亦可耐暑热高温，不耐寒，怕霜冻。

【生境分布】 分布于宜城各乡镇。

【药用部位】 种子（有毒）。

【采收加工】 秋末果实成熟、果壳未开裂时采割植株，晒干，打下种子，除去杂质。

【功能主治】 泻水通便，消痰涤饮，杀虫攻积。用于水胀肿满，二便不通，痰饮积聚，气逆喘咳，虫积腹痛。

【用法用量】 内服：煎汤，3～6 g；或入丸、散，1.5～3 g。

297. 圆叶牵牛 *Ipomoea purpurea* (L.) Roth

【别名】 牵牛花、紫花牵牛。

【形态特征】 一年生缠绕草本，茎上被倒向的短柔毛，杂有倒向或开展的长硬毛。叶圆心形或宽卵状心形，长 4～18 cm，宽 3.5～16.5 cm，基部圆、心形，顶端锐尖、骤尖或渐尖，通常全缘，偶有 3 裂，两面疏或密被刚伏毛；叶柄长 2～12 cm，毛被与茎相同。花腋生，单一或 2～5 朵着生于花序梗顶端成伞形聚伞花序，花序梗比叶柄短或近等长，长 4～12 cm，毛被与茎相同；苞片线形，

长 6～7 mm，被开展的长硬毛；花梗长 1.2～1.5 cm，被倒向短柔毛及长硬毛；萼片近等长，长 1.1～1.6 cm，外面 3 片长椭圆形，渐尖，内面 2 片线状披针形，外面均被开展的硬毛，基部更密；花冠漏斗状，长 4～6 cm，紫红色、红色或白色，花冠管通常白色，瓣中带于内面色深，外面色淡；雄蕊与花柱内藏；雄蕊不等长，花丝基部被柔毛；子房无毛，3 室，每室 2 颗胚珠，柱头头状；花盘环状。蒴果近球形，直径 9～10 mm，3 瓣裂。种子卵状三棱形，长约 5 mm，黑褐色或米黄色，被极短的糠秕状毛。

【拍摄地点】 宜城市流水镇，海拔 87.4 m。

【生境分布】 生于田边、路旁、宅旁或山谷林内。分布于宜城市各乡镇。

【药用部位】 种子（有毒）。

【采收加工】 秋末果实成熟、果壳开裂时采割植株，晒干，打下种子，除去杂质。

【功能主治】 泻水通便，消痰涤饮，杀虫攻积。用于水肿胀满，二便不通，痰饮积聚，气逆喘咳，虫积腹痛。

【用法用量】 内服：煎汤，3～6 g；或入丸、散，1.5～3 g。

八五、紫 草 科

厚 壳 树 属

298. 粗糠树 *Ehretia dicksonii* Hance

【别名】破布子。

【形态特征】落叶乔木，高约15 m，胸径20 cm；树皮灰褐色，纵裂；枝条褐色，小枝淡褐色，均被柔毛。叶宽椭圆形、椭圆形、卵形或倒卵形，长8～25 cm，宽5～15 cm，先端尖，基部宽楔形或近圆形，边缘具开展的锯齿，上面密生具基盘的短硬毛，极粗糙，下面密生短柔毛；叶柄长1～4 cm，被柔毛。聚伞花序顶生，呈伞房状或圆锥状，宽6～9 cm，具苞片或无；花无梗或近无梗；苞片线形，长约5 mm，被柔毛；花萼长3.5～4.5 mm，裂至近中部，裂片卵形或长圆形，具柔毛；花冠筒状钟形，白色至淡黄色，芳香，长8～10 mm，基部直径2 mm，喉部直径6～7 mm，裂片长圆形，长3～4 mm，比筒部短；雄蕊伸出花冠外，花药长1.5～2 mm，花丝长3～4.5 mm，着生于花冠筒基部以上3.5～5.5 mm处；花柱长6～9 mm，无毛或稀具伏毛，分枝长1～1.5 mm。核果黄色，近球形，

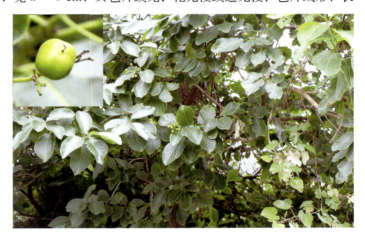

直径10～15 mm，内果皮成熟时分裂为2个具2颗种子的分核。花期3—5月，果期6—7月。

【拍摄地点】宜城市孔湾镇太山庙村，海拔112.0 m。

【生境分布】生于山坡疏林及土质肥沃的山脚阴湿处。分布于宜城市孔湾镇等地。

【药用部位】树皮。

【功能主治】散瘀消肿。用于跌打损伤。

【用法用量】内服：煎汤，3～9 g。外用：适量，捣敷。

紫 草 属

299. 梓木草 *Lithospermum zollingeri* A. DC.

【形态特征】多年生匍匐草本。根褐色，稍含紫色物质。匍匐茎长可达30 cm，有开展的糙伏毛；

茎直立，高 5～25 cm。基生叶有短柄，叶片倒披针形或匙形，长 3～6 cm，宽 8～18 mm，两面都有短糙伏毛，但下面毛较密；茎生叶与基生叶同型而较小，先端急尖或钝，基部渐狭，近无柄。花序长 2～5 cm，有花 1 至数朵，苞片叶状；花有短花梗；花萼长约 6.5 mm，裂片线状披针形，两面都有毛；花冠蓝色或蓝紫色，长 1.5～1.8 cm，外面稍有毛，筒部与檐部无明显界限，檐部直径约 1 cm，裂片宽倒卵形，近等大，长 5～

6 mm，全缘，无脉，喉部有 5 条向筒部延伸的纵褶，纵褶长约 4 mm，稍肥厚并有乳头；雄蕊着生于纵褶之下，花药长 1.5～2 mm；花柱长约 4 mm，柱头头状。小坚果斜卵球形，长 3～3.5 mm，乳白色而稍带淡黄褐色，平滑，有光泽，腹面中线凹陷成纵沟。花、果期 5—8 月。

【拍摄地点】宜城市流水镇马集村，海拔 209.0 m。
【生境分布】生于丘陵、低山草坡或灌丛下。分布于宜城市各乡镇。
【药用部位】果实。
【功能主治】消肿止痛。用于疮疖，支气管炎。

盾 果 草 属

300. 弯齿盾果草 *Thyrocarpus glochidiatus* Maxim.

【形态特征】茎 1 条至数条，细弱，斜升或外倾，高 10～30 cm，常自下部分枝，有伸展的长硬毛和短糙毛。基生叶有短柄，匙形或狭倒披针形，长 1.5～6.5 cm，宽 3～14 mm，两面都有具基盘的硬毛；茎生叶较小，无柄，卵形至狭椭圆形。花序长可达 15 cm；苞片卵形至披针形，长 0.5～3 cm，花生于苞腋或腋外；花梗长 1.5～4 mm；花萼长约 3 mm，裂片狭椭圆形至卵状披针形，先端钝，两面都有毛；花冠淡蓝色或白色，与花萼几等长，筒部比檐部短，檐部直径约 2 mm，裂片倒卵形至近圆形，稍开展，喉部附属物线形，长约 1 mm，先端截形或微凹；雄蕊 5 枚，着生于花冠筒中部，内藏，花丝很短，花药宽卵形，长约 0.4 mm。小坚果 4，长约 2.5 mm，黑褐色，外层凸起，色较淡，齿的先端明显膨大并向内弯曲，内层碗

状突起显著向里收缩。花、果期 4—6 月。

【拍摄地点】 宜城市板桥店镇东湾村四组，海拔 170.0 m。

【生境分布】 生于山坡草地、田埂、路旁等处。偶见于宜城市板桥店镇等地。

八六、马 鞭 草 科

莸 属

301. 兰香草 *Caryopteris incana* (Thunb.) Miq.

【别名】 莸、山薄荷。

【形态特征】 小灌木，高 26～60 cm；嫩枝圆柱形，略带紫色，被灰白色柔毛，老枝毛渐脱落。叶片厚纸质，披针形、卵形或长圆形，长 1.5～9 cm，宽 0.8～4 cm，顶端钝或尖，基部楔形或近圆形至截平，边缘有粗齿，很少近全缘，被短柔毛，表面色较淡，两面有黄色腺点，背脉明显；叶柄被柔毛，长 0.3～1.7 cm。聚伞花序紧密，腋生和顶生，无苞片和小苞片；花萼杯状，开花时长约 2 mm，果萼长 4～5 mm，外面密被短柔毛；花冠淡紫色或淡蓝色，二唇形，外面具短柔毛，花冠管长约 3.5 mm，喉部有毛环，花冠 5 裂，下唇中裂片较大，边缘流苏状；雄蕊 4 枚，开花时与花柱均伸出花冠管外；子房顶端被短毛，柱头 2 裂。蒴果倒卵状球形，被粗毛，直径约 2.5 mm，果瓣有宽翅。花、果期 6—10 月。

【拍摄地点】 宜城市流水镇余家台马头村五组，海拔 127.7 m。

【生境分布】 生于较干旱的山坡、路旁或林边。分布于宜城市各乡镇。

【药用部位】 全草或根。

【采收加工】 秋季采挖，洗净鲜用或阴干，切段。

【功能主治】 疏风解表，祛痰止咳，散瘀止痛。用于上呼吸道感染，百日咳，支气管炎，风湿性关节痛，胃肠炎，跌打肿痛，产后瘀血腹痛；外用治毒蛇咬伤，湿疹，皮肤瘙痒。

【用法用量】 内服：煎汤，10～20 g。外用：适量，鲜品捣敷。

马 鞭 草 属

302. 马鞭草 *Verbena officinalis* L.

【形态特征】 多年生草本，高 30～120 cm。茎四方形，近基部可为圆形，节和棱上有硬毛。叶片卵圆形至倒卵形或长圆状披针形，长 2～8 cm，宽 1～5 cm，基生叶的边缘通常有粗锯齿和缺刻，茎生叶多数 3 深裂，裂片边缘有不整齐锯齿，两面均有硬毛，背面脉上尤多。穗状花序顶生和腋生，细弱，结果时长达 25 cm，花小，无柄，最初密集，结果时疏离；苞片稍短于花萼，具硬毛；花萼长约 2 mm，有硬毛，有 5 脉，脉间凹穴处质薄而色淡；花冠淡紫色至蓝色，长 4～8 mm，外面有微毛，裂片 5；雄蕊 4 枚，着生于花冠管的中部，花丝短；子房无毛。果实长圆形，长约 2 mm，外果皮薄，成熟时 4 瓣裂。花期 6—8 月，果期 7—10 月。

【拍摄地点】 宜城市南营街道办事处土城村，海拔 94.7 m。

【生境分布】 生于路边、山坡、溪边或林边。分布于宜城市各乡镇。

【药用部位】 全草。

【功能主治】 凉血散瘀，通经，清热解毒，驱虫止痒，消胀。

【用法用量】 内服：煎汤，4.5～9 g。

八七、唇 形 科

藿 香 属

303. 藿香 *Agastache rugosa* (Fisch. et C. A. Mey.) Ktze.

【别名】 五香菜。

【形态特征】 多年生草本。茎直立，高 0.5～1.5 m，四棱形，粗达 7～8 mm，上部被极短的细毛，下部无毛，在上部具能育的分枝。叶心状卵形至长圆状披针形，长 4.5～11 cm，宽 3～6.5 cm，向上渐小，先端尾状长渐尖，基部心形，稀截形，边缘具粗齿，纸质，上面橄榄绿色，近无毛，下面略淡，被微柔毛及点状腺体；叶柄长 1.5～3.5 cm。轮伞花序多花，在主茎或侧枝上组成顶生密集的圆筒形穗状花序，穗状花序长 2.5～12 cm，直径 1.8～2.5 cm；花序基部的苞叶长不超过 5 mm，宽 1～2 mm，披针状线形，长渐尖，苞片形状与之相似，较小，长 2～3 mm；轮伞花序具短梗，总梗长约 3 mm，被腺微柔毛。花萼管状倒圆锥形，长约 6 mm，宽约 2 mm，被腺微柔毛及黄色小腺体，染成浅紫色或紫红色，喉部微

斜，萼齿三角状披针形，后 3 齿长约 2.2 mm，前 2 齿稍短。花冠淡紫蓝色，长约 8 mm，外被微柔毛，冠筒基部宽约 1.2 mm，微超出于萼，向上渐宽，至喉部宽约 3 mm，冠檐二唇形，上唇直伸，先端微缺，下唇 3 裂，中裂片较宽大，长约 2 mm，宽约 3.5 mm，平展，边缘波状，基部宽，侧裂片半圆形。雄蕊伸出花冠，花丝细，扁平，无毛。花柱与雄蕊近等长，丝状，先端相等的 2 裂。花盘厚环状。子房裂片顶部具茸毛。成熟小坚果卵状长圆形，长约 1.8 mm，宽约 1.1 mm，腹面具棱，先端具短硬毛，褐色。花期 6—9 月，果期 9—11 月。

【拍摄地点】 宜城市自忠路，海拔 37.0 m。

【生物学特性】 喜高温、阳光充足环境，怕干旱。

【生境分布】 栽培于宜城市各乡镇。

【药用部位】 全草。

【采收加工】 枝叶茂盛时采割，日晒夜闷，反复至干。

【功能主治】 化湿醒脾，辟秽和中，解暑，发表。用于湿阻脾胃，脘腹胀满，湿温初起，呕吐，泄泻，暑湿，发热恶寒。

【用法用量】 内服：煎汤，3～10 g。

筋 骨 草 属

304. 金疮小草（原变种） *Ajuga decumbens* Thunb. var. *decumbens*

【形态特征】 一年生或二年生草本，平卧或上升，具匍匐茎，茎长 10～20 cm，被白色长柔毛或绵状长柔毛，幼嫩部分尤多，绿色，老茎有时呈紫绿色。基生叶较多，较茎生叶长而大，叶柄长 1～2.5 cm 或以上，具狭翅，呈紫绿色或浅绿色，被长柔毛；叶片薄纸质，匙形或倒卵状披针形，长 3～6 cm，宽 1.5～2.5 cm，有时长达 14 cm，宽达 5 cm，先端钝至圆形，基部渐狭，下延，边缘具不整齐的波状圆齿或全缘，具缘毛，两面被疏糙伏毛或疏柔毛，尤以脉上密，侧脉 4～5 对，斜上升，与中脉在上面微隆起，下面十分凸起。轮伞花序多花，排列成间断长 7～12 cm 的穗状花序，位于下部的轮伞花序疏离，上部者密集；下部苞叶与茎叶同型，匙形，上部者呈苞片状，披针形；花梗短。花萼漏斗状，长 5～8 mm，

外面仅萼齿及其边缘被疏柔毛，内面无毛，具10脉，萼齿5，狭三角形或短三角形，长约为花萼的1/2。花冠淡蓝色或淡紫红色，稀白色，筒状，挺直，基部略膨大，长8～10 mm，外面被疏柔毛，内面仅冠筒被疏微柔毛，近基部有毛环，冠檐二唇形，上唇短，直立，圆形，顶端微缺，下唇宽大，伸长，3裂，中裂片狭扇形或倒心形，侧裂片长圆形或近椭圆形。雄蕊4枚，二强，微弯，伸出，花丝细弱，被疏柔毛或几无毛。

花柱超出雄蕊，微弯，光端2浅裂，裂片细尖。花盘环状，裂片不明显，前面微呈指状膨大。子房4裂，无毛。小坚果倒卵状三棱形，背部具网状皱褶，腹部有果脐，果脐约占腹面的2/3。花期3—7月，果期5—11月。

【拍摄地点】宜城市雷河镇廖河村，海拔60.2 m。
【生境分布】分布于宜城市小河镇、板桥店镇等地。
【药用部位】全草。
【采收加工】除去杂质，洗净，切段，干燥。
【功能主治】清热解毒，凉血消肿。用于咽喉肿痛，肺热咯血，跌打肿痛。
【用法用量】内服：煎汤，15～30 g。外用：适量，捣敷。

大 青 属

305. 臭牡丹 *Clerodendrum bungei* Steud.

【形态特征】灌木，高1～2 m，植株有臭味；花序轴、叶柄密被褐色、黄褐色或紫色脱落性的柔毛；小枝近圆形，皮孔显著。叶片纸质，宽卵形或卵形，长8～20 cm，宽5～15 cm，顶端尖或渐尖，基部宽楔形、截形或心形，边缘具粗或细锯齿，侧脉4～6对，表面散生短柔毛，背面疏生短柔毛和散生腺点或无毛，基部脉腋有数个盘状腺体；叶柄长4～17 cm。伞房状聚伞花序顶生，密集；苞片叶状，披针形或卵状披针形，长约3 cm，早落或花时不落，早落后在花序梗上残留凸起的痕迹，小苞片披针形，长约1.8 cm；花萼钟形，长2～6 mm，被短柔毛及少数盘状腺体，萼齿

三角形或狭三角形，长 1～3 mm；花冠淡红色、红色或紫红色，花冠管长 2～3 cm，裂片倒卵形，长 5～8 mm；雄蕊及花柱均突出花冠外；花柱短于、等于或稍长于雄蕊；柱头 2 裂，子房 4 室。核果近球形，直径 0.6～1.2 cm，成熟时蓝黑色。花、果期 5—11 月。

【拍摄地点】宜城市雷河镇，海拔 107.7 m。

【生物学特性】喜温暖、湿润和阳光充足的环境。

【生境分布】生于山坡、林缘、沟谷、路旁、灌丛润湿处。分布于宜城市雷河镇等地。

【药用部位】根、茎、叶。

【功能主治】祛风解毒，消肿止痛。

【用法用量】内服：煎汤，10～15 g（鲜品 30～60 g）；或捣汁；或入丸剂。外用：适量，煎水熏洗；或捣敷；或研末调敷。

夏 至 草 属

306. 夏至草 *Lagopsis supina* (Steph.) Ik. -Gal.

【别名】白花益母。

【形态特征】多年生草本，披散于地面或上升，具圆锥形的主根。茎高 15～35 cm，四棱形，具沟槽，带紫红色，密被微柔毛，常在基部分枝。叶轮廓为圆形，长、宽均 1.5～2 cm，先端圆形，基部心形，3 深裂，裂片有圆齿或长圆形齿，有时叶片为卵圆形，3 浅裂或深裂，裂片无齿或有稀疏圆齿，通常基部越冬叶较宽大，叶片两面均绿色，上面疏生微柔毛，下面沿脉上被长柔毛，余部具腺点，边缘具纤毛，脉掌状，3～5 出；

叶柄长，基生叶的长 2～3 cm，上部叶的较短，通常在 1 cm 左右，扁平，上面微具沟槽。轮伞花序疏花，直径约 1 cm，在枝条上部者较密集，在下部者较疏松；小苞片长约 4 mm，稍短于萼筒，弯曲，刺状，密被微柔毛。花萼管状钟形，长约 4 mm，外密被微柔毛，内面无毛，脉 5，凸出，齿 5，不等大，长 1～1.5 mm，三角形，先端刺尖，边缘有细纤毛，在果时明显展开，且 2 齿稍大。花冠白色，稀粉红色，稍伸出于萼筒，长约 7 mm，外面被绵状长柔毛，内面被微柔毛，在花丝基部有短柔毛；冠筒长约 5 mm，直径约 1.5 mm；冠檐二唇形，上唇直伸，比下唇长，长圆形，全缘，下唇斜展，3 浅裂，中裂片扁圆形，两侧裂片椭圆形。雄蕊 4 枚，着生于冠筒中部稍下，不伸出，后对较短；花药卵圆形，2 室。花柱先端 2 浅裂。花盘平顶。小坚果长卵形，长约 1.5 mm，褐色。花期 3—4 月，果期 5—6 月。

【拍摄地点】宜城市板桥店镇，海拔 224.1 m。

【生物学特性】喜向阳、湿润环境。

【生境分布】 生于路旁、旷地上。偶见于宜城市板桥店镇等地。

【药用部位】 全草（有小毒）。

【采收加工】 除去杂质、残根及老梗，喷淋洗净，沥干，稍闷，切片，干燥。

【功能主治】 活血调经。

野 芝 麻 属

307. 宝盖草 *Lamium amplexicaule* L.

【别名】 珍珠莲、接骨草。

【形态特征】 一年生或二年生植物。茎高 10～30 cm，基部多分枝，上升，四棱形，具浅槽，常为深蓝色，几无毛，中空。茎下部叶具长柄，柄与叶片等长或超过之，上部叶无柄，叶片均为圆形或肾形，长 1～2 cm，宽 0.7～1.5 cm，先端圆，基部截形或截状阔楔形，半抱茎，边缘具极深的圆齿，顶部的齿通常较其余的大，上面暗橄榄绿色，下面稍淡，两面均疏生小糙伏毛。轮伞花序具 6～10 朵花，其中常有闭花受精的花；

苞片披针状钻形，长约 4 mm，宽约 0.3 mm，具缘毛。花萼管状钟形，长 4～5 mm，宽 1.7～2 mm，外面密被白色直伸的长柔毛，内面除花萼上被白色直伸长柔毛外，余部无毛，萼齿 5，披针状锥形，长 1.5～2 mm，边缘具缘毛。花冠紫红色或粉红色，长 1.7 cm，外面除上唇被有较密带紫红色的短柔毛外，余部均被微柔毛，内面无毛环；冠筒细长，长约 1.3 cm，直径约 1 mm，筒口宽约 3 mm；冠檐二唇形，上唇直伸，长圆形，长约 4 mm，先端微弯，下唇稍长，3 裂，中裂片倒心形，先端深凹，基部收缩，侧裂片浅圆状。雄蕊花丝无毛，花药被长硬毛。花柱丝状，先端不相等 2 浅裂。花盘杯状，具圆齿。子房无毛。小坚果倒卵圆形，具 3 棱，先端近截状，基部收缩，长约 2 mm，宽约 1 mm，淡灰黄色，表面有白色大疣状突起。花期 3—5 月，果期 7—8 月。

【拍摄地点】 宜城市王集镇，海拔 109.4 m。

【生境分布】 生于路旁、林缘、沼泽草地及宅旁等地，或为田间杂草。分布于宜城市各乡镇。

【药用部位】 全草。

【采收加工】 夏季采收，洗净，晒干或鲜用。

【功能主治】 活血通络，解毒消肿。主治跌打损伤，筋骨疼痛，四肢麻木，半身不遂，面瘫，黄疸，鼻渊，瘰疬，肿毒，黄水疮。

【用法用量】 内服：煎汤，9～15 g。外用：适量，捣敷；或研末撒。

益 母 草 属

308. 益母草 *Leonurus japonicus* Houtt.

【别名】 益母蒿、野麻。

【形态特征】 一年生或二年生草本，有于其上密生须根的主根。茎直立，通常高 30～120 cm，钝四棱形，微具槽，有倒向糙伏毛，在节及棱上尤为密集，在基部有时近无毛，多分枝，或仅于茎中部以上有能育的小枝条。叶轮廓变化很大，茎下部叶轮廓为卵形，基部宽楔形，掌状 3 裂，裂片呈长圆状菱形至卵圆形，通常长 2.5～6 cm，宽 1.5～4 cm，裂片上再分裂，上面绿色，有糙伏毛，叶脉稍下陷，下面淡绿色，被疏柔毛及腺点，叶脉凸出，叶柄纤细，长 2～3 cm，由于叶基下延而在上部略具翅，腹面具槽，背面圆形，被糙伏毛；茎中部叶轮廓为菱形，较小，通常分裂成 3 个或偶有多个长圆状线形的裂片，基部狭楔形，叶柄长 0.5～2 cm；花序最上部的苞叶近无柄，线形或线状披针形，长 3～12 cm，宽 2～8 mm，全缘或具稀少齿。轮伞花序腋生，具 8～15 朵花，轮廓为圆球形，直径 2～2.5 cm，多数远离而组成长穗状花序；小苞片刺状，向上伸出，基部略弯曲，比萼筒短，长约 5 mm，有贴生的微柔毛；花梗无。花萼管状钟形，长 6～8 mm，外面有贴生微柔毛，内面于离基部 1/3 以上被微柔毛，5 脉，显著，齿 5，前 2 齿靠合，长约 3 mm，后 3 齿较短，等长，长约 2 mm，齿均为宽三角形，先端刺尖。花冠粉红色至淡紫红色，长 1～1.2 cm，外面于伸出萼筒部分被柔毛，冠筒长约 6 mm，等大，内面在离基部 1/3 处有近水平方向的不明显鳞毛毛环，毛环在背面间断，其上部有鳞状毛，冠檐二唇形，上唇直伸，内凹，长圆形，长约 7 mm，宽 4 mm，全缘，内面无毛，边缘具纤毛，下唇略短于上唇，内面在基部疏被鳞状毛，3 裂，中裂片倒心形，先端微缺，边缘薄膜质，基部收缩，侧裂片卵圆形，细小。雄蕊 4 枚，均延伸至上唇片之下，平行，前对较长，花丝丝状，扁平，疏被鳞状毛，花药卵圆形，2 室。花柱丝状，略超出于雄蕊而与上唇片等长，无毛，先端相等 2 浅裂，裂片钻形。花盘平顶。子房褐色，无毛。小坚果长圆状三棱形，长 2.5 mm，顶端截平而略宽大，基部楔形，淡褐色，光滑。通常花期 6—9 月，果期 9—10 月。

【拍摄地点】 宜城市板桥店镇新街，海拔 183.2 m。

【生物学特性】 喜温暖、湿润环境，喜阳光。

【生境分布】 分布于宜城市各乡镇。

【药用部位】 新鲜或干燥地上部分。

【采收加工】 鲜品：春季幼苗期至初夏花前期采割。干品：夏季茎叶茂盛、花未开或初开时采割，晒干，或切段晒干。

【功能主治】 活血调经，利尿消肿，清热解毒。用于月经不调，痛经，闭经，恶露不尽，水肿尿少，疮痈肿毒。

【用法用量】 内服：煎汤，9～30 g（鲜品 12～40 g）。

309. 錾菜 *Leonurus pseudomacranthus* Kitag.

【别名】 山玉米膏。

【形态特征】 多年生草本，有于其上密生须根的圆锥形主根。茎直立，高 60～100 cm，单一，通常在茎的上部成对地分枝，分枝或短或长，均能育，茎及分枝钝四棱形，明显具槽，密被贴生倒向的微柔毛，在节间上尤为密集，上部具花序。叶片变异很大，最下部的叶通常脱落，近茎基部叶轮廓为卵圆形，长 6～7 cm，宽 4～5 cm，3 裂，分裂达中部，裂片几相等，边缘疏生粗锯齿状齿，先端锐尖，基部宽楔形，近革质，

上面暗绿色，稍密被糙伏小硬毛，粗糙，叶脉下陷，具皱褶，下面淡绿色，沿主脉上有贴生的小硬毛，其间散布淡黄色腺点，叶脉明显凸起，叶柄长 1～2 cm，具狭翅，腹面具槽，背面圆形，密被小硬毛；茎中部的叶通常不裂，轮廓为长圆形，边缘疏生 4～5 对齿，最下方的一对齿呈半裂片状，其余均为锯齿状齿，叶柄较短，长度在 1 cm 以下；花序上的苞叶最小，近线状长圆形，长 3 cm，宽 1 cm，全缘，或于先端疏生 1～2 齿，无柄。轮伞花序腋生，多花，远离而向顶密集组成长穗状；小苞片少数，刺状，直伸，长 5～6 mm，基部相连，具糙硬毛，绿色；花梗无。花萼管状，长 7～8 mm，外面被微硬毛，沿脉上被长硬毛，其间混有淡黄色腺点，中部以上均绿色，中部以下渐近基部毛被疏少而呈草黄色，内面无毛，脉 5，除近基部外明显凸出，齿 5，前 2 齿靠合，较大，长 5 mm，直伸，钻状，先端刺尖，后 3 齿较小，均等大，长 3 mm，直伸，三角状钻形，先端刺尖。花冠白色，常带紫纹，长 1.8 cm，冠筒长约 8 mm，外面在中部以下无毛，中部以上被疏柔毛，内面在上部被短柔毛，中部具近水平方向的鳞状毛毛环，其下方无毛，冠檐二唇形，上唇长圆状卵形，先端近圆形，基部略收缩，长达 1 cm，直伸，稍内凹，全缘，白色，外被疏柔毛，内面无毛，下唇轮廓为卵形，长约 8 mm，宽约 5 mm，白色，具紫纹，3 裂，外被疏柔毛，内面无毛，中裂片较大，倒心形，先端微凹，明显 2 小裂，侧裂片卵圆形。雄蕊 4 枚，均延伸至上唇片之下，前对较长，花丝丝状，扁平，具紫斑，中部以下或近基部有微柔毛，花药卵圆形，2 室。花柱丝状，先端相等 2 浅裂。花盘平顶。子房褐色，无毛。小坚果长圆状三棱形，黑褐色。花期 8—9 月，果期 9—10 月。

【拍摄地点】 宜城市板桥店镇东湾村，海拔 197.4 m。

【生境分布】 生于山坡或丘陵地上。分布于宜城市板桥店镇、雷河镇等地。

【药用部位】 全草。

【功能主治】 活血。用于产后腹痛。

薄 荷 属

310. 薄荷 *Mentha canadensis* L.

【别名】夜息香。

【形态特征】多年生草本。茎直立，高 30～60 cm，下部数节具纤细的须根及水平匍匐根状茎，锐四棱形，具 4 槽，上部被倒向微柔毛，下部仅沿棱上被微柔毛，多分枝。叶片长圆状披针形、披针形、椭圆形或卵状披针形，稀长圆形，长 3～5（7）cm，宽 0.8～3 cm，先端锐尖，基部楔形至近圆形，边缘在基部以上疏生粗大的牙齿状锯齿，侧脉 5～6 对，与中肋在上面微凹陷，下面显著，上面绿色；沿脉上密生、余部疏生微柔毛，或除脉外余部近无毛，上面淡绿色，通常沿脉上密生微柔毛；叶柄长 2～10 mm，腹凹背凸，被微柔毛。轮伞花序腋生，轮廓球形，花时直径约 18 mm，具梗或无梗，具梗时梗可长达 3 mm，被微柔毛；花梗纤细，长 2.5 mm，被微柔毛或近无毛。花萼管状钟形，长约 2.5 mm，外被微柔毛及腺点，内面无毛，10 脉，不明显，萼齿 5，狭三角状钻形，先端长锐尖，长 1 mm。花冠淡紫色，长 4 mm，外面略被微柔毛，内面在喉部以下被微柔毛，冠檐 4 裂，上裂片先端 2 裂，较大，其余 3 裂片近等大，长圆形，先端钝。雄蕊 4 枚，前对较长，长约 5 mm，均伸出花冠外，花丝丝状，无毛，花药卵圆形，2 室，室平行。花柱略超出雄蕊，先端近相等 2 浅裂，裂片钻形。花盘平顶。小坚果卵珠形，黄褐色，具小腺窝。花期 7—9 月，果期 10 月。

【拍摄地点】宜城市流水镇杨林村，海拔 119.8 m。

【生物学特性】生于水旁潮湿地。

【生境分布】分布于宜城市各乡镇。

【药用部位】全草或叶。

【采收加工】春、秋季茎叶茂盛或花开至 3 轮时，选晴天分次采割，晒干或阴干。

【功能主治】疏散风热，清利头目，利咽透疹，疏肝行气。用于风热感冒，风温初起，头痛，目赤，喉痹，口疮，风疹，麻疹，胸胁痞闷。

【用法用量】内服：煎汤，3～6 g，后下。

牛 至 属

311. 牛至 *Origanum vulgare* L.

【别名】蘑菇草。

【形态特征】多年生草本或半灌木，芳香；根茎斜生，其节上具纤细的须根，木质。茎直立或近基部伏地，通常高25～60 cm，带紫色，四棱形，具倒向或微卷曲的短柔毛，多数，从根茎发出，中上部各节有具花的分枝，下部各节有不育的短枝，近基部常无叶。叶具柄，柄长2～7 mm，腹面具槽，背面近圆形，被柔毛，叶片卵圆形或长圆状卵圆形，长1～4 cm，宽0.4～1.5 cm，先端钝或稍钝，基部宽楔形至近圆形或

微心形，全缘或有远离的小锯齿，上面亮绿色，常带紫晕，具不明显的柔毛及凹陷的腺点，下面淡绿色，明显被柔毛及凹陷的腺点，侧脉3～5对，与中脉在上面不显著，下面凸出；苞叶大多无柄，常带紫色。花序呈伞房状圆锥花序，开张，多花密集，由多数长圆状、在果时伸长的小穗状花序所组成；苞片长圆状倒卵形至倒卵形或倒披针形，锐尖，绿色或带紫晕，长约5 mm，具平行脉，全缘。花萼钟形，连齿长3 mm，外面被小硬毛或近无毛，内面在喉部有白色柔毛环，13脉，显著，萼齿5，三角形，等大，长0.5 mm。花冠紫红色、淡红色至白色，管状钟形，长7 mm，两性花冠筒长5 mm，显著超出花萼，而雌性花冠筒短于花萼，长约3 mm，外面疏被短柔毛，内面在喉部被疏短柔毛；冠檐明显二唇形，上唇直立，卵圆形，长1.5 mm，先端2浅裂，下唇开张，长2 mm，3裂，中裂片较大，侧裂片较小，均长圆状卵圆形。雄蕊4枚，在两性花中，后对短于上唇，前对略伸出花冠，在雌性花中，前、后对近相等，内藏，花丝丝状，扁平，无毛，花药卵圆形，2室，两性花由三角状楔形的药隔分隔开，室叉开，而雌性花中药隔退化雄蕊的药室近平行。花盘平顶。花柱略超出雄蕊，先端不相等2浅裂，裂片钻形。小坚果卵圆形，长约0.6 mm，先端圆，基部骤狭，微具棱，褐色，无毛。花期7—9月，果期10—12月。

【拍摄地点】宜城市板桥店镇，海拔262.0 m。

【生境分布】生于山坡、林下、草地或路旁。分布于宜城市板桥店镇、流水镇、刘猴镇等地。

【药用部位】全草。

【采收加工】7—8月开花前采割地上部分，或将全草连根拔起，抖去泥沙，鲜用或扎把晒干。

【功能主治】解表，理气，清暑，利湿。用于感冒发热，中暑，胸膈痞满，腹痛吐泻，痢疾，黄疸，水肿，带下，小儿疳积，麻疹，皮肤瘙痒，疮痈肿毒，跌打损伤。

【用法用量】内服：煎汤，3～9 g（大剂量用至15～30 g）；或泡茶。外用：适量，煎水洗；或鲜品捣敷。

紫 苏 属

312. 紫苏 *Perilla frutescens* (L.) Britt.

【别名】红苏。

【形态特征】一年生直立草本。茎高 0.3～2 m，绿色或紫色，钝四棱形，具 4 槽，密被长柔毛。叶阔卵形或圆形，长 7～13 cm，宽 4.5～10 cm，先端短尖或突尖，基部圆形或阔楔形，边缘在基部以上有粗锯齿，膜质或草质，两面绿色或紫色，或仅下面紫色，上面被疏柔毛，下面被贴生柔毛，侧脉 7～8 对，位于下部者稍靠近，斜上升，与中脉在上面微凸起，下面明显凸起，色稍淡；

叶柄长 3～5 cm，背腹扁平，密被长柔毛。轮伞花序 2 花，组成长 1.5～15 cm、密被长柔毛、偏向一侧的顶生及腋生总状花序；苞片宽卵圆形或近圆形，长、宽约 4 mm，先端具短尖，外被红褐色腺点，无毛，边缘膜质；花梗长 1.5 mm，密被柔毛。花萼钟形，10 脉，长约 3 mm，直伸，下部被长柔毛，夹有黄色腺点，内面喉部有疏柔毛环，结果时增大，长至 1.1 cm，平伸或下垂，基部一边肿胀；萼檐二唇形，上唇宽大，3 齿，中齿较小，下唇比上唇稍长，2 齿，齿披针形。花冠白色至紫红色，长 3～4 mm，外面略被微柔毛，内面在下唇片基部略被微柔毛，冠筒短，长 2～2.5 mm，喉部斜钟形，冠檐近二唇形，上唇微缺，下唇 3 裂，中裂片较大，侧裂片与上唇相近似。雄蕊 4 枚，几不伸出，前对稍长，离生，插生喉部，花丝扁平，花药 2 室，室平行，其后略叉开或极叉开。花柱先端相等 2 浅裂。花盘前方呈指状膨大。小坚果近球形，灰褐色，直径约 1.5 mm，具网纹。花期 8—11 月，果期 8—12 月。

【拍摄地点】宜城市刘猴镇，海拔 172.7 m。

【生物学特性】耐高温。

【生境分布】栽培于宜城市各乡镇。

【药用部位】果实、叶、茎。

【采收加工】果实：秋季果实成熟时采收，除去杂质，晒干。叶：夏季枝叶茂盛时采收，除去杂质，晒干。茎：秋季果实成熟后采割，除去杂质，晒干；或趁鲜切片，晒干。

【功能主治】果实：降气化痰，止咳平喘，润肠通便。用于痰壅气逆，咳嗽气喘，肠燥便秘。叶：解表散寒，行气和胃，解鱼蟹毒。用于风寒感冒，咳嗽呕恶，妊娠呕吐，鱼蟹中毒。茎：理气宽中，止痛，安胎。用于胸膈痞闷，胃脘疼痛，嗳气呕吐，胎动不安。

【用法用量】果实：内服，煎汤，3～10 g。叶：内服，煎汤，5～10 g。茎：内服，煎汤，5～10 g。

夏 枯 草 属

313. 夏枯草 *Prunella vulgaris* L.

【形态特征】多年生草木；根茎匍匐，在节上生须根。茎高 20～30 cm，上升，下部伏地，自基部多分枝，钝四棱形，具浅槽，紫红色，被稀疏的糙毛或近无毛。茎叶卵状长圆形或卵圆形，大小不等，长 1.5～

6 cm，宽 0.7～2.5 cm，先端钝，基部圆形、截形至宽楔形，下延至叶柄成狭翅，边缘具不明显的波状齿或几近全缘，草质，上面橄榄绿色，具短硬毛或几无毛，下面淡绿色，几无毛，侧脉 3～4 对，在下面略凸出，叶柄长 0.7～2.5 cm，自下部向上渐变短；花序下方的 1 对苞叶似茎叶，近卵圆形，无柄或具不明显的短柄。轮伞花序密集组成顶生长 2～4 cm 的穗状花序，每一轮伞花序下承以苞片；苞片宽心形，通常长约 7 mm，

宽约 11 mm，先端具长 1～2 mm 的骤尖头，脉纹呈放射状，外面在中部以下沿脉上疏生刚毛，内面无毛，边缘具睫毛状毛，膜质，浅紫色。花萼钟形，连齿长约 10 mm，筒长 4 mm，倒圆锥形，外面疏生刚毛，二唇形，上唇扁平，宽大，近扁圆形，先端几截平，具 3 枚不很明显的短齿，中齿宽大，齿尖均呈刺状微尖，下唇较狭，2 深裂，裂片达唇片之半或以下，边缘具毛，先端渐尖，尖头微刺状。花冠紫色、蓝紫色或紫红色，长约 13 mm，略超出于花萼；冠筒长 7 mm，基部宽约 1.5 mm，其上向前方膨大，至喉部宽约 4 mm，外面无毛，内面约近基部 1/3 处具鳞毛毛环；冠檐二唇形，上唇近圆形，直径约 5.5 mm，内凹，呈盔状，先端微缺，下唇约为上唇的 1/2，3 裂，中裂片较大，近倒心形，先端边缘具流苏状小裂片，侧裂片长圆形，垂向下方，细小。雄蕊 4 枚，前对长很多，均上升至上唇片之下，彼此分离，花丝略扁平，无毛，前对花丝先端 2 裂，1 裂片能育，具花药，另 1 裂片钻形，长过花药，稍弯曲或近直立，后对花丝的不育裂片微呈瘤状凸出，花药 2 室，室极叉开。花柱纤细，先端相等 2 裂，裂片钻形，外弯。花盘近平顶。子房无毛。小坚果黄褐色，长圆状卵珠形，长 1.8 mm，宽约 0.9 mm，微具沟纹。花期 4—6 月，果期 7—10 月。

【拍摄地点】 宜城市刘猴镇，海拔 264.8 m。

【生物学特性】 喜温暖、湿润环境，能耐寒，喜阳光。

【生境分布】 生于山沟水湿地或河岸两旁湿草丛、荒地、路旁。分布于宜城市各乡镇。

【药用部位】 果穗。

【采收加工】 夏季果穗呈红棕色时采收，除去杂质，晒干。

【功能主治】 清肝泻火，明目，散结消肿。用于目赤肿痛，目赤夜痛，头痛眩晕，瘰疬，瘿瘤，乳痈，乳癖，乳房胀痛。

【用法用量】 内服：煎汤，9～15 g。

鼠 尾 草 属

314. 丹参 *Salvia miltiorrhiza* Bge.

【别名】 赤参、红根。

【形态特征】多年生直立草本；根肥厚，肉质，外面朱红色，内面白色，长5～15 cm，直径4～14 mm，疏生支根。茎直立，高40～80 cm，四棱形，具槽，密被长柔毛，多分枝。叶常为奇数羽状复叶，叶柄长1.3～7.5 cm，密被向下长柔毛，小叶3～5（7），长1.5～8 cm，宽1～4 cm，卵圆形、椭圆状卵圆形或宽披针形，先端锐尖或渐尖，基部圆形或偏斜，边缘具圆齿，草

质，两面被疏柔毛，下面较密，小叶柄长2～14 mm，与叶轴密被长柔毛。轮伞花序具6朵或多朵花，下部者疏离，上部者密集，组成长4.5～17 cm具长梗的顶生或腋生总状花序；苞片披针形，先端渐尖，基部楔形，全缘，上面无毛，下面略被疏柔毛，比花梗长或短；花梗长3～4 mm，花序轴密被长柔毛或具腺长柔毛。花萼钟形，带紫色，长约1.1 cm，花后稍增大，外面被疏长柔毛及具腺长柔毛，具缘毛，内面中部密被白色长硬毛，具11脉，二唇形，上唇全缘，三角形，长约4 mm，宽约8 mm，先端具3个小尖头，侧脉外缘具狭翅，下唇与上唇近等长，深裂成2齿，齿三角形，先端渐尖。花冠紫蓝色，长2～2.7 cm，外被具腺短柔毛，尤以上唇为密，内面离冠筒基部2～3 mm斜生不完全小疏柔毛毛环；冠筒外伸，比冠檐短，基部宽2 mm，向上渐宽，至喉部宽达8 mm；冠檐二唇形，上唇长12～15 mm，镰刀状，向上竖立，先端微缺，下唇短于上唇，3裂，中裂片长5 mm，宽达10 mm，先端2裂，裂片顶端具不整齐的尖齿，侧裂片短，顶端圆形，宽约3 mm。能育雄蕊2枚，伸至上唇片，花丝长3.5～4 mm，药隔长17～20 mm，中部关节处略被小疏柔毛，上臂十分伸长，长14～17 mm，下臂短而增粗，药室不育，顶端连合。退化雄蕊线形，长约4 mm。花柱远外伸，长达40 mm，先端不相等2裂，后裂片极短，前裂片线形。花盘前方稍膨大。小坚果黑色，椭圆形，长约3.2 cm，直径1.5 mm。花期4—8月，花后见果。

【拍摄地点】宜城市刘猴镇团山村，海拔141.0 m。
【生物学特性】喜气候温和、光照充足环境。
【生境分布】生于山坡、林下草丛或溪谷旁。偶见于宜城市刘猴镇等地。
【药用部位】根和根茎。
【采收加工】春、秋季采挖，除去泥沙，干燥。
【功能主治】活血祛瘀，通经止痛，清心除烦，凉血消痈。用于胸痹心痛，脘腹胁痛，癥瘕积聚，热痹疼痛，心烦不眠，月经不调，痛经，闭经，疮痈肿毒。
【用法用量】内服：煎汤，10～15 g。

四 棱 草 属

315. 三花莸 *Schnabelia terniflora* (Maxim.) P. D. Cantino

【别名】风寒草、野荆芥。

【形态特征】 直立亚灌木，常自基部即分枝，高 15～60 cm；茎方形，密生灰白色向下弯曲柔毛。叶片纸质，卵圆形至长卵形，长 1.5～4 cm，宽 1～3 cm，顶端尖，基部阔楔形至圆形，两面具柔毛和腺点，以背面较密，边缘具规则钝齿，侧脉 3～6 对；叶柄长 0.2～1.5 cm，被柔毛。聚伞花序腋生，花序梗长 1～3 cm，通常具 3 朵花，偶有 1 或 5 朵花，花柄长 3～6 mm；苞片细小，锥形；花萼钟形，长 8～9 mm，两面有柔毛和腺点，5 裂，裂片披针形；花冠紫红色或淡红色，长 1.1～1.8 cm，外面疏被柔毛和腺点，顶端 5 裂，二唇形，裂片全缘，下唇中裂片较大，圆形；雄蕊 4 枚，与花柱均伸出花冠管外；子房顶端被柔毛，花柱长过雄蕊。蒴果成熟后 4 瓣裂，果瓣倒卵状舟形，无翅，表面明显凹凸成网纹，密被糙毛。花、果期 6—9 月。

【拍摄地点】 湖北省宜城市刘猴镇，海拔 177.0 m。

【生境分布】 生于山坡、平地或水沟河边。分布于宜城市刘猴镇、南营街道办事处等地。

【药用部位】 全株。

【功能主治】 清热解毒，祛风除湿，消肿止痛。用于外感风湿，咳嗽，烫伤，产后腹痛；外用治刀伤、烧、烫伤，瘰疬，毒蛇咬伤。

黄 芩 属

316. 半枝莲 *Scutellaria barbata* D. Don

【别名】 赶山鞭、牙刷草。

【形态特征】 根茎短粗，生出簇生的须状根。茎直立，高 12～35（55）cm，四棱形，基部粗 1～2 mm，无毛或在序轴上部疏被紧贴的小毛，不分枝或具或多或少的分枝。叶具短柄或近无柄，柄长 1～3 mm，腹凹背凸，疏被小毛；叶片三角状卵圆形或卵圆状披针形，有时卵圆形，长 1.3～3.2 cm，宽 0.5～1（1.4）cm，先端急尖，基部宽楔形或近截形，边缘生有疏而钝的浅齿，上面橄榄绿色，下面淡绿有时带紫色，两面沿脉上疏被紧贴的小毛或几无毛，侧脉 2～

3对，与中脉在上面凹陷、下面凸起。花单生于茎或分枝上部叶腋内，具花的茎部长4～11 cm；苞叶下部者似叶，但较小，长达8 mm，上部者更变小，长2～4.5 mm，椭圆形至长椭圆形，全缘，上面散布、下面沿脉疏被小毛；花梗长1～2 mm，被微柔毛，中部有一对长约0.5 mm具纤毛的针状小苞片。花萼开花时长约2 mm，外面沿脉被微柔毛，边缘具短缘毛，盾片高约2 mm，果时花萼长4.5 mm，盾片高2 mm。花冠紫蓝色，长9～13 mm，外被短柔毛，内在喉部疏被疏柔毛；冠筒基部囊大，宽1.5 mm，向上渐宽，至喉部宽达3.5 mm；冠檐二唇形，上唇盔状，半圆形，长1.5 mm，先端圆，下唇中裂片梯形，全缘，长2.5 mm，宽4 mm，2侧裂片三角状卵圆形，宽1.5 mm，先端急尖。雄蕊4枚，前对较长，微露出，具能育半药，退化半药不明显，后对较短，内藏，具全药，药室裂口具髯毛状毛；花丝扁平，前对内侧、后对两侧下部被小疏柔毛。花柱细长，先端锐尖，微裂。花盘盘状，前方隆起，后方延伸成短子房柄。子房4裂，裂片等大。小坚果褐色，扁球形，直径约1 mm，具小疣状突起。花、果期4—7月。

【拍摄地点】宜城市流水镇，海拔86.0 m。
【生物学特性】喜温暖气候和湿润、半阴环境。
【生境分布】生于池沼边、田边或路旁潮湿处。分布于宜城市流水镇、刘猴镇等地。
【药用部位】全草。
【采收加工】夏、秋季茎叶茂盛时采挖，洗净，晒干。
【功能主治】清热解毒，化瘀利尿。用于疮痈肿毒，咽喉肿痛，跌打伤痛，水肿，黄疸，蛇虫咬伤。
【用法用量】内服：煎汤，15～30 g。

317. 韩信草 *Scutellaria indica* L.

【别名】金茶匙。

【形态特征】多年生草本；根茎短，向下生出多数簇生的纤维状根，向上生出1至多数茎。茎高12～28 cm，上升直立，四棱形，直径1～1.2 mm，通常带暗紫色，被微柔毛，尤以茎上部及沿棱角密集，不分枝或多分枝。叶草质至近坚纸质，心状卵圆形或圆状卵圆形至椭圆形，长1.5～2.6(3)cm，宽1.2～2.3 cm，先端钝或圆，基部圆形、浅心形至心形，边缘密生整齐圆齿，两面被微柔毛或糙伏毛，尤以下面甚；叶柄长

0.4～1.4(2.8)cm，腹平背凸，密被微柔毛。花对生，在茎或分枝顶上排列成长4～8(12)cm的总状花序；花梗长2.5～3 mm，与序轴均被微柔毛；最下1对苞片叶状，卵圆形，长达1.7 cm，边缘具圆齿，其余苞片均细小，卵圆形至椭圆形，长3～6 mm，宽1～2.5 mm，全缘，无柄，被微柔毛。花萼开花时长约2.5 mm，被硬毛及微柔毛，果时十分增大，盾片花时高约1.5 mm，果时竖起，增大1倍。花冠蓝紫色，

长 1.4～1.8 cm，外疏被微柔毛，内面仅唇片被短柔毛；冠筒前方基部弯曲，其后直伸，向上逐渐增大，至喉部宽约 4.5 mm；冠檐二唇形，上唇盔状，内凹，先端微缺，下唇中裂片圆状卵圆形，两侧中部微内缢，先端微缺，具深紫色斑点，两侧裂片卵圆形。雄蕊 4 枚，二强；花丝扁平，中部以下具小纤毛。花盘肥厚，前方隆起；子房柄短。花柱细长。子房光滑，4 裂。成熟小坚果栗色或暗褐色，卵形，长约 1 mm，直径不到 1 mm，具瘤，腹面近基部具一果脐。花、果期 2—6 月。

【拍摄地点】 宜城市王集镇联合村，海拔 136.9 m。

【生物学特性】 喜温暖、湿润气候。

【生境分布】 生于山地或丘陵地、疏林下、路旁空地及草地上。分布于宜城市各乡镇。

【药用部位】 全草。

【功能主治】 清热解毒，活血止痛，止血消肿。主疮痈肿毒，肺痈，肠痈，瘰疬，毒蛇咬伤，肺热咳喘，牙痛，喉痹，咽痛，筋骨疼痛，吐血，咯血，便血，跌打损伤，创伤出血，皮肤瘙痒。

【用法用量】 内服：煎汤，10～15 g；或捣汁，鲜品 30～60 g；或浸酒。外用：适量，捣敷；或煎水洗。

水 苏 属

318. 针筒菜 *Stachys oblongifolia* Benth.

【形态特征】 多年生草本，高 30～60 cm，有在节上生须根的横走根茎。茎直立或上升，或基部匍匐，锐四棱形，具 4 槽，基部微粗糙，在棱及节上被长柔毛，余部被微柔毛，不分枝或少分枝。茎生叶长圆状披针形，通常长 3～7 cm，宽 1～2 cm，先端微急尖，基部浅心形，边缘为圆齿状锯齿，上面绿色，疏被微柔毛及长柔毛，下面灰绿色，密被灰白色柔毛状茸毛，沿脉上被长柔毛，叶柄长约 2 mm，至近无柄，密被长柔毛；苞叶向上渐变小，披针形，无柄，通常均比花萼长，近全缘，毛被与茎叶相同。轮伞花序通常具 6 朵花，下部者远离，上部者密集组成长 5～8 cm 的顶生穗状花序；小苞片线状刺形，微小，长约 1 mm，被微柔毛；花梗短，长约 1 mm，被微柔毛。花萼钟形，连齿长约 7 mm，外面被具腺柔毛状茸毛，沿肋上疏生长柔毛，内面无毛，10 脉，肋间次脉不明显，齿 5，三角状披针形，近等大，长约 2.5 mm，或下 2 齿略长，先端具刺尖头。花冠粉红色或粉红紫色，长 1.3 cm，外面疏被微柔毛，但在冠檐上被较多疏柔毛，内面在喉部被微柔毛，毛环不明显或缺如，冠筒长 7 mm，冠檐二唇形，上唇长圆形，下唇开张，3 裂，中裂片最大，肾形，侧裂片卵圆形。雄蕊 4 枚，前对较长，均延伸至上唇片之下，花丝丝状，被微柔毛，花药卵圆形，2 室，室极叉开。花柱丝状，稍超出雄蕊，先端相等 2 浅裂，裂片钻形。花盘平顶，波状。子房黑褐色，

无毛。小坚果卵珠状，直径约 1 mm，褐色，光滑。

【拍摄地点】 宜城市刘猴镇钱湾村五组，海拔 150.2 m。

【生境分布】 生于林下、河岸、竹丛、灌丛、苇丛、草丛及湿地中。分布于宜城市刘猴镇等地。

【药用部位】 全草。

【功能主治】 补中益气，止血生肌。用于久痢，病久虚弱，外伤出血。

香 科 科 属

319. 血见愁 *Teucrium viscidum* Bl.

【别名】 四棱香、山黄荆。

【形态特征】 多年生草本，具匍匐茎。茎直立，高 30～70 cm，下部无毛或近无毛，上部具夹生腺毛的短柔毛。叶柄长 1～3 cm，近无毛；叶片卵圆形至卵圆状长圆形，长 3～10 cm，先端急尖或短渐尖，基部圆形、阔楔形至楔形，下延，边缘为带重齿的圆齿，有时数齿间具深刻的齿弯，两面近无毛，或被极稀的微柔毛。假穗状花序生于茎及短枝上部，在茎上者由于下部有短的花枝因而俨如圆锥花序，长 3～7 cm，密被腺毛，由密集具 2 朵花的轮伞花序组成；苞片披针形，较开放的花稍短或等长；花梗短，长不及 2 mm，密被具腺长柔毛。花萼小，钟形，长 2.8 mm，宽 2.2 mm，外面密被具腺长柔毛，内面在齿下被稀疏微柔毛，齿缘具缘毛，10 条脉，其中 5 条脉不甚明显，萼齿 5，直伸，近等大，长不及萼筒的 1/2，上 3 齿卵状三角形，先端钝，下 2 齿三角形，稍锐尖，果时花萼呈圆球形，直径 3 mm，有时甚小。花冠白色、淡红色或淡紫色，长 6.5～7.5 mm，冠筒长 3 mm，稍伸出，唇片与冠筒成大角度的钝角，中裂片正圆形，侧裂片卵圆状三角形，先端钝。雄蕊伸出，前对与花冠等长。花柱与雄蕊等长。花盘盘状，浅 4 裂。子房圆球形，顶端被泡状毛。小坚果扁球形，长 1.3 mm，黄棕色，合生面超过果长的 1/2。长江流域的花期为 7—9 月，广东、云南南部为 6 月至 11 月。

【拍摄地点】 宜城市流水镇，海拔 321.9 m。

【生境分布】 生于山地林下湿润处的荒地、田边、半阴的草丛中。偶见于流水镇等地。

【药用部位】 全草。

【功能主治】 凉血解毒，去瘀生新，散瘀消肿。用于跌打，疮毒，蛇咬伤，肠风下血。

牡 荆 属

320. 黄荆 *Vitex negundo* L.

【别名】 五指风、布荆。

【形态特征】 灌木或小乔木；小枝四棱形，密生灰白色茸毛。掌状复叶，小叶 5 片，少有 3 片；小叶片长圆状披针形至披针形，顶端渐尖，基部楔形，全缘或每边有少数粗锯齿，表面绿色，背面密生灰白色茸毛；中间小叶长 4～13 cm，宽 1～4 cm，若具 5 片小叶时，中间 3 片小叶有柄，最外侧的 2 片小叶无柄或近无柄。聚伞花序排成圆锥花序式，顶生，长 10～27 cm，花序梗密生灰白色茸毛；花萼钟形，顶端有 5 裂齿，外有灰白色茸毛；花冠淡紫色，外有微柔毛，顶端 5 裂，二唇形；雄蕊伸出花冠管外；子房近无毛。核果近球形，直径约 2 mm；宿萼接近果实的长度。花期 4—6 月，果期 7—10 月。

【拍摄地点】 宜城市孔湾镇太山庙村，海拔 112.0 m。

【生境分布】 生于山坡路旁或灌丛中。分布于宜城市各乡镇。

【药用部位】 果实。

【功能主治】 祛风解毒，止咳平喘，理气消食，止痛。用于伤风感冒，咳嗽，哮喘，胃痛吞酸，消化不良，食积泻痢，胆囊炎，胆结石，疝气。

【用法用量】 内服：煎汤，3～9 g。

八八、茄 科

辣 椒 属

321. 辣椒 *Capsicum annuum* L.

【别名】 菜椒。

【形态特征】 一年生或有限多年生植物，高 40～80 cm。茎近无毛或微生柔毛，分枝稍呈"之"

字形曲折。叶互生，枝顶端节不伸长而成双生或簇生状，矩圆状卵形、卵形或卵状披针形，长 4～13 cm，宽 1.5～4 cm，全缘，顶端短渐尖或急尖，基部狭楔形；叶柄长 4～7 cm。花单生，俯垂；花萼杯状，不显著 5 齿；花冠白色，裂片卵形；花药灰紫色。果梗较粗壮，俯垂；果实长指状，顶端渐尖且常弯曲，未成熟时绿色，成熟后成红色、橙色或紫红色，味辣。种子扁肾形，长 3～5 mm，淡黄色。花、果期 5—11 月。

【拍摄地点】宜城市流水镇牌坊河村，海拔 138.0 m。
【生物学特性】喜温暖环境，忌霜冻、高温。
【生境分布】栽培于宜城市各乡镇。
【药用部位】成熟果实。
【采收加工】夏、秋季果皮变红时采收，除去枝梗，晒干。
【功能主治】温中散寒，开胃消食。用于寒凝腹痛，呕吐，泻痢，冻疮。
【用法用量】内服：煎汤，0.9～2.4 g。

曼 陀 罗 属

322. 曼陀罗 *Datura stramonium* L.

【别名】洋金花。

【形态特征】草本或半灌木状，高 0.5～1.5 m，全体近平滑或在幼嫩部分被短柔毛。茎粗壮，圆柱状，淡绿色或带紫色，下部木质化。叶广卵形，顶端渐尖，基部不对称楔形，边缘有不规则波状浅裂，裂片顶端急尖，有时亦有波状齿，侧脉每边 3～5 条，直达裂片顶端，长 8～17 cm，宽 4～12 cm；叶柄长 3～5 cm。花单生于枝杈间或叶腋，直立，有短梗；花萼筒状，长 4～5 cm，筒部有 5 棱角，两棱间稍向内陷，基部稍膨大，顶端紧围花冠筒，5 浅裂，裂片三角形，花后自近基部断裂，宿存部分随果实而增大并向外反折；花冠漏斗状，下半部带绿色，上部白色或淡紫色，檐部 5 浅裂，裂片有短尖头，长 6～10 cm，檐部直

径 3～5 cm；雄蕊不伸出花冠，花丝长约 3 cm，花药长约 4 mm；子房密生柔针毛，花柱长约 6 cm。蒴果直立生，卵状，长 3～4.5 cm，直径 2～4 cm，表面生有坚硬针刺或有时无刺而近平滑，成熟后淡黄色，规则 4 瓣裂。种子卵圆形，稍扁，长约 4 mm，黑色。花期 6—10 月，果期 7—11 月。

【拍摄地点】 宜城市流水镇马头村，海拔 142.4 m。

【生境分布】 生于住宅旁、路边或草地上。偶见于宜城市流水镇等地。

【药用部位】 花（有毒）。

【功能主治】 镇静，镇痛，麻醉。用于脘腹疼痛，小儿慢惊风，外科麻醉。

【用法用量】 内服：煎汤，0.3～0.6 g；或入丸、散；或卷烟分次燃吸（一日量不超过 1.5 g）。

枸 杞 属

323. 枸杞 *Lycium chinense* Mill.

【形态特征】 多分枝灌木，高 0.5～1 m，栽培时可达 2 m 多；枝条细弱，弓状弯曲或俯垂，淡灰色，有纵条纹，棘刺长 0.5～2 cm，生叶和花的棘刺较长，小枝顶端锐尖成棘刺状。叶纸质或栽培者质稍厚，单叶互生或 2～4 片簇生，卵形、卵状菱形、长椭圆形、卵状披针形，顶端急尖，基部楔形，长 1.5～5 cm，宽 0.5～2.5 cm，栽培者较大，长可达 10 cm 以上，宽达 4 cm；叶柄长 0.4～1 cm。花在长枝上单生或双生于

叶腋，在短枝上则同叶簇生；花梗长 1～2 cm，向顶端渐增粗。花萼长 3～4 mm，通常 3 中裂或 4～5 齿裂，裂片有缘毛；花冠漏斗状，长 9～12 mm，淡紫色，筒部向上骤然扩大，稍短于或近等于檐部裂片，5 深裂，裂片卵形，顶端圆钝，平展或稍向外反曲，边缘有缘毛，基部耳显著；雄蕊较花冠稍短，或因花冠裂片外展而伸出花冠，花丝在近基部处密生一圈茸毛并交织成椭圆状的毛丛，与毛丛等高处的花冠筒内壁亦密生 1 环茸毛；花柱稍伸出雄蕊，上端弯曲，柱头绿色。浆果红色，卵状，栽培者可成长矩圆状或长椭圆状，顶端尖或钝，长 7～15 mm，栽培者长可达 2.2 cm，直径 5～8 mm。种子扁肾脏形，长 2.5～3 mm，黄色。花、果期 6—11 月。

【拍摄地点】 宜城市板桥店镇，海拔 190.2 m。

【生物学特性】 喜光照充足环境及冷凉气候，耐寒力很强。

【生境分布】 生于山坡、荒地、丘陵地、盐碱地、路旁及村边宅旁。分布于宜城市板桥店镇等地。

【药用部位】 成熟果实。

【采收加工】 夏、秋季果实呈红色时采收，热风烘干，除去果梗，或晾至果皮皱后，除去果梗。

【功能主治】 滋补肝肾，益精明目。用于虚劳精亏，腰膝酸痛，眩晕耳鸣，阳痿遗精，内热消渴，

血虚萎黄，目昏不明。

【用法用量】 内服：煎汤，6～12 g。

洋 酸 浆 属

324. 苦蘵 *Physalis angulata* L.

【形态特征】 一年生草本，被疏短柔毛或近无毛，高30～50 cm；茎多分枝，分枝纤细。叶柄长1～5 cm，叶片卵形至卵状椭圆形，顶端渐尖或急尖，基部阔楔形或楔形，全缘或有不等大的齿，两面近无毛，长3～6 cm，宽2～4 cm。花梗长5～12 mm，纤细，和花萼一样生短柔毛，长4～5 mm，5中裂，裂片披针形，生缘毛；花冠淡黄色，喉部常有紫色斑纹，长4～6 mm，直径6～8 mm；花药蓝紫色或有时黄色，长约1.5 mm。果萼卵球状，直径1.5～2.5 cm，薄纸质，浆果直径约1.2 cm。种子圆盘状，长约2 mm。花、果期5—12月。

【拍摄地点】 宜城市流水镇马头村，海拔40.0 m。

【生境分布】 生于山谷林下及村边路旁。分布于宜城市板桥店镇、流水镇等地。

【药用部位】 全草。

【采收加工】 夏、秋季采收，鲜用或晒干。

【功能主治】 清热，利尿，解毒，消肿。常用于感冒，肺热咳嗽，咽喉肿痛，牙龈肿痛，湿热黄疸，痢疾，水肿，热淋，天疱疮，疮疖。

【用法用量】 内服：煎汤，15～30 g；或捣汁。外用：适量，捣敷；或煎水含漱、熏洗。

茄 属

325. 喀西茄 *Solanum aculeatissimum* auct. non Jacq. : C. C. Hsu

【形态特征】 直立草本至亚灌木，高1～2 m，最高达3 m，茎、枝、叶及花柄多混生黄白色具节的长硬毛、短硬毛、腺毛及淡黄色基部宽扁的直刺，刺长2～15 mm，宽1～5 mm，基部暗黄色。叶阔卵形，长6～12 cm，宽与长近相等，先端渐尖，基部戟形，5～7深裂，裂片边缘又做不规则的齿裂及浅裂；上面深绿色，毛被在叶脉处更密；下面淡绿色，除被有与上面相同的毛被外，还被有稀疏分散的星状毛；侧脉与裂片数相等，在上面平，在下面略凸出，其上分散着生基部宽扁的直刺，刺长 5～15 mm；叶柄粗壮，长约为叶片之半。蝎尾状花序腋外生，短而少花，单生或 2～4 朵，花梗长约 1 cm；花萼钟状，绿色，直径约 1 cm，长约 7 mm，5 裂，裂片长圆状披针形，长约 5 mm，宽约 1.5 mm，外面具细小的直刺及纤毛，边缘的纤毛更长而密；花冠筒淡黄色，隐于花萼内，长约 1.5 mm；冠檐白色，5 裂，裂片披

针形，长约 14 mm，宽约 4 mm，具脉纹，开放时先端反折；花丝长约 1.5 mm，花药在顶端延长，长约 7 mm，顶孔向上；子房球形，被微茸毛，花柱纤细，长约 8 mm，光滑，柱头截形。浆果球状，直径 2～2.5 cm，初时绿白色，具绿色花纹，成熟时淡黄色，宿萼上具纤毛及细直刺，后逐渐脱落；种子淡黄色，近倒卵形，扁平，直径约 2.5 mm。花期春、夏季，果熟期冬季。

【拍摄地点】 宜城市南营街道办事处土城村，海拔 64.9 m。

【生境分布】 生于沟边、路边灌丛、荒地、草坡或疏林中。分布于宜城市南营街道办事处、板桥店镇、流水镇等地。

【药用部位】 果实（有小毒）。

【功能主治】 祛风止痛，清热解毒。用于风湿痹痛，头痛，牙痛，乳痈，痄腮，跌打疼痛。

326. 白英 *Solanum lyratum* Thunb.

【别名】 白草。

【形态特征】 草质藤本，长 0.5～1 m，茎及小枝均密被具节长柔毛。叶互生，多数为琴形，长 3.5～5.5 cm，宽 2.5～4.8 cm，基部常 3～5 深裂，裂片全缘，侧裂片越近基部的越小，端钝，中裂片较大，通常卵形，先端渐尖，两面均被白色、有光泽的长柔毛，中脉明显，侧脉在下面较清晰，通常每边 5～7 条，少数在小枝上部的为心形，小，长 1～2 cm。叶柄长 1～3 cm，被有与茎枝相同的毛被。聚伞花序顶生或腋

外生，疏花，总花梗长 2～2.5 cm，被具节的长柔毛，花梗长 0.8～1.5 cm，无毛，顶端稍膨大，基部具关节；花萼环状，直径约 3 mm，无毛，萼齿 5，圆形，顶端具短尖头；花冠蓝紫色或白色，直径约 1.1 cm，

花冠筒隐于花萼内，长约 1 mm，冠檐长约 6.5 mm，5 深裂，裂片椭圆状披针形，长约 4.5 mm，先端被微柔毛；花丝长约 1 mm，花药长圆形，长约 3 mm，顶孔略向上；子房卵形，直径不及 1 mm，花柱丝状，长约 6 mm，柱头小，头状。浆果球状，成熟时红黑色，直径约 8 mm；种子近盘状，扁平，直径约 1.5 mm。花期夏、秋季，果熟期秋末。

【拍摄地点】 宜城市雷河镇，海拔 168.3 m。

【生物学特性】 喜温暖、湿润环境。

【生境分布】 生于山谷草地或路旁、田边。分布于宜城市各乡镇。

【药用部位】 全草。

【采收加工】 夏、秋季茎叶生长旺盛时期收割全草，每年可以收割 2 次，收取后直接晒干，或洗净，鲜用。

【功能主治】 清热解暑，祛风利湿，化瘀。用于湿热黄疸，风湿性关节痛，带下，水肿，淋证，丹毒，疮疖。

【用法用量】 内服：煎汤，9 ~ 30 g。

327. 茄 *Solanum melongena* L.

【别名】 茄子、紫茄。

【形态特征】 直立分枝草本至亚灌木，高可达 1 m，小枝、叶柄及花梗均被 6 ~ 8（10）分枝，平贴或具短柄的星状茸毛，小枝多为紫色（野生的往往有皮刺），渐老则毛被逐渐脱落。叶大，卵形至长圆状卵形，长 8 ~ 18 cm 或更长，宽 5 ~ 11 cm 或更宽，先端钝，基部不相等，边缘浅波状或深波状圆裂，上面 3 ~ 7（8）分枝被短而平贴的星状茸毛，下面 7 ~ 8 分枝密被较长而平贴的星状茸毛，侧脉每边 4 ~ 5 条，在上

面疏被星状茸毛，在下面则较密，中脉的毛被与侧脉的相同（野生种的中脉及侧脉在两面均具小皮刺），叶柄长 2 ~ 4.5 cm（野生的具皮刺）。能孕花单生，花柄长 1 ~ 1.8 cm，毛被较密，花后常下垂，不孕花蝎尾状与能孕花并出；花萼近钟状，直径约 2.5 cm 或稍大，外面密被与花梗相似的星状茸毛及小皮刺，皮刺长约 3 mm，花萼裂片披针形，先端锐尖，内面疏被星状茸毛，花冠辐状，外面星状毛被较密，内面仅裂片先端疏被星状茸毛，花冠筒长约 2 mm，冠檐长约 2.1 cm，裂片三角形，长约 1 cm；花丝长约 2.5 mm，花药长约 7.5 mm；子房圆形，顶端密被星状毛，花柱长 4 ~ 7 mm，中部以下被星状茸毛，柱头浅裂。果实的形状大小差异极大。

【拍摄地点】 宜城市流水镇马头村，海拔 40.0 m。

【生物学特性】 喜高温、光照环境。

【生境分布】 栽培于宜城市各乡镇。

【药用部位】 根。

【采收加工】 秋季采挖，洗净，干燥。

【功能主治】 祛风利湿，清热止血，消肿止痛。用于风湿热痹，血痢，便血，痔血，皮肤瘙痒，妇女阴痒。

【用法用量】 内服：煎汤，9～18 g。外用：适量，煎水熏洗。

328. 龙葵 *Solanum nigrum* L.

【别名】 野梅椒。

【形态特征】 一年生直立草本，高 0.25～1 m，茎无棱或棱不明显，绿色或紫色，近无毛或被微柔毛。叶卵形，长 2.5～10 cm，宽 1.5～5.5 cm，先端短尖，基部楔形至阔楔形而下延至叶柄，全缘或每边具不规则的波状粗齿，光滑或两面均被稀疏短柔毛，叶脉每边 5～6 条，叶柄长 1～2 cm。蝎尾状花序腋外生，由 3～6（10）朵花组成，总花梗长 1～2.5 cm，花梗长约 5 mm，近无毛或具短柔毛；花萼小，浅杯状，直径 1.5～2 mm，齿卵圆形，先端圆，基部两齿间连接处成角度；花冠白色，筒部隐于花萼内，长不及 1 mm，冠檐长约 2.5 mm，5 深裂，裂片卵圆形，长约 2 mm；花丝短，花药黄色，长约 1.2 mm，约为花丝长度的 4 倍，顶孔向内；子房卵形，直径约 0.5 mm，花柱长约 1.5 mm，中部以下被白色茸毛，柱头小，头状。浆果球形，直径约 8 mm，成熟时黑色。种子多数，近卵形，直径 1.5～2 mm，两侧压扁。

【拍摄地点】 宜城市板桥店镇肖云村，海拔 205.0 m。

【生境分布】 喜生于田边、荒地及村庄附近。分布于宜城市板桥店镇、流水镇、雷河镇等地。

【药用部位】 全草。

【采收加工】 夏、秋季采收，除去泥沙，洗净，晒干。

【功能主治】 清热解毒，活血消肿，利尿。用于疮痈肿毒，皮肤湿疹，小便不利，慢性咳喘，淋证，痢疾，水肿。

【用法用量】 内服：煎汤，15～30 g。外用：适量，煎水洗；或鲜品捣敷。

八九、玄参科

通泉草属

329. 弹刀子菜 *Mazus stachydifolius* (Turcz.) Maxim.

【别名】地菊花、毛曲菜。

【形态特征】多年生草本，高 10～50 cm，粗壮，全体被多细胞白色长柔毛。根状茎短。茎直立，稀上升，圆柱形，不分枝或在基部分 2～5 枝，老时基部木质化。基生叶匙形，有短柄，常早枯萎；茎生叶对生，上部的常互生，无柄，长椭圆形至倒卵状披针形，纸质，长 2～4（7）cm，以茎中部的较大，边缘具不规则锯齿。总状花序顶生，长 2～20 cm，有时稍短于茎，花稀疏；苞片三角状卵形，长约 1 mm；花萼漏斗状，长 5～10 mm，果时增长达 16 mm，直径超过 1 cm，比花梗长或近等长，萼齿略长于筒部，披针状三角形，顶端长锐尖，10 条脉纹明显；花冠蓝紫色，长 15～20 mm，花冠筒与唇部近等长，上部稍扩大，上唇短，顶端 2 裂，裂片狭长状三角形，下唇宽大，开展，3 裂，中裂约为侧裂的 1/2，近圆形，稍突出，褶襞 2 条从喉部直通至上下唇裂口，被黄色斑点同稠密的乳头状腺毛；雄蕊 4 枚，二强，着生于花冠筒的近基部；子房上部被长硬毛。蒴果扁卵球形，长 2～3.5 mm。花期 4—6 月，果期 7—9 月。

【拍摄地点】宜城市刘猴镇，海拔 100.0 m。

【生境分布】生于潮湿的山坡、田野、路旁、草地及林缘。分布于宜城市刘猴镇等地。

【药用部位】全草。

【采收加工】开花结果时采收，鲜用或晒干。

【功能主治】清热解毒，凉血散瘀。用于便秘下血，疮痈肿毒，毒蛇咬伤，跌打损伤。

【用法用量】内服：煎汤，15～30 g。外用：适量，鲜品捣敷。

泡 桐 属

330. 白花泡桐 *Paulownia fortunei* (Seem.) Hemsl.

【别名】 泡桐、白花桐。

【形态特征】 乔木高达 30 m，树冠圆锥形，主干直，胸径可达 2 m，树皮灰褐色；幼枝、叶、花序各部和幼果均被黄褐色星状茸毛，但叶柄、叶片上面和花梗渐变无毛。叶片长卵状心形，有时为卵状心形，长达 20 cm，顶端长渐尖或锐尖头，其突尖长达 2 cm，新枝上的叶有时 2 裂，下面有星毛及腺，成熟叶片下面密被茸毛，有时毛很稀疏至近无毛；叶柄长达 12 cm。花序枝几无或仅有短侧枝，故花序狭长几成圆柱

形，长约 25 cm，小聚伞花序有花 3～8 朵，总花梗几与花梗等长，或下部者长于花梗，上部者略短于花梗；花萼倒圆锥形，长 2～2.5 cm，花后逐渐脱毛，分裂至 1/4 或 1/3 处，萼齿卵圆形至三角状卵圆形，至果期变为狭三角形；花冠管状漏斗形，白色仅背面稍带紫色或浅紫色，长 8～12 cm，管部在基部以上不突然膨大，而逐渐向上扩大，稍稍向前弯曲，外面有星状毛，腹部无明显纵褶，内部密布紫色细斑块；雄蕊长 3～3.5 cm，有疏腺；子房有腺，有时具星状毛，花柱长约 5.5 cm。蒴果长圆形或长圆状椭圆形，长 6～10 cm，顶端之喙长达 6 mm，宿萼开展或漏斗状，果皮木质，厚 3～6 mm；种子连翅长 6～10 mm。花期 3—4 月，果期 7—8 月。

【拍摄地点】 宜城市滨江大道，海拔 60.1 m。

【生物学特性】 喜光照环境，较耐阴，喜温暖气候。

【生境分布】 生于山坡、林中、山谷及荒地。栽培于宜城市各乡镇。

【药用部位】 根、果实、叶、花。

【功能主治】 根：祛风止痛。用于风湿热痹，筋骨疼痛、扭伤。果实：化痰止咳。用于慢性支气管炎，咳嗽。叶、花：消肿解毒。用于疮痈肿毒。

【用法用量】 根、叶、果实：内服，煎汤，15～30 g。花：内服，煎汤，9～15 g；外用：适量，捣敷。

阴 行 草 属

331. 阴行草 *Siphonostegia chinensis* Benth.

【形态特征】 一年生草本，直立，高 30～60 cm，有时可达 80 cm，干时变为黑色，密被锈色

短毛。主根不发达或稍伸长，木质，直径约 2 mm，有的增粗，直径可达 4 mm，很快即分为多数粗细不等的侧根而消失，侧根长 3～7 cm，纤维状，常水平开展，须根多数，散生。茎多单条，中空，基部常有少数宿存膜质鳞片，下部常不分枝，而上部多分枝；枝对生，1～6 对，细长，坚挺，呈 45° 角叉分，稍具棱角，密被无腺短毛。叶对生，全部为茎出，下部者常早枯，上部者茂密，相距很近，仅 1～

2 cm，无柄或有短柄，柄长可达 1 cm，叶片基部下延，扁平，密被短毛；叶片厚纸质，广卵形，长 8～55 mm，宽 4～60 mm，两面皆密被短毛，中肋在上面微凹入，背面明显凸出，边缘做疏远的二回羽状全裂，裂片仅 3 对，仅下方 2 枚羽状开裂，小裂片 1～3 枚，外侧者较长，内侧裂片较短或无，线形或线状披针形，宽 1～2 mm，锐尖头，全缘。花对生于茎枝上部，或有时假对生，构成疏稀的总状花序；苞片叶状，较萼短，羽状深裂或全裂，密被短毛；花梗短，长 1～2 mm，纤细，密被短毛，有 1 对小苞片，线形，长约 10 mm；花萼管部很长，顶端稍缩紧，长 10～15 mm，厚膜质，密被短毛，10 条主脉质地厚而粗壮，显著凸出，使处于其间的膜质部分凹下成沟，无网纹，齿 5 枚，绿色，质地较厚，密被短毛，长为萼管的 1/4～1/3，线状披针形或卵状长圆形，近相等，全缘，或偶有 1～2 枚锯齿；花冠上唇紫红色，下唇黄色，长 22～25 mm，外面密被长纤毛，内面被短毛，花管伸直，纤细，长 12～14 mm，顶端略膨大，稍伸出于萼管外，上唇镰状弯曲，顶端截形，额稍圆，前方突然向下前方作斜截形，有时略作啮痕状，其上角有 1 对短齿，背部密被特长的纤毛，毛长 1～2 mm；下唇约与上唇等长或稍长，顶端 3 裂，裂片卵形，端均具小突尖，中裂与侧裂常见而较短，向前凸出，褶襞的前部高凸并作袋状伸长，向前伸出与侧裂等长，向后方渐低而终止于管喉，不被长纤毛，沿褶缝边缘质地较薄，并有啮痕状齿；雄蕊二强，着生于花管的中上部，前方 1 对花丝较短，着生的部位较高，2 对花丝下部被短纤毛，花药 2 室，长椭圆形，背着，纵裂，开裂后常成新月形弯曲；子房长卵形，长约 4 mm，柱头头状，常伸出于盔外。蒴果被包于宿存的萼内，约与萼管等长，披针状长圆形，长约 15 mm，直径约 2.5 mm，顶端稍偏斜，有短尖头，黑褐色，稍有光泽，并有 10 条不十分明显的纵沟纹；种子多数，黑色，长卵圆形，长约 0.8 mm，具微高的纵横突起，横突起 8～12 条，纵突起约 8 条，将种皮隔成许多横长的网眼，纵突起中有 5 条突起较高成窄翅，一面有 1 条龙骨状宽厚而肉质半透明之翅，其顶端稍外卷。花期 6—8 月。

【拍摄地点】 宜城市板桥店镇，海拔 262.0 m。

【生境分布】 生于山坡与草地中。分布于宜城市板桥店镇、流水镇等地。

【药用部位】 全草。

【功能主治】 清热利湿，凉血止血，祛瘀止痛。用于黄疸型肝炎，胆囊炎，蚕豆病，泌尿系统结石，小便不利，尿血，便血，产后瘀血腹痛；外用治创伤出血，烧伤，烫伤。

九〇、紫葳科

凌霄属

332. 凌霄 *Campsis grandiflora* (Thunb.) Schum.

【别名】 苕华、藤五加。

【形态特征】 攀援藤本；茎木质，表皮脱落，枯褐色，以气生根攀附于其他物之上。叶对生，为奇数羽状复叶；小叶7～9片，卵形至卵状披针形，顶端尾状渐尖，基部阔楔形，两侧不等大，长3～6（9）cm，宽1.5～3（5）cm，侧脉6～7对，两面无毛，边缘有粗锯齿；叶轴长4～13 cm；小叶柄长5～10 mm。顶生疏散的短圆锥花序，花序轴长15～20 cm。花萼钟形，长3 cm，分裂至中部，裂片披针形，长约1.5 cm。花冠内面鲜红色，外面橙黄色，长约5 cm，裂片半圆形。雄蕊着生于花冠筒近基部，花丝线形，细长，长2～2.5 cm，花药黄色，"个"字形着生。花柱线形，长约3 cm，柱头扁平，2裂。蒴果顶端钝。花期5—8月。

【拍摄地点】 宜城市板桥店镇，海拔94.0 m。

【生物学特性】 喜温暖、湿润、有阳光的环境，稍耐阴。

【生境分布】 栽培于宜城市各乡镇。

【药用部位】 花。

【功能主治】 活血祛瘀，凉血祛风。用于闭经，产后乳肿，风疹发红，痤疮。

【用法用量】 内服：煎汤，3～6 g；或入散。外用：适量，研末调涂。

梓属

333. 灰楸 *Catalpa fargesii* E. H. Wilson.

【别名】 川楸。

【形态特征】 乔木，高达 25 m；幼枝、花序、叶柄均有分枝毛。叶厚纸质，卵形或三角状心形，长 13～20 cm，宽 10～13 cm，顶端渐尖，基部截形或微心形，侧脉 4～5 对，基部有 3 出脉，叶幼时表面微有分枝毛，背面较密，以后变无毛；叶柄长 3～10 cm。顶生伞房状总状花序，有花 7～15 朵。花萼 2 裂近基部，裂片卵圆形。花冠淡红色至淡紫色，内面具紫色斑点，钟形，长约

3.2 cm。雄蕊 2 枚，内藏，退化雄蕊 3 枚，花丝着生于花冠基部，花药长 3～4 mm。花柱丝形，细长，长约 2.5 cm，柱头 2 裂；子房 2 室，胚珠多数。蒴果细圆柱形，下垂，长 55～80 cm，果片革质，2 裂。种子椭圆状线形，薄膜质，两端具丝状种毛，连毛长 5～6 cm。花期 3—5 月，果期 6—11 月。

【拍摄地点】 宜城市南营街道办事处金山村，海拔 120.1 m。

【生境分布】 生于村庄或山谷中。栽培于宜城市南营街道办事处等地。

【药用部位】 树皮。

【功能主治】 清热，止痛，消肿。用于风湿潮热，肢体疼痛，关节炎，水肿，热毒，疮疖。

334. 梓 *Catalpa ovata* G. Don

【别名】 梓树、臭梧桐。

【形态特征】 乔木，高达 15 m；树冠伞形，主干通直，嫩枝具稀疏柔毛。叶对生或近对生，有时轮生，阔卵形，长、宽近相等，长约 25 cm，顶端渐尖，基部心形，全缘或浅波状，常 3 浅裂，叶片上面及下面均粗糙，微被柔毛或近无毛，侧脉 4～6 对，基部掌状脉 5～7 条；叶柄长 6～18 cm。顶生圆锥花序；花序梗微被疏毛，长 12～28 cm。花萼蕾时圆球形，二唇开裂，长 6～8 mm。花冠钟形，淡黄色，内面具黄色条纹及

紫色斑点，长约 2.5 cm，直径约 2 cm。能育雄蕊 2 枚，花丝插生于花冠筒上，花药叉开；退化雄蕊 3 枚。子房上位，棒状。花柱丝形，柱头 2 裂。蒴果线形，下垂，长 20～30 cm，直径 5～7 mm。种子长椭圆形，长 6～8 mm，宽约 3 mm，两端具有平展的长毛。

【拍摄地点】 宜城市板桥店镇东湾村，海拔 183.9 m。

【生物学特性】 喜光照环境，喜温暖、湿润气候。

【生境分布】 生于山麓、沟谷等处。偶见于宜城市板桥店镇等地。

【药用部位】 根内皮。

【功能主治】 清热解毒，杀虫。用于皮肤瘙痒，疮疖。

【用法用量】 内服：煎汤，5～9 g。外用：适量，研末调敷；或煎水洗。

九一、爵 床 科

爵 床 属

335. 爵床 *Justicia procumbens* L.

【形态特征】 草本，茎基部匍匐，通常有短硬毛，高 20～50 cm。叶椭圆形至椭圆状长圆形，长 1.5～3.5 cm，宽 1.3～2 cm，先端锐尖或钝，基部宽楔形或近圆形，两面常被短硬毛；叶柄短，长 3～5 mm，被短硬毛。穗状花序顶生或生于上部叶腋，长 1～3 cm，宽 6～12 mm；苞片 1 枚，小苞片 2 枚，均披针形，长 4～5 mm，有缘毛；花萼裂片 4，线形，约与苞片等长，有膜质边缘和缘毛；花冠粉红色，长 7 mm，二唇形，下唇 3 浅裂；雄蕊 2 枚，药室不等高，下方 1 室有距，蒴果长约 5 mm，上部具 4 颗种子，下部实心似柄状。种子表面有瘤状皱褶。

【拍摄地点】 宜城市板桥店镇，海拔 218.0 m。

【生物学特性】 喜温暖、湿润气候。

【生境分布】 生于山坡林间草丛中。分布于宜城市各乡镇。

【药用部位】 全草。

【采收加工】 夏、秋季采收，鲜用或晒干。

【功能主治】 清热解毒，利尿消肿，截疟。用于感冒发热，疟疾，咽喉肿痛，小儿疳积，痢疾，肠炎，肾炎水肿，泌尿系统感染，乳糜尿；外用治疮痈肿毒。

【用法用量】 内服：煎汤，10～15 g（鲜品 30～60 g）；或捣汁；或研末。外用：鲜品适量，捣敷；或煎水洗。

九二、车前科

车前属

336. 车前 *Plantago asiatica* L.

【形态特征】二年生或多年生草本。须根多数。根茎短，稍粗。叶基生呈莲座状，平卧、斜展或直立；叶片薄纸质或纸质，宽卵形至宽椭圆形，长4～12 cm，宽2.5～6.5 cm，先端钝圆至急尖，边缘波状、全缘或中部以下有锯齿或裂齿，基部宽楔形或近圆形，下延，两面疏生短柔毛；脉5～7条；叶柄长2～15（27）cm，基部扩大成鞘，疏生短柔毛。花序3～10枚，直立或弯曲上升；花序梗长5～30 cm，有纵条纹，疏生白色短柔毛；穗状花序细圆柱状，长3～40 cm，紧密或稀疏，下部常间断；苞片狭卵状三角形或三角状披针形，长2～3 mm，长过于宽，龙骨突宽厚，无毛或先端疏生短毛。花具短梗；花萼长2～3 mm，萼片先端钝圆或钝尖，龙骨突不延至顶端，前对萼片椭圆形，龙骨突较宽，两侧片稍不对称，后对萼片宽倒卵状椭圆形或宽倒卵形。花冠白色，无毛，冠筒与萼片约等长，裂片狭三角形，长约1.5 mm，先端渐尖或急尖，具明显的中脉，于花后反折。雄蕊着生于冠筒内面近基部，与花柱明显外伸，花药卵状椭圆形，长1～1.2 mm，顶端具宽三角形突起，白色，干后变淡褐色。胚珠7～15（18）颗。蒴果纺锤状卵形、卵球形或圆锥状卵形，长3～4.5 mm，于基部上方周裂。种子5～6（12）颗，卵状椭圆形或椭圆形，长（1.2）1.5～2 mm，具角，黑褐色至黑色，背腹面微隆起；子叶背腹向排列。花期4—8月，果期6—9月。

【拍摄地点】宜城市小河镇山河村，海拔96.5 m。

【生境分布】生于草地、沟边、河岸湿地、田边、路旁或村边空旷处。分布于宜城市各乡镇。

【药用部位】种子、全草。

【采收加工】种子：夏、秋季种子成熟时采收果穗，晒干，搓出种子，除去杂质。全草：夏季采挖，除去泥沙，晒干。

【功能主治】种子：清热利尿，通淋，渗湿止泻，明目，祛痰。用于热淋涩痛，水肿胀满，暑湿泄泻，目赤肿痛，痰热咳嗽。全草：清热利尿，通淋，祛痰，凉血，解毒。用于热淋涩痛，水肿尿少，暑湿泄泻，痰热咳嗽，吐血，衄血，疮痈肿毒。

【用法用量】 种子：内服，包煎，9～15 g。全草：内服，煎汤，9～30 g。

婆婆纳属

337. 婆婆纳 *Veronica polita* Fries

【形态特征】 铺散多分枝草本，被长柔毛，高10～25 cm。叶仅2～4对（腋间有花的为苞片），具3～6 mm长的短柄，叶片心形至卵形，长5～10 mm，宽6～7 mm，每边有2～4枚深刻的钝齿，两面被白色长柔毛。总状花序很长；苞片叶状，下部的对生或全部互生；花梗比苞片略短；花萼裂片卵形，顶端急尖，果期稍增大，3出脉，疏被短硬毛；花冠淡紫色、蓝色、粉色或白色，直径4～5 mm，裂片圆形至卵形；雄蕊比花冠短。蒴果近肾形，密被腺毛，略短于花萼，宽4～5 mm，凹口约为90°角，裂片顶端圆，脉不明显，宿存的花柱与凹口齐或略过之。种子背面具横纹，长约1.5 mm。花期3—10月。

【拍摄地点】 宜城市王集镇王家湾村，海拔109.4 m。

【生物学特性】 喜光照环境，耐半阴。

【生境分布】 生于荒地。分布于宜城市各乡镇。

【药用部位】 全草。

【功能主治】 补肾壮阳，凉血止血，理气止痛。用于吐血，疝气，子痈，带下，崩漏，小儿虚咳，阳痿。

【用法用量】 内服：煎汤，15～30 g（鲜品60～90 g）；或捣汁饮。

338. 水苦荬 *Veronica undulata* Wall. ex Jack

【形态特征】 一年生或二年生草本，全体无毛，或于花柄及苞片上稍有细小腺状毛。茎直立，高25～90 cm，富肉质，中空，有时基部略倾斜。叶对生，长圆状披针形或长圆状卵圆形，长4～7 cm，宽8～15 mm，先端圆钝或尖锐，全缘或具波状齿，基部呈耳廓状微抱茎上，无柄。总状花序腋生，长5～15 cm；苞片椭圆形，细小，互生；花有柄；花萼4裂，裂片狭长状椭圆形，先端钝；花冠淡紫色或白色，具淡紫色的线条；雄蕊2枚，突出；雌蕊1枚，子房上位，花柱1，柱头头状。蒴果近圆形，先端微凹，长度略大于宽度，常有小虫寄生，寄生后果实常膨大成圆球形。果实内藏多数细小的种子，长圆形，扁平，无毛。花期4—6月。

【拍摄地点】宜城市南营街道办事处土城村，海拔74.5 m。

【生境分布】生于水边及沼地。偶见于宜城市南营街道办事处等地。

【药用部位】带虫瘿果实的全草。

【采收加工】夏季果实中红虫未逸出前采收虫瘿的全草，洗净，切碎，鲜用或晒干。

【功能主治】清热解毒，活血止血。用于感冒，咽痛，劳伤咯血，痢疾，血淋，月经不调，疮肿，跌打损伤。

【用法用量】内服：煎汤，10～30 g；或研末。外用：适量，鲜品捣敷。

腹 水 草 属

339. 爬岩红 *Veronicastrum axillare* (Sieb. et Zucc.) T. Yamazaki

【形态特征】根状茎短而横走。茎弯曲，顶端着地生根，圆柱形，中上部有条棱，无毛或极少在棱处有疏毛。叶互生，叶片纸质，无毛，卵形至卵状披针形，长5～12 cm，顶端渐尖，边缘具偏斜的三角状锯齿。花序腋生，极少顶生于侧枝上，长1～3 cm；苞片和花萼裂片条状披针形至钻形，无毛或有疏睫毛状毛；花冠紫色或紫红色，长4～5 mm，裂片长近2 mm，狭三角形；雄蕊略伸出至伸出

达2 mm，花药长0.6～1.5 mm。蒴果卵球状，长约3 mm。种子矩圆状，长0.6 mm，有不甚明显的网纹。花期7—9月。

【拍摄地点】宜城市板桥店镇珍珠村，海拔303.7 m。

【生境分布】生于山谷、沟边或林边。分布于宜城市板桥店镇等地。

【药用部位】全草（有小毒）。

【采收加工】夏、秋季采收。

【功能主治】行瘀逐水，解毒消肿。

九三、忍冬科

忍冬属

340. 忍冬 *Lonicera japonica* Thunb.

【别名】 金银花。

【形态特征】 半常绿藤本；幼枝暗红褐色，密被黄褐色、开展的硬直糙毛、腺毛和短柔毛，下部常无毛。叶纸质，卵形至矩圆状卵形，有时卵状披针形，稀圆卵形或倒卵形，极少有1至数个钝缺刻，长3～5（9.5）cm，顶端尖或渐尖，少有钝、圆或微凹缺，基部圆或近心形，有糙缘毛，上面深绿色，下面淡绿色，小枝上部叶通常两面均密被短糙毛，下部叶常平滑无毛而下面带青灰色；叶柄长4～8 mm，密被短柔毛。

总花梗通常单生于小枝上部叶腋，与叶柄等长或稍较短，下方者则长达2～4 cm，密被短柔毛，并夹杂腺毛；苞片大，叶状，卵形至椭圆形，长达2～3 cm，两面均有短柔毛或有时近无毛；小苞片顶端圆形或截形，长约1 mm，为萼筒的1/2～4/5，有短糙毛和腺毛；萼筒长约2 mm，无毛，萼齿卵状三角形或长三角形，顶端尖而有长毛，外面和边缘都有密毛；花冠白色，有时基部向阳面呈微红色，后变黄色，长2～6 cm，唇形，筒稍长于唇瓣，很少近等长，外被倒生的开展或半开展糙毛和长腺毛，上唇裂片顶端钝形，下唇带状而反曲；雄蕊和花柱均高出花冠。果实圆形，直径6～7 mm，成熟时蓝黑色，有光泽；种子卵圆形或椭圆形，褐色，长约3 mm，中部有1凸起的脊，两侧有浅的横沟纹。花期4—6月（秋季亦常开花），果熟期10—11月。

【拍摄地点】 宜城市刘猴镇，海拔252.0 m。

【生境分布】 分布于宜城市刘猴镇、板桥店镇、流水镇、南营街道办事处等地。

【药用部位】 花蕾。

【采收加工】 夏初花开放前采收，干燥。

【功能主治】 清热解毒，疏风散热。用于疮痈肿毒，喉痹，丹毒，热毒血痢，风热感冒，温病发热。

【用法用量】 内服：煎汤，6～15 g。

341. 金银忍冬 *Lonicera maackii* (Rupr.) Maxim.

【形态特征】落叶灌木，高达 6 m，茎干直径达 10 cm；幼枝、叶两面脉上、叶柄、苞片、小苞片及萼檐外面都被短柔毛和微腺毛。冬芽小，卵圆形，有 5~6 对或更多鳞片。叶纸质，形状变化较大，通常卵状椭圆形至卵状披针形，稀矩圆状披针形或倒卵状矩圆形，更少菱状矩圆形或圆卵形，长 5~8 cm，顶端渐尖或长渐尖，基部宽楔形至圆形；叶柄长 2~5(8) mm。花芳香，生于幼枝叶腋，总花梗长 1~2 mm，短于叶柄；苞片条形，有时条状倒披针形而呈叶状，长 3~6 mm；小苞片连合成对，长为萼筒的 1/2 至几相等，顶端截形；相邻两萼筒分离，长约 2 mm，无毛或疏生微腺毛，萼檐钟形，为萼筒长的 2/3 至相等，干膜质，萼齿宽三角形或披针形，不相等，顶尖，裂隙约达萼檐的 1/2；花冠先白色后变黄色，长 1~2 cm，外被短伏毛或无毛，唇形，筒长约为唇瓣的 1/2，内被柔毛；雄蕊与花柱长度约达花冠的 2/3，花丝中部以下和花柱均有向上的柔毛。果实暗红色，圆形，直径 5~6 mm；种子具蜂窝状微小浅凹点。花期 5—6 月，果熟期 8—10 月。

【拍摄地点】宜城市板桥店镇，海拔 202.7 m。

【生物学特性】喜强光环境，稍耐旱。

【生境分布】生于林中或林缘溪流附近的灌丛中。偶见于宜城市板桥店镇等地。

【药用部位】根、茎、叶、花。

【功能主治】根：解毒截疟。茎、叶：祛风解毒，活血祛瘀。花：祛风解表，消肿解毒。

【用法用量】内服：煎汤，9~15 g。外用：适量，捣敷；或煎水洗。

败 酱 属

342. 异叶败酱 *Patrinia heterophylla* Bge.

【别名】墓头回。

【形态特征】多年生草本，高 15~100 cm；根状茎较长，横走；茎直立，被倒生微糙伏毛。基生叶丛生，长 3~8 cm，具长柄，叶片边缘圆齿状或具糙齿状缺刻，不分裂或羽状分裂至全裂，具 1~4(5) 对侧裂片，裂片卵形至线状披针形，顶生裂片常较大，卵形至卵状披针形；茎生叶对生，茎下部叶常有 2~3(6) 对羽状全裂，顶生裂片较侧裂片稍大或近等大，卵形或宽卵形，罕线状披针形，长 7~9 cm，宽 5~6 cm，先端渐尖或长渐尖，中部叶常具 1~2 对侧裂片，顶生裂片最大，卵形、卵状披针形或近菱形，具圆齿，疏被短糙毛，叶柄长 1 cm，上部叶较窄，近无柄。花黄色，组成顶生伞房状聚伞花序，被短糙毛或微糙毛；总花梗下苞叶常具 1 或 2 对（较少为 3~4 对）线形裂片，分枝下者不裂，线形，常与花序近等长或稍长；萼齿 5，明显或不明显，圆波状、卵形或卵状三角形至卵状长圆形，长 0.1～0.3 mm；花冠钟形，冠筒长 1.8～2（2.4）mm，上部宽 1.5～2 mm，基部一侧具浅囊肿，裂片 5，卵形或卵状椭圆形，长 0.8～1.8 mm，宽 1.6 mm；雄蕊 4 枚，伸出，花丝 2 长 2 短，近蜜囊者长 3～3.6 mm，余者长 1.9～3 mm，花药长圆形，长 1.2 mm；子房倒卵形或长圆形，长 0.7～0.8 mm，花柱稍弯曲，长 2.3～2.7 mm，柱头盾状

或截头状。瘦果长圆形或倒卵形，顶端平截，不育子房上面疏被微糙毛，能育子房下面及上缘被微糙毛或无毛；翅状果苞干膜质，倒卵形、倒卵状长圆形或倒卵状椭圆形，稀椭圆形，顶端钝圆，有时极浅 3 裂，或仅一侧有 1 浅裂，长 5.5～6.2 mm，宽 4.5～5.5 mm，网状脉常具 2 主脉，较少 3 主脉。花期 7—9 月，果期 8—10 月。

【拍摄地点】 宜城市板桥店镇珍珠村，海拔 185.2 m。

【生境分布】 生于山坡草丛中、阔叶林下、马尾松林下或荒坡岩石上、沟边和路边。偶见于宜城市板桥店镇等地。

九四、荚 蒾 科

接 骨 木 属

343. 接骨草 *Sambucus javanica* Reinw. ex Bl.

【别名】 陆英。

【形态特征】 高大草本或半灌木，高 1～2 m；茎有棱条，髓部白色。羽状复叶的托叶叶状或有时退化成蓝色的腺体；小叶 2～3 对，互生或对生，狭卵形，长 6～13 cm，宽 2～3 cm，嫩时上面被疏长柔毛，先端长渐尖，基部钝圆，两侧不等，边缘具细锯齿，近基部或中部以下边缘常有 1 或数枚腺齿；顶生小叶卵形或倒卵形，基部楔形，有时与第 1 对小叶相连，小叶无托叶，基部 1 对小叶有时有短柄。复伞形花序顶生，大而疏散，总花梗基部托以叶状总苞片，分枝 3～5 出，纤细，被黄色疏柔毛；杯形不孕花不脱落，可孕花小；萼筒杯状，萼齿三角形；花冠白色，仅基部联合，花药黄色或紫色；子房 3 室，花柱极短或几无，柱头 3 裂。果实红色，近圆形，直径 3～4 mm；核 2～3 粒，卵形，长 2.5 mm，表

面有小疣状突起。花期4—5月，果熟期8—9月。

【拍摄地点】宜城市自忠路，海拔38.0 m。

【生物学特性】喜光照环境，稍耐阴。

【生境分布】生于山坡、林下、沟边和草丛中。栽培于宜城市各乡镇。

【药用部位】全草。

【采收加工】全年均可采收，鲜用或切段，晒干。

【功能主治】祛风利湿，活血止血。用于风湿痹痛，痛风，大骨节病，急、慢性肾炎，风疹，跌打损伤，骨折肿痛，外伤出血。

【用法用量】内服：煎汤，15～30 g；或入丸、散。外用：适量，捣敷；或煎水熏洗；或研末撒。

荚 蒾 属

344. 聚花荚蒾 *Viburnum glomeratum* Maxim.

【形态特征】落叶灌木或小乔木，高达3～5 m；当年小枝、芽、幼叶下面、叶柄及花序均被黄色或黄白色簇状毛。叶纸质，卵状椭圆形、卵形或宽卵形，稀倒卵形或倒卵状矩圆形，长3.5～15 cm，顶钝圆、尖或短渐尖，基部圆或带斜微心形，边缘有齿，上面疏被簇状短毛，下面初时被由簇状毛组成的茸毛，后毛渐变稀，侧脉5～11对，与其分枝均直达齿端；叶柄长1～2（3）cm。聚伞花序直径3～6 cm，总花梗

长1～2.5（7）cm，第一级辐射枝4～9条；萼筒被白色簇状毛，长1.5～3 mm，萼齿卵形，长1～2 mm，与花冠筒等长或为其2倍；花冠白色，辐状，直径约5 mm，筒长约1.5 mm，裂片卵圆形，长约等于或略超过筒；雄蕊稍高出花冠裂片，花药近圆形，直径约1 mm。果实红色，后变黑色；核椭圆形，扁，长5～7（9）mm，直径4～5 mm，有2条浅背沟和3条浅腹沟。花期4—6月，果熟期7—9月。

【拍摄地点】宜城市雷河镇，海拔215.3 m。

【生境分布】生于灌丛中、山谷中和草坡的阴湿处。分布于宜城市各乡镇。

345. 珊瑚树 *Viburnum odoratissimum* Ker Gawl.

【别名】 法国冬青、早禾树。

【形态特征】 常绿灌木或小乔木，高达 10～15 m；枝灰色或灰褐色，有凸起的小瘤状皮孔，无毛或有时稍被褐色簇状毛。冬芽有 1～2 对卵状披针形的鳞片。叶革质，椭圆形至矩圆形或矩圆状倒卵形至倒卵形，有时近圆形，长 7～20 cm，顶端短尖至渐尖而钝头，有时钝形至近圆形，基部宽楔形，稀圆形，边缘上部有不规则浅波状锯齿或近全缘，上面深绿色，有光泽，两面无毛  或脉上散生簇状微毛，下面有时散生暗红色微腺点，脉腋常有簇状毛和趾蹼状小孔，侧脉 5～6 对，弧形，近缘前互相网结，连同中脉下面凸起而显著；叶柄长 1～2（3）cm，无毛或被簇状微毛。圆锥花序顶生或生于侧生短枝上，宽尖塔形，长（3.5）6～13.5 cm，宽（3）4.5～6 cm，无毛或散生簇状毛，总花梗长可达 10 cm，扁，有淡黄色小瘤状突起；苞片长不足 1 cm，宽不及 2 mm；花芳香，通常生于序轴的第二至第三级分枝上，无梗或有短梗；萼筒筒状钟形，长 2～2.5 mm，无毛，萼檐碟状，齿宽三角形；花冠白色，后变为黄白色，有时微红，辐状，直径约 7 mm，筒长约 2 mm，裂片反折，圆卵形，顶端圆，长 2～3 mm；雄蕊略超出花冠裂片，花药黄色，矩圆形，长近 2 mm；柱头头状，不高出萼齿。果实先为红色后变为黑色，卵圆形或卵状椭圆形，长约 8 mm，直径 5～6 mm；核卵状椭圆形，浑圆，长约 7 mm，直径约 4 mm，有 1 条深腹沟。花期 4—5 月（有时不定期开花），果熟期 7—9 月。

【拍摄地点】 宜城市滨江大道，海拔 59.1 m。

【生物学特性】 喜欢温暖、湿润和阳光充足环境，较耐寒，稍耐阴。

【生境分布】 生于山谷密林中溪涧旁荫蔽处、疏林中向阳地或平地灌丛中。栽培于宜城市各乡镇。

346. 烟管荚蒾 *Viburnum utile* Hemsl.

【形态特征】 常绿灌木，高达 2 m；叶下面、叶柄和花序均被由灰白色或黄白色簇状毛组成的细茸毛；当年小枝被带黄褐色或带灰白色茸毛，后变无毛，翌年变红褐色，散生小皮孔。叶革质，卵圆状矩圆形，有时卵圆形至卵圆状披针形，长 2～5（8.5）cm，顶端圆至稍钝，有时微凹，基部圆形，全缘或很少有少数不明显疏浅齿，边缘稍内卷，上面深绿色，有光泽而无毛，或暗绿色而疏被簇状毛，侧脉 5～6 对，近缘前互相网结，上面略凸起或不明显，下面稍隆起，有时被锈色簇状毛；叶柄长 5～10（15）mm。聚伞花序直径 5～7 cm，总花梗粗壮，长 1～3 cm，第一级辐射枝通常 5 条，花通常生于第二至第三级辐射枝上；萼筒筒状，长约 2 mm，无毛，萼齿卵状三角形，长约 0.5 mm，无毛或具少数簇状缘毛；花冠白色，花蕾时带淡红色，辐状，直径 6～7 mm，无毛，裂片圆卵形，长约 2 mm，与筒等长或略较长；雄蕊与花冠裂片几等长，花药近圆形，直径约 1 mm；花柱与萼齿近等长。

果实红色，后变为黑色，椭圆状矩圆形至椭圆形，长（6）7～8 mm；核稍扁，椭圆形或倒卵形，长5～7 mm，直径4～5 mm，有2条极浅背沟和3条腹沟。花期3—4月，果熟期8月。

【拍摄地点】宜城市流水镇马集村，海拔106.0 m。

【生境分布】生于山坡林缘或灌丛中。分布于宜城市各乡镇。

【药用部位】根。

【功能主治】清热利湿，凉血止血。用于泄泻，下血，痔疮脱肛，风湿痹痛，带下，疮疡，风湿筋骨痛，跌打损伤。

九五、桔梗科

沙参属

347. 湖北沙参 *Adenophora longipedicellata* D. Y. Hong

【形态特征】茎高大，长近1～3 m，不分枝或具长达70 cm的细长分枝，无毛。基生叶卵状心形；茎生叶至少下部的具柄，叶片卵状椭圆形至披针形，基部楔形或宽楔形，顶端渐尖，边缘具细齿或粗锯齿，薄纸质，长7～12 cm，宽2～5 cm，无毛或有时仅在背面脉上疏生刚毛。花序具细长分枝，组成疏散的大圆锥花序，无毛或有短毛。花梗细长，长1.5～3 cm；花萼完全无毛，筒部圆球状，裂片钻状披针形，长8～14 mm；花冠钟状，白色、紫色或淡蓝色，长19～21 mm，裂片三角形，长仅5～6 mm；花盘环状，长1 mm或更短，无毛；花柱长21 mm，几乎与花冠等长或稍伸出。幼果圆球状。花期8—10月。

【拍摄地点】宜城市雷河镇东方社区，海拔173.1 m。

【生物学特性】喜温暖或凉爽气候，耐寒。

【生境分布】 生于山坡草地、灌丛中和峭壁缝里。分布于宜城市板桥店镇、雷河镇等地。

【药用部位】 根。

【采收加工】 取原药材，除去杂质和芦头，洗净，润透，切厚片，干燥。

【功能主治】 养阴清热，润肺化痰，益胃生津。用于阴虚久咳，咳嗽痰血，燥咳痰少，虚热喉痹，津伤口渴。

【用法用量】 内服：煎汤，10～15 g（鲜品15～30 g）；或入丸、散。

348. 聚叶沙参 *Adenophora wilsonii* Nannf.

【形态特征】 茎直立，常2至数支发自一条茎基上，不分枝或上部分枝，高25～80 cm，无毛，花期下部已无叶，而中部聚生许多叶。叶条状椭圆形或披针形，基部长楔状，下延成短柄，长4～10 cm，宽0.5～1.2 cm，厚纸质，边缘具锯齿或波状齿，齿尖向叶顶，两面无毛。花序圆锥状，花序分枝长或短。花梗短，有时长达1 cm；花萼无毛，筒部倒卵状或倒卵状圆锥形，少为球状倒卵形，裂片钻形或条状披针形，长5～7 mm，宽1 mm，边缘具1～2对瘤状小齿；花冠漏斗状钟形，紫色或蓝紫色，长15～20 mm，裂片卵状三角形，占花冠全长的1/3；花盘环状或短筒状，长不过1.2 mm，无毛；花柱长20～25 mm，伸出花冠约5 mm。蒴果球状椭圆形，长7～8 mm，直径4～5 mm。花期8—10月，果期9—10月。

【拍摄地点】 宜城市流水镇，海拔250.3 m。

【生物学特性】 喜温暖或凉爽气候，耐寒。

【生境分布】 生于灌丛中或沟边岩石上。分布于宜城市流水镇、板桥店镇等地。

【药用部位】 根。

【采收加工】 取原药材，除去杂质和芦头，洗净，润透，切厚片，干燥。

【功能主治】 养阴清热，润肺化痰，益胃生津。用于阴虚久咳，咳嗽痰血，燥咳痰少，虚热喉痹，津伤口渴。

【用法用量】 内服：煎汤，10～15 g（鲜品15～30 g）；或入丸、散。

桔 梗 属

349. 桔梗 *Platycodon grandiflorus* (Jacq.) A. DC.

【别名】 铃铛花。

【形态特征】 茎高 20～120 cm，通常无毛，偶密被短毛，不分枝，极少上部分枝。叶全部轮生，部分轮生至全部互生，无柄或有极短的柄，叶片卵形、卵状椭圆形至披针形，长 2～7 cm，宽 0.5～3.5 cm，基部宽楔形至圆钝，顶端急尖，上面无毛而呈绿色，下面常无毛而有白粉，有时脉上有短毛或瘤突状毛，边缘具细锯齿。花单朵顶生，或数朵集成假总状花序，或有花序分枝而集成圆锥花序；花萼筒部半圆球状或圆球状倒锥形，被白粉，裂片三角形或狭三角形，有时齿状；花冠大，长 1.5～4.0 cm，蓝色或紫色。蒴果球形、球状倒圆锥形或倒卵状，长 1～2.5 cm，直径约 1 cm。花期 7—9 月。

【拍摄地点】 宜城市雷河镇，海拔 261.0 m。

【生物学特性】 喜凉爽气候，耐寒，喜阳光。分布于宜城市雷河镇、板桥店镇等地。

【生境分布】 生于丘陵地带。

【药用部位】 根。

【采收加工】 春、秋季采挖，洗净，除去须根，趁鲜剥去外皮或不剥去外皮，干燥。

【功能主治】 宣肺，利咽，祛痰，排脓。用于咳嗽痰多，胸闷不畅，咽痛，肺痈吐脓。

【用法用量】 内服：煎汤，3～10 g。

蓝 花 参 属

350. 蓝花参 *Wahlenbergia marginata* (Thunb.) A. DC.

【形态特征】 多年生草本，有白色乳汁。根细长，外面白色，细胡萝卜状，直径可达 4 mm，长约 10 cm。茎自基部多分枝，直立或上升，长 10～40 cm，无毛或下部疏生长硬毛。叶互生，无柄或具长至 7 mm 的短柄，常在茎下部密集，下部的匙形、倒披针形或椭圆形，上部的条状披针形或椭圆形，长 1～3 cm，宽 2～8 mm，边缘波状或具疏锯齿，或全缘，无毛或疏生长硬毛。花梗极长，细而伸直，长可达 15 cm；花萼无毛，筒部倒卵状圆锥形，裂片三角状钻形。花冠钟形，蓝色，长 5～8 mm，分裂达 2/3，裂片倒卵状长圆形。

蒴果倒圆锥状或倒卵状圆锥形，有 10 条不甚明显的肋，长 5～7 mm，直径约 3 mm。种子矩圆状，光滑，黄棕色，长 0.3～0.5 mm。花、果期 2—5 月。

【拍摄地点】宜城市板桥店镇肖云村五组，海拔 188.1 m。

【生境分布】生于田边、路边和荒地中。偶见于宜城市板桥店镇等地。

【药用部位】根或全草。

【采收加工】秋季采根，春、夏、秋采挖全草，鲜用或晒干。

【功能主治】益气补虚，祛痰，截疟。用于病后体虚，小儿疳积，支气管炎，肺虚咳嗽，疟疾，带下。

【用法用量】内服：煎汤，25～100 g。

九六、菊　　科

藿 香 蓟 属

351. 藿香蓟 *Ageratum conyzoides* L.

【别名】一枝香。

【形态特征】一年生草本，高 50～100 cm，有时又不足 10 cm，无明显主根。茎粗壮，基部直径 4 mm，或少有纤细的，而基部直径不足 1 mm，不分枝、自基部或自中部以上分枝，或下基部平卧而节常生不定根。全部茎枝淡红色，或上部绿色，被白色尘状短柔毛或上部被稠密开展的长茸毛。叶对生，有时上部互生，常有腋生的不发育的叶芽。中部茎叶卵形、椭圆形或长圆形，长 3～8 cm，宽 2～5 cm；自中部叶向上、向下及腋生小枝上的叶渐小或小，卵形或长圆形，有时植株全部叶小形，长仅 1 cm，宽仅达 0.6 mm。全部叶基部钝或宽楔形，基出 3 脉或不明显 5 脉，顶端急尖，边缘圆锯齿，有长 1～3 cm 的叶柄，两面被白色稀疏的短柔毛且有黄色腺点，上面沿脉处及叶下面的毛稍多，有时下面近无毛，上部叶的叶柄或腋生幼枝及腋生枝上小叶的叶柄通常被白色稠密开展的长柔毛。头状花序 4～18 个通常在茎顶排成紧密的伞房状花序；花序直径 1.5～3 cm，少有排成松散伞房花序式的。花梗长 0.5～1.5 cm，

被尘状短柔毛。总苞钟状或半球形，宽 5 mm。总苞片 2 层，长圆形或披针状长圆形，长 3 ~ 4 mm，外面无毛，边缘撕裂。花冠长 1.5 ~ 2.5 mm，外面无毛或顶端有尘状微柔毛，檐部 5 裂，淡紫色。瘦果黑褐色，5 棱，长 1.2 ~ 1.7 mm，有白色稀疏细柔毛。冠毛膜片 5 或 6 个，长圆形，顶端急狭或渐狭成长或短芒状，或部分膜片顶端截形而无芒状渐尖；全部冠毛膜片长 1.5 ~ 3 mm。花、果期全年。

【拍摄地点】 宜城市流水镇，海拔 128.0 m。

【生物学特性】 喜温暖、阳光充足的环境。

【生境分布】 生于山谷、山坡林下或林缘、河边或山坡草地、田边或荒地上。分布于宜城市流水镇、板桥店镇等地。

【药用部位】 全草。

【功能主治】 祛风清热，止痛，止血，排石。用于乳蛾，咽喉痛，泄泻，胃痛，崩漏，肾结石，湿疹，鹅口疮，疮痈肿毒，下肢溃疡，中耳炎，外伤出血。

蒿　属

352. 艾 *Artemisia argyi* H. Lév. et Vaniot

【别名】 艾草。

【形态特征】 多年生草本或略成半灌木状，植株有浓烈香气。主根明显，略粗长，直径达 1.5 cm，侧根多；常有横卧地下根状茎及营养枝。茎单生或少数，高 80 ~ 150（250）cm，有明显纵棱，褐色或灰黄褐色，基部稍木质化，上部草质，并有少数短的分枝，枝长 3 ~ 5 cm；茎、枝均被灰色蛛丝状柔毛。叶厚纸质，上面被灰白色短柔毛，并有白色腺点与小凹点，背面密被灰白色蛛丝状密茸毛；基生叶具长柄，花期萎谢；茎下部叶近圆形或宽卵形，羽状深裂，每侧具裂片 2 ~ 3 枚，裂片椭圆形或倒卵状长椭圆形，每裂片有 2 ~ 3 枚小裂齿，干后背面主、侧脉多为深褐色或锈色，叶柄长 0.5 ~ 0.8 cm；中部叶卵形、三角状卵形或近菱形，长 5 ~ 8 cm，宽 4 ~ 7 cm，1（~ 2）回羽状深裂至半裂，每侧裂片 2 ~ 3 枚，裂片卵形、卵状披针形或披针形，长 2.5 ~ 5 cm，宽 1.5 ~ 2 cm，不再分裂或每侧有 1 ~ 2 枚缺齿，叶基部宽楔形渐狭成短柄，叶脉明显，在背面凸起，干时锈色，叶柄长 0.2 ~ 0.5 cm。基部通常无假托叶或极小的假托叶；上部叶与苞片叶羽状半裂、浅裂、3 深裂或 3 浅裂，或不分裂，而为椭圆形、长椭圆状披针形、披针形或线状披针形。头状花序椭圆形，直径 2.5 ~ 3（3.5）mm，无梗或近无梗，数枚至 10 余枚在分枝上排成小型的穗状花序或复穗状花序，并在茎上通常再组成狭窄、尖塔形的圆锥花序，花后头状花序下倾；总苞片 3 ~ 4 层，覆瓦状排列，外层总苞片小，草质，卵形或狭卵形，背面密被灰白色蛛丝状绵毛，边

缘膜质，中层总苞片较外层长，长卵形，背面被蛛丝状绵毛，内层总苞片质薄，背面近无毛；花序托小；雌花6～10朵，花冠狭管状，檐部具2裂齿，紫色，花柱细长，伸出花冠外甚长，先端2叉；两性花8～12朵，花冠管状或高脚杯状，外面有腺点，檐部紫色，花药狭线形，先端附属物尖，长三角形，基部有不明显的小尖头，花柱与花冠近等长或略长于花冠，先端2叉，花后向外弯曲，叉端截形，并有睫毛状毛。瘦果长卵形或长圆形。花、果期7—10月。

【拍摄地点】 宜城市流水镇马头村，海拔107.3 m。

【生物学特性】 喜温暖、湿润气候，耐寒、耐旱。

【生境分布】 生于荒地、路旁河边及山坡等地。分布于宜城市各乡镇。

【药用部位】 叶。

【采收加工】 夏季花未开时采摘，除去杂质，晒干。

【功能主治】 温经止血，散寒止痛，祛湿止痒。用于吐血，衄血，崩漏，月经过多，胎漏下血，小腹冷痛，月经不调，宫冷不孕；外用治皮肤瘙痒。醋艾炭温经止血，用于虚寒性出血。

【用法用量】 内服：煎汤，3～9 g。外用：适量，供灸治；或熏洗。

353. 茵陈蒿 *Artemisia capillaris* Thunb.

【别名】 茵陈。

【形态特征】 半灌木状草本，植株有浓烈的香气。主根明显木质，垂直或斜向下伸长；根茎直径5～8 mm，直立，稀斜上展或横卧，常有细的营养枝。茎单生或少数，高40～120 cm或更高，红褐色或褐色，有不明显的纵棱，基部木质，上部分枝多，向上斜伸展；茎、枝初时密生灰白色或灰黄色绢质柔毛，后渐稀疏或脱落无毛。营养枝端有密集叶丛，基生叶密集着生，常成莲座状；基生叶、茎下部叶与营养枝叶两面均被

棕黄色或灰黄色绢质柔毛，后期茎下部叶被毛脱落，叶卵圆形或卵状椭圆形，长2～4（5）cm，宽1.5～3.5 cm，二（三）回羽状全裂，每侧有裂片2～3（4），每裂片再3～5全裂，小裂片狭线形或狭线状披针形，通常细直，不弯曲，长5～10 mm，宽0.5～1.5（2）mm，叶柄长3～7 mm，花期上述叶均萎谢；中部叶宽卵形、近圆形或卵圆形，长2～3 cm，宽1.5～2.5 cm，（一）二回羽状全裂，小裂片狭线形或丝线形，通常细直、不弯曲，长8～12 mm，宽0.3～1 mm，近无毛，顶端微尖，基部裂片常半抱茎，近无叶柄；上部叶与苞片叶羽状5全裂或3全裂，基部裂片半抱茎。头状花序卵球形，稀近球形，多数，直径1.5～2 mm，有短梗及线形的小苞叶，在分枝的上端或小枝端偏向外侧生长，常排成复总状花序，并在茎上端组成大型、开展的圆锥花序；总苞片3～4层，外层总苞片草质，卵形或椭圆形，背面淡黄色，有绿色中肋，无毛，边膜质，中、内层总苞片椭圆形，近膜质或膜质；花序托小，

突起；雌花6～10朵，花冠狭管状或狭圆锥状，檐部具2（3）枚裂齿，花柱细长，伸出花冠外，先端2叉，叉端尖锐；两性花3～7朵，不孕育，花冠管状，花药线形，先端附属物尖，长三角形，基部圆钝，花柱短，上端棒状，2裂，不叉开，退化子房极小。瘦果长圆形或长卵形。花、果期7—10月。

【拍摄地点】 宜城市板桥店镇东湾村，海拔255.6 m。

【生境分布】 生于河岸、海岸附近的湿润沙地、路旁及低山坡地区。分布于宜城市板桥店镇、流水镇、南营街道办事处、刘猴镇等地。

【药用部位】 地上部分。

【采收加工】 春季幼苗高6～10 cm时或秋季花蕾至花初开时采收，除去杂质和老茎，晒干。

【功能主治】 清利湿热，利胆退黄。用于黄疸，尿少，湿温，暑湿，湿疮，瘙痒。

【用法用量】 内服：煎汤，6～15 g。外用：适量，煎水熏洗。

354. 白莲蒿 *Artemisia gmelinii* Weber ex Stechm.

【形态特征】 半灌木状草本。根稍粗大，木质，垂直；根状茎粗壮，直径可达3 cm，常有多数、木质、直立或斜上长的营养枝。茎多数，常组成小丛，高50～100（150）cm，褐色或灰褐色，具纵棱，下部木质，皮常剥裂或脱落，分枝多而长；茎、枝初时被微柔毛，后下部脱落无毛，上部宿存或无毛，上面绿色，初时微有灰白色短柔毛，后渐脱落，幼时有白色腺点，后腺点脱落，留有小凹穴，

背面初时密被灰白色平贴的短柔毛，后无毛。茎下部与中部叶长卵形、三角状卵形或长椭圆状卵形，长2～10 cm，宽2～8 cm，二至三回栉齿状羽状分裂，第一回全裂，每侧有裂片3～5，裂片椭圆形或长椭圆形，每裂片再次羽状全裂，小裂片栉齿状披针形或线状披针形，每侧具数枚细小三角形的栉齿或小裂片短小成栉齿状，叶中轴两侧具4～7枚栉齿，叶柄长1～5 cm，扁平，两侧常有少数栉齿，基部有小型栉齿状分裂的假托叶；上部叶略小，一至二回栉齿状羽状分裂，具短柄或近无柄；苞片叶栉齿状羽状分裂或不分裂，为线形或线状披针形。头状花序近球形，下垂，直径2～3.5（4）mm，具短梗或近无梗，在分枝上排成穗状花序式的总状花序，并在茎上组成密集或略开展的圆锥花序；总苞片3～4层，外层总苞片披针形或长椭圆形，初时密被灰白色短柔毛，后脱落无毛，中肋绿色，边缘膜质，中、内层总苞片椭圆形，近膜质或膜质，背面无毛；雌花10～12朵，花冠狭管状或狭圆锥状，外面微有小腺点，檐部具2（3）裂齿，花柱线形，伸出花冠外，先端2叉，叉端锐尖；两性花20～40朵，花冠管状，外面有微小腺点，花药椭圆状披针形，上端附属物尖，长三角形，基部圆钝或有短尖头，花柱与花冠管近等长，先端2叉，叉端有短睫毛状毛。瘦果狭椭圆状卵形或狭圆锥形。花、果期8—10月。

【拍摄地点】 宜城市板桥店镇东湾村，海拔 192.8 m。
【生境分布】 生于山坡、路旁、灌丛及森林草原地区。分布于宜城市各乡镇。
【药用部位】 叶。
【功能主治】 清热解毒，祛风利湿。

紫菀属

355. 马兰 *Aster indicus* L.

【形态特征】 根状茎有匍匐枝，有时具直根。茎直立，高 30～70 cm，上部有短毛，上部或从下部起有分枝。基部叶在花期枯萎；茎部叶倒披针形或倒卵状矩圆形，长 3～6 cm，稀达 10 cm，宽 0.8～2 cm，稀达 5 cm，顶端钝或尖，基部渐狭成具翅的长柄，边缘从中部以上具有小尖头的钝或尖齿或有羽状裂片，上部叶小，全缘，基部急狭无柄，全部叶稍薄质，两面或上面有疏微毛或近无毛，边缘及下面沿脉有短粗毛，中脉在下面凸起。头状花序单生于枝端并排列成疏伞房状。总苞半球形，直径 6～9 mm，长 4～5 mm；总苞片 2～3 层，覆瓦状排列；外层倒披针形，长 2 mm，内层倒披针状矩圆形，长达 4 mm，顶端钝或稍尖，上部草质，有疏短毛，边缘膜质，有缘毛。花托圆锥形。舌状花 1 层，15～20 朵，管部长 1.5～1.7 mm；舌片浅紫色，长达 10 mm，宽 1.5～2 mm；管状花长 3.5 mm，管部长 1.5 mm，被短密毛。瘦果倒卵状矩圆形，极扁，长 1.5～2 mm，宽 1 mm，褐色，边缘浅色而有厚肋，上部被短柔毛等。冠毛长 0.1～0.8 mm，弱而易脱落，不等长。花期 5—9 月，果期 8—10 月。

【拍摄地点】 宜城市滨江大道，海拔 65.6 m。
【生境分布】 生于林缘、草丛、溪岸、路旁。分布于宜城市各乡镇。
【药用部位】 全草。
【功能主治】 清热解毒，消食积，利尿，散瘀止血。
【用法用量】 内服：煎汤，10～30 g（鲜品 30～60 g）；或捣汁。

苍术属

356. 苍术 *Atractylodes lancea* (Thunb.) DC.

【别名】 赤术。

【形态特征】多年生草本。根状茎平卧或斜升，粗长或通常呈疙瘩状，生多数等粗等长或近等长的不定根。茎直立，高（15）30～100 cm，单生或少数茎成簇生，下部或中部以下常紫红色，不分枝，或上部但少有自下部分枝的，全部茎枝被稀疏的蛛丝状毛或无毛。基部叶花期脱落；中下部茎叶长8～12 cm，宽5～8 cm，3～5（9）羽状深裂或半裂，基部楔形或宽楔形，几无柄，扩大半抱茎，或基部渐狭成长达

3.5 cm 的叶柄；顶裂片与侧裂片形状不等或近相等，圆形、倒卵形、偏斜卵形、卵形或椭圆形，宽1.5～4.5 cm；侧裂片1～2（4）对，椭圆形、长椭圆形或倒卵状长椭圆形，宽0.5～2 cm；有时中下部茎叶不分裂；中部以上或仅上部茎叶不分裂，倒长卵形、倒卵状长椭圆形或长椭圆形，有时基部或近基部有1～2对三角形刺齿或刺齿状浅裂。或全部茎叶不裂，中部茎叶倒卵形、长倒卵形、倒披针形或长倒披针形，长2.2～9.5 cm，宽1.5～6 cm，基部楔状，渐狭成长0.5～2.5 cm 的叶柄，上部的叶基部有时有1～2对三角形刺齿裂。全部叶质地硬，硬纸质，两面同色，绿色，无毛，边缘或裂片边缘有针刺状缘毛或三角形刺齿或重刺齿。头状花序单生于茎枝顶端，但不形成明显的花序式排列，植株有多数或少数（2～5个）头状花序。总苞钟状，直径1～1.5 cm。苞叶针刺状羽状全裂或深裂。总苞片5～7层，覆瓦状排列，最外层及外层卵形至卵状披针形，长3～6 mm；中层长卵形至长椭圆形或卵状长椭圆形，长6～10 mm；内层线状长椭圆形或线形，长11～12 mm。全部苞片顶端钝或圆形，边缘有稀疏蛛丝毛，中内层或内层苞片上部有时变紫红色。小花白色，长9 mm。瘦果倒卵圆状，被稠密的顺向贴伏的白色长直毛，有时变稀毛。冠毛刚毛褐色或污白色，长7～8 mm，羽毛状，基部连合成环。花、果期6—10月。

【拍摄地点】宜城市雷河镇，海拔153.2 m。

【生物学特性】喜凉爽气候。

【生境分布】生于山坡草地、林下、灌丛及岩缝隙中。分布于宜城市板桥店镇、流水镇、刘猴镇等地。

【药用部位】根茎。

【采收加工】春、秋季采挖，除去泥沙，晒干，撞去须根。

【功能主治】燥湿健脾，祛风散寒，明目。用于湿阻中焦，脘腹痞满，泄泻，水肿，痿躄，风湿痹痛，风寒感冒，夜盲，眼目昏涩。

【用法用量】内服：煎汤，3～9 g。

鬼 针 草 属

357. 婆婆针 *Bidens bipinnata* L.

【别名】鬼针草。

【形态特征】一年生草本。茎直立，高 30～120 cm，下部略具 4 棱，无毛或上部被稀疏柔毛，基部直径 2～7 cm。叶对生，具柄，柄长 2～6 cm，背面微凸或扁平，腹面沟槽，槽内及边缘具疏柔毛，叶片长 5～14 cm，二回羽状分裂，第一次分裂深达中肋，裂片再次羽状分裂，小裂片三角状或菱状披针形，具 1～2 对缺刻或深裂，顶生裂片狭，先端渐尖，边缘有稀疏不规整的粗齿，两面均被疏柔毛。头状花序直径

6～10 mm，花序梗长 1～5 cm（果时长 2～10 cm）。总苞杯形，基部有柔毛，外层苞片 5～7 枚，条形，开花时长 2.5 mm，果时长达 5 mm，草质，先端钝，被稍密的短柔毛，内层苞片膜质，椭圆形，长 3.5～4 mm，花后伸长为狭披针形，到果时长 6～8 mm，背面褐色，被短柔毛，具黄色边缘；托片狭披针形，长约 5 mm，果时长可达 12 mm。舌状花通常 1～3 朵，不育，舌片黄色，椭圆形或倒卵状披针形，长 4～5 mm，宽 2.5～3.2 mm，先端全缘或具 2～3 枚齿，盘花筒状，黄色，长约 4.5 mm，冠檐 5 齿裂。瘦果条形，略扁，具 3～4 棱，长 12～18 mm，宽约 1 mm，具瘤状突起及小刚毛，顶端芒刺 3～4 枚，很少 2 枚，长 3～4 mm，具倒刺毛。

【拍摄地点】宜城市雷河镇，海拔 165.3 m。

【生境分布】生路边荒地、山坡及田间。分布于宜城市各乡镇。

【药用部位】全草。

【功能主治】清热解毒，散瘀活血。用于上呼吸道感染、咽喉肿痛，急性阑尾炎，胃肠炎，风湿性关节痛；外用治疮疖，毒蛇咬伤，跌打肿痛。

358. 鬼针草　*Bidens pilosa* L.

【别名】一包针、盲肠草。

【形态特征】一年生草本，茎直立，高 30～100 cm，钝四棱形，无毛或上部被极稀疏的柔毛，基部直径可达 6 mm。茎下部叶较小，3 裂或不分裂，通常在开花前枯萎，中部叶具长 1.5～5 cm 无翅的柄，3 出，小叶 3，很少为具 5（～7）小叶的羽状复叶，两侧小叶椭圆形或卵状椭圆形，长 2～4.5 cm，宽 1.5～2.5 cm，先端锐尖，基部近圆形或阔楔形，有时偏斜，不

对称，具短柄，边缘有锯齿、顶生小叶较大，长椭圆形或卵状长圆形，长3.5～7 cm，先端渐尖，基部渐狭或近圆形，具长1～2 cm的柄，边缘有锯齿，无毛或被极稀疏的短柔毛，上部叶小，3裂或不分裂，条状披针形。头状花序直径8～9 mm，有长1～6 cm（果时长3～10 cm）的花序梗。总苞基部被短柔毛，苞片7～8枚，条状匙形，上部稍宽，开花时长3～4 mm，果时长至5 mm，草质，边缘疏被短柔毛或儿无毛，外层托片披针形，果时长5～6 mm，干膜质，背面褐色，具黄色边缘，内层较狭，条状披针形。无舌状花，盘花筒状，长约4.5 mm，冠檐5齿裂。瘦果黑色，条形，略扁，具棱，长7～13 mm，宽约1 mm，上部具稀疏瘤状突起及刚毛，顶端芒刺3～4枚，长1.5～2.5 mm，具倒刺毛。

【拍摄地点】宜城市板桥店镇，海拔151.1 m。

【生物学特性】喜温暖、湿润气候。

【生境分布】生于村旁、路旁及荒地中。分布于宜城市各乡镇。

【药用部位】全草。

【功能主治】清热解毒，散瘀消肿。用于阑尾炎，肾炎，胆囊炎，肠炎，细菌性痢疾，肝炎，腹膜炎，上呼吸道感染，扁桃体炎，喉炎，闭经，烫伤，毒蛇咬伤，跌打损伤，皮肤感染，小儿惊风。

【用法用量】内服：煎汤，15～30 g（鲜品倍量）；或捣汁。外用：适量，或捣敷；或取汁涂；或煎水熏洗。

飞 廉 属

359. 丝毛飞廉 *Carduus crispus* L.

【别名】飞簾。

【形态特征】二年生或多年生草本，高40～150 cm。茎直立，有条棱，不分枝或最上部有极短或较长分枝，被稀疏的多细胞长节毛，上部或接头状花序下部有稀疏或较稠密的蛛丝状毛或蛛丝状绵毛。下部茎叶椭圆形、长椭圆形或倒披针形，长5～18 cm，宽1～7 cm，羽状深裂或半裂，侧裂片7～12对，偏斜半椭圆形、三角形或卵状三角形，边缘有大小不等的三角形或偏斜三角形刺齿，齿顶及齿缘

有浅褐色或淡黄色的针刺，齿顶针刺较长，长达3.5 cm，齿缘针刺较短，或下部茎叶不为羽状分裂，边缘大锯齿或重锯齿；中部茎叶与下部茎叶同型并等样分裂，但渐小，最上部茎叶线状倒披针形或宽线形；全部茎叶两面明显异色，上面绿色，有稀疏的多细胞长节毛，但沿中脉的毛较多，下面灰绿色或浅灰白色，被蛛丝状薄绵毛，沿脉有较多的多细胞长节毛，基部渐狭，两侧沿茎下延成茎翼。茎翼

边缘齿裂，齿顶及齿缘有黄白色或浅褐色的针刺，针刺长 2～3 mm，极少长达 5 mm，上部或接头状花序下部的茎翼常为针刺状。头状花序花序梗极短，通常 3～5 个集生于分枝顶端或茎端，或头状花序单生于分枝顶端，形成不明显的伞房花序。总苞卵圆形，直径 1.5～2（2.5）cm。总苞片多层，覆瓦状排列，向内层渐长；最外层长三角形，长约 3 mm，宽约 0.7 mm；中内层苞片钻状长三角形、钻状披针形或披针形，长 4～13 mm，宽 0.9～2 mm；最内层苞片线状披针形，长 15 mm，宽不及 1 mm；中外层顶端针刺状短渐尖或尖头，最内层及近最内层顶端长渐尖，无针刺。全部苞片无毛或被稀疏的蛛丝毛。小花红色或紫色，长 1.5 cm，檐部长 8 mm，5 深裂，裂片线形，长达 6 mm，细管部长 7 mm。瘦果稍压扁，楔状椭圆形，长约 4 mm，有明显的横皱褶，基底着生面平，顶端斜截形，边缘全缘，无锯齿。冠毛多层，白色或污白色，不等长，向内层渐长，冠毛刚毛锯齿状，长达 1.3 cm，顶端扁平扩大，基部连合成环，整体脱落。花、果期 4—10 月。

【拍摄地点】 宜城市南营街道办事处土城村，海拔 113.9 m。

【生境分布】 生于山坡草地、荒地河旁、田间或林下。分布于宜城市南营街道办事处、板桥店镇、刘猴镇等地。

【药用部位】 全草。

【功能主治】 散瘀止血，清热利湿。

矢 车 菊 属

360. 矢车菊 *Centaurea cyanus* L.

【别名】 蓝芙蓉。

【形态特征】 一年生或二年生草本，高 30～70 cm 或更高，直立，自中部分枝，极少不分枝。全部茎枝灰白色，被薄蛛丝状卷毛。基生叶及下部茎叶长椭圆状倒披针形或披针形，不分裂，边缘全缘无锯齿或边缘疏锯齿至大头羽状分裂，侧裂片 1～3 对，长椭圆状披针形、线状披针形或线形，边缘全缘无锯齿，顶裂片较大，长椭圆状倒披针形或披针形，边缘有小锯齿。中部茎叶线形、宽线形或线状披针形，长 4～

9 cm，宽 4～8 mm，顶端渐尖，基部楔状，无叶柄，边缘全缘无锯齿，上部茎叶与中部茎叶同型，但渐小。全部茎叶两面异色或近异色，上面绿色或灰绿色，被稀疏蛛丝毛或脱毛，下面灰白色，被薄茸毛。头状花序多数或少数在茎枝顶端排成伞房花序或圆锥花序。总苞椭圆状，直径 1～1.5 cm，有稀疏蛛丝毛。总苞片约 7 层，全部总苞片由外向内椭圆形、长椭圆形，外层与中层包括顶端附属物长 3～6 mm，宽 2～4 mm，内层包括顶端附属物长 1～11 cm，宽 3～4 mm。全部苞片顶端有浅褐色或白色的附属物，中外层的附属物较大，内层的附属物较大，全部附属物沿苞片短下延，边缘流苏状锯齿。边花增大，长于中央盘花，蓝色、白色、红色或紫色，檐部5～8裂，盘花浅蓝色或红色。瘦果椭圆形，长3 mm，宽1.5 mm，有细条纹，被稀疏的白色柔毛。冠毛白色或浅土红色，2列，外列多层，向内层渐长，长达3 mm，内列1层，极短；全部冠毛刚毛毛状。花、果期2—8月。

【拍摄地点】 宜城市刘猴镇钱湾村，海拔122.9 m。

【生物学特性】 喜阳光充足环境，不耐阴湿，较耐寒，喜冷凉，忌炎热。

【生境分布】 栽培于宜城市各乡镇。

菊　　属

361. 野菊　*Chrysanthemum indicum* L.

【别名】 野黄菊。

【形态特征】 草本，高0.25～1 m，有地下长或短匍匐茎。茎直立或铺散，分枝或仅在茎顶有伞房状花序分枝。茎枝被稀疏的毛，上部及花序枝上的毛稍多或较多。基生叶和下部叶花期脱落。中部茎叶卵形、长卵形或椭圆状卵形，长3～7（10）cm，宽2～4（7）cm，羽状半裂、浅裂或分裂不明显而边缘有浅锯齿。基部截形、稍心形或宽楔形，叶柄长1～2 cm，柄基无耳或有分裂的叶耳。两面同色或几同色，淡绿色，或干后两面成橄榄色，有稀疏的短柔毛，或下面的毛稍多。头状花序直径1.5～2.5 cm，多数在茎枝顶端排成疏松的伞房圆锥花序或少数在茎顶排成伞房花序。总苞片约5层，外层卵形或卵状三角形，长2.5～3 mm，中层卵形，内层长椭圆形，长11 mm。全部苞片边缘白色或褐色宽膜质，顶端钝或圆。舌状花黄色，舌片长10～13 mm，顶端全缘或2～3齿。瘦果长1.5～1.8 mm。花期6—11月。

【拍摄地点】 宜城市板桥店镇新街，海拔151.1 m。

【生境分布】 生于山坡草地、灌丛、河边水湿地、滨海盐渍地、田边及路旁。分布于宜城市各乡镇。

【药用部位】 头状花序。

【采收加工】 秋、冬季花初开放时采摘，晒干，或蒸后晒干。

【功能主治】 清热解毒，泻火平肝。用于疮痈肿毒，目赤肿痛，头痛眩晕。

【用法用量】 内服：煎汤，9～15 g。外用：适量，煎水洗；或制膏涂。

菊 苣 属

362. 菊苣 *Cichorium intybus* L.

【别名】 蓝花菊苣。

【形态特征】 多年生草本，高40～100 cm。茎直立，单生，分枝开展或极开展，全部茎枝绿色，有条棱，被极稀疏的长而弯曲的糙毛、刚毛或几无毛。基生叶莲座状，花期生存，倒披针状长椭圆形，包括基部渐狭的叶柄，全长15～34 cm，宽2～4 cm，基部渐狭有翼柄，大头状倒向羽状深裂、羽状深裂或不分裂而边缘有稀疏的尖锯齿，侧裂片3～6对或更多，顶侧裂片较大，向下侧裂片渐小，全部侧裂片镰刀形、不规则镰刀形或三角形。茎生叶少数，较小，卵状倒披针形至披针形，无柄，基部圆形或戟形扩大半抱茎。全部叶质地薄，两面被稀疏的多细胞长节毛，但叶脉及边缘的毛较多。头状花序多数，单生或数个集生于茎顶或枝端，或2～8个为一组沿花枝排列成穗状花序。总苞圆柱状，长8～12 mm；总苞片2层，外层披针形，长8～13 mm，宽2～2.5 mm，上半部绿色，草质，边缘有长缘毛，背面有极稀疏的头状具柄的长腺毛或单毛，下半部淡黄白色，质地坚硬，革质；内层总苞片线状披针形，长达1.2 cm，宽约2 mm，下部稍坚硬，上部边缘及背面通常有极稀疏的头状具柄的长腺毛并杂有长单毛。舌状小花蓝色，长约14 mm，有色斑。瘦果倒卵状、椭圆状或倒楔形，外层瘦果压扁，紧贴内层总苞片，3～5棱，顶端截形，向下收窄，褐色，有棕黑色色斑。冠毛极短，2～3层，膜片状，长0.2～0.3 mm。花、果期5—10月。

【拍摄地点】 宜城市板桥店镇珍珠村，海拔199.8 m。

【生境分布】 生于滨海荒地、河边、水沟边或山坡。分布于宜城市板桥店镇等地。

【功能主治】 清热解毒，利尿消肿。主治湿热黄疸，肾炎水肿，胃脘胀痛，食欲不振。

【用法用量】 内服：煎汤，9～15 g。

蓟 属

363. 刺儿菜 *Cirsium arvense* var. *integrifolium* Wimm. et Grab.

【别名】 小蓟。

【形态特征】 多年生草本。茎直立，高30～80（120）cm，基部直径3～5 mm，有时可达1 cm，上部有分枝，花序分枝无毛或有薄茸毛。基生叶和中部茎叶椭圆形、长椭圆形或椭圆状倒披针形，顶端钝或圆形，基部楔形，有时有极短的叶柄，通常无叶柄，长7～15 cm，宽1.5～10 cm，上部茎叶渐小，椭圆形、披针形或线状披针形；或全部茎叶不分裂，叶缘有细密的针刺，针刺紧贴叶缘；或叶缘有刺齿，齿顶针刺大小不等，针刺长达 3.5 mm；或大部茎叶羽状浅裂、半裂或边缘粗大圆锯齿，裂片或锯齿斜三角形，顶端钝，齿顶及裂片顶端有较长的针刺，齿缘及裂片边缘的针刺较短且贴伏。全部茎叶两面同色，绿色或下面色淡，两面无毛，极少两面异色，上面绿色，无毛，下面被稀疏或稠密的茸毛而呈现灰色的。头

状花序单生于茎端，或植株含少数或多数头状花序在茎枝顶端排成伞房花序。总苞卵形、长卵形或卵圆形，直径 1.5～2 cm。总苞片约 6 层，覆瓦状排列，向内层渐长，外层与中层宽 1.5～2 mm，包括顶端针刺长 5～8 mm；内层及最内层长椭圆形至线形，长 1.1～2 cm，宽 1～1.8 mm；中外层苞片顶端有长不足 0.5 mm 的短针刺，内层及最内层渐尖，膜质，短针刺。小花紫红色或白色，雌花花冠长 2.4 cm，檐部长 6 mm，细管部细丝状，长 18 mm，两性花花冠长 1.8 cm，檐部长 6 mm，细管部细丝状，长 1.2 mm。瘦果淡黄色，椭圆形或偏斜椭圆形，压扁，长 3 mm，宽 1.5 mm，顶端斜截形。冠毛污白色，多层，整体脱落；冠毛刚毛长羽毛状，长 3.5 cm，顶端渐细。花、果期 5—9 月。

【拍摄地点】 宜城市刘猴镇，海拔 206.8 m。
【生境分布】 生于撂荒地、耕地、路边、村庄附近。分布于宜城市各乡镇。
【药用部位】 地上部分。
【采收加工】 夏、秋季开花时采割，除去杂质，晒干。
【功能主治】 凉血止血，散瘀，解毒，消痈。用于衄血、吐血、尿血、血淋、便血、崩漏、外伤出血，疮痈肿毒。
【用法用量】 内服：煎汤，5～12 g。

秋 英 属

364. 秋英 *Cosmos bipinnatus* Cav.

【别名】 波斯菊。
【形态特征】 一年生或多年生草本，高 1～2 m。叶二回羽状深裂，裂片线形或丝状线形。头状花序单生；花柱具短突尖的附器。瘦果黑紫色，长 8～12 mm。花期 6—8 月，果期 9—10 月。
【拍摄地点】 宜城市流水镇马头村，海拔 200.9 m。
【生物学特性】 喜光，忌炎热，忌积水，不耐寒。
【生境分布】 生于路旁、田埂、溪岸。分布于宜城市刘猴镇、流水镇等地。

【药用部位】 花。

【功能主治】 清热解毒，明目化湿。用于痢疾，目赤肿痛。

夜 香 牛 属

365. 夜香牛 *Cyanthillium cinereum* (L.) H. Rob.

【别名】 伤寒草、消山虎。

【形态特征】 一年生或多年生草本，高 20～100 cm。根垂直，木质，分枝，具纤维状根。茎直立，通常上部分枝，稀自基部分枝而呈铺散状，具条纹，被灰色贴生短柔毛，具腺。下部和中部叶具柄，菱状卵形、菱状长圆形或卵形，长 3～6.5 cm，宽 1.5～3 cm，顶端尖或稍钝，基部楔状，狭成具翅的柄，边缘有具小尖的疏锯齿或波状，侧脉 3～4 对，上面绿色，被疏短毛，下面特别沿脉被灰白色或淡黄色短柔毛，两面均有腺点；

叶柄长 10～20 mm；上部叶渐尖，狭长圆状披针形或线形，具短柄或近无柄；头状花序多数，稀少数，直径 6～8 mm，具 19～23 朵花，在茎枝端排列成伞房状圆锥花序；花序梗细长 5～15 mm，具线形小苞片或无苞片，被密短柔毛；总苞钟状，长 4～5 mm，宽 6～8 mm；总苞片 4 层，绿色或有时变紫色，背面被短柔毛和腺，外层线形，长 1.5～2 mm，顶端渐尖，中层线形，内层线状披针形，顶端刺状尖，具 1 条脉或有时上部明显 3 脉；花托平，具边缘有细齿的窝孔；花淡紫红色，花冠管状，长 5～6 mm，被疏短微毛，具腺，上部稍扩大，裂片线状披针形，顶端外面被短微毛及腺；瘦果圆柱形，长约 2 mm，顶端截形，基部缩小，被密短毛和腺点；冠毛白色，2 层，外层多数而短，内层近等长，糙毛状，长 4～5 mm。花期全年。

【拍摄地点】宜城市流水镇新寨，海拔300.6 m。

【生物学特性】耐寒，耐贫瘠。

【生境分布】生于山坡、旷野、荒地、田边、路旁。偶见于宜城市流水镇等地。

【药用部位】全草。

【采收加工】夏季采收，洗净，鲜用或晒干。

【功能主治】疏风散热，凉血解毒，安神。用于感冒发热，咳嗽，痢疾，黄疸型肝炎，神经衰弱；外用治疮痈肿毒，蛇虫咬伤。

【用法用量】内服：煎汤，25～50 g（鲜品50～100 g）。外用：适量，鲜品捣敷。

大 丽 花 属

366. 大丽花 *Dahlia pinnata* Cav.

【别名】大理花。

【形态特征】多年生草本，有巨大棒状块根。茎直立，多分枝，高1.5～2 m，粗壮。叶一至三回羽状全裂，上部叶有时不分裂，裂片卵形或长圆状卵形，下面灰绿色，两面无毛。头状花序大，有长花序梗，常下垂，宽6～12 cm。总苞片外层约5枚，卵状椭圆形，叶质，内层膜质，椭圆状披针形。舌状花1层，白色、红色或紫色，常卵形，顶端有不明显的3齿或全缘；管状花黄色，有时在栽培种全部为舌状花。瘦果长圆形，长9～12 mm，宽3～4 mm，黑色，扁平，有2枚不明显的齿。花期6—12月，果期9—10月。

【拍摄地点】宜城市楚都公园，海拔68.7 m。

【生物学特性】喜半阴，不耐干旱，不耐涝。

【生境分布】栽培于宜城市各乡镇。

【药用部位】根。

【功能主治】活血散瘀。用于跌打损伤。

【用法用量】内服：煎汤，6～12 g。可外用。

蓝刺头属

367. 华东蓝刺头 *Echinops grijsii* Hance

【别名】 格利氏蓝刺头。

【形态特征】 多年生草本，高30～80 cm。茎直立，单生，上部通常有短或长花序分枝，基部通常有棕褐色的残存的纤维状撕裂的叶柄，全部茎枝被密厚的蛛丝状绵毛，下部花期变稀毛。叶质地薄，纸质。基部叶及下部茎叶有长叶柄，长椭圆形、长卵形或卵状披针形，长10～15 cm，宽4～7 cm，羽状深裂；侧裂片4～5（7）对，卵状三角形、椭圆形、长椭圆形或线状长椭圆形；全部裂片边缘有均匀而细密的刺状缘毛。向上叶渐小。中部茎叶披针形或长椭圆形，与基部及下部茎叶等样分裂，无柄或有较短的柄。全部茎叶两面异色，上面绿色，无毛无腺点，下面白色或灰白色，被密厚的蛛丝状绵毛。复头状花序单生于枝端或茎顶，直径约4 cm。头状花序长1.5～2 cm。基毛多数，白色，不等长，扁毛状，长7～8 mm，为总苞长度的1/2。外层苞片与基毛近等长，线状倒披针形，爪状物中部以下有白色长缘毛，缘毛长达6 mm，上部椭圆状扩大，褐色，边缘短缘毛；中层长椭圆形，长约1.3 cm，上部边缘有短缘毛，中部以上渐窄，顶端芒刺状短渐尖；内层苞片长椭圆形，长1.5 cm，顶端芒状齿裂或芒状片裂。全部苞片24～28枚，外面无毛无腺点。小花长1 cm，花冠5深裂，花冠管外面有腺点。瘦果倒圆锥状，长1 cm，被密厚的顺向贴伏的棕黄色长直毛，不遮盖冠毛。冠毛量杯状，长3 mm；冠毛膜片线形，边缘糙毛状，大部结合，花、果期7—10月。

【拍摄地点】 宜城市流水镇，海拔322.0 m。

【生境分布】 生于山坡草地、荒坡或丘陵沙地。分布于宜城市板桥店镇、雷河镇等地。

【药用部位】 根。

【采收加工】 春、秋季采挖，除去须根及泥沙，晒干。

【功能主治】 清热解毒，消痈，舒筋通脉。用于乳痈肿痛，痈疽发背，瘰病，疮毒，湿痹拘挛。

鳢 肠 属

368. 鳢肠 *Eclipta prostrata* (L.) L.

【形态特征】一年生草本。茎直立，斜升或平卧，高达 60 cm，通常自基部分枝，被贴生糙毛。叶长圆状披针形或披针形，无柄或有极短的柄，长 3～10 cm，宽 0.5～2.5 cm，顶端尖或渐尖，边缘有细锯齿或有时仅波状，两面被密硬糙毛。头状花序直径 6～8 mm，有长 2～4 cm 的细花序梗；总苞球状钟形，总苞片绿色，草质，5～6 枚排成 2 层，长圆形或长圆状披针形，外层较内层稍短，背面及边缘被白色短伏毛；外围的雌花 2 层，舌状，长 2～3 mm，舌片短，顶端 2 浅裂或全缘，中央的两性花多数，花冠管状，白色，长约 1.5 mm，顶端 4 齿裂；花柱分枝钝，有乳头状突起；花托凸，有披针形或线形的托片。托片中部以上有微毛；瘦果暗褐色，长 2.8 mm，雌花的瘦果三棱形，两性花的瘦果扁四棱形，顶端截形，具 1～3 细齿，基部稍缩小，边缘具白色的肋，表面有小瘤状突起，无毛。花期 6—9 月。

【拍摄地点】宜城市滨江大道，海拔 57.5 m。

【生物学特性】喜湿润气候，耐阴湿。

【生境分布】生于河边、田边或路旁。分布于宜城市各乡镇。

【药用部位】全草。

【采收加工】夏、秋季采割，洗净泥土，去除杂质，阴干或晒干。

【功能主治】补益肝肾，凉血止血。用于肝肾不足，头晕目眩，须发早白，吐血，咯血，衄血，便血，血痢，崩漏，外伤出血。

【用法用量】内服：煎汤，9～30 g；或熬膏；或捣汁；或入丸、散。外用：适量，捣敷；或捣绒塞鼻；或研末敷。

飞 蓬 属

369. 一年蓬 *Erigeron annuus* (L.) Pers.

【形态特征】一年生或二年生草本，茎粗壮，高 30～100 cm，基部直径 6 mm，直立，上部有分枝，绿色，下部被开展的长硬毛，上部被较密的上弯的短硬毛。基部叶花期枯萎，长圆形或宽卵形，少有近圆形，长 4～17 cm，宽 1.5～4 cm 或更宽，顶端尖或钝，基部狭成具翅的长柄，边缘具粗齿，下部叶与基部叶同型，但叶柄较短，中部和上部叶较小，长圆状披针形或披针形，长 1～9 cm，宽 0.5～2 cm，顶端尖，具短柄或无柄,边缘有不规则的齿或近全缘,最上部叶线形,全部叶边缘被短硬毛,两面被疏短硬毛,或有时近无毛。头状花序数个或多数,排列成疏圆锥花序,长6～8 mm,宽10～15 mm,总苞半球形,总苞片3层,草质,披针形,长3～5 mm,宽0.5～1 mm,近等长或外层稍短,淡绿色或褐色,背面密被腺毛和疏长节毛;外围的雌花舌状,2层,长6～8 mm,管部长1～1.5 mm,上部被疏微毛,舌片平展,白色,或有时淡

天蓝色,线形,宽0.6 mm,顶端具2小齿,花柱分枝线形;中央的两性花管状,黄色,管部长约0.5 mm,檐部近倒锥形,裂片无毛;瘦果披针形,长约1.2 mm,压扁,被疏贴柔毛;冠毛异形,雌花的冠毛极短,膜片状连成小冠,两性花的冠毛2层,外层鳞片状,内层为10～15条长约2 mm的刚毛。花期6—9月。

【拍摄地点】宜城市滨江大道,海拔55.3 m。

【生境分布】生于山坡、路边及田野中。分布于宜城市各乡镇。

【药用部位】全草。

【采收加工】夏、秋季采收,洗净,鲜用或晒干。

【功能主治】消食止泻,清热解毒,截疟。用于消化不良,胃肠炎,牙龈炎,疟疾,毒蛇咬伤。

【用法用量】内服:煎汤,30～60 g。外用:适量,捣敷。

泽 兰 属

370. 白头婆 *Eupatorium japonicum* Thunb.

【形态特征】多年生草本,高50～200 cm。根茎短,有多数细长侧根。茎直立,下部或至中部或全部淡紫红色,基部直径达1.5 cm,通常不分枝,或仅上部有伞房状花序分枝,全部茎枝被白色皱波状短柔毛,花序分枝上的毛较密,茎下部或全部花期脱毛或疏毛。叶对生,有叶柄,柄长1～2 cm,质地稍厚;中部茎叶椭圆形、长椭圆形、卵状长椭圆形或披针形,长6～20 cm,宽2～6.5 cm,基部宽或狭楔形,顶端渐尖,羽状脉,侧脉约7对,在下面凸起;自中部向上及向下部的叶渐小,与茎中部叶同型,基部茎叶花期枯萎;

全部茎叶两面粗涩，被皱波状长或短柔毛及黄色腺点，下面、下面沿脉及叶柄上的毛较密，边缘有粗或重粗锯齿。头状花序在茎顶或枝端排成紧密的伞房花序，花序直径通常 3～6 cm，少有大型复伞房花序而花序直径达 20 cm 的。总苞钟状，长 5～6 mm，含 5 个小花；总苞片覆瓦状排列，3 层；外层极短，长 1～2 mm，披针形；中层及内层苞片渐长，长 5～6 mm，长椭圆形或长椭圆状披针形；全部苞片绿色或带紫红色，顶端钝或圆形。花白色、带紫红色或粉红色，花冠长 5 mm，外面有较稠密的黄色腺点。瘦果淡黑褐色，椭圆状，长 3.5 mm，5 棱，被多数黄色腺点，无毛；冠毛白色，长约 5 mm。花、果期 6—11 月。

【拍摄地点】 宜城市雷河镇，海拔 140.5 m。

【生境分布】 生于密疏林下、灌丛中、山坡草地、水湿地和河岸水旁。分布于宜城市板桥店镇、雷河镇等地。

大吴风草属

371. 大吴风草 *Farfugium japonicum* (L. f.) Kitam.

【别名】 一叶莲、大马蹄。

【形态特征】 多年生葶状草本。根茎粗壮，直径达 1.2 cm。花葶高达 70 cm，幼时被密的淡黄色柔毛，后毛脱落，基部直径 5～6 mm，被极密的柔毛。叶全部基生，莲座状，有长柄，柄长 15～25 cm，幼时被与花葶上一样的毛，后毛多脱落，基部扩大，呈短鞘，抱茎，鞘内被密毛，叶片肾形，长 9～13 cm，宽 11～22 cm，先端圆形，全缘或有小齿至掌状浅裂，基部弯缺宽，长为叶片的 1/3，叶质厚，近革质，两

面幼时被灰色柔毛，后毛脱落，上面绿色，下面淡绿色；茎生叶 1～3，苞叶状，长圆形或线状披针形，长 1～2 cm。头状花序辐射状，2～7 个排列成伞房状花序；花序梗长 2～13 cm，被毛；总苞钟形或宽陀螺形，长 12～15 mm，口部宽达 15 mm，总苞片 12～14 枚，2 层，长圆形，先端渐尖，背部被毛，内层边缘褐色宽膜质。舌状花 8～12 朵，黄色，舌片长圆形或匙状长圆形，长 15～22 mm，宽 3～4 mm，先端圆形或急尖，管部长 6～9 mm；管状花多数，长 10～12 mm，管部长约 6 mm，花药基部有尾，冠毛白色与花冠等长。瘦果圆柱形，长达 7 mm，有纵肋，被成行的短毛。花、果期 8 月至翌年 3 月。

【拍摄地点】 宜城市中华大道，海拔 124.8 m。

【生物学特性】 喜半阴和湿润环境，忌干旱。

【生境分布】 生于林下、山谷及草丛。栽培于宜城市各乡镇。

【药用部位】 根。

【功能主治】 用于咳嗽，咯血，便血，月经不调，跌打损伤，乳腺炎。

茼蒿属

372. 茼蒿 *Glebionis coronaria* (L.) Cass. ex Spach

【别名】 蒿菜。

【形态特征】 光滑无毛或几光滑无毛。茎高达 70 cm，不分枝或自中上部分枝。基生叶花期枯萎。中下部茎叶长椭圆形或长椭圆状倒卵形，长 8～10 cm，无柄，二回羽状分裂。一回为深裂或几全裂，侧裂片 4～10 对；二回为浅裂、半裂或深裂，裂片卵形或线形。上部叶小。头状花序单生于茎顶或少数生于茎枝顶端，但并不形成明显的伞房花序，花梗长 15～20 cm。总苞直径 1.5～3 cm。总苞片 4 层，内层长 1 cm，顶端膜质扩大成附片状。舌片长 1.5～2.5 cm。舌状花瘦果有 3 条凸起的狭翅肋，肋间有 1～2 条明显的间肋。管状花瘦果有 1～2 条椭圆形凸起的肋及不明显的间肋。花、果期 6—8 月。

【拍摄地点】 宜城市龙头街道办事处七里岗村，海拔 74.6 m。

【生物学特性】 半耐阴。

【生境分布】 栽培于宜城市各乡镇。

【药用部位】 全草。

【功能主治】 调和脾胃，通利二便，消痰饮。用于脾胃不和，二便不通，咳嗽痰多。

向日葵属

373. 向日葵 *Helianthus annuus* L.

【别名】 丈菊。

【形态特征】 一年生高大草本。茎直立，高 1～3 m，粗壮，被白色粗硬毛，不分枝或有时上部分枝。叶互生，心状卵圆形或卵圆形，顶端急尖或渐尖，有 3 基出脉，边缘有粗锯齿，两面被短糙毛，有长柄。头状花序极大，直径 10～30 cm，单生于茎端或枝端，常下倾。总苞片多层，叶质，覆瓦状排列，卵形至卵状披针形，顶端尾状渐尖，被长硬毛或纤毛。花托平或稍凸，有半膜质托片。舌状花多数，黄色、舌片开展，长圆状卵形或长圆形，不结果。管状花极多数，棕色或紫色，有披针形裂片，结果。瘦果倒卵形或卵状长圆形，稍压扁，长 10～15 mm，有细肋，常被白色短柔毛，上端有 2 个膜片状早落的冠毛。花期 7—9 月，果期 8—9 月。

【拍摄地点】宜城市流水镇刘家湾，海拔 143.0 m。

【生物学特性】喜阳光，耐低温。

【生境分布】生于路边、田野、沙漠边缘和草地。栽培于宜城市各乡镇。

【药用部位】花。

【功能主治】平肝明目。用于头晕目眩。

【用法用量】内服：煎汤，50～150 g。

374. 菊芋 *Helianthus tuberosus* L.

【别名】洋姜、五星草。

【形态特征】多年生草本，高 1～3 m，有块状的地下茎及纤维状根。茎直立，有分枝，被白色短糙毛或刚毛。叶通常对生，有叶柄，但上部叶互生；下部叶卵圆形或卵状椭圆形，有长柄，长 10～16 cm，宽 3～6 cm，基部宽楔形或圆形，有时微心形，顶端渐细尖，边缘有粗锯齿，有离基 3 出脉，上面被白色短粗毛、下面被柔毛，叶脉上有短硬毛，上部叶长椭圆形至阔披针形，基部渐狭，下延成短翅状，顶端渐

尖，短尾状。头状花序较大，少数或多数，单生于枝端，有 1～2 枚线状披针形的苞叶，直立，直径 2～5 cm，总苞片多层，披针形，长 14～17 mm，宽 2～3 mm，顶端长渐尖，背面被短伏毛，边缘被开展的缘毛；托片长圆形，长 8 mm，背面有肋，上端不等 3 浅裂。舌状花通常 12～20 朵，舌片黄色，开展，长椭圆形，长 1.7～3 cm；管状花花冠黄色，长 6 mm。瘦果小，楔形，上端有 2～4 枚有毛的锥状扁芒。花期 8—9 月。

【拍摄地点】宜城市板桥店镇东湾村，海拔 179.5 m。

【生境分布】分布于宜城市板桥店镇等地。

【药用部位】块茎或茎叶。

【采收加工】秋季采挖块茎，夏、秋季采收茎叶，晒干。

【功能主治】 清热凉血，肠热出血，跌打损伤，骨折肿痛。根茎捣敷治无名肿毒，腮腺炎。

【用法用量】 内服：煎汤，10～15g；或块根1个，生嚼服。

泥 胡 菜 属

375. 泥胡菜 *Hemisteptia lyrata* (Bge.) Fisch et C. A. Mey.

【形态特征】 一年生草本植物，高可达100 cm。茎单生，通常纤细，被稀疏蛛丝毛，基生叶长椭圆形或倒披针形，花期通常枯萎；全部叶大头羽状深裂或几全裂，侧裂片倒卵形、长椭圆形、匙形、倒披针形或披针形，顶裂片大，长菱形、三角形或卵形，全部茎叶质地薄，两面异色，上面绿色，下面灰白色；头状花序在茎枝顶端排成疏松伞房花序；总苞片多层，覆瓦状排列，最外层长三角形；全部苞片质地薄，草质，内层苞片顶端长渐尖，上方染红色；小花紫色或红色，花冠裂片线形。瘦果小，楔状或偏斜楔形，深褐色，3—8月开花结果。

【拍摄地点】 宜城市刘猴镇，海拔206.8 m。

【生境分布】 生于山坡、山谷、平原、丘陵、林缘、林下、草地、荒地、田间、河边、路旁等处。分布于宜城市各乡镇。

【药用部位】 全草。

【采收加工】 全年均可采收，洗净，鲜用或晒干扎捆，用时切段。

【功能主治】 消肿散结，清热解毒。用于乳腺炎，疮痈肿毒，风疹瘙痒。

【用法用量】 内服：煎汤，9～15 g。外用：适量，鲜草捣敷；或煎水洗。

旋 覆 花 属

376. 旋覆花 *Inula japonica* Thunb.

【别名】 旋复花、六月菊。

【形态特征】 多年生草本。根状茎短，横走或斜升，有粗壮的须根。茎单生，有时2～3个簇生，直立，高30～70 cm，有时基部具不定根，基部直径3～10 mm，有细沟，被长伏毛，或下部有时脱毛，上部有上升或开展的分枝，全部有叶；节间长2～4 cm。基部叶常较小，在花期枯萎；中部叶长圆形、长圆状披针形或披针形，长4～13 cm，宽1.5～3.5，稀4 cm，基部狭窄，常有圆形半抱茎的小耳，无柄，顶端稍尖或渐尖，边缘有小尖头状疏齿或全缘，上面有疏毛或近无毛，下面有疏伏毛和腺点；中脉和侧脉有较密的长毛；上部叶渐狭小，线状披针形。头状花序直径3～4 cm，多数或少数排列成疏散的伞房花序；花序梗细长。总苞半球形，直径13～17 mm，长7～8 mm；总苞片约6层，线状披针形，近等长，但最外层常叶质而较长；外层基部革质，上部叶质，背面有伏毛或近无毛，有缘毛；内层除绿色中脉外干膜质，渐尖，有腺点和缘毛。舌状花黄色，较总苞长2～2.5倍；舌片线形，长10～13 mm；管状花花冠长约5 mm，有三角状披针形裂片；冠毛1层，白色，与管状花近等长。瘦果长1～1.2 mm，圆柱形，有10条沟，顶端截形，被疏短毛。花期6—10月，果期9—11月。

【拍摄地点】　宜城市流水镇，海拔86.0 m。

【生物学特性】　喜温暖、湿润气候，耐热、耐寒，不耐旱。

【生境分布】　生于山坡路旁、湿润草地、河岸和田埂上。偶见于宜城市流水镇等地。

【药用部位】　头状花序。

【采收加工】　夏、秋季花开放时采收，除去杂质，阴干或晒干。

【功能主治】　降气，消痰，行水，止呕。用于风寒咳嗽，痰气互结，胸膈痞闷，喘咳痰多，呕吐噫气，心下痞硬。

【用法用量】　内服：包煎，3～9 g。

小 苦 荬 属

377. 抱茎小苦荬　*Ixeridium sonchifolium* (Maxim.) Shih

【别名】　苦荬菜。

【形态特征】　多年生草本，高15～60 cm。根垂直直伸，不分枝或分枝。根状茎极短。茎单生，直立，基部直径1～4 mm，上部伞房花序状或伞房圆锥花序状分枝，全部茎枝无毛。基生叶莲座状，匙形、长倒披针形或长椭圆形，包括基部渐狭的宽翼柄长3～15 cm，宽1～3 cm；或不分裂，边缘有锯齿，顶端圆形或急尖；或大头羽状深裂，顶裂片大，近圆形、椭圆形或卵状椭圆形，顶端圆形或急尖，边缘有锯齿，侧裂片3～7对，半椭圆形、三角形或线形，边缘有小锯齿。中下部茎叶长椭圆形、匙状椭圆形、倒披针形或披针形，与基生叶等大或较小，羽状浅裂或半裂，极少大头羽状分裂，向基部扩大，心形或耳状抱茎；上部茎叶及接花序分枝处的叶心状披针形，边缘全缘，极少有锯齿或尖锯齿，顶端渐尖，向基部心形或圆耳状扩大抱茎；全部叶两面无毛。头状花序多数或少数，在茎枝顶端排成伞房花序或伞房圆锥花序，含舌状小花约17朵。总苞圆柱形，长5～6 mm；总苞片3层，外层及最外层短，卵形或长卵形，长1～3 mm，宽0.3～0.5 mm，顶端急尖，内层长披针形，长5～6 mm，宽1 mm，顶端急尖，全部总苞片外面无毛。舌状小花黄色。瘦果黑色，纺锤形，长2 mm，宽0.5 mm，有10条凸起的钝肋，上部沿肋有上指的小刺毛，向上渐尖成细喙，喙细丝状，长0.8 mm。冠毛白色，微糙毛状，长3 mm。花、果期3—5月。

【拍摄地点】宜城市刘猴镇，海拔164.7 m。

【生物学特性】喜阳，喜温暖、湿润气候。

【生境分布】生于山坡或平原路旁、林下、河滩地、岩石上或庭院中。分布于宜城市各乡镇。

【药用部位】全草。

【功能主治】清热解毒，凉血活血。

鼠曲草属

378. 鼠曲草 *Pseudognaphalium affine* (D. Don) Anderb.

【别名】鼠麴草。

【形态特征】一年生草本。茎直立或基部发出的枝下部斜升，高10～40 cm或更高，基部直径约3 mm，上部不分枝，有沟纹，被白色厚绵毛，节间长8～20 mm，上部节间罕有达5 cm。叶无柄，匙状倒披针形或倒卵状匙形，长5～7 cm，宽11～14 mm，上部叶长15～20 mm，宽2～5 mm，基部渐狭，稍下延，顶端圆，具刺尖头，两面被白色绵毛，上面常较薄，叶脉1条，在下面不明显。

头状花序较多或较少数，直径2～3 mm，近无柄，在枝顶密集成伞房花序，花黄色至淡黄色；总苞钟形，直径2～3 mm；总苞片2～3层，金黄色或柠檬黄色，膜质，有光泽，外层倒卵形或匙状倒卵形，背面基部被绵毛，顶端圆，基部渐狭，长约2 mm，内层长匙形，背面通常无毛，顶端钝，长2.5～3 mm；花托中央稍凹入，无毛。雌花多数，花冠细管状，长约2 mm，花冠顶端扩大，3齿裂，裂片无毛。两性花较少，管状，长约3 mm，向上渐扩大，檐部5浅裂，裂片三角状渐尖，无毛。瘦果倒卵形或倒卵状圆柱形，长约 0.5 mm，有乳头状突起。冠毛粗糙，污白色，易脱落，长约 1.5 mm，基部连合成 2 束。花期 1—4 月、8—11 月。

【拍摄地点】 宜城市王集镇联合村，海拔 161.3 m。

【生境分布】 生于干地和湿润草地上。分布于宜城市各乡镇。

【药用部位】 全草。

【采收加工】 春季开花时采收，去净杂质，晒干，储藏于干燥处。鲜品随采随用。

【功能主治】 化痰止咳，祛风除湿，解毒。用于咳嗽痰多，风湿痹痛，泄泻，水肿，蚕豆病，赤白带下，疮痈肿毒，阴囊湿痒，荨麻疹。

【用法用量】 内服：煎汤，6～15g；或研末；或浸酒。外用：适量，煎水洗；或捣敷。

漏 芦 属

379. 漏芦 *Rhaponticum uniflorum* (L.) DC.

【别名】 土烟叶、狼头花。

【形态特征】 多年生草本，高（6）30～100 cm。根状茎粗厚。根直伸，直径 1～3 cm。茎直立，不分枝，簇生或单生，灰白色，被绵毛，基部直径 0.5～1 cm，被褐色残存的叶柄。基生叶及下部茎叶全形椭圆形、长椭圆形、倒披针形，长 10～24 cm，宽 4～9 cm，羽状深裂或几全裂，有长叶柄，叶柄长 6～20 cm。侧裂片 5～12 对，椭圆形或倒披针形，边缘有锯齿或锯齿

稍大而使叶呈现二回羽状分裂状态，或边缘少锯齿或无锯齿，中部侧裂片稍大，向上或向下的侧裂片渐小，最下部的侧裂片小耳状，顶裂片长椭圆形或几匙形，边缘有锯齿。中上部茎叶渐小，与基生叶及下部茎叶同型并等样分裂，无柄或有短柄。全部叶质地柔软，两面灰白色，被稠密的或稀疏的蛛丝毛及多细胞糙毛和黄色小腺点。叶柄灰白色，被稠密的蛛丝状绵毛。头状花序单生于茎顶。花序梗粗壮，裸露或有少数钻形小叶。总苞半球形，直径 3.5～6 cm。总苞片约 9 层，覆瓦状排列，向内层渐长，外层不包括顶端膜质附属物，长三角形，长 4 mm，宽 2 mm；中层不包括顶端膜质附属物，椭圆形至披针形；内层及最内层不包括顶端附属物，披针形，长约 2.5 cm，宽约 5 mm。全部苞片顶端有膜质附属物，附属物宽卵形或几圆形，长达 1 cm，宽达 1.5 cm，浅褐色。全部小花两性，管状，花冠紫红色，长 3.1 cm，细管部长 1.5 cm，花冠裂片长 8 mm。瘦果 3～4 棱，楔状，长 4 mm，宽 2.5 mm，顶端有果缘，果缘边缘细尖齿。冠毛褐色，多层，不等长，向内层渐长，长达 1.8 cm，基部连合成环，整体脱落；冠毛刚毛糙毛状。花、果期 4—9 月。

【拍摄地点】 宜城市刘猴镇钱湾村，海拔 377.8 m。

【生物学特性】 喜温暖、低温气候,忌涝。

【生境分布】 生于山坡丘陵、松林下或桦木林下。分布于宜城市各乡镇。

【药用部位】 根及根茎。

【功能主治】 清热解毒,排脓消肿,通乳。用于乳痈肿痛,痈疽发背,瘰疬,疮毒,乳汁不通,湿痹拘挛。

【用法用量】 内服:煎汤,5～9 g。

千 里 光 属

380. 千里光 *Senecio scandens* Buch. -Ham. ex D. Don

【形态特征】 多年生攀援草本,根状茎木质,粗,直径达1.5 cm。茎伸长,弯曲,长2～5 m,多分枝,被柔毛或无毛,老时变木质,皮淡色。叶具柄,叶片卵状披针形至长三角形,长2.5～12 cm,宽2～4.5 cm,顶端渐尖,基部宽楔形、截形、戟形或稀心形,通常具浅或深齿,稀全缘,有时具细裂或羽状浅裂,至少向基部具1～3对较小的侧裂片,两面被短柔毛至无毛;羽状脉,侧脉7～9对,弧状

叶脉明显;叶柄长0.5～1(2)cm,具柔毛或近无毛,无耳或基部有小耳;上部叶变小,披针形或线状披针形,长渐尖。头状花序有舌状花,多数,在茎枝端排列成顶生复聚伞圆锥花序;分枝和花序梗被密至疏短柔毛;花序梗长1～2 cm,具苞片,小苞片通常1～10枚,线状钻形。总苞圆柱状钟形,长5～8 mm,宽3～6 mm,具外层苞片;苞片约8枚,线状钻形,长2～3 mm。总苞片12～13枚,线状披针形,渐尖,上端和上部边缘有缘毛状短柔毛,草质,边缘宽干膜质,背面有短柔毛或无毛,具3脉。舌状花8～10朵,管部长4.5 mm;舌片黄色,长圆形,长9～10 mm,宽2 mm,钝,具3细齿,具4脉;管状花多数;花冠黄色,长7.5 mm,管部长3.5 mm,檐部漏斗状;裂片卵状长圆形,尖,上端有乳头状毛。花药长2.3 mm,基部有钝耳,耳长约为花药颈部的1/7;附片卵状披针形;花药颈部伸长,向基部略膨大;花柱分枝长1.8 mm,顶端截形,有乳头状毛。瘦果圆柱形,长3 mm,被柔毛;冠毛白色,长7.5 mm。

【拍摄地点】 宜城市板桥店镇新街,海拔124.5 m。

【生境分布】 生于森林、灌丛中,攀援于灌木、岩石上或溪边。分布于宜城市各乡镇。

【药用部位】 干燥地上部分。

【采收加工】 采收后出去杂质,阴干。

【功能主治】 清热解毒,明目,利湿。用于疮痈肿毒,感冒发热,目赤肿痛,泄泻,痢疾,皮肤湿疹。

【用法用量】 内服:煎汤,15～30 g。外用:适量,煎水熏洗。

豨莶属

381. 毛梗豨莶 *Sigesbeckia glabrescens* Makino

【形态特征】一年生草本。茎直立，较细弱，高 30～80 cm，通常上部分枝，被平伏短柔毛，有时上部毛较密。基部叶花期枯萎；中部叶卵圆形、三角状卵圆形或卵状披针形，长 2.5～11 cm，宽 1.5～7 cm，基部宽楔形或钝圆形，有时下延成具翼的长 0.5～6 cm 的柄，顶端渐尖，边缘有规则的齿；上部叶渐小，卵状披针形，长 1 cm，宽 0.5 cm，边缘有疏齿或全缘，有短柄或无柄；全部叶两面被柔毛，基出 3 脉，叶脉在叶下面稍凸起。头状花序直径 10～18 mm，多数头状花序在枝端排列成疏散的圆锥花序；花梗纤细，疏生平伏短柔毛。总苞钟状；总苞片 2 层，叶质，背面密被紫褐色头状有柄的腺毛；外层苞片 5 枚，线状匙形，长 6～9 mm，内层苞片倒卵状长圆形，长 3 mm。托片倒卵状长圆形，背面疏被头状具柄腺毛。雌花花冠的管部长约 0.8 mm，两性花花冠上部钟状，顶端 4～5 齿裂。瘦果倒卵形，4 棱，长约 2.5 mm，有灰褐色环状突起。花期 4—9 月，果期 6—11 月。

【拍摄地点】宜城市流水镇杨林村，海拔 270.0 m。

【生境分布】生于路边、旷野荒草地和山坡灌丛中。分布于宜城市板桥店镇、流水镇等地。

【药用部位】地上部分。

【采收加工】夏季开花前或花期均可采收，割取地上部分，晒至半干时，置于干燥通风处，晾干。

【功能主治】祛湿，通经络，清热解毒。用于风湿痹痛，筋骨不利，腰膝无力，半身不遂，高血压，疟疾，黄疸，疮痈肿毒，风疹湿疮，虫兽咬伤。

【用法用量】内服：煎汤，9～12 g（大剂量可用至 30～60 g）；或捣汁；或入丸、散。外用：适量，捣敷；或研末撒；或煎水熏洗。

苦苣菜属

382. 苦苣菜 *Sonchus oleraceus* L.

【别名】滇苦荬菜。

【形态特征】一年生或二年生草本。根圆锥状，垂直直伸，有多数纤维状的须根。茎直立，单生，高 40～150 cm，有纵条棱或条纹，不分枝或上部有短的伞房花序状或总状花序式分枝，全部茎枝光滑无毛，或上部花序分枝及花序梗被头状具柄的腺毛。基生叶羽状深裂，全形长椭圆形或倒披针形；

或大头羽状深裂，全形倒披针形；或基生叶不裂，椭圆形、椭圆状戟形、三角形、三角状戟形或圆形，全部基生叶基部渐狭成长或短翼柄；中下部茎叶羽状深裂或大头状羽状深裂，全形椭圆形或倒披针形，长 3～12 cm，宽 2～7 cm，基部急狭成翼柄，翼狭窄或宽大，向柄基且逐渐加宽，柄基圆耳状抱茎，顶裂片与侧裂片等大、较大或大，宽三角形、戟状宽三角形、卵状心形，侧生裂片 1～5 对，椭圆

形，常下弯，全部裂片顶端急尖或渐尖，下部茎叶或接花序分枝下方的叶与中下部茎叶同型，并等样分裂或不分裂而呈披针形或线状披针形，且顶端长渐尖，下部宽大，基部半抱茎；全部叶或裂片边缘及抱茎小耳边缘有大小不等的急尖锯齿或大锯齿，或上部及接花序分枝处的叶边缘大部全缘或上半部边缘全缘，顶端急尖或渐尖，两面光滑，质地薄。头状花序少数在茎枝顶端排成紧密的伞房花序或总状花序，或单生于茎枝顶端。总苞宽钟状，长 1.5 cm，宽 1 cm；总苞片 3～4 层，覆瓦状排列，向内层渐长；外层长披针形或长三角形，长 3～7 mm，宽 1～3 mm，中内层长披针形至线状披针形，长 8～11 mm，宽 1～2 mm；全部总苞片顶端长急尖，外面无毛或外层或中内层上部沿中脉有少数头状具柄的腺毛。舌状小花多数，黄色。瘦果褐色，长椭圆形或长椭圆状倒披针形，长 3 mm，宽不足 1 mm，压扁，每面各有 3 条细脉，肋间有横皱褶，顶端狭，无喙，冠毛白色，长 7 mm，单毛状，彼此纠缠。花、果期 5—12 月。

【拍摄地点】宜城市小河镇山河村，海拔 96.5 m。

【生物学特性】耐寒、耐热、耐旱、耐贫瘠。

【生境分布】生于山坡、山谷林缘、林下、平地田间、空旷处或近水处。分布于宜城市小河镇、板桥店镇等地。

【功能主治】清热解毒，消肿排脓，凉血化瘀，消食和胃，清肺止咳，益肝利尿。用于急性痢疾，肠炎，痔疮肿痛。

【用法用量】内服：煎汤，9～15 g；或捣汁；或研末。外用：适量，捣汁涂；或煎水洗。

联毛紫菀属

383. 钻叶紫菀 *Symphyotrichum subulatum* (Michx.) G. L. Nesom

【形态特征】一年生草本植物，高可达 150 cm。主根圆柱状，向下渐狭，茎单一，直立，茎和分枝具粗棱，光滑无毛，基生叶在花期凋落；茎生叶多数，叶片披针状线形，极稀狭披针形，两面绿色，光滑无毛，中脉在背面凸起，侧脉数对，头状花序极多数，花序梗纤细、光滑，总苞钟形，总苞片外层披针状线形，内层线形，边缘膜质，光滑无毛。雌花花冠舌状，舌片淡红色、红色、紫红色或紫色，线形，

两性花花冠管状，冠管细，瘦果线状长圆形，稍扁，花、果期6—10月。

【拍摄地点】宜城市刘猴镇钱湾村五组，海拔141.1 m。

【生境分布】生于山坡灌丛、草坡、沟边、路旁或荒地。偶见于宜城市刘猴镇等地。

【药用部位】全草。

【功能主治】清热解毒。用于痈肿，湿疹。

【用法用量】内服：煎汤，10～30 g。外用：适量，捣敷。

兔儿伞属

384. 兔儿伞 *Syneilesis aconitifolia* (Bge.) Maxim.

【别名】七里麻。

【形态特征】多年生草本。根状茎短，横走，具多数须根，茎直立，高70～120 cm，下部直径2.5～6 mm，紫褐色，无毛，具纵肋，不分枝。叶通常2，疏生；下部叶具长柄；叶片盾状圆形，直径20～30 cm，掌状深裂；裂片7～9，每裂片再次2～3浅裂；小裂片宽4～8 mm，线状披针形，边缘具不等长的锐齿，顶端渐尖，初时反折呈闭伞状，被密蛛丝状茸毛，后开展成

伞状，变无毛，上面淡绿色，下面灰色；叶柄长10～16 cm，无翅，无毛，基部抱茎；中部叶较小，直径12～24 cm；裂片通常4～5；叶柄长2～6 cm。其余的叶呈苞片状，披针形，向上渐小，无柄或具短柄。头状花序多数，在茎端密集成复伞房状，干时宽6～7 mm；花序梗长5～16 mm，具数枚线形小苞片；总苞筒状，长9～12 mm，宽5～7 mm，基部有3～4枚小苞片；总苞片1层，5枚，长圆形，顶端钝，边缘膜质，外面无毛。小花8～10朵，花冠淡粉白色，长10 mm，管部窄，长3.5～4 mm，檐部窄钟状，5裂；花药变紫色，基部短箭形；花柱分枝伸长，扁，顶端钝，被笔状微毛。瘦果圆柱形，长5～6 mm，无毛，具肋；冠毛污白色或变红色，糙毛状，长8～10 mm。花期6—7月，果期8—10月。

【拍摄地点】宜城市板桥店镇，海拔220.8 m。

【生物学特性】喜温暖、湿润及阳光充足的环境，耐半阴、耐寒、耐贫瘠。

【生境分布】生于山坡荒地、林缘或路旁。分布于宜城市各乡镇。

【药用部位】 全草。

【功能主治】 祛风除湿，解毒活血，消肿止痛。用于风湿麻木，肢体疼痛，跌打损伤，月经不调，痛经，疮痈肿毒，瘰疬，痔疮。

【用法用量】 内服：煎汤，10～15 g；或浸酒。外用：适量，鲜品捣敷；或煎水洗；或取汁涂。

万 寿 菊 属

385. 万寿菊 *Tagetes erecta* L.

【别名】 小万寿菊、臭菊花。

【形态特征】 一年生草本，高 50～150 cm。茎直立，粗壮，具纵细条棱，分枝向上平展。叶羽状分裂，长 5～10 cm，宽 4～8 cm，裂片长椭圆形或披针形，边缘具锐锯齿，上部叶裂片的齿端有长细芒；沿叶缘有少数腺体。头状花序单生，直径 5～8 cm，花序梗顶端棍棒状膨大；总苞长 1.8～2 cm，宽 1～1.5 cm，杯状，顶端具齿尖；舌状花黄色或暗橙色；长 2.9 cm，舌片倒卵形，长 1.4 cm，宽 1.2 cm，基部收缩成长爪，顶端微弯缺；管状花花冠黄色，长约 9 mm，顶端具 5 齿裂。瘦果线形，基部缩小，黑色或褐色，长 8～11 mm，被短微毛；冠毛有 1～2 个长芒和 2～3 枚短而钝的鳞片。花期 7—9 月。

【拍摄地点】 宜城市流水镇马头村，海拔 200.9 m。

【生境分布】 生于路边、草甸。栽培于宜城市流水镇等地。

【药用部位】 根、叶、花。

【功能主治】 根：解毒消肿。用于上呼吸道感染，百日咳，支气管炎，眼角膜炎，咽炎，口腔炎，牙痛；外用治腮腺炎，乳腺炎，疮痈肿毒。叶：用于痈疮，无名肿痛。花：清热解毒，化痰止咳。用于镇静降压，扩张支气管，解痉，抗炎。

鸦 葱 属

386. 鸦葱 *Takhtajaniantha austriaca* (Willd.) Zaika, Sukhor. et N. Kilian

【形态特征】 多年生草本，高 10～42 cm。根垂直直伸，黑褐色。茎多数，簇生，不分枝，直立，光滑无毛，茎基被稠密的棕褐色纤维状撕裂的鞘状残留物。基生叶线形、狭线形、线状披针形、线状长椭圆形、线状披针形或长椭圆形，长 3～35 cm，宽 0.2～2.5 cm，顶端渐尖或钝而有小尖头或急尖，向下部渐狭成具翼的长柄，柄基鞘状扩大或向基部直接形成扩大的叶鞘，3～7出脉，侧脉不明显，边缘平或稍见皱波状，两面无毛或仅沿基部边缘有蛛丝状柔毛；茎生叶少数，2～3片，鳞片状，披针形或钻状披针形，基部心形，半抱茎。头状花序单生于茎端。总苞圆柱状，直径1～2 cm。总苞片约5层，外层三角形或卵状三角形，长6～8 mm，宽约6.5 mm，中层偏斜披针形或长椭圆形，长1.6～2.1 cm，宽5～7 mm，内层

线状长椭圆形，长2～2.5 cm，宽3～4 mm；全部总苞片外面光滑无毛，顶端急尖、钝或圆形。舌状小花黄色。瘦果圆柱状，长1.3 cm，有多数纵肋，无毛，无脊瘤。冠毛淡黄色，长1.7 cm，与瘦果连接处有蛛丝状毛环，大部为羽毛状，羽枝蛛丝毛状，上部为细锯齿状。花、果期4—7月。

- 【拍摄地点】宜城市流水镇马集村五组，海拔93.9 m。
- 【生境分布】生于山坡、草滩及河滩。分布于宜城市各乡镇。
- 【药用部位】根。
- 【采收加工】7—10月采收，鲜用或晒干。
- 【功能主治】清热解毒，消肿散结。用于痈疽疮疡，乳痈，跌打损伤，劳伤。
- 【用法用量】内服：煎汤，9～15 g；或熬膏。外用：适量，捣敷；或取汁涂。

蒲 公 英 属

387. 蒲公英 *Taraxacum mongolicum* Hand.-Mazz.

【形态特征】多年生草本。根圆柱状，黑褐色，粗壮。叶倒卵状披针形、倒披针形或长圆状披针形，长4～20 cm，宽1～5 cm，先端钝或急尖，边缘有时具波状齿或羽状深裂，有时倒向羽状深裂或大头羽状深裂，顶端裂片较大，三角形或三角状戟形，全缘或具齿，每侧裂片3～5，裂片三角形或三角状披针形，通常具齿，平展或倒向，裂片间常夹生小齿，基部渐狭成叶柄，叶柄及主脉常带紫红色，疏被蛛丝状白色柔毛或几无毛。花葶1至数个，与叶等长或稍长，高10～25 cm，上部紫红色，密被蛛丝状白色长柔毛；头状

花序直径 30～40 mm；总苞钟状，长 12～14 mm，淡绿色；总苞片 2～3 层，外层总苞片卵状披针形或披针形，长 8～10 mm，宽 1～2 mm，边缘宽膜质，基部淡绿色，上部紫红色，先端增厚或具小到中等的角状突起；内层总苞片线状披针形，长 10～16 mm，宽 2～3 mm，先端紫红色，具小角状突起；舌状花黄色，舌片长约 8 mm，宽约 1.5 mm，边缘花舌片背面具紫红色条纹，花药和柱头暗绿色。瘦果倒卵状披针形，暗褐色，长 4～5 mm，宽 1～1.5 mm，上部具小刺，下部具成行排列的小瘤，顶端逐渐收缩为长约 1 mm 的圆锥至圆柱形喙基，喙长 6～10 mm，纤细；冠毛白色，长约 6 mm。花期 4—9 月，果期 5—10 月。

【拍摄地点】宜城市小河镇山河村，海拔 96.5 m。

【生境分布】生于山坡草地、路边、田野、河滩。分布于宜城市各乡镇。

【药用部位】全草。

【采收加工】春至秋季花初开时采挖，除去杂质，洗净，晒干。

【功能主治】清热解毒，消肿散结，利尿通淋。用于疮痈肿毒，乳痈，瘰疬，目赤，咽痛，肺痈，湿热黄疸，热淋涩痛。

【用法用量】内服：煎汤，10～15 g。

狗舌草属

388. 狗舌草 *Tephroseris kirilowii* (Turcz. ex DC.) Holub

【形态特征】多年生草本，根状茎斜升，常覆盖以褐色宿存叶柄，具多数纤维状根。茎单生，稀 2～3，近葶状，直立，高 20～60 cm，不分枝，被密白色蛛丝状毛，有时或多或少脱毛。基生叶数片，莲座状，具短柄，在花期生存，长圆形或卵状长圆形，长 5～10 cm，宽 1.5～2.5 cm，顶端钝，具小尖，基部楔状至渐狭成具狭至宽翅叶柄，两面被密或疏白色蛛丝状茸毛；茎叶少数，向茎上部渐小，下部叶倒披针形或倒

披针状长圆形，长 4～8 cm，宽 0.5～1.5 cm，钝至尖，无柄，基部半抱茎，上部叶小，披针形，苞片状，顶端尖。头状花序直径 1.5～2 cm，3～11 个排列成伞形顶生伞房花序；花序梗长 1.5～5 cm，被密蛛丝状茸毛，被黄褐色腺毛，基部具苞片，上部无小苞片。总苞近圆柱状钟形，长 6～8 mm，宽 6～9 mm，无外层苞片；总苞片 18～20 枚，披针形或线状披针形，宽 1～1.5 mm，顶端渐尖或急尖，绿色或紫色，草质，具狭膜质边缘，外面被密或有时疏蛛丝状毛，或脱毛。舌状花 13～15 朵，管部长 3～3.5 mm；舌片黄色，长圆形，长 6.5～7 mm，宽 2.5～3 mm，顶端钝，具 3 细齿，4 脉。管状花多数，花冠黄色，长约 8 mm，管部长 4 mm，檐部漏斗状；裂片卵状披针形，长 1.2 mm，急尖，顶端具乳头状

毛。花药长 2.2 mm，基部钝，附片卵状披针形；花柱分枝长约 1 mm。瘦果圆柱形，长 2.5 mm，被密硬毛。冠毛白色，长约 6 mm。花期 2—8 月。

【拍摄地点】宜城市流水镇杨林村，海拔 119.8 m。

【生物学特性】喜半阴环境，耐寒。

【生境分布】生于草地山坡或山顶阳处、松栎林下、灌丛内。分布于宜城市流水镇、板桥店镇等地。

【药用部位】全草。

【功能主治】清热解毒，利尿。用于肺脓疡，尿路感染，小便不利，口腔炎，疖肿。

【用法用量】内服：煎汤，10～15 g。外用：适量，研末撒；或捣敷。

苍 耳 属

389. 苍耳 *Xanthium strumarium* L.

【别名】卷耳。

【形态特征】一年生草本，高 20～90 cm。根纺锤状，分枝或不分枝。茎直立不分枝或少有分枝，下部圆柱形，直径 4～10 mm，上部有纵沟，被灰白色糙伏毛。叶三角状卵形或心形，长 4～9 cm，宽 5～10 cm，近全缘，或有 3～5 不明显浅裂，顶端尖或钝，基部稍心形或截形，与叶柄连接处成相等的楔形，边缘有不规则的粗锯齿，有 3 基出脉，侧脉弧形，直达叶缘，脉上密被糙伏毛，上面绿色，下面苍白色，被糙伏毛；叶柄长 3～11 cm。雄性的头状花序球形，直径 4～6 mm，有花序梗或无，总苞片长圆状披针形，长 1～1.5 mm，被短柔毛，花托柱状，托片倒披针形，长约 2 mm，顶端尖，有微毛，有多数的雄花；花冠钟形，管部上端有 5 个宽裂片；花药长圆状线形；雌性的头状花序椭圆形，外层总苞片小，披针形，长约 3 mm，被短柔毛，内层总苞片结合成囊状，宽卵形或椭圆形，绿色、淡黄绿色或有时带红褐色，在瘦果成熟时变坚硬，连同喙部长 12～15 mm，宽 4～7 mm，外面有疏生的具钩状的刺，刺极细而直，基部微增粗或几不增粗，长 1～1.5 mm，基部被柔毛，常有腺点，或全部无毛；喙坚硬，锥形，上端略呈镰刀状，长 1.5～2.5 mm，常不等长，少有结合而成 1 个喙。瘦果 2，倒卵形。花期 7—8 月，果期 9—10 月。

【拍摄地点】宜城市板桥店镇新街，海拔 183.2 m。

【生境分布】生于平原、丘陵、低山、荒野路边、田边。分布于宜城市各乡镇。

【药用部位】果实。

【采收加工】秋季果实成熟时采收，干燥，除去梗、叶等杂质。

【功能主治】 散风寒，通鼻窍，祛湿。用于风寒头痛，鼻塞流涕，鼻衄，鼻渊，风疹瘙痒，湿痹拘挛。
【用法用量】 内服：煎汤，3～10 g。

黄 鹌 菜 属

390. 黄鹌菜 *Youngia japonica* (L.) DC.

【别名】 野青菜。

【形态特征】 一年生草本，高 10～100 cm。根垂直直伸，生多数须根。茎直立，单生或少数茎成簇生，粗壮或细，顶端伞房花序状分枝或下部有长分枝，下部被稀疏的皱波状长或短毛。基生叶全形倒披针形、椭圆形、长椭圆形或宽线形，长 2.5～13 cm，宽 1～4.5 cm，大头羽状深裂或全裂，极少有不裂的，叶柄长 1～7 cm，有狭或宽翼，或无翼，顶裂片卵形、倒卵形或卵状披针形，顶端圆形或急尖，边缘有锯齿或几全缘，侧裂片 3～7 对，椭圆形，向下渐小，最下方的侧裂片耳状，全部侧裂片边缘有锯齿或细锯齿或边缘有小尖头，极少边缘全缘；无茎叶或极少有 1（2）片茎生叶，且与基生叶同型并等样分裂；全部叶及叶柄被皱波状长或短柔毛。头状花序含 10～20 朵舌状小花，少数或多数在茎枝顶端排成伞房花序，花序梗细。总苞圆柱状，长 4～5 mm，极少长 3.5～4 mm；总苞片 4 层，外层及最外层极短，宽卵形或宽形，长、宽均不足 0.6 mm，顶端急尖，内层及最内层长，长 4～5 mm，极少长 3.5～4 mm，宽 1～1.3 mm，披针形，顶端急尖，边缘白色宽膜质，内面有贴伏的短糙毛；全部总苞片外面无毛。舌状小花黄色，花冠管外面有短柔毛。瘦果纺锤形，压扁，褐色或红褐色，长 1.5～2 mm，向顶端有收缩，顶端无喙，有 11～13 条粗细不等的纵肋，肋上有小刺毛。冠毛长 2.5～3.5 mm，糙毛状。花、果期 4—10 月。

【拍摄地点】 宜城市小河镇山河村，海拔 125.4 m。

【生境分布】 生于山坡、山谷及山沟林缘、林下、林间草地及潮湿地、河边沼泽地、田间与荒地上。分布于宜城市小河镇、雷河镇等地。

【功能主治】 抗菌消炎。用于疮疖，乳腺炎，扁桃体炎，尿路感染，带下，结膜炎，风湿性关节炎。

【用法用量】 内服：煎汤，10～15 g。外用：适量，捣敷；或捣汁含漱。

百 日 菊 属

391. 百日菊 *Zinnia elegans* Jacq.

【别名】 百日草、鱼尾菊。

【形态特征】 一年生草本。茎直立，高30～100 cm，被糙毛或长硬毛。叶宽卵圆形或长圆状椭圆形，长5～10 cm，宽2.5～5 cm，基部稍心形抱茎，两面粗糙，下面被密的短糙毛，基出3脉。头状花序直径5～6.5 cm，单生枝端，无中空肥厚的花序梗。总苞宽钟状；总苞片多层，宽卵形或卵状椭圆形，外层长约5 mm，内层长约10 mm，边缘黑色。托片上端有延伸的附片；附片紫红色，流苏状三角形。舌状花深红色、玫瑰色、紫堇色或白色，舌片倒卵圆形，先端2～3齿裂或全缘，上面被短毛，下面被长柔毛。管状花黄色或橙色，长7～8 mm，先端裂片卵状披针形，上面被黄褐色密茸毛。雌花瘦果倒卵圆形，长6～7 mm，宽4～5 mm，扁平，腹面正中和两侧边缘各有1棱，顶端截形，基部狭窄，被密毛；管状花瘦果倒卵状楔形，长7～8 mm，宽3.5～4 mm，极扁，被疏毛，顶端有短齿。花期6—9月，果期7—10月。

【拍摄地点】 宜城市流水镇马头村，海拔200.9 m。

【生物学特性】 喜温暖环境，不耐寒、怕酷暑、性强健、耐干旱。

【生境分布】 栽培于宜城市园林。

【药用部位】 全草。

【功能主治】 用于上感发热，口腔炎，风火牙痛。

九七、泽 泻 科

泽 泻 属

392. 泽泻 *Alisma plantago-aquatica* L.

【别名】 水泽、如意花。

【形态特征】多年生水生或沼生草本。块茎直径 1～3.5 cm 或更大。叶通常多数；沉水叶条形或披针形；挺水叶宽披针形、椭圆形至卵形，长 2～11 cm，宽 1.3～7 cm，先端渐尖，稀急尖，基部宽楔形、浅心形，叶脉通常 5 条，叶柄长 1.5～30 cm，基部渐宽，边缘膜质。花葶高 78～100 cm 或更高；花序长 15～50 cm 或更长，具 3～8 轮分枝，每轮分枝 3～9。花两性，花梗长 1～3.5 cm；外轮花被片广卵形，长

2.5～3.5 mm，宽 2～3 mm，通常具 7 脉，边缘膜质，内轮花被片近圆形，远大于外轮，边缘具不规则粗齿，白色、粉红色或浅紫色；心皮 17～23 枚，排列整齐；花柱直立，长 7～15 mm，长于心皮，柱头短，为花柱的 1/9～1/5；花丝长 1.5～1.7 mm，基部宽约 0.5 mm，花药长约 1 mm，椭圆形，黄色或淡绿色；花托平凸，高约 0.3 mm，近圆形。瘦果椭圆形或近矩圆形，长约 2.5 mm，宽约 1.5 mm，背部具 1～2 条不明显浅沟，下部平，果喙自腹侧伸出，喙基部突起，膜质。种子紫褐色，具突起。花、果期 5—10 月。

【拍摄地点】宜城市南营街道办事处鸡鸣山，海拔 74.5 m。

【生境分布】生于湖泊、河湾、溪流、水塘的浅水带、沼泽、沟渠及低洼湿地。偶见于南营街道办事处等地。

【药用部位】块茎。

【采收加工】冬季茎叶开始枯萎时采挖，洗净，干燥，除去须根和粗皮。

【功能主治】利水渗湿，泄热，化浊降脂。用于小便不利，水肿胀满，泄泻，痰饮眩晕，热淋涩痛，高脂血症。

【用法用量】内服：煎汤，6～10 g。

慈 姑 属

393. 野慈姑 *Sagittaria trifolia* L.

【别名】慈姑、水慈姑。

【形态特征】多年生水生或沼生草本。根状茎横走，较粗壮，末端膨大或否。挺水叶箭形，叶片长短、宽窄差异很大，通常顶裂片短于侧裂片，比值（1∶1.2）～（1∶1.5），有时侧裂片更长，顶裂片与侧裂片之间缢缩或否；叶柄基部渐宽，鞘状，边缘膜质，具横脉或不明显。花葶直立，挺水，高（15）20～70 cm，或更高，通常粗壮。花序总状或圆锥状，长 5～20 cm，有时更长，具分枝 1～2，具花多轮，每轮 2～3 朵花；苞片 3 枚，基部合生，先端尖。花单性；花被片反折，外轮花被片椭圆形或广卵形，长 3～5 mm，宽 2.5～3.5 mm；内轮花被片白色或淡黄色，长 6～10 mm，宽 5～7 mm，基部收

缩，雌花通常1～3轮，花梗短粗，心皮多数，两侧压扁，花柱自腹侧斜上；雄花多轮，花梗斜举，长0.5～1.5 cm，雄蕊多数，花药黄色，长1～1.5（2）mm，花丝长短不一，0.5～3 mm，通常外轮短，向里渐长。瘦果两侧压扁，长约4 mm，宽约3 mm，倒卵形，具翅，背翅多少不整齐；果喙短，自腹侧斜上。种子褐色。花、果期5—10月。

【拍摄地点】宜城市流水镇黄岗村，海拔123.6 m。

【生物学特性】喜水多、潮湿环境。

【生境分布】生于湖泊、池塘、沼泽、沟渠、水田等水域。偶见于宜城市流水镇。

九八、沼金花科

肺筋草属

394. 肺筋草 *Aletris spicata* (Thunb.) Franch.

【别名】金线吊白米。

【形态特征】植株具多数须根，根毛局部膨大；膨大部分长3～6 mm，宽0.5～0.7 mm，白色。叶簇生，纸质，条形，有时下弯，长10～25 cm，宽3～4 mm，先端渐尖。花葶高40～70 cm，有棱，密生柔毛，中下部有几片长1.5～6.5 cm的苞片状叶；总状花序长6～30 cm，疏生多花；苞片2枚，窄条形，位于花梗的基部，长5～8 mm，短于花；花梗极短，有毛；花被黄绿色，上端粉红色，外面有柔毛，长6～7 mm，分裂部分占1/3～1/2；裂片条状披针形，长3～3.5 mm，宽0.8～1.2 mm；雄蕊着生于花被裂

片的基部，花丝短，花药椭圆形；子房卵形，花柱长 1.5 mm。蒴果倒卵形或矩圆状倒卵形，有棱角，长 3～4 mm，宽 2.5～3 mm，密生柔毛。花期 4—5 月，果期 6—7 月。

【拍摄地点】 宜城市流水镇，海拔 237.3 m。

【生境分布】 生于山坡上、路边、灌丛边或草地上。分布于流水镇、板桥店镇等地。

【药用部位】 根及全草。

【采收加工】 全草：全年均可采收，洗净，晒干或鲜用。根：夏、秋季采挖，洗净，晒干。

【功能主治】 润肺止咳，养心安神，消积驱蛔。用于支气管炎，百日咳，神经官能症，小儿疳积，蛔虫病，腮腺炎。

【用法用量】 内服：煎汤，15～50 g。

九九、阿福花科

萱 草 属

395. 萱草 *Hemerocallis fulva* (L.) L.

【别名】 黄花菜。

【形态特征】 多年生宿根草本。具短根状茎和粗壮的纺锤形肉质根。叶为扁平状的长线形，与地下茎有微量的毒，不可直接食用。开花期会长出细长绿色的开花枝，花色橙黄，花柄很长，花形为像百合花一样的筒状。果实有翅。

【拍摄地点】 宜城市刘猴镇，海拔 124.3 m。

【生物学特性】 喜光，耐半阴、耐寒、耐干旱。

【生境分布】 生于山坡草丛或山谷沟旁。分布于宜城市刘猴镇等地。

【药用部位】根。

【功能主治】清热利尿，凉血止血。用于腮腺炎，黄疸，膀胱炎，尿血，小便不利。

【用法用量】内服：煎汤，6～12 g。外用：适量，捣敷。

一〇〇、百合科

郁金香属

396. 老鸦瓣 *Amana edulis* (Miq.) Honda

【形态特征】鳞茎皮纸质，内面密被长柔毛。通常不分枝，无毛。叶片长条形，远比花长，上面无毛。花单朵顶生，靠近花基部有对生的苞片，苞片狭条形，花被片狭椭圆状披针形，白色，背面有紫红色纵条纹；花丝无毛，中部稍扩大，子房长椭圆形；蒴果近球形，有长喙。花期3—4月，果期4—5月。

【拍摄地点】宜城市小河镇山河村，海拔140.5 m。

【生境分布】生于路边及林缘。分布于宜城市小河镇、王集镇等地。

【药用部位】鳞茎。

【功能主治】清热解毒，散结消肿。用于咽喉肿痛，瘰疬，疮痈肿毒，蛇虫咬伤。

百合属

397. 百合 *Lilium brownii* var. *viridulum* Baker

【别名】山百合。

【形态特征】鳞茎球形，直径2～4.5 cm；鳞片披针形，长1.8～4 cm，宽0.8～1.4 cm，无节，白色。茎高0.7～2 m，有的有紫色条纹，有的下部有小乳头状突起。叶散生，通常自下向上渐小，倒披针形至倒卵形，长7～15 cm，宽（0.6）1～2 cm，先端渐尖，基部渐狭，具5～7脉，全缘，两面无毛。花单生或几朵排成近伞形；花梗长3～10 cm，稍弯；苞片披针形，长3～9 cm，宽0.6～1.8 cm；

花喇叭形，有香气，乳白色，外面稍带紫色，无斑点，向外张开或先端外弯而不卷，长 13～18 cm；外轮花被片宽 2～4.3 cm，先端尖；内轮花被片宽 3.4～5 cm，蜜腺两边具小乳头状突起；雄蕊向上弯，花丝长 10～13 cm，中部以下密被柔毛，少有具稀疏的毛或无毛；花药长椭圆形，长 1.1～1.6 cm；子房圆柱形，长 3.2～3.6 cm，宽 4 mm，花柱长 8.5～11 cm，柱头 3 裂。蒴果矩圆形，长 4.5～6 cm，宽约 3.5 cm，有棱，具多数种子。花期 5—6 月，果期 9—10 月。

【拍摄地点】宜城市板桥店镇牌坊村，海拔 201.8 m。

【生物学特性】喜凉爽、湿润的半阴环境，较耐寒冷。

【生境分布】生于山坡草丛中、疏林下、山沟旁、地旁或村旁。分布于宜城市各乡镇。

【药用部位】鳞叶。

【采收加工】秋季采挖，洗净，剥取鳞叶，置沸水中略烫后干燥。

【功能主治】养阴润肺，清心安神。用于阴虚燥咳，咳嗽咯血，虚烦惊悸，失眠多梦，精神恍惚。

【用法用量】内服：煎汤，6～12 g。

398. 渥丹 *Lilium concolor* Salisb.

【别名】山丹。

【形态特征】鳞茎卵球形，高 2～3.5 cm，直径 2～3.5 cm；鳞片卵形或卵状披针形，长 2～2.5（3.5）cm，宽 1～1.5（3）cm，白色，鳞茎上方的茎上有根。茎高 30～50 cm，少数近基部带紫色，有小乳头状突起。叶散生，条形，长 3.5～7 cm，宽 3～6 mm，脉 3～7 条，边缘有小乳头状突起，两面无毛。花 1～5 朵排成近伞形或总状花序；花梗长 1.2～4.5 cm；花直立，星状开展，深红色，无斑点，有光泽；花被片矩圆状披针形，长 2.2～4 cm，宽 4～7 mm，蜜腺两边具乳头状突起；雄蕊向中心靠拢；花丝长 1.8～

2 cm，无毛，花药长矩圆形，长约 7 mm；子房圆柱形，长 1～1.2 cm，宽 2.5～3 mm；花柱稍短于子房，柱头稍膨大。蒴果矩圆形，长 3～3.5 cm，宽 2～2.2 cm。花期 6—7 月，果期 8—9 月。

【拍摄地点】 宜城市流水镇，海拔 313.8 m。

【生境分布】 生于山坡草丛、路旁、灌木林下。分布于宜城市板桥店镇、流水镇、刘猴镇等地。

【药用部位】 鳞叶。

【采收加工】 秋季采挖，洗净，剥取鳞叶，置沸水中略烫后干燥。

【功能主治】 养阴润肺，清心安神。用于阴虚燥咳，咳嗽咯血，虚烦惊悸，失眠多梦，精神恍惚。

【用法用量】 内服：煎汤，6～12 g。

一〇一、天门冬科

天门冬属

399. 天门冬 *Asparagus cochinchinensis* (Lour.) Merr.

【别名】 丝冬。

【形态特征】 攀援植物。根在中部或近末端成纺锤状膨大，膨大部分长 3～5 cm，粗 1～2 cm。茎平滑，常弯曲或扭曲，长可达 1～2 m，分枝具棱或狭翅。叶状枝，通常每 3 枚成簇，扁平或由于中脉龙骨状而略呈锐三棱形，稍镰刀状，长 0.5～8 cm，宽 1～2 mm；茎上的鳞片状叶基部延伸为长 2.5～3.5 mm 的硬刺，在分枝上的刺较短或不明显。花通常每 2 朵腋生，淡绿色；花梗长 2～

6 mm，关节一般位于中部，有时位置有变化。雄花：花被长 2.5～3 mm；花丝不贴生于花被片上。雌花大小和雄花相似。浆果直径 6～7 mm，成熟时红色，有 1 颗种子。花期 5—6 月，果期 8—10 月。

【拍摄地点】 宜城市板桥店镇东湾村，海拔 203.5 m。

【生境分布】 分布于宜城市各乡镇。

【药用部位】 块根。

【采收加工】 秋、冬季采挖，洗净，除去茎基和须根，置沸水中煮或蒸至透心，趁热除去外皮，洗净，干燥。

【功能主治】 滋阴润燥，清肺生津。用于肺燥干咳，顿咳痰黏，腰膝酸痛，骨蒸潮热，内热消渴，热病津伤，咽干口渴，肠燥便秘。

【用法用量】 内服：煎汤，6～12 g。

山 麦 冬 属

400. 山麦冬 *Liriope spicata* (Thunb.) Lour.

【别名】 麦门冬、麦冬。

【形态特征】 植株有时丛生；根稍粗，直径1～2 mm，有时分枝多，近末端处常膨大成矩圆形、椭圆形或纺锤形的肉质小块根；根状茎短，木质，具地下走茎。叶长25～60 cm，宽4～6（8）mm，先端急尖或钝，基部常包以褐色的叶鞘，上面深绿色，背面粉绿色，具5条脉，中脉比较明显，边缘具细锯齿。花葶通常长于或几等长于叶，少数稍短于叶，长25～65 cm；总状花

序长6～15（20）cm，具多数花；花通常（2）3～5朵簇生于苞片腋内；苞片小，披针形，最下面的长4～5 mm，干膜质；花梗长约4 mm，关节位于中部以上或近顶端；花被片矩圆形、矩圆状披针形，长4～5 mm，先端钝圆，淡紫色或淡蓝色；花丝长约2 mm；花药狭矩圆形，长约2 mm；子房近球形，花柱长约2 mm，稍弯，柱头不明显。种子近球形，直径约5 mm。花期5—7月，果期8—10月。

【拍摄地点】 宜城市刘猴镇，海拔161.4 m。

【生境分布】 生于山坡、山谷林下、路旁或湿地。分布于宜城市各乡镇。

【药用部位】 块根。

【采收加工】 夏初采挖，洗净，反复暴晒、堆置至近干，除去须根，干燥。

【功能主治】 养阴生津，润肺清心。用于肺燥干咳，阴虚咳嗽，喉痹咽痛，津伤口渴，内热消渴，心烦失眠，肠燥便秘。

【用法用量】 内服：煎汤，9～15 g。

沿 阶 草 属

401. 沿阶草 *Ophiopogon bodinieri* H. Lév.

【形态特征】 根纤细，近末端处有时具膨大成纺锤形的小块根；地下走茎长，直径1～2 mm，节上具膜质的鞘。茎很短。叶基生成丛，禾叶状，长20～40 cm，宽2～4 mm，先端渐尖，具3～5条脉，

边缘具细锯齿。花葶较叶稍短或几等长，总状花序长1～7 cm，具几朵至十几朵花；花常单生或2朵簇生于苞片腋内；苞片条形或披针形，少数呈针形，稍带黄色，半透明，最下面的长约7 mm，少数更长些；花梗长5～8 mm，关节位于中部；花被片卵状披针形、披针形或近矩圆形，长4～6 mm，内轮3片宽于外轮3片，白色或稍带紫色；花丝很短，长不及1 mm；花药狭披针形，长约2.5 mm，常呈绿黄色；花柱细，长4～5 mm。种子近球形或椭圆形，直径5～6 mm。花期6—8月，果期8—10月。

【拍摄地点】宜城市流水镇马头村五组，海拔180.3 m。

【生境分布】生于山坡、山谷潮湿处、沟边、灌丛或林下。分布于宜城市各乡镇。

【药用部位】块根。

【功能主治】养阴生津，润肺止咳。

黄 精 属

402. 玉竹 *Polygonatum odoratum* (Mill.) Druce

【别名】铃铛菜、地管子。

【形态特征】根状茎圆柱形，直径5～14 mm。茎高20～50 cm，具7～12叶。叶互生，椭圆形至卵状矩圆形，长5～12 cm，宽3～16 cm，先端尖，下面带灰白色，下面脉上平滑至呈乳头状粗糙。花序具1～4朵花（在栽培情况下，可多至8朵），总花梗（单花时为花梗）长1～1.5 cm，无苞片或有条状披针形苞片；花被黄绿色至白色，全长13～20 mm，花被筒较直，裂片长3～4 mm；花丝丝状，近平滑至具乳头状突起，花药长约4 mm；子房长3～4 mm，花柱长10～14 mm。浆果蓝黑色，直径7～10 mm，具7～9颗种子。花期5—6月，果期7—9月。

【拍摄地点】宜城市小河镇山河村，海拔294.5 m。

【生境分布】生于林下或山野阴坡。分布于宜城市刘猴镇、小河镇、南营街道办事处等地。

【药用部位】根茎。

【采收加工】 秋季采挖，除去须根，洗净，晒至柔软后反复揉搓，晾晒至无硬心；或蒸熟后揉至半透明，晒干。

【功能主治】 养阴润燥，生津止渴。用于肺胃阴伤，燥热咳嗽，咽干口渴，内热消渴。

【用法用量】 内服：煎汤，6～12 g。

403. 黄精 *Polygonatum sibiricum* Redouté

【别名】 垂珠。

【形态特征】 根状茎圆柱状，由于结节膨大，因此"节间"一头粗、一头细，在粗的一头有短分枝，直径1～2 cm。茎高50～90 cm，或可达1 m以上，有时呈攀援状。叶轮生，每轮4～6片，条状披针形，长8～15 cm，宽（4）6～16 mm，先端卷曲或弯曲成钩。花序通常具2～4朵花，似成伞状，总花梗长1～2 cm，花梗长（2.5）4～10 mm，俯垂；苞片位于花梗基部，膜质，钻形或条状披针形，长3～5 mm，具1脉；花被乳白色至淡黄色，全长9～12 mm，花被筒中部稍缢缩，裂片长约4 mm；花丝长0.5～1 mm，花药长2～3 mm；子房长约3 mm，花柱长5～7 mm。浆果直径7～10 mm，黑色，具4～7颗种子。花期5—6月，果期8—9月。

【拍摄地点】 宜城市刘猴镇，海拔104.2 m。

【生物学特性】 喜凉爽、潮湿，荫蔽环境。

【生境分布】 生于林下、灌丛或山坡阴处。偶见于宜城市刘猴镇，栽培于王集镇等地。

【药用部位】 根茎。

【采收加工】 春、秋季采挖，除去须根，洗净，置沸水中略烫或蒸至透心后干燥。

【功能主治】 补气养阴，健脾润肺，益肾。用于脾胃气虚，体倦乏力，胃阴不足，口干食少，肺虚燥咳，咳嗽咯血，精血不足，腰膝酸软，须发早白，内热消渴。

【用法用量】 内服：煎汤，9～15 g。

绵枣儿属

404. 绵枣儿 *Barnardia japonica* (Thunb.) Schult. et Schult. f.

【别名】 地枣儿。

【形态特征】 鳞茎卵形或近球形，高2～5 cm，宽1～3 cm，鳞茎皮黑褐色。基生叶通常2～5片，狭带状，长15～40 cm，宽2～9 mm，柔软。花葶通常比叶长；总状花序长2～20 cm，具多数花；花

紫红色、粉红色至白色，较小，直径4～
5 mm，在花梗顶端脱落；花梗长5～
12 mm，基部有1～2枚较小的、狭披
针形苞片；花被片近椭圆形、倒卵形或
狭椭圆形，长2.5～4 mm，宽约1.2 mm，
基部稍合生而成盘状，先端钝而且增厚；
雄蕊生于花被片基部，稍短于花被片；
花丝近披针形，边缘和背面通常近无小
乳突，基部稍合生，中部以上骤然变
窄，变窄部分长约1 mm；子房长1.5～
2 mm，基部有短柄，表面有小乳突，3室，

每室2颗胚珠；花柱长为子房的1/2～2/3。果实近倒卵形，长3～6 mm，宽2～4 mm。种子1～3颗，
黑色，矩圆状狭倒卵形，长2.5～5 mm。花、果期7—11月。

【拍摄地点】宜城市雷河镇，海拔173.1 m。

【生境分布】生于山坡、草地、路旁或林缘。分布于宜城市各乡镇。

【药用部位】鳞茎或全草。

【采收加工】6—7月采收，洗净，鲜用或晒干。

【功能主治】活血止痛，解毒消肿，强心利尿。用于跌打损伤，筋骨疼痛，疮痈肿毒，乳痈，心脏
病水肿。

【用法用量】内服：煎汤，3～9 g。

丝 兰 属

405. 软叶丝兰 *Yucca flaccida* Haw.

【别名】丝兰。

【形态特征】茎很短或不明显。叶
近莲座状簇生，坚硬，近剑形或长条状披
针形，长25～60 cm，宽2.5～3 cm，
顶端具一硬刺，边缘有许多稍弯曲的丝
状纤维。花葶高大而粗壮；花近白色，
下垂，排成狭长的圆锥花序，花序轴有
乳突状毛；花被片长3～4 cm；花丝有
疏柔毛；花柱长5～6 mm。秋季开花。

【拍摄地点】宜城市铁湖大道，
海拔65.9 m。

【生境分布】栽培于宜城市园林。

一〇二、菝葜科

菝葜属

406. 菝葜 *Smilax china* L.

【别名】金刚藤。

【形态特征】攀援灌木；根状茎粗厚，坚硬，为不规则的块状，直径2～3 cm。茎长1～3 m，少数可达5 m，疏生刺。叶薄革质或坚纸质，干后通常红褐色或近古铜色，圆形、卵形或其他形状，长3～10 cm，宽1.5～6（10）cm，下面通常淡绿色，较少苍白色；叶柄长5～15 mm，占全长的1/2～2/3，具宽0.5～1 mm的鞘（一侧），几乎都有卷须，少有例外，脱落点位于靠近卷须处。伞形花序生于叶尚幼嫩的小枝上，具十几朵或更多的花，常呈球形；总花梗长1～2 cm；花序托稍膨大，近球形，较少稍延长，具小苞片；花绿黄色，外花被片长3.5～4.5 mm，宽1.5～2 mm，内花被片稍狭；雄花中花药比花丝稍宽，常弯曲；雌花与雄花大小相似，有6枚退化雄蕊。浆果直径6～15 mm，成熟时红色，有粉霜。花期2—5月，果期9—11月。

【拍摄地点】宜城市流水镇马集村，海拔209.0 m。

【生境分布】生于林下、灌丛中、路旁、河谷或山坡上。分布于宜城市各乡镇。

【药用部位】根茎。

【功能主治】祛湿利尿，消肿毒。用于关节疼痛，肌肉麻木，泄泻，痢疾，水肿，淋病，疮痈肿毒，瘰疬，痔疮。

【用法用量】内服：煎汤，10～15 g。

一○三、百 部 科

百 部 属

407. 大百部 *Stemona tuberosa* Lour.

【别名】 对叶百部。

【形态特征】 块根通常呈纺锤状,长达 30 cm。茎常具少数分枝,攀援状,下部木质化,分枝表面具纵槽。叶对生或轮生,极少兼有互生,卵状披针形、卵形或宽卵形,长 6～24 cm,宽（2）5～17 cm,顶端渐尖至短尖,基部心形,边缘稍波状,纸质或薄革质;叶柄长 3～10 cm。花单生或 2～3 朵排成总状花序,生于叶腋,偶尔贴生于叶柄上,花柄或花序柄长 2.5～5（12）cm;苞片小,披针形,长 5～10 mm;花被片黄绿色,带紫色脉纹,长 3.5～7.5 cm,宽 7～10 mm,顶端渐尖,内轮比外轮稍宽,具 7～10 脉;雄蕊紫红色,短于或几等长于花被;花丝粗短,长约 5 mm;花药长 1.4 cm,其顶端具短钻状附属物;药隔肥厚,向上延伸为长钻状或披针形的附属物;子房小,卵形,花柱近无。蒴果光滑,具多数种子。花期 4—7 月,果期（5）7—8 月。

【拍摄地点】 宜城市刘猴镇,海拔 103.8 m。

【生物学特性】 喜温暖和有散射光的环境。

【生境分布】 生于山坡丛林下、溪边、路旁以及山谷和阴湿岩石中。偶见于宜城市刘猴镇等地。

【药用部位】 根。

【功能主治】 用于杀虫,止痒,灭虱,润肺止咳,祛痰。

一〇四、石蒜科

葱　属

408. 薤白　*Allium macrostemon* Bge.

【别名】藠头。

【形态特征】鳞茎近球状，粗 0.7～1.5（2）cm，基部常具小鳞茎（因其易脱落故在标本上不常见）；鳞茎外皮带黑色，纸质或膜质，不破裂，但在标本上多因脱落而仅存白色的内皮。叶 3～5 片，半圆柱状，或因背部纵棱发达而为三棱状半圆柱形，中空，上面具沟槽，比花葶短。花葶圆柱状，高 30～70 cm，1/4～1/3 被叶鞘；总苞 2 裂，比花序短；伞形花序半球状至球状，具多而密集的花，或间具珠芽，有时全为珠芽；小花梗近等长，比花被片长 3～5 倍，基部具小苞片；珠芽暗紫色，基部亦具小苞片；花淡紫色或淡红色；花被片矩圆状卵形至矩圆状披针形，长 4～5.5 mm，宽 1.2～2 mm，内轮的常较狭；花丝等长，比花被片稍长直到比其长 1/3，在基部合生并与花被片贴生，分离部分的基部呈狭三角形扩大，向上收狭成锥形，内轮的基部约为外轮基部宽的 1.5 倍；子房近球状，腹缝线基部具有帘的凹陷蜜穴；花柱伸出花被外。花、果期 5—7 月。

【拍摄地点】宜城市南营街道办事处金山村，海拔 200.2 m。

【生境分布】分布于宜城市各乡镇。

【药用部位】干燥鳞茎。

【采收加工】夏、秋季采挖去须根，蒸透或置沸水中烫透，晒干。

【功能主治】通阳散结，行气导滞。用于胸痹心痛，脘腹胀满。

【用法用量】内服：煎汤，5～10 g。

409. 葱　*Allium fistulosum* L.

【形态特征】鳞茎单生，圆柱状，稀为基部膨大的卵状圆柱形，直径 1～2 cm，有时可达 4.5 cm；鳞茎外皮白色，稀淡红褐色，膜质至薄革质，不破裂。叶圆筒状，中空，向顶端渐狭，约与花葶等长，直径在 0.5 cm 以上。花葶圆柱状，中空，高 30～50（100）cm，中部以下膨大，向顶端渐狭，约在 1/3 以下被叶鞘；总苞膜质，2 裂；伞形花序球状，多花，较疏散；小花梗纤细，与花被片等长，或为其 2～

3倍长，基部无小苞片；花白色；花被片长6～8.5 mm，近卵形，先端渐尖，具反折的尖头，外轮的稍短；花丝为花被片长度的1.5～2倍，锥形，在基部合生并与花被片贴生；子房倒卵状，腹缝线基部具不明显的蜜穴；花柱细长，伸出花被外。花、果期4—7月。

【拍摄地点】宜城市流水镇，海拔138.8 m。

【生境分布】栽培于宜城市各乡镇。

【药用部位】鳞茎。

【采收加工】全年均可采收，除去须根及杂质，洗净，鲜用。

【功能主治】发汗解表，散寒通阳。用于外感风寒，畏寒发热之轻症。

【用法用量】内服：煎汤，10～15 g。外用：适量，捣敷；或煎水洗。

410. 韭 *Allium tuberosum* Rottl. ex Spreng.

【别名】韭菜。

【形态特征】具倾斜的横生根状茎。鳞茎簇生，近圆柱状；鳞茎外皮暗黄色至黄褐色，破裂成纤维状，呈网状或近网状。叶条形，扁平，实心，比花葶短，宽1.5～8 mm，边缘平滑。花葶圆柱状，常具2纵棱，高25～60 cm，下部被叶鞘；总苞单侧开裂或2～3裂，宿存；伞形花序半球状或近球状，具多但较稀疏的花；小花梗近等长，比花被片长2～4倍，基部具小苞片，且数枚小花梗的基部又为1枚共同的苞片所包围；花白色；花被片常具绿色或黄绿色的中脉，内轮的矩圆状倒卵形，稀矩圆状卵形，先端具短尖头或钝圆，长4～7（8）mm，宽2.1～3.5 mm，外轮的常较窄，矩圆状卵形至矩圆状披针形，先端具短尖头，长4～7（8）mm，宽1.8～3 mm；花丝等长，为花被片长度的2/3～4/5，基部合生并与花被片贴生，合生部分高0.5～1 mm，分离部分狭三角形，内轮的稍宽；子房倒圆锥状球形，具3圆棱，外壁具细的疣状突起。花、果期7—9月。

【拍摄地点】宜城市流水镇马头村，海拔40.0 m。

【生境分布】栽培于宜城市各乡镇。

【药用部位】种子。

【采收加工】秋季果实成熟时采收果序，晒干，搓出种子，除去杂质。

【功能主治】温补肝肾，壮阳固精。用于肝肾亏虚，腰膝酸痛，阳痿遗精，

遗尿尿频，白浊带下。

【用法用量】 内服：煎汤，3～9 g。

石 蒜 属

411. 石蒜 *Lycoris radiata* (L' Hér.) Herb.

【别名】 龙爪花。

【形态特征】 鳞茎近球形，直径1～3 cm。秋季出叶，叶狭带状，长约15 cm，宽约0.5 cm，顶端钝，深绿色，中间有粉绿色带。花茎高约30 cm；总苞片2枚，披针形，长约35 cm，宽约0.5 cm；伞形花序有花4～7朵，花鲜红色；花被裂片狭倒披针形，长约3 cm，宽约0.5 cm，强烈皱缩和反卷，花被筒绿色，长约0.5 cm；雄蕊显著伸出花被外，比花被长1倍左右。花期8—9月，果期10月。

【拍摄地点】 宜城市流水镇，海拔143.6 m。

【生物学特性】 喜阴、湿润环境。

【生境分布】 生于阴湿山坡和溪沟边。偶见于宜城市流水镇等地。

【药用部位】 鳞茎。

【功能主治】 解毒，祛痰，利尿，催吐。用于咽喉肿痛，水肿，小便不利，疮痈肿毒，瘰疬，咳嗽，咳喘，食物中毒。

一〇五、薯 蓣 科

薯 蓣 属

412. 盾叶薯蓣 *Dioscorea zingiberensis* C. H. Wright

【别名】 大头根。

【形态特征】 缠绕草质藤本。根状茎横生，近圆柱形，指状或不规则分枝，新鲜时外皮棕褐色，断面黄色，干后除去须根常留有白色点状痕迹。茎左旋，光滑无毛，有时在分枝或叶柄基部两侧微突起或有刺。单叶互生；叶片厚纸质，三角状卵形、心形或箭形，通常3浅裂至3深裂，中间裂片三角状卵形或披针形，两侧裂片圆耳状或长圆形，两面光滑无毛，表面绿色，常有不规则斑块，干时呈灰褐色；叶柄盾状着生。花单性，

雌雄异株或同株。雄花无梗，常2～3朵簇生，再排列成穗状，花序单一或分枝，1个或2～3个簇生于叶腋，通常每簇花仅1～2朵发育，基部常有膜质苞片3～4枚；花被片6，长1.2～1.5 mm，宽0.8～1 mm，开放时平展，紫红色，干后黑色；雄蕊6枚，着生于花托的边缘，花丝极短，与花药几等长。雌花序与雄花序几相似；雌花具花丝状退化雄蕊。蒴果三棱形，棱翅状，长1.2～2 cm，宽1～1.5 cm，干后蓝黑色，表面常有白粉；种子通常每室2颗，着生于中轴中部，四周围有薄膜状翅。花期5—8月，果期9—10月。

【拍摄地点】 宜城市雷河镇，海拔170.8 m。

【生物学特性】 喜温暖，耐荫蔽，忌水渍，忌荒芜。

【生境分布】 生于破坏过的杂木林间或森林、沟谷边缘、路旁。分布于宜城市各乡镇。

【药用部位】 根茎。

【采收加工】 秋季采挖，除净泥土，晒干。

【功能主治】 用于痈疖早期（未破溃），蜂蜇，阑尾炎。

【用法用量】 外用：适量，研末调敷。

一〇六、鸢尾科

射干属

413. 射干 *Belamcanda chinensis* (L.) Redouté

【别名】 乌扇、草姜。

【形态特征】 多年生草本。根状茎为不规则的块状，斜伸，黄色或黄褐色；须根多数，带黄色。茎

高 1~1.5 m，实心。叶互生，嵌叠状排列，剑形，长 20~60 cm，宽 2~4 cm，基部鞘状抱茎，顶端渐尖，无中脉。花序顶生，叉状分枝，每分枝的顶端聚生数朵花；花梗细，长约 1.5 cm；花梗及花序的分枝处均包有膜质的苞片，苞片披针形或卵圆形；花橙红色，散生紫褐色的斑点，直径 4~5 cm；花被裂片 6，2 轮排列，外轮花被裂片倒卵形或长椭圆形，长约 2.5 cm，宽约 1 cm，顶端钝圆或微凹，基部楔形，内轮较外轮花被裂片略短而狭；雄蕊 3 枚，长 1.8~2 cm，着生于外花被裂片的基部，花药条形，外向开裂，花丝近圆柱形，基部稍扁而宽；花柱上部稍扁，顶端 3 裂，裂片边缘略向外卷，有细而短的毛，子房下位，倒卵形，3 室，中轴胎座，胚珠多数。蒴果倒卵形或长椭圆形，长 2.5~3 cm，直径 1.5~2.5 cm，顶端无喙，常残存凋萎的花被，成熟时室背开裂，果瓣外翻，中央有直立的果轴；种子圆球形，黑紫色，有光泽，直径约 5 mm，着生于果轴上。花期 6—8 月，果期 7—9 月。

【拍摄地点】 宜城市板桥店镇，海拔 161.7 m。

【生物学特性】 喜温暖和有阳光环境，耐干旱和寒冷。

【生境分布】 生于林缘或山坡草地。分布于宜城市板桥店镇、流水镇、南营街道办事处、王集镇等地。

【药用部位】 根茎。

【采收加工】 初春刚发芽或秋末茎叶枯萎时采挖，除去须根和泥沙，干燥。

【功能主治】 清热解毒，消痰，利咽。用于热毒，痰火郁结，咽喉肿痛，痰涎壅盛，咳嗽气喘。

【用法用量】 内服：煎汤，3~10 g。

鸢 尾 属

414. 马蔺 *Iris lactea* Pall.

【别名】 马莲、马兰。

【形态特征】 多年生密丛草本。根状茎粗壮，木质，斜伸，外包有大量致密的紫红色折断的老叶残留叶鞘及毛发状的纤维；须根粗而长，黄白色，少分枝。叶基生，坚韧，灰绿色，条形或狭剑形，长约 50 cm，宽 4~6 mm，顶端渐尖，基部鞘状，带紫红色，无明显的中脉。花茎光滑，高 3~10 cm；苞片 3~5 枚，草质，绿色，边缘白色，披针形，长 4.5~10 cm，宽 0.8~1.6 cm，顶端渐尖或长渐尖，内包含 2~

4朵花；花浅蓝色、蓝色或蓝紫色，直径5～6 cm；花梗长4～7 cm；花被管甚短，长约3 mm，外花被裂片倒披针形，长4.5～6.5 cm，宽0.8～1.2 cm，顶端钝或急尖，爪部楔形，内花被裂片狭倒披针形，长4.2～4.5 cm，宽5～7 mm，爪部狭楔形；雄蕊长2.5～3.2 cm，花药黄色，花丝白色；子房纺锤形，长3～4.5 cm。蒴果长椭圆状柱形，长4～6 cm，直径1～1.4 cm，有6条明显的肋，顶端有短喙；种子为不规则的多面体，棕褐色，略有光泽。花期5—6月，果期6—9月。

【拍摄地点】 宜城市流水镇马集村，海拔108.5 m。

【生物学特性】 喜光照环境，稍耐阴，耐高温、干旱。

【生境分布】 生于荒地、路旁、山坡草地。偶见于宜城市流水镇等地。

【药用部位】 根、叶、花与种子。

【采收加工】 根、叶：8—9月份采收，晒干。花：开花后择晴日采摘，阴干或晒干。种子：8—9月份果实成熟时，割下果穗，晒干，打下种子，除去杂质。

【功能主治】 花：清热解毒，止血利尿。用于喉痹，吐血，衄血，小便不通，淋病，疝气，痈疽。种子：清热解毒，止血。用于黄疸，泻痢，带下，痈肿，喉痹，疔肿，吐血，衄血，血崩。叶：用于喉痹，痈疽，淋病。根：清热解毒。用于喉痹，痈疽。

【用法用量】 叶：内服，煎汤，3～9 g。花：内服，煎汤，1.5～4.5 g。根、种子：内服，煎汤，3～9 g。

415. 小鸢尾 *Iris proantha* Diels

【别名】 鸢尾花。

【形态特征】 多年生矮小草本，植株基部淡绿色，围有3～5片鞘状叶及少量的老叶残留纤维。根状茎细长，坚韧，二歧状分枝，横走，棕黄色，节处膨大；须根细弱，生于节处，棕黄色。叶狭条形，黄绿色，花期长5～20 cm、宽1～2.5 mm，果期长可达40 cm、宽达7 mm，顶端长渐尖，基部鞘状，有1～2条纵脉。花茎高5～7 cm，中下部有1～2片鞘状的茎生叶；

苞片2枚，草质，绿色，狭披针形，长3.5～5.5 cm，宽约6 mm，顶端渐尖，内包含1朵花；花淡蓝紫色，直径3.5～4 cm；花梗长0.6～1 cm；花被管长2.5～3（5）cm，外花被裂片倒卵形，长约2.5 cm，宽1～1.2 cm，盛开时上部平展，有马蹄形的斑纹，爪部楔形，中脉上有黄色的鸡冠状附属物，表面平坦，内花被裂片倒披针形，长2.2～2.5 cm，宽约7 mm，直立；雄蕊长约1 cm，花丝及花药皆为白色；花柱分枝淡蓝紫色，长约1.8 cm，宽约4 mm，顶端裂片长三角形，外缘有不明显的疏齿，子房绿色，圆柱形，长4～5 mm。蒴果圆球形，直径1.2～1.5 cm，顶端有短喙；果梗长1～1.3 cm，苞片宿存于果实基部。花期3—4月，果期5—7月。

【拍摄地点】 宜城市板桥店镇，海拔234.9 m。

【生境分布】 生于山坡、草地、林缘或疏林下。偶见于宜城市板桥店镇等地。

一〇七、灯芯草科

灯芯草属

416. 野灯芯草 *Juncus setchuensis* Buchen. ex Diels

【别名】 秧草。

【形态特征】 多年生草本，高25～65 cm；根状茎短而横走，具黄褐色稍粗的须根。茎丛生，直立，圆柱形，有较深而明显的纵沟，直径1～1.5 mm，茎内充满白色髓心。叶全部为低出叶，呈鞘状或鳞片状，包围在茎的基部，长1～9.5 cm，基部红褐色至棕褐色；叶片退化为刺芒状。聚伞花序假侧生；花多朵，排列紧密或疏散；总苞片生于顶端，圆柱形，似茎的延伸，长

5～15 cm，顶端尖锐；小苞片2枚，三角状卵形，膜质，长1～1.2 mm，宽约0.9 mm；花淡绿色；花被片卵状披针形，长2～3 mm，宽约0.9 mm，顶端锐尖，边缘宽膜质，内轮与外轮者等长；雄蕊3枚，比花被片稍短；花药长圆形，黄色，长约0.8 mm，比花丝短；子房1室（3隔膜发育不完全），侧膜胎座呈半月形；花柱极短；柱头3分叉，长约0.8 mm。蒴果通常卵形，比花被片长，顶端钝，成熟时黄褐色至棕褐色。种子斜倒卵形，长0.5～0.7 mm，棕褐色。花期5—7月，果期6—9月。

【拍摄地点】 宜城市南营街道办事处，海拔74.5 m。

【生境分布】 生于山沟、林下阴湿地、溪旁、道旁的浅水处。分布于宜城市南营街道办事处等地。

【药用部位】 茎髓。

【功能主治】 利尿通淋，泄热安神。用于小便不利，热淋，水肿，小便涩痛，心烦失眠，鼻衄，目赤，牙痛。

一〇八、鸭跖草科

鸭跖草属

417. 饭包草 *Commelina benghalensis* L.

【别名】 竹叶菜。

【形态特征】 多年生披散草本。茎大部分匍匐，节上生根，上部及分枝上部上升，长可达 70 cm，被疏柔毛。叶有明显的叶柄；叶片卵形，长 3～7 cm，宽 1.5～3.5 cm，顶端钝或急尖，近无毛；叶鞘口有疏而长的睫毛状毛。总苞片漏斗状，与叶对生，常数个集于枝顶，下部边缘合生，长 8～12 mm，被疏毛，顶端短急尖或钝，柄极短；花序下面一枝具细长梗，具 1～3 朵不孕的花，伸出佛焰苞，上面一枝有花数朵，结实，不伸出佛焰苞；萼片膜质，披针形，长 2 mm，无毛；花瓣蓝色，圆形，长 3～5 mm；内面 2 枚具长爪状物。蒴果椭圆状，长 4～6 mm，3 室，腹面 2 室，每室具 2 颗种子，开裂，后面一室仅有 1 颗种子或无种子，不裂。种子长近 2 mm，多皱并有不规则网纹，黑色。花期夏、秋季。

【拍摄地点】 宜城市板桥店镇，海拔 187.0 m。

【生物学特性】 喜高温、多湿环境。

【生境分布】 生于湿地。偶见于板桥店镇等地。

【药用部位】 全草。

【功能主治】 清热解毒，利湿消肿。用于小便短赤、涩痛，赤痢，疮疖。

【用法用量】 内服：煎汤，100～150 g。

418. 鸭跖草 *Commelina communis* L.

【别名】 碧竹子。

【形态特征】 一年生披散草本。茎匍匐生根，多分枝，长可达 1 m，下部无毛，上部被短毛。叶披针形至卵状披针形，长 3～9 cm，宽 1.5～2 cm。总苞片佛焰苞状，有 1.5～4 cm 的柄，与叶对生，折叠状，展开后为心形，顶端短急尖，基部心形，长 1.2～2.5 cm，边缘常有硬毛；聚伞花序，下面一枝仅有花 1 朵，具长 8 mm 的梗，不孕；上面一枝具花 3～4 朵，具短梗，几乎不伸出佛焰苞。花梗花期时仅长 3 mm，

果期弯曲，长不过 6 mm；萼片膜质，长约 5 mm，内面 2 枚常靠近或合生；花瓣深蓝色，内面 2 枚具爪状物，长近 1 cm。蒴果椭圆形，长 5～7 mm，2 室，2 片裂，有种子 4 颗。种子长 2～3 mm，棕黄色，一端平截，腹面平，有不规则窝孔。

【拍摄地点】 宜城市流水镇杨林村，海拔 306.0 m。

【生物学特性】 喜温暖、湿润气候，喜弱光，忌阳光暴晒。

【生境分布】 生于湿地。分布于宜城市各乡镇。

【药用部位】 地上部分。

【采收加工】 除去杂质，洗净，切段，干燥。

【功能主治】 清热泻火，解毒，利水消肿。用于感冒发热，热病烦渴，咽喉肿痛，水肿尿少，热淋涩痛，疮痈肿毒。

【用法用量】 内服：煎汤，15～30 g。外用：适量，捣敷；或捣汁点喉。

水 竹 叶 属

419. 水竹叶 *Murdannia triquetra* (Wall.) Bruckn.

【形态特征】 多年生草本，具长而横走根状茎。根状茎具叶鞘，节间长约 6 cm，节上具细长须状根。茎肉质，下部匍匐，节上生根，上部上升，通常多分枝，长达 40 cm，节间长 8 cm，密生 1 列白色硬毛，这 1 列毛与下一个叶鞘的 1 列毛连续。叶无柄，仅叶片下部有睫毛状毛和叶鞘合缝处有 1 列毛，这 1 列毛与上一个节上的衔接而成一个系列，叶的其他处无毛；叶片竹叶形，平展或稍折叠，长 2～6 cm，宽

5～8 mm，顶端渐尖而头钝。花序通常仅有单朵花，顶生并兼腋生，花序梗长 1～4 cm，顶生者梗长，腋生者短，花序梗中部有 1 枚条状的苞片，有时苞片腋中生 1 朵花；萼片绿色，狭长圆形，浅舟状，长 4～6 mm，无毛，果期宿存；花瓣粉红色、紫红色或蓝紫色，倒卵圆形，稍长于萼片；花丝密生长须毛。蒴果卵圆状三棱形，长 5～7 mm，直径 3～4 mm，两端钝或短急尖，每室有种子 3 颗，有时仅 1～2 颗。种子短柱状，不扁，红灰色。花期 9—10 月（但在云南也有 5 月开花的），果期 10—11 月。

【拍摄地点】宜城市流水镇，海拔 115.0 m。

【生境分布】生于水稻田边或水沟、池沼、池塘和其他阴湿地方。分布于宜城市流水镇等地。

一〇九、禾 本 科

荩 草 属

420. 荩草 *Arthraxon hispidus* (Thunb.) Makino

【别名】绿竹。

【形态特征】一年生。秆细弱，无毛，基部倾斜，高 30～60 cm，具多节，常分枝，基部节着地，易生根。叶鞘短于节间，生短硬疣毛；叶舌膜质，长 0.5～1 mm，边缘具纤毛；叶片卵状披针形，长 2～4 cm，宽 0.8～1.5 cm，基部心形，抱茎，除下部边缘生疣基毛外余均无毛。总状花序细弱，长 1.5～4 cm，2～10 个呈指状排列或簇生于秆顶；总状花序轴节间无毛，长为小穗的 2/3～3/4。无柄小穗卵状披针形，呈两侧压扁，长 3～5 mm，灰绿色或带紫色；第一颖草质，

边缘膜质，包住第二颖的 2/3，具 7～9 脉，脉上粗糙至生疣基硬毛，尤以顶端及边缘多，先端锐尖；第二颖近膜质，与第一颖等长，舟形，脊上粗糙，具 3 脉而 2 侧脉不明显，先端尖；第一外稃长圆形，透明膜质，先端尖，长为第一颖的 2/3；第二外稃与第一外稃等长，透明膜质，近基部伸出一弯曲的芒；芒长 6～9 mm，下部几扭转；雄蕊 2 枚；花药黄色或带紫色，长 0.7～1 mm。颖果长圆形，与稃体等长。有柄小穗退化至针状刺，柄长 0.2～1 mm。花、果期 9—11 月。

【拍摄地点】 宜城市板桥店镇东湾村，海拔 197.4 m。
【生境分布】 生于田野草地、丘陵灌丛、山坡疏林及湿润或干燥地带。分布于宜城市各乡镇。
【药用部位】 全草。
【采收加工】 7—9 月采割，晒干。
【功能主治】 止咳定喘，解毒杀虫。用于久咳气喘，肝炎，咽喉炎，口腔炎，鼻炎，疮疡疔癣。
【用法用量】 内服：煎汤，6～15 g。外用：适量，煎水洗；或捣敷。

燕 麦 属

421. 野燕麦 *Avena fatua* L.

【别名】 燕麦草。

【形态特征】 一年生。须根较坚韧。秆直立，光滑无毛，高 60～120 cm，具 2～4 节。叶鞘松弛，光滑或基部被微毛；叶舌透明膜质，长 1～5 mm；叶片扁平，长 10～30 cm，宽 4～12 mm，微粗糙，或上面和边缘疏生柔毛。圆锥花序开展，金字塔形，长 10～25 cm，分枝具棱角，粗糙；小穗长 18～25 mm，含 2～3 朵小花，其柄弯曲下垂，顶端膨胀；小穗轴密生淡棕色或白色硬毛，其节脆硬，易断落，第一节间长约 3 mm；颖草质，

几相等，通常具 9 脉；外稃质地坚硬，第一外稃长 15～20 mm，背面中部以下具淡棕色或白色硬毛，芒自稃体中部稍下处伸出，长 2～4 cm，弯曲，芒柱棕色，扭转。颖果被淡棕色柔毛，腹面具纵沟，长 6～8 mm。花、果期 4—9 月。

【拍摄地点】 宜城市刘猴镇钱湾村五组，海拔 144.8 m。
【生境分布】 生于荒芜田野。分布于宜城市各乡镇。
【药用部位】 全草。
【功能主治】 收敛止血，固表止汗。用于吐血，便血，血崩，自汗，盗汗，带下。

茵 草 属

422. 茵草 *Beckmannia syzigachne* (Steud.) Fern.

【别名】水稗子。

【形态特征】一年生。秆直立，高 15～90 cm，具 2～4 节。叶鞘无毛，多长于节间；叶舌透明膜质，长 3～8 mm；叶片扁平，长 5～20 cm，宽 3～10 mm，粗糙或下面平滑。圆锥花序长 10～30 cm，分枝稀疏，直立或斜升；小穗扁平，圆形，灰绿色，常含 1 朵小花，长约 3 mm；颖草质；边缘质薄，白色，背部灰绿色，具淡色的横纹；外稃披针形，具 5 脉，常具伸出颖外之短尖头；花药黄色，长约 1 mm。颖果黄褐色，长圆形，长约 1.5 mm，先端具丛生短毛。花、果期 4—10 月。

【拍摄地点】宜城市板桥店镇牌坊村，海拔 159.0 m。

【生境分布】生于湿地、水沟边。分布于宜城市板桥店镇、刘猴镇等地。

薏 苡 属

423. 薏苡 *Coix lacryma-jobi* L.

【别名】菩提子、草珠子。

【形态特征】一年生粗壮草本，须根黄白色，海绵质，直径约 3 mm。秆直立丛生，高 1～2 m，具 10 多节，节多分枝。叶鞘短于其节间，无毛；叶舌干膜质，长约 1 mm；叶片扁平宽大，开展，长 10～40 cm，宽 1.5～3 cm，基部圆形或近心形，中脉粗厚，在下面隆起，边缘粗糙，通常无毛。总状花序腋生成束，长 4～10 cm，直立或下垂，具长梗。雌小穗位于花序下部，外面包以骨质念珠状总苞，总苞卵圆形，长 7～10 mm，直径 6～8 mm，珐琅质，坚硬，有光泽；第一颖卵圆形，顶端渐尖呈喙状，具 10 余脉，包围着第二颖

及第一外稃；第二外稃短于颖，具3脉，第二内稃较小；雄蕊常退化；雌蕊具细长之柱头，从总苞顶端伸出。颖果小，含淀粉少，常不饱满。雄小穗2～3对，着生于总状花序上部，长1～2 cm；无柄雄小穗长6～7 mm，第一颖草质，边缘内折成脊，具有不等宽之翼，顶端钝，具多数脉，第二颖舟形；外稃与内稃膜质；第一及第二小花常具雄蕊3枚，花药橘黄色，长4～5 mm；有柄雄小穗与无柄者相似，或较小而呈不同程度退化。花、果期6—12月。

【拍摄地点】 宜城市板桥店镇珍珠村，海拔153.3 m。

【生境分布】 生于温暖潮湿的环境，如山谷溪沟。偶见于宜城市板桥店镇等地。

【药用部位】 种仁。

【采收加工】 秋季果实成熟时采割植株，晒干，打下果实，再晒干，除去外壳、黄褐色种皮和杂质，收集种仁。

【功能主治】 利水渗湿，健脾止泻，除痹，排脓，解毒散结。用于水肿，脚气，小便不利，脾虚泄泻，湿痹拘挛，肺痈，肠痈，赘疣。

【用法用量】 内服：煎汤，9～30 g。

马 唐 属

424. 马唐 *Digitaria sanguinalis* (L.) Scop.

【别名】 羊麻。

【形态特征】 一年生。秆直立或下部倾斜，弯曲上升，高10～80 cm，直径2～3 mm，无毛或节生柔毛。叶鞘短于节间，无毛或散生疣基柔毛；叶舌长1～3 mm；叶片线状披针形，长5～15 cm，宽4～12 mm，基部圆形，边缘较厚，微粗糙，具柔毛或无毛。总状花序长5～18 cm，4～12个成指状着生于长1～2 cm的主轴上；穗轴直伸或开展，两侧具宽翼，边缘粗糙；小穗椭圆状披针形，长3～

3.5 mm；第一颖小，短三角形，无脉；第二颖具3脉，披针形，长为小穗的1/2左右，脉间及边缘大多具柔毛；第一外稃等长于小穗，具7脉，中脉平滑，两侧的脉间距离较宽，无毛，边脉具小刺状粗糙结构，脉间及边缘生柔毛；第二外稃近革质，灰绿色，顶端渐尖，等长于第一外稃；花药长约1 mm。花、果期6—9月。

【拍摄地点】 宜城市滨江大道，海拔55.3 m。

【生境分布】 生于田边、路旁、河滩、山坡等地。分布于宜城市各乡镇。

䅟 属

425. 牛筋草 *Eleusine indica* (L.) Gaertn.

【别名】路边草、蟋蟀草。

【形态特征】一年生草本。根系极发达。秆丛生，基部倾斜，高10～90 cm。叶鞘两侧压扁而具脊，松弛，无毛或疏生疣毛；叶舌长约1 mm；叶片平展，线形，长10～15 cm，宽3～5 mm，无毛或上面被疣基柔毛。穗状花序2～7个指状着生于秆顶，很少单生，长3～10 cm，宽3～5 mm；小穗长4～7 mm，宽2～3 mm，含3～6朵小花；

颖披针形，具脊，脊粗糙；第一颖长1.5～2 mm；第二颖长2～3 mm；第一外稃长3～4 mm，卵形，膜质，具脊，脊上有狭翼，内稃短于外稃，具2脊，脊上具狭翼。囊果卵形，长约1.5 mm，基部下凹，具明显的波状皱褶。鳞被2，折叠，具5脉。花、果期6—10月。

【拍摄地点】宜城市板桥店镇，海拔198.0 m。

【生境分布】生于荒芜之地及道路旁。分布于宜城市各乡镇。

【药用部位】全草。

【功能主治】祛风利湿，清热解毒，散瘀止血。用于防治乙脑，风湿性关节痛，黄疸，泄泻，痢疾，小便淋痛；外用治跌打损伤，外伤出血，犬咬伤。

【用法用量】内服：煎汤，9～15 g（鲜品50～150 g）；或捣汁。

画 眉 草 属

426. 乱草 *Eragrostis japonica* (Thunb.) Trin.

【别名】碎米知风草。

【形态特征】一年生草本。秆直立或弯曲丛生，高30～100 cm，直径1.5～2.5 mm，具3～4节。叶鞘一般比节间长，松裹茎，无毛；叶舌干膜质，长约0.5 mm；叶片平展，长3～25 cm，宽3～5 mm，光滑无毛。圆锥花序长圆形，长6～15 cm，宽1.5～6 cm，整个花序常超过植株一半，分枝纤细，簇生或

轮生，腋间无毛。小穗柄长 1～2 mm；小穗卵圆形，长 1～2 mm，有 4～8 朵小花，成熟后紫色，自小穗轴由上而下逐节断落；颖近等长，长约 0.8 mm，先端钝，具 1 脉；第一外稃长约 1 mm，广椭圆形，先端钝，具 3 脉，侧脉明显；内稃长约 0.8 mm，先端为 3 齿，具 2 脊，脊上疏生短纤毛。雄蕊 2 枚，花药长约 0.2 mm。颖果棕红色并透明，卵圆形，长约 0.5 mm。花、果期 6—11 月。

【拍摄地点】宜城市流水镇黄岗村，海拔 135.0 m。
【生境分布】生于田野路旁、河边及潮湿地。分布于宜城市流水镇等地。
【药用部位】全草。
【功能主治】清热凉血。主治咯血，吐血。
【用法用量】内服：煎汤，100 g。

大 麦 属

427. 大麦 *Hordeum vulgare* L.

【别名】麦子。

【形态特征】一年生草本。秆粗壮，光滑无毛，直立，高 50～100 cm。叶鞘松弛抱茎，多无毛或基部具柔毛；两侧有两披针形叶耳；叶舌膜质，长 1～2 mm；叶片长 9～20 cm，宽 6～20 mm，扁平。穗状花序长 3～8 cm（芒除外），直径约 1.5 cm，小穗稠密，每节着生 3 枚发育的小穗；小穗均无柄，长 1～1.5 cm（芒除外）；颖线状披针形，外被短柔毛，先端常延伸为 8～14 mm 的芒；外稃具 5 脉，先端延伸成芒，芒长 8～15 cm，边棱具细刺；内稃与外稃几等长。颖果成熟时黏于稃内，不脱出。

【拍摄地点】宜城市板桥店镇肖云村，海拔 97.3 m。
【生境分布】栽培于宜城市各乡镇。

白 茅 属

428. 白茅 *Imperata cylindrica* (L.) P. Beauv.

【别名】茅、茅根。

【形态特征】多年生草本，具粗壮的长根状茎。秆直立，高 30～80 cm，具 1～3 节，节无毛。叶鞘聚集于秆基，甚长于其节间，质地较厚，老后破碎呈纤维状；叶舌膜质，长约 2 mm，紧贴其背部或鞘口具柔毛，分蘖叶片长约 20 cm，宽约 8 mm，扁平，质地较薄；秆生叶片长 1～3 cm，窄线形，通常内卷，顶端渐尖呈刺状，下部渐窄，或具柄，质硬，被白粉，基部上面具柔毛。圆锥花序稠密，长 20 cm，宽达 3 cm，小穗长 4.5～5（6）mm，基盘具长 12～16 mm 的丝状柔毛；两颖草质及边缘膜质，近相等，具 5～9 脉，顶端渐尖或稍钝，常具纤毛，脉间疏生长丝状毛，第一外稃卵状披针形，长为颖片的 2/3，透明膜质，无脉，顶端尖或齿裂，第二外稃与其内稃近相等，长约为颖之半，卵圆形，顶端具齿裂及纤毛；雄蕊 2 枚，花药长 3～4 mm；花柱细长，基部连合，柱头 2，紫黑色，羽状，长约 4 mm，自小穗顶端伸出。颖果椭圆形，长约 1 mm，胚长为颖果之半。花、果期 4—6 月。

【拍摄地点】宜城市雷河镇，海拔 133.6 m。

【生物学特性】喜强光环境，稍耐阴，喜肥又极耐瘠薄。

【生境分布】生于低山带平原河岸草地、沙质草甸、荒漠与海滨。分布于宜城市各乡镇。

【药用部位】根茎。

【采收加工】春、秋季采挖，洗净，晒干，除去须根和膜质叶鞘，捆成小把。

【功能主治】凉血止血，清热利尿。用于血热吐血，衄血，尿血，热病烦渴，湿热黄疸，水肿尿少，热淋涩痛。

【用法用量】内服：煎汤，9～30 g。

假 稻 属

429. 秕壳草 *Leersia sayanuka* Ohwi

【形态特征】多年生草本，具根状茎。秆直立丛生，基部倾斜上升，具被有鳞片的芽体，高 30～110 cm，节凹陷，被倒生微毛。叶鞘具小刺状粗糙结构；叶舌长 1～2 mm，质硬，基部两侧下延与叶鞘边缘相结合；叶片灰绿色，长 10～20 cm，宽 5～15 mm，粗糙。圆锥花序疏松开展，长达 20 cm，基部常为顶生叶鞘所包；分枝互生，长达 10 cm，细弱上升，并具小枝，下部常

裸露，粗糙，有棱角；穗轴节间长约 5 mm；小穗柄长 0.5～2 mm，粗糙，被微毛，顶端膨大；小穗长 6～8 mm，宽 1.5～2 mm，外稃具 5 脉，脊上刺毛较长，两侧脉间具小刺毛；内稃脉间被细刺毛，中脉刺毛较粗长；雄蕊 3（2）枚，花药长 1～2 mm。颖果长圆形，长约 5 mm，种脐线形。花、果期秋季。

【拍摄地点】宜城市滨江大道，海拔 55.3 m。

【生境分布】生于林下或溪旁及湖边水湿草地。分布于宜城市刘猴镇等地。

【药用部位】全草。

【功能主治】清热，解表。

黑 麦 草 属

430. 多花黑麦草 *Lolium multiflorum* Lamk.

【形态特征】一年生、越年生或短期多年生草本。秆直立或基部偃卧节上生根，高 50～130 cm，具 4～5 节，较细弱至粗壮。叶鞘疏松；叶舌长达 4 mm，有时具叶耳；叶片扁平，长 10～20 cm，宽 3～8 mm，无毛，上面微粗糙。穗形总状花序直立或弯曲，长 15～30 cm，宽 5～8 mm；穗轴柔软，节间长 10～15 mm，无毛，上面微粗糙；小穗含 10～15 朵小花，长 10～18 mm，宽 3～5 mm；小穗轴节间长约 1 mm，平滑无毛；颖披针形，质地较硬，具 5～7 脉，长 5～8 mm，具狭膜质边缘，顶端钝，通常与第一小花等长；外稃长圆状披针形，长约 6 mm，具 5 脉，基盘小，顶端膜质透明，具长 5～15 mm 的细芒，或上部小花无芒；内稃约与外稃等长，脊上具纤毛。颖果长圆形，长为宽的 3 倍。花、果期 7—8 月。

【拍摄地点】宜城市刘猴镇钱湾村五组，海拔 142.0 m。

【生物学特性】喜温暖、湿润气候。

【生境分布】偶见于宜城市刘猴镇等地。

稻 属

431. 稻 *Oryza sativa* L.

【别名】水稻、粳。

【形态特征】一年生水生草本。秆直立，高 0.5～1.5 m，随品种而异。叶鞘松弛，无毛；叶舌披针形，长 10～25 cm，两侧基部下延长成叶鞘边缘，具 2 枚镰形抱茎的叶耳；叶片线状披针形，长 40 cm 左右，宽约 1 cm，无毛，粗糙。大型圆锥花序疏展，长约 30 cm，分枝多，棱粗糙，成熟期向下弯垂；小穗含 1 朵成熟花，两侧甚压扁，长圆状卵形至椭圆形，长约 10 mm，宽 2～4 mm；颖极小，仅在小穗柄先端留下半月形的痕迹，退化外稃 2 枚，锥刺状，长 2～4 mm；两侧孕性花外稃质厚，具 5 脉，中脉成脊，表面有方格状小乳状突起，厚纸质，遍布细毛端毛较密，有芒或无芒；内稃与外稃同质，具 3 脉，先端尖而无喙；雄蕊 6 枚，花药长 2～3 mm。颖果长约 5 mm，宽约 2 mm，厚 1～1.5 mm；胚比较小，约为颖果长的 1/4。

【拍摄地点】宜城市流水镇，海拔 56.7 m。

【生物学特性】喜高温、多湿、短日照环境。

【生境分布】栽培于宜城市各乡镇。

【药用部位】成熟果实经发芽后所得稻芽。

【功能主治】消食和中，健脾开胃。用于食积不消，腹胀口臭，脾胃虚弱，不饥食少。

【用法用量】内服：煎汤，9～15 g。

黍 属

432. 糠稷 *Panicum bisulcatum* Thunb.

【形态特征】一年生草本。秆纤细，较坚硬，高 0.5～1 m，直立或基部伏地，节上可生根。叶鞘松弛，边缘被纤毛；叶舌膜质，长约 0.5 mm，顶端具纤毛；叶片质薄，狭披针形，长 5～20 cm，宽 3～15 mm，顶端渐尖，基部近圆形，几无毛。圆锥花序长 15～30 cm，分枝纤细，斜举或平展，无毛或粗糙；小穗椭圆形，长 2～2.5 mm，绿色或有时带紫色，具细柄；第一颖近三角形，长约为小穗的 1/2，具 1～3 脉，基部略微包卷小穗；第二颖与第一外稃同型并且等长，均具 5 脉，外被细毛或后脱落；第一内稃缺；第二外稃椭圆形，长约 1.8 mm，顶端尖，表面平滑，光亮，成熟时黑褐色。鳞被长约 0.26 mm，宽约 0.19 mm，具 3 脉，透明或不透明，折叠。花、果期 9—11 月。

【拍摄地点】宜城市流水镇黄岗村，海拔 135.0 m。

【生境分布】生于荒野潮湿处。偶见于宜城市流水镇等地。

狼尾草属

433. 狼尾草 *Pennisetum alopecuroides* (L.) Spreng.

【别名】狗尾巴草。

【形态特征】多年生草本。须根较粗壮。秆直立，丛生，高 30～120 cm，在花序下密生柔毛。叶鞘光滑，两侧压扁，主脉呈脊，在基部者呈跨生状，秆上部者长于节间；叶舌具长约 2.5 mm 纤毛；叶片线形，长 10～80 cm，宽 3～8 mm，先端长渐尖，基部生疣毛。圆锥花序直立，长 5～25 cm，宽 1.5～3.5 cm；主轴密生柔毛；总梗长 2～3（5）mm；刚毛粗糙，淡绿色或紫色，长 1.5～3 cm；小穗通常单生，偶有双生，线状披针形，长 5～8 mm；第一颖微小或缺，长 1～3 mm，膜质，先端钝，脉不明显或具 1 脉；第二颖卵状披针形，先端短尖，具 3～5 脉，长为小穗的 1/3～2/3；第一小花中性，第一外稃与小穗等长，具 7～11 脉；第二外稃与小穗等长，披针形，具 5～7 脉，边缘包着同质的内稃；鳞被 2，楔形；雄蕊 3 枚，花药顶端无毛；花柱基部连合。颖果长圆形，长约 3.5 mm。叶片表皮细胞结构为上、下表皮不同；上表皮脉间 2～4 行为长筒状、有波纹、壁薄的长细胞，下表皮脉间 5～9 行为长筒形，壁厚，由波纹长细胞与短细胞交叉排列。花、果期夏、秋季。

【拍摄地点】宜城市孔湾镇，海拔 135.8 m。

【生物学特性】喜阳光充足环境，耐旱、耐湿，亦耐半阴。分布于宜城市孔湾镇、刘猴镇等地。

【生境分布】生于田岸、荒地、道旁及小山坡上。

【药用部位】全草。

【功能主治】清肺止咳，凉血明目。用于肺热咳嗽，咯血，目赤肿痛，疮痈肿毒。

显子草属

434. 显子草 *Phaenosperma globosa* Munro ex Benth.

【别名】乌珠茅。

【形态特征】多年生草本。根较稀疏而硬。秆单生或少数丛生，光滑无毛，直立，坚硬，高 100～150 cm，具 4～5 节。叶鞘光滑，通常短于节间；叶舌质硬，长 5～15（25）mm，两侧下延；叶片宽线形，常翻转而使上面向下呈灰绿色、下面向上呈深绿色，两面粗糙或平滑，基部窄狭，先端渐尖细，长 10～40 cm，宽 1～3 cm。圆锥花序长 15～40 cm，分枝在下部者多轮生，长 5～10 cm，幼时向上斜升，成熟时极开展；小穗背腹压扁，长 4～4.5 mm；两颖不等长，第一颖长 2～3 mm，具明显的 1 脉或具 3 脉，两侧脉甚短，第二颖长约 4 mm，具 3 脉；外稃长约 4.5 mm，具 3～5 脉，两边脉几不明显；内稃略短于或近等长于外稃；花药长 1.5～2 mm。颖果倒卵球形，长约 3 mm，黑褐色，表面具皱褶，成熟后露出稃外。花、果期 5—9 月。

【拍摄地点】宜城市流水镇马集村，海拔 173.4 m。

【生境分布】生于山坡林下、山谷溪旁及路边草丛。分布于宜城市各乡镇。

【药用部位】全草。

【采收加工】夏、秋季采收，洗净，晒干。

【功能主治】补虚健脾，活血调经。用于病后体虚，闭经。

【用法用量】内服：煎汤，15～30 g；或泡酒。

刚　竹　属

435. 淡竹　*Phyllostachys glauca* McClure

【别名】花斑竹。

【形态特征】秆高 5～12 m，直径 2～5 cm，幼秆密被白粉，无毛，老秆灰黄绿色；节间最长可达 40 cm，壁薄，厚仅约 3 mm；秆环与箨环均稍隆起，同高。箨鞘背面淡紫褐色至淡紫绿色，常有深浅相同的纵条纹，无毛，具紫色脉纹及疏生的小斑点或斑块，无箨耳及鞘口繸毛；箨舌暗紫褐色，高 2～3 mm，截形，边缘有波状裂齿及细短纤毛；箨片线状披针形或带状，开展或

外翻，平直或有时微皱曲，绿紫色，边缘淡黄色。末级小枝具 2 或 3 叶；叶耳及鞘口繸毛均存在，但早落；叶舌紫褐色；叶片长 7～16 cm，宽 1.2～2.5 cm，下表面沿中脉两侧稍被柔毛。花枝呈穗状，长达 11 cm，基部有 3～5 片逐渐增大的鳞片状苞片；佛焰苞 5～7 片，无毛或一侧疏生柔毛，鞘口繸毛有时存在，数少，短细，缩小叶狭披针形至锥状，每苞内有 2～4 枚假小穗，但其中常仅 1 或 2 枚发育正常，侧生假小穗下方所托的苞片披针形，先端有微毛。小穗长约 2.5 cm，狭披针形，含 1 或 2 朵小花，常为最上端一朵成熟；小穗轴最后延伸成刺芒状，节间密生短柔毛；颖不存在或仅 1 片；外稃长约 2 cm，常被短柔毛；内稃稍短于其外稃，脊上生短柔毛；鳞被长 4 mm；花药长 12 mm；柱头 2，羽毛状。笋期 4 月中旬至 5 月底，花期 6 月。

【拍摄地点】 宜城市刘猴镇，海拔 105.2 m。

【生物学特性】 喜光照环境。

【生境分布】 分布于宜城市各乡镇。

甘 蔗 属

436. 斑茅 *Saccharum arundinaceum* Retz.

【别名】 大密、巴茅。

【形态特征】 多年生高大丛生草本。秆粗壮，高 2～4（6）m，直径 1～2 cm，具多数节，无毛。叶鞘长于其节间，基部或上部边缘和鞘口具柔毛；叶舌膜质，长 1～2 mm，顶端截平；叶片宽大，线状披针形，长 1～2 m，宽 2～5 cm，顶端长渐尖，基部渐变窄，中脉粗壮，无毛，上面基部生柔毛，边缘锯齿状粗糙。圆锥花序大型，稠密，长 30～80 cm，宽

5～10 cm，主轴无毛，每节着生 2～4 个分枝，分枝 2～3 回分出，腋间被微毛；总状花序轴节间与小穗柄细线形，长 3～5 mm，被长丝状柔毛，顶端稍膨大；无柄与有柄小穗狭披针形，长 3.5～4 mm，黄绿色或带紫色，基盘小，具长约 1 mm 的短柔毛；两颖近等长，草质或稍厚，顶端渐尖，第一颖沿脊微粗糙，两侧脉不明显，背部具长于其小穗一倍以上的丝状柔毛；第二颖具 3～5 脉，脊粗糙，上部边缘具纤毛，背部无毛，但在有柄小穗中，背部具有长柔毛；第一外稃等长或稍短于颖，具 1～3 脉，顶端尖，上部边缘具小纤毛；第二外稃披针形，稍短或等长于颖；顶端具小尖头，或在有柄小穗中，具长 3 mm 的短芒，上部边缘具细纤毛；第二内稃长圆形，长约为其外稃之半，顶端具纤毛；花药长 1.8～2 mm；柱头紫黑色，长约 2 mm，为其花柱长度的 2 倍，自小穗中部两侧伸出。颖果长圆形，长约 3 mm，胚长为颖果之半。花、果期 8—12 月。

【拍摄地点】 宜城市刘猴镇小南河，海拔 186.1 m。

【生境分布】 生于山坡和河岸溪涧草地。分布于宜城市刘猴镇等地。

狗 尾 草 属

437. 狗尾草 *Setaria viridis* (L.) P. Beauv.

【形态特征】 一年生草本。根为须状，高大植株具支持根。秆直立或基部弯曲，高 10～100 cm，基部直径达 3～7 mm。叶鞘松弛，无毛或疏具柔毛或疣毛，边缘具较长的密绵毛状纤毛；叶舌极短，边缘有长 1～2 mm 的纤毛；叶片扁平，长三角状狭披针形或线状披针形，先端长渐尖或渐尖，基部钝圆形，几呈截状或渐窄，长 4～30 cm，宽 2～18 mm，通常无毛或疏被疣毛，边缘粗糙。圆锥花序紧密呈圆柱状，或基部稍疏离，直立或稍弯垂，主轴被较长柔毛，长 2～15 cm，宽 4～13 mm（除刚毛外），刚毛长 4～12 mm，粗糙或微粗糙，直或稍扭曲，通常绿色或褐黄色到紫红色或紫色；小穗 2～5 枚簇生于主轴上，或更多的小穗着生在短小枝上，椭圆形，先端钝，长 2～2.5 mm，铅绿色；第一颖卵形、宽卵形，长约为小穗的 1/3，先端钝或稍尖，具 3 脉；第二颖几与小穗等长，椭圆形，具 5～7 脉；第一外稃与小穗等长，具 5～7 脉，先端钝，其内稃短小狭窄；第二外稃椭圆形，顶端钝，具细点状皱褶，边缘内卷，狭窄；鳞被楔形，顶端微凹；花柱基分离；叶上、下表皮脉间均为微波纹或无波纹的、壁较薄的长细胞。颖果灰白色。花、果期 5—10 月。

【拍摄地点】 宜城市流水镇杨鹏村，海拔 191.4 m。
【生物学特性】 喜温暖、湿润气候。
【生境分布】 生于荒野、道旁。分布于宜城市各乡镇。
【药用部位】 全草。
【功能主治】 祛风明目，清热利尿。用于风热感冒，沙眼，目赤肿痛，黄疸型肝炎，小便不利；外用治颈淋巴结结核。
【用法用量】 内服：煎汤，6～12 g（鲜品 50～100 g）。外用：适量，煎水洗；或捣敷。

高 粱 属

438. 高粱 *Sorghum bicolor* (L.) Moench

【别名】 蜀黍。

【形态特征】 一年生草本。秆较粗壮，直立，高 3 ～ 5 m，横径 2 ～ 5 cm，基部节上具支撑根。叶鞘无毛或稍有白粉；叶舌硬膜质，先端圆，边缘有纤毛；叶片线形至线状披针形，长 40 ～ 70 cm，宽 3 ～ 8 cm，先端渐尖，基部圆或微呈耳形，表面暗绿色，背面淡绿色或有白粉，两面无毛，边缘软骨质，具细小微刺毛，中脉较宽，白色。圆锥花序疏松，主轴裸露，长 15 ～ 45 cm，宽 4 ～ 10 cm，总梗直立或微弯曲；主轴具纵棱，疏生细柔毛，分枝 3 ～ 7 个，轮生，粗糙或有细毛，基部较密；每一总状花序具 3 ～ 6 节，节间粗糙或稍扁；无柄小穗倒卵形或倒卵状椭圆形，长 4.5 ～ 6 mm，宽 3.5 ～ 4.5 mm，基盘纯，有髯毛状毛；两颖均革质，上部及边缘通常具毛，初时黄绿色，成熟后为淡红色至暗棕色；第一颖背部圆凸，上部 1/3 质地较薄，边缘内折而具狭翼，向下变硬而有光泽，具 12 ～ 16 脉，仅达中部，

有横脉，顶端尖或具 3 小齿；第二颖 7 ～ 9 脉，背部圆凸，近顶端具不明显的脊，略呈舟形，边缘有细毛；外稃透明膜质，第一外稃披针形，边缘有长纤毛；第二外稃披针形至长椭圆形，具 2 ～ 4 脉，顶端稍 2 裂，自裂齿间伸出一弯曲的芒，芒长约 14 mm；雄蕊 3 枚，花药长约 3 mm；子房倒卵形；花柱分离，柱头帚状。颖果两面平凸，长 3.5 ～ 4 mm，淡红色至红棕色，成熟时宽 2.5 ～ 3 mm，顶端微外露。有柄小穗的柄长约 2.5 mm，小穗线形至披针形，长 3 ～ 5 mm，雄性或中性，宿存，褐色至暗红棕色；第一颖 9 ～ 12 脉，第二颖 7 ～ 10 脉。花、果期 6—9 月。

【拍摄地点】 宜城市板桥店镇牌坊村，海拔 190.4 m。

【生物学特性】 喜温暖、光照环境。

【生境分布】 栽培于宜城市各乡镇。

【药用部位】 种子。

【功能主治】 和胃消积，温中涩肠。主治脾虚湿困，消化不良，湿热下痢，小便不利。

【用法用量】 内服：煎汤，50 ～ 100 g。

玉 蜀 黍 属

439. 玉蜀黍 *Zea mays* L.

【别名】 玉米、苞谷。

【形态特征】 一年生高大草本。秆直立，通常不分枝，高 1 ～ 4 m，基部各节具气生支柱根。叶鞘具横脉；叶舌膜质，长约 2 mm；叶片扁平宽大，线状披针形，基部圆形呈耳状，无毛或具疣柔毛，中脉

粗壮，边缘微粗糙。顶生雄性大型圆锥花序，主轴与总状花序轴及其腋间均被细柔毛；雄性小穗孪生，长达1 cm，小穗柄一长一短，分别长1～2 mm及2～4 mm，被细柔毛；两颖近等长，膜质，约具10脉，被纤毛；外稃及内稃透明膜质，稍短于颖；花药橙黄色；长约5 mm。雌花序被多数宽大的鞘状苞片所包藏；雌小穗孪生，成16～30纵行排列于粗壮之序轴上，两颖等长，宽大，无脉，具纤毛；外稃及内稃透明膜质，雌蕊具极长而细弱的线形花柱。颖果球形或扁球形，成熟后露出颖片和稃片，其大小随生长条件不同而产生差异，一般长5～10 mm，宽略超过长，胚长为颖果的1/2～2/3。花、果期秋季。

【拍摄地点】 宜城市板桥店镇范湾村，海拔218.5 m。

【生物学特性】 喜光照环境，不耐阴。

【生境分布】 栽培于宜城市各乡镇。

【药用部位】 种子。

【采收加工】 成熟时采收玉米，脱下种子，晒干。

【功能主治】 调中开胃，利尿消肿。用于食欲不振，小便不利，水肿，尿道结石。

【用法用量】 内服：煎汤：30～60 g；或煮食；或磨成细粉做饼。

一一〇、菖蒲科

菖蒲属

440. 菖蒲 *Acorus calamus* L.

【别名】 野菖蒲、剑菖蒲。

【形态特征】 多年生草本。根茎横走，稍扁，分枝，直径5～10 mm，外皮黄褐色，芳香，肉质根多数，长5～6 cm，具毛发状须根。叶基生，基部两侧膜质叶鞘宽4～5 mm，向上渐狭，至叶长1/3处渐行消失、脱落。叶片剑状线形，长90～100（150）cm，中部宽1～2（3）cm，基部宽、对褶，中部以上渐狭，草质，绿色，光亮；中肋在两面均明显隆起，侧脉3～5对，平行，纤弱，大都延伸至叶尖。花序柄三棱形，长（15）40～50 cm；叶状佛焰苞剑状线形，长30～40 cm；肉穗花序斜向上或近直立，狭锥状圆柱形，长4.5～6.5（8）cm，直径6～12 mm。花黄绿色，花被片长约2.5 mm，宽约1 mm；花丝长2.5 mm，宽约1 mm；子房长圆柱形，长3 mm，粗1.25 mm。浆果长圆形，红色。花期（2）6—9月。

【拍摄地点】宜城市流水镇黄岗村，海拔135.0 m。

【生物学特性】喜冷凉、湿润气候及阴湿环境，耐寒，忌干旱。

【生境分布】生于沼泽地、溪流或水田边。偶见于宜城市流水镇。

【药用部位】茎。

【功能主治】开窍，祛痰，散风。

一一一、天南星科

魔芋属

441. 魔芋 *Amorphophallus konjac* K. Koch

【别名】蒟头。

【形态特征】块茎扁球形，直径7.5～25 cm，顶部中央下凹，暗红褐色；颈部周围生多数肉质根及纤维状须根。叶柄长45～150 cm，基部粗3～5 cm，黄绿色，光滑，有绿褐色或白色斑块；基部膜质鳞叶2～3，披针形，内面的渐长大，长7.5～20 cm。叶片绿色，3裂，1次裂片具长50 cm的柄，二歧分裂，2次裂片二回羽状分裂或二回二歧分裂，小裂片互生，大小不等，

基部的较小，向上渐大，长 2～8 cm，长圆状椭圆形，骤狭渐尖，基部宽楔形，外侧下延成翅状；侧脉多数，纤细，平行，近边缘联结为集合脉。花序柄长 50～70 cm，粗 1.5～2 cm，色泽同叶柄。佛焰苞漏斗形，长 20～30 cm，基部席卷，管部长 6～8 cm，宽 3～4 cm，苍绿色，杂以暗绿色斑块，边缘紫红色；檐部长 15～20 cm，宽约 15 cm，心状圆形，锐尖，边缘波状，外面变绿色，内面深紫色。肉穗花序比佛焰苞长 1 倍，雌花序圆柱形，长约 6 cm，粗 3 cm，紫色；雄花序紧接（有时杂以少数两性花），长 8 cm，粗 2～2.3 cm；附属器为伸长的圆锥形，长 20～25 cm，中空，明显具小薄片或具棱状长圆形的不育花遗垫，深紫色。花丝长 1 mm，宽 2 mm，花药长 2 mm。子房长约 2 mm，苍绿色或紫红色，2 室，胚珠极短，无柄，花柱与子房近等长，柱头边缘 3 裂。浆果球形或扁球形，成熟时黄绿色。花期 4—6 月，果熟期 8—9 月。

【拍摄地点】宜城市雷河镇，海拔 143.9 m。

【生境分布】生于疏林下、林缘或溪谷两旁湿润地或栽培。栽培于宜城市各乡镇。

【药用部位】块茎。

【功能主治】消肿祛毒。用于疮痈肿毒，瘰疬。

半 夏 属

442. 虎掌 *Pinellia pedatisecta* Schott

【别名】天南星、南星。

【形态特征】块茎近圆球形，直径可达 4 cm，根密集，肉质，长 5～6 cm；块茎四旁常生若干小球茎。叶 1～3 或更多，叶柄淡绿色，长 20～70 cm，下部具鞘；叶片鸟足状分裂，裂片 6～11，披针形，渐尖，基部渐狭，楔形，中裂片长 15～18 cm，宽 3 cm，两侧裂片依次渐短小，最外的有时仅长 4～5 cm；侧脉 6～7 对，离边缘 3～4 mm 处弯曲，联结为集合脉，网脉不明显。花序柄长 20～50 cm，直立。佛焰苞淡绿色，管部长圆形，长 2～4 cm，直径约 1 cm，向下渐收缩；檐部长披针形，锐尖，长 8～15 cm，基部展平宽 1.5 cm。肉穗花序：雌花序长 1.5～3 cm；雄花序长 5～7 mm；附属器黄绿色，细线形，长 10 cm，直立或略呈 "S" 形弯曲。浆果卵圆形，绿色至黄白色，小，藏于宿存的佛焰苞管部内。花期 6—7 月，果熟期 9—11 月。

【拍摄地点】宜城市刘猴镇，海拔 160.8 m。

【生境分布】生于林下和沟旁。偶见于宜城市刘猴镇等地。

【药用部位】块茎。

【功能主治】燥湿化痰，祛风止痉，消肿散结。用于顽痰咳嗽，风寒眩晕，口眼歪斜；生品外用治痈肿及蛇虫咬伤。

443. 半夏 *Pinellia ternata* (Thunb.) Ten. ex Breit.

【别名】 三叶半夏。

【形态特征】 块茎圆球形, 直径 1～2 cm, 具须根。叶 2～5 片, 有时 1 片。叶柄长 15～20 cm, 基部具鞘, 鞘内、鞘部以上或叶片基部（叶柄顶头）有直径 3～5 mm 的珠芽, 珠芽在母株上萌发或落地后萌发; 幼苗叶片卵状心形至戟形, 为全缘单叶, 长 2～3 cm, 宽 2～2.5 cm; 老株叶片 3 全裂, 裂片绿色, 背面淡, 长圆状椭圆形或披针形, 两头锐尖, 中裂片长 3～10 cm, 宽 1～

3 cm; 侧裂片稍短; 全缘或具不明显的浅波状圆齿, 侧脉 8～10 对, 细弱, 细脉网状, 密集, 集合脉 2 圈。花序柄长 25～30（35）cm, 长于叶柄。佛焰苞绿色或绿白色, 管部狭圆柱形, 长 1.5～2 cm; 檐部长圆形, 绿色, 有时边缘青紫色, 长 4～5 cm, 宽 1.5 cm, 钝或锐尖。肉穗花序：雌花序长 2 cm, 雄花序长 5～7 mm, 间隔 3 mm; 附属器绿色变青紫色, 长 6～10 cm, 直立, 有时呈"S"形弯曲。浆果卵圆形, 黄绿色, 先端渐狭为明显的花柱。花期 5—7 月, 果熟期 8 月。

【拍摄地点】 宜城市刘猴镇, 海拔 161.4 m。

【生境分布】 生于草坡、荒地、玉米地、田边或树林下。分布于宜城市各乡镇。

【药用部位】 块茎。

【采收加工】 夏、秋季采挖, 洗净, 除去外皮和须根, 晒干。

【功能主治】 燥湿化痰, 降逆止呕, 消痞散结。用于湿痰寒痰, 咳喘痰多, 痰饮眩悸, 风寒眩晕, 痰厥头痛, 呕吐反胃, 胸脘痞闷, 梅核气; 外用治痈肿。

【用法用量】 内服：一般炮制后用, 3～9 g。外用：适量, 捣汁涂; 或研末以酒调敷。

一一二、莎 草 科

莎 草 属

444. 穆穗莎草 *Cyperus eleusinoides* Kunth

【形态特征】 根状茎短, 具根出苗。秆粗壮, 高达 1 m, 三棱形, 平滑, 基部稍膨大呈块茎状。叶短于秆，宽6～12 mm，革质，平张，边缘粗糙；叶鞘长，呈棕色。叶状苞片6枚，下面的2～3枚苞片长于花序；长侧枝聚伞花序复出或多次复出，具6～12个第一次辐射枝，辐射枝最长达18 cm，每个第一次辐射枝具3～6个第二次辐射枝，长短不等，通常较短，最长达4 cm；穗状花序长圆形或圆筒形，长1～3 cm，宽4～10 mm，具极多数小穗；小穗多列，排列紧密，线状长圆形，长4～8 mm，宽约2 mm，具6～

12朵花；小穗轴黑褐色，具白色透明的翅，翅早脱落；鳞片排列疏松，膜质，卵状椭圆形，顶端具短尖，长约2 mm，背面具龙骨状突起，绿色，两侧苍白色具棕色斑纹，或为褐色，上端具白色透明的边，脉5～7条；雄蕊3枚，花药线形，药隔紫红色，凸出于花药顶端；花柱短，柱头3，亦较短。小坚果倒卵形，三棱形，长约为鳞片的2/3，深褐色，具密的微凸起细点。花、果期9—12月。

【拍摄地点】宜城市流水镇，海拔77.6 m。

【生境分布】生于山谷湿地或疏林下潮湿处。偶见于宜城市流水镇等地。

【药用部位】全草。

【采收加工】夏、秋季采收，洗净，切段，晒干。

【功能主治】活血止血。用于血热出血兼有瘀滞者。

【用法用量】内服：煎汤，6～15 g。

445. 碎米莎草 *Cyperus iria* L.

【别名】三方草。

【形态特征】一年生草本，无根状茎，具须根。秆丛生，细弱或稍粗壮，高8～85 cm，扁三棱形，基部具少数叶，叶短于秆，宽2～5 mm，平张或折合，叶鞘红棕色或棕紫色。叶状苞片3～5枚，下面的2～3枚常较花序长；长侧枝聚伞花序复出，很少为简单的，具4～9个辐射枝，辐射枝最长达12 cm，每个辐射枝具5～10个穗状花序，有时更多些；穗状花序卵形或长圆状卵形，长1～4 cm，具5～22枚小穗；小穗排列松散，斜展开，长圆形、披针形或线状披针形，压扁，长4～10 mm，宽约2 mm，具6～22朵花；小穗轴上近无翅；鳞片排列疏松，膜质，宽倒卵形，顶端微缺，

具极短的短尖，不凸出于鳞片的顶端，背面具龙骨状突起，缘色，有 3～5 条脉，两侧呈黄色或麦秆黄色，上端具白色透明的边；雄蕊 3 枚，花丝着生于环形的胼胝体上，花药短，椭圆形，药隔不凸出于花药顶端；花柱短，柱头 3。小坚果倒卵形或椭圆形，三棱形，与鳞片等长，褐色，具密的微突起细点。花、果期 6—10 月。

【拍摄地点】 宜城市流水镇，海拔 56.8 m。

【生境分布】 生于田间、山坡、路旁阴湿处。偶见于宜城市流水镇等地。

446. 旋鳞莎草 *Cyperus michelianus* (L.) Link

【形态特征】 一年生草本，具许多须根。秆密丛生，高 2～25 cm，扁三棱形，平滑。叶长于或短于秆，宽 1～2.5 mm，平张或有时对折；基部叶鞘紫红色。苞片 3～6 枚，叶状，基部宽，较花序长很多；长侧枝聚伞花序呈头状，卵形或球形，直径 5～15 mm，具极多数密集的小穗；小穗卵形或披针形，长 3～4 mm，宽约 1.5 mm，具 10 朵至 20 余朵花；鳞片螺旋状排列，膜质，长圆状披针形，长约 2 mm，淡黄白色，

稍透明，有时上部中间具黄褐色或红褐色条纹，具 3～5 条脉，中脉呈龙骨状凸起，绿色，延伸出顶端呈一短尖；雄蕊 2 枚，少 1 枚，花药长圆形；花柱长，柱头 2，少 3，通常具黄色乳头状突起。小坚果狭长圆形，三棱形，长为鳞片的 1/3～1/2，表面包有一层白色透明疏松的细胞。花、果期 6—9 月。

【拍摄地点】 宜城市流水镇黄岗村，海拔 120.0 m。

【生境分布】 生于水边潮湿空旷的地方。偶见于宜城市流水镇等地。

447. 香附子 *Cyperus rotundus* L.

【别名】 金门莎草。

【形态特征】 匍匐根状茎长，具椭圆形块茎。秆稍细弱，高 15～95 cm，锐三棱形，平滑，基部呈块茎状。叶较多，短于秆，宽 2～5 mm，平张；鞘棕色，常裂成纤维状。叶状苞片 2～3（5）枚，常长于花序，或有时短于花序；长侧枝聚伞花序简单或复出，具（2）3～10 个辐射枝；辐射枝最长达 12 cm；穗状花序轮廓为陀螺形，稍疏松，具 3～10 枚小穗；小穗斜展开，线形，长 1～3 cm，宽约 1.5 mm，具 8～28 朵花；小穗轴具较宽的、白色透明的翅；鳞片稍密地呈覆瓦状排列，膜质，卵形或长圆状卵形，长约 3 mm，顶端急尖或钝，无短尖，中间绿色，两侧紫红色或红棕色，具 5～7 条脉；雄蕊 3 枚，花药长，线形，暗血红色，药隔凸出于花药顶端；花柱长，柱头 3，细长，伸出鳞片外。小坚果长圆状倒卵形，三棱形，长为鳞片的 1/3～2/5，具细点。花、果期 5—11 月。

【拍摄地点】 宜城市滨江大道，海拔 55.3 m。

【生境分布】生于山坡草地、耕地、路旁潮湿处。

【药用部位】根茎。

【采收加工】秋季采挖，燎去毛须，置沸水中略煮或蒸透后晒干，或燎后直接晒干。

【功能主治】疏肝解郁，理气宽中，调经止痛。用于肝郁气滞，胸胁痞痛，疝气疼痛，乳房胀痛，脾胃气滞，脘腹痞闷，月经不调，闭经痛经。

【用法用量】内服：煎汤，6～10 g。

一一三、姜　科

姜　属

448. 姜 *Zingiber officinale* Rosc.

【别名】生姜、白姜。

【形态特征】株高 0.5～1 m；根茎肥厚，多分枝，有芳香及辛辣味。叶片披针形或线状披针形，长 15～30 cm，宽 2～2.5 cm，无毛，无柄；叶舌膜质，长 2～4 mm。总花梗长达 25 cm；穗状花序球果状，长 4～5 cm；苞片卵形，长约 2.5 cm，淡绿色或边缘淡黄色，顶端有小尖头；花萼管长约 1 cm；花冠黄绿色，管长 2～2.5 cm，裂片披针形，长不及 2 cm；唇瓣中央裂片长圆状倒卵形，短于花冠裂片，有紫色条纹及淡黄色斑点，侧裂片卵形，长约 6 mm；雄蕊暗紫色，花药长约 9 mm；药隔附属体钻状，长约 7 mm。花期秋季。

【拍摄地点】宜城市南营街道办事处金山村，海拔 121.4 m。

【生物学特性】喜温暖、湿润气候。

【生境分布】 栽培于宜城市各乡镇。

【药用部位】 新鲜根茎。

【采收加工】 秋、冬季采挖，除去须根和泥沙。

【功能主治】 解表散寒，温中止呕，化痰止咳，解鱼蟹毒。用于风寒感冒，胃寒呕吐，寒痰咳嗽，鱼蟹中毒。

【用法用量】 内服：煎汤，3～10 g。

一一四、美人蕉科

美人蕉属

449. 粉美人蕉 *Canna glauca* L.

【别名】 粉色美人蕉。

【形态特征】 根茎延长，株高1.5～2 m；茎绿色。叶片披针形，长达50 cm，宽10～15 cm，顶端急尖，基部渐狭，绿色，被白粉，边缘绿白色，透明；总状花序疏花，单生或分叉，稍高出叶上；苞片圆形，褐色，花黄色，无斑点；萼片卵形，长1.2 cm，绿色；花冠管长1～2 cm；花冠裂片线状披针形，长2.5～5 cm，宽1 cm，直立，外轮退化雄蕊3枚，倒卵状长圆形，长6～7.5 cm，宽2～3 cm，全缘；唇瓣狭，倒卵状长圆形，顶端2裂，中部卷曲，淡黄色；发育雄蕊倒卵状近镰形，顶端急尖，内卷；花柱狭披针形。蒴果长圆形，长3.5 cm。花期夏、秋季。

【拍摄地点】 宜城市楚都公园，海拔68.7 m。

【生物学特性】 喜温暖、湿润气候。

【生境分布】 栽培于宜城市园林。

一一五、兰　科

兰　属

450. 蕙兰 *Cymbidium faberi* Rolfe

【别名】兰花。

【形态特征】地生草本；假鳞茎不明显。叶 5～8 片，带形，直立性强，长 25～80 cm，宽（4）7～12 mm，基部常对折而呈"V"形，叶脉透亮，边缘常有粗锯齿。花葶从叶丛基部最外面的叶腋抽出，近直立或稍外弯，长 35～50（80）cm，被多枚长鞘；总状花序具 5～11 朵或更多的花；花苞片线状披针形，最下面的 1 枚长于子房，中上部的长 1～2 cm，约为花梗和子房长度的 1/2，至少超过 1/3；花梗和子房

长 2～2.6 cm；花常为浅黄绿色，唇瓣有紫红色斑，有香气；萼片近披针状长圆形或狭倒卵形，长 2.5～3.5 cm，宽 6～8 mm；花瓣与萼片相似，常略短而宽；唇瓣长圆状卵形，长 2～2.5 cm，3 裂；侧裂片直立，具小乳突或细毛；中裂片较长，强烈外弯，有明显、发亮的乳突，边缘常呈皱波状；唇盘上 2 条纵褶片从基部上方延伸至中裂片基部，上端向内倾斜并汇合，形成短管；蕊柱长 1.2～1.6 cm，稍向前弯曲，两侧有狭翅；花粉团 4 个，成 2 对，宽卵形。蒴果近狭椭圆形，长 5～5.5 cm，宽约 2 cm。花期 3—5 月。

【拍摄地点】宜城市板桥店镇肖云村，海拔 184.4 m。

【生境分布】生于湿润但排水良好的透光处。分布于宜城市板桥店镇、流水镇、王集镇等地。

【药用部位】根皮。

【功能主治】润肺止咳，杀虫。用于久咳，蛔虫病，头虱。

斑叶兰属

451. 斑叶兰 *Goodyera schlechtendaliana* Rchb. F.

【形态特征】植株高 15～35 cm。根状茎伸长，茎状，匍匐，具节。茎直立，绿色，具 4～6 片

叶。叶片卵形或卵状披针形，长3～8 cm，宽0.8～2.5 cm，上面绿色，具白色不规则的点状斑纹，背面淡绿色，先端急尖，基部近圆形或宽楔形，具柄，叶柄长4～10 mm，基部扩大成抱茎的鞘。花茎直立，长10～28 cm，被长柔毛，具3～5枚鞘状苞片；总状花序具几朵至20余朵疏生近偏向一侧的花，长8～20 cm；花苞片披针形，长约12 mm，宽4 mm，背面被短柔毛；子房圆柱形，连花梗长8～10 mm，被长柔毛；花较小，白色或带粉红色，半张开；萼片背面被柔毛，具1脉，中萼片狭椭圆状披针形，长7～10 mm，宽3～3.5 mm，舟状，先端急尖，与花瓣黏合呈兜状；侧萼片卵状披针形，长7～9 mm，宽3.5～4 mm，先端急尖；花瓣菱状倒披针形，无毛，长7～10 mm，宽2.5～3 mm，先端钝或稍尖，具1脉；唇瓣卵形，长6～8.5 mm，基部凹陷呈囊状，宽3～4 mm，内面具多数腺毛，前部舌状，略向下弯；蕊柱短，长3 mm；花药卵形，渐尖；花粉团长约3 mm；蕊喙直立，长2～3 mm，叉状2裂；柱头1个，位于蕊喙之下。花期8—10月。

【拍摄地点】宜城市流水镇，海拔250.3 m。

【生境分布】生于山坡或沟谷阔叶林下。偶见于宜城市流水镇。

【药用部位】全草。

【采收加工】夏、秋季采挖，鲜用或洗净后晒干。

【功能主治】清肺止咳，解毒消肿，止痛。用于肺痨咳嗽，痰喘，肾气虚弱；外用治毒蛇咬伤，骨节疼痛，疮痈肿毒。

【用法用量】内服：煎汤，鲜品50～100 g；或捣汁；或浸酒。外用：适量，捣敷。

中文名索引

A

矮桃	220
艾	289

B

八角枫	204
菝葜	332
白背叶	151
白车轴草	137
白杜	173
白花泡桐	272
白莲蒿	291
白蔹	179
白茅	348
白头婆	304
白头翁	067
白鲜	157
白英	268
白芷	210
百合	325
百日菊	321
百蕊草	035
柏木	016
斑茅	354
斑叶兰	365
半夏	360
半枝莲	260
薄荷	255
宝盖草	252
抱茎小苦荬	309
北柴胡	211
秕壳草	349
笔管草	002
蓖麻	153
萹蓄	040
扁担杆	184
扁豆	128
变豆菜	216
菠菜	057
播娘蒿	089

C

蚕豆	139
苍耳	319
苍术	292
插田泡（原变种）	113
茶条槭	167
菖蒲	357
常春藤	207
车前	277
扯根菜	094
齿果酸模	041
臭椿	159
臭牡丹	250
楮构	030
垂柳	024
垂序商陆	042
刺儿菜	298
刺楸	208
葱	334
丛枝蓼	037
粗糠树	245
翠雀	064

D

打碗花	240
大百部	333
大戟	149
大丽花	301
大麦	348
大吴风草	305
丹参	258
淡竹	353
弹刀子菜	271
稻	350
地构叶	154
地锦草	148
地梢瓜	231
地榆	114
棣棠	100
点地梅	219
丁香蓼	203
冬瓜	193
豆梨	108
杜鹃	218
杜仲	029
对马耳蕨	009
盾叶薯蓣	336
多花黑麦草	350

E

鹅掌楸	057
鄂西介蕨	006

F

翻白草	103

反枝苋	052	薄菜	091	姜	363
饭包草	341	笇子梢	122	豇豆	142
肺筋草	323	合欢	117	接骨草	282
费菜	092	合萌	116	结香	187
粉花绣线菊	115	何首乌	039	截叶铁扫帚	129
粉美人蕉	364	黑鳞鳞毛蕨	009	芥菜	087
粉团蔷薇	112	红车轴草	137	金疮小草（原变种）	249
风箱树	236	红瑞木	205	金丝桃	082
枫杨	023	胡桃	021	金银忍冬	281
凤了蕨	005	湖北金粉蕨（变种）	005	金樱子	111
凤仙花	169	湖北沙参	285	金钟花	226
复羽叶栾	168	槲树	026	荩草	343
		虎掌	359	井栏边草	004
		虎杖	040	韭	335

G

甘蓝	087	花椒	159	桔梗	286
赶山鞭	081	华东蓝刺头	302	菊苣	298
杠柳	232	化香树	022	菊芋	307
高粱	355	槐	136	聚花荚蒾	283
葛	133	槐叶决明	134	聚叶沙参	286
勾儿茶	174	黄鹌菜	320	决明	134
狗舌草	318	黄荆	264	爵床	276
狗尾草	355	黄精	330	君迁子	224
枸骨	170	黄连木	164	喀西茄	267
枸杞	266	黄檀	123	糠稷	351
构	030	灰楸	274	扛板归	037
瓜子金	161	茴茴蒜	068		
栝楼	198	蕙兰	365	## K	
贯众	008	火棘	107	空心莲子草	052
光叶拟单性木兰	058	藿香	248	苦参	135
广布野豌豆	138	藿香蓟	288	苦瓜	197
鬼针草	294			苦苣菜	313
		## J		苦皮藤	171
## H		鸡腿堇菜	189	苦蘵	267
孩儿参	049	鸡爪槭	167		
海金沙	003	及己	077	## L	
海棠花	101	戟菜	076	拉拉藤	236
海桐	095	荠	088	蜡梅	020
韩信草	261	夹竹桃	231	辣椒	264

兰香草	247	毛丹麻秆	146	蒲公英	317
蓝花参	287	毛梗豨莶	313	朴树	027
狼尾草	352	毛梾	206		
榔榆	028	毛葡萄	181	**Q**	
老鸦瓣	325	茅莓	114	千里光	312
藜	054	梅	104	千屈菜	200
李	106	米口袋	126	牵牛	243
鳢肠	303	蜜甘草	152	前胡	215
栗	025	绵枣儿	330	茜草	239
楝	160	魔芋	358	荞麦	036
凌霄	274	茉莉花	227	茄	269
柳叶菜	202	牡丹	066	青葙	053
六月雪	239	木防己	074	苘麻	182
龙葵	270	木槿	184	秋英	299
龙牙草	096	木蓝	127	球果堇菜	190
漏芦	311	木通	072	球序卷耳	047
陆地棉	183	木樨	228	确山野豌豆	140
乱草	347	木香花	109		
络石	233	苜蓿	131	**R**	
落花生	120	南瓜	195	忍冬	280
绿豆	141	南蛇藤	172	日本白檀	225
葎草	032	南天竹	071	软叶丝兰	331
		南紫薇	199	锐齿槲栎（变种）	026
		泥胡菜	308		
M		牛筋草	347	**S**	
马鞭草	248	牛皮消	230	三白草	077
马齿苋	044	牛膝	051	三花莸	259
马兜铃	078	牛至	255	三角槭	166
马兰	292	女娄菜	050	三裂蛇葡萄	178
马蔺	338	女萎	063	三色堇	191
马桑	163	女贞	228	三叶木通	073
马松子	185			桑	033
马唐	346	**P**		山胡椒	061
马尾松	015	爬岩红	279	山槐	118
麦蓝菜	048	蓬子菜	237	山罗过路黄	221
麦李	104	枇杷	099	山麦冬	328
麦仙翁	045	婆婆纳	278	珊瑚树	284
曼陀罗	265	婆婆针	293	穗穗莎草	360
猫爪草	069				

芍药	065	通奶草	148	小果蔷薇	110		
佘山羊奶子	188	茼蒿	306	小藜	055		
蛇床	212	土丁桂	242	小茴香	130		
蛇莓	099	土荆芥	056	小窃衣	217		
射干	337	土圞儿	119	小鸢尾	339		
石榴	201	兔儿伞	315	薤白	334		
石龙芮	068	菟丝子	241	心萼薯	242		
石楠	102			绣球	093		
石蒜	336	**W**		徐长卿	234		
石韦	010	歪头菜	141	萱草	324		
石竹	047	弯齿盾果草	246	旋覆花	308		
莳萝	209	弯曲碎米荠	089	旋鳞莎草	362		
矢车菊	296	豌豆	132	血见愁	263		
柿	223	万寿菊	316	寻骨风	079		
疏头过路黄	222	莴草	345				
鼠曲草	310	威灵仙	064	**Y**			
水苦荬	278	委陵菜	102	鸦葱	316		
水芹	215	卫矛	173	鸭儿芹	213		
水竹叶	342	渥丹	326	鸭跖草	342		
睡莲	075	乌桕	154	崖花子	095		
丝瓜	196	乌蔹莓	180	亚麻	145		
丝毛飞廉	295	乌头	062	烟管荚蒾	284		
菘蓝	090	无心菜	046	延胡索	084		
粟米草	044			芫花	186		
酸枣	177	**X**		芫荽	212		
算盘子	151	西瓜	194	沿阶草	328		
碎米莎草	361	细梗胡枝子	129	盐麸木	165		
		细穗藜	054	野慈姑	322		
		细叶水团花	235	野大豆	125		
T		细柱五加	007	野灯芯草	340		
胎生铁角蕨		狭叶珍珠菜	070	野胡萝卜	214		
唐松草	070	夏枯草	257	野菊	297		
桃	105	夏至草	251	野老鹳草	144		
天葵	070	显子草	352	野蔷薇	112		
天门冬	327	香附子	362	野山楂	098		
甜瓜	195	香薷	038	野燕麦	344		
贴梗海棠	097	向日葵	306	叶底珠	150		
铁箍散	059	小巢菜	139	夜香牛	300		
铁苋菜	145						

一年蓬	303	圆叶牵牛	244	栀子	238
异叶败酱	281	圆叶鼠李	176	枳	156
异叶榕	031	远志	162	枳椇	176
益母草	253	月季花	109	珠芽景天	092
薏苡	345	云实	121	竹叶花椒	158
阴行草	272	芸薹	086	苎麻	034
茵陈蒿	290			梓	275
银杏	014	**Z**		梓木草	245
罂粟	085	錾菜	254	紫丁香	229
樱桃	106	皂荚	124	紫花地丁	192
蘡薁	181	泽漆	147	紫堇	083
硬毛棘豆	131	泽泻	321	紫荆	123
油茶	080	樟	060	紫茉莉	043
油桐	155	长柄山蚂蟥	127	紫苏	256
虞美人	084	长萼堇菜	190	紫穗槐	118
玉兰	058	长叶冻绿	175	紫藤	143
玉蜀黍	356	柘	032	紫云英	120
玉竹	329	针筒菜	262	钻叶紫菀	314

拉丁名索引

A

Abutilon theophrasti Medikus	182
Acalypha australis L.	145
Acer buergerianum Miq.	166
Acer palmatum Thunb.	167
Acer tataricum subsp. *ginnala* (Maxim.) Wesmael	167
Achyranthes bidentata Bl.	051
Aconitum carmichaelii Debx.	062
Acorus calamus L.	357
Adenophora longipedicellata D. Y. Hong	285
Adenophora wilsonii Nannf.	286
Adina rubella Hance	235
Aeschynomene indica L.	116
Agastache rugosa (Fisch. et C. A. Mey.) Ktze.	248
Ageratum conyzoides L.	288
Agrimonia pilosa Ledeb.	096
Agrostemma githago L.	045
Ailanthus altissima (Mill.) Swingle	159
Ajuga decumbens Thunb. var. *decumbens*	249
Akebia quinata (Houtt.) Decne.	072
Akebia trifoliata (Thunb.) Koidz.	073
Alangium chinense (Lour.) Harms	204
Albizia julibrissin Durazz.	117
Albizia kalkora (Roxb.) Prain	118
Aletris spicata (Thunb.) Franch.	323
Alisma plantago-aquatica L.	321
Allium fistulosum L.	334
Allium macrostemon Bge.	334
Allium tuberosum Rottl. ex Spreng.	335
Alternanthera philoxeroides (Mart.) Griseb.	052
Amana edulis (Miq.) Honda	325
Amaranthus retroflexus L.	052
Amorpha fruticosa L.	118
Amorphophallus konjac K. Koch	358
Ampelopsis delavayana Planch.	178
Ampelopsis japonica (Thunb.) Makino	179
Androsace umbellata (Lour.) Merr.	219
Anethum graveolens L.	209
Angelica dahurica (Fisch. ex Hoffm.) Benth. et Hook. f. ex Franch. et Sav.	210
Apios fortunei Maxim.	119
Arachis hypogaea L.	120
Arenaria serpyllifolia L.	046
Aristolochia debilis Sieb. et Zucc.	078
Artemisia argyi H. Lév. et Vaniot	289
Artemisia capillaris Thunb.	290
Artemisia gmelinii Weber ex Stechm.	291
Arthraxon hispidus (Thunb.) Makino	343
Asparagus cochinchinensis (Lour.) Merr.	327
Asplenium indicum Sledge	007
Aster indicus L.	292
Astragalus sinicus L.	120
Atractylodes lancea (Thunb.) DC.	292
Avena fatua L.	344

B

Barnardia japonica (Thunb.) Schult. et Schult. f.	330
Beckmannia syzigachne (Steud.) Fern.	345
Belamcanda chinensis (L.) Redouté	337
Benincasa hispida (Thunb.) Cogn.	193

Berchemia sinica C. K. Schneid.	174	*Chenopodiastrum gracilispicum*	
Biancaea decapetala (Roth) O. Deg.	121	(H. W. Kung) Uotila	054
Bidens bipinnata L.	293	*Chenopodium album* L.	054
Bidens pilosa L.	294	*Chenopodium ficifolium* Sm.	055
Boehmeria nivea (L.) Gaudich.	034	*Chimonanthus praecox* (L.) Link	020
Brassica juncea (L.) Czern. et Coss.	087	*Chloranthus serratus* (Thunb.)	
Brassica oleracea var. *capitata* L.	087	Roem. et Schult.	077
Brassica rapa var. *oleifera* DC.	086	*Chrysanthemum indicum* L.	297
Broussonetia × *kazinoki* Sieb.	030	*Cichorium intybus* L.	298
Broussonetia papyrifera (L.) L' Hert. ex Vent.	030	*Cirsium arvense* var. *integrifolium*	
Bupleurum chinense DC.	211	Wimm. et Grab.	298
		Citrullus lanatus (Thunb.) Matsum. et Nakai	194
C		*Citrus trifoliata* L.	156
Calystegia hederacea Wall.	240	*Clematis apiifolia* DC.	063
Camellia oleifera Abel	080	*Clematis chinensis* Osbeck	064
Camphora officinarum Nees	060	*Clerodendrum bungei* Steud.	250
Campsis grandiflora (Thunb.) Schum.	274	*Cnidium monnieri* (L.) Cuss.	212
Campylotropis macrocarpa (Bge.) Rehd.	122	*Cocculus orbiculatus* (L.) DC.	074
Canna glauca L.	364	*Coix lacryma-jobi* L.	345
Capsella bursa-pastoris (L.) Medic.	088	*Commelina benghalensis* L.	341
Capsicum annuum L.	264	*Commelina communis* L.	342
Cardamine flexuosa With.	089	*Coniogramme japonica* (Thunb.) Diels	005
Carduus crispus L.	295	*Coriandrum sativum* L.	212
Caryopteris incana (Thunb.) Miq.	247	*Coriaria napalensis* Wall.	163
Castanea mollissima Bl.	025	*Cornus alba* L.	205
Catalpa fargesii E. H. Wilson.	274	*Cornus walteri* Wanger.	206
Catalpa ovata G. Don	275	*Corydalis edulis* Maxim.	083
Causonis japonica (Thunb.) Raf.	180	*Corydalis yanhusuo* W. T. Wang ex Z. Y.	
Celastrus angulatus Maxim.	171	Su et C. Y. Wu	084
Celastrus orbiculatus Thunb.	172	*Cosmos bipinnatus* Cav.	299
Celosia argentea L.	053	*Crataegus cuneata* Sieb. et Zucc.	098
Celtis sinensis Pers.	027	*Cryptotaenia japonica* Hassk.	213
Centaurea cyanus L.	296	*Cucumis melo* L.	195
Cephalanthus tetrandrus (Roxb.)		*Cucurbita moschata* (Duch. ex Lam.)	
Ridsd. et Bakh. f.	236	Duch. ex Poiret	195
Cerastium glomeratum Thuill.	047	*Cupressus funebris* Endl.	016
Cercis chinensis Bge.	123	*Cuscuta chinensis* Lam.	241
Chaenomeles speciosa (Sweet) Nakai	097	*Cyanthillium cinereum* (L.) H. Rob.	300

Cymbidium faberi Rolfe	365	*Eleutherococcus nodiflorus* (Dunn) S. Y. Hu	207
Cynanchum auriculatum Royle ex Wight	230	*Epilobium hirsutum* L.	202
Cynanchum thesioides (Freyn) K. Schum.	231	*Equisetum ramosissimum* subsp. *debile*	002
Cyperus eleusinoides Kunth	360	*Eragrostis japonica* (Thunb.) Trin.	347
Cyperus iria L.	361	*Erigeron annuus* (L.) Pers.	303
Cyperus michelianus (L.) Link	362	*Eriobotrya japonica* (Thunb.) Lindl.	099
Cyperus rotundus L.	362	*Eucommia ulmoides* Oliver	029
Cyrtomium fortunei J. Sm.	008	*Euonymus alatus* (Thunb.) Sieb.	173
		Euonymus maackii Rupr.	173
		Eupatorium japonicum Thunb.	304

D

Dahlia pinnata Cav.	301	*Euphorbia helioscopia* L.	147
Dalbergia hupeana Hance	123	*Euphorbia humifusa* Willd. ex Schltdl.	148
Daphne genkwa Sieb. et Zucc.	186	*Euphorbia hypericifolia* L.	148
Datura stramonium L.	265	*Euphorbia pekinensis* Rupr.	149
Daucus carota L.	214	*Evolvulus alsinoides* (L.) L.	242
Delphinium grandiflorum L.	064		

F

Deparia henryi (Baker) M. Kato	006		
Descurainia sophia (L.) Webb ex Prantl	089	*Fagopyrum esculentum* Moench	036
Dianthus chinensis L.	047	*Farfugium japonicum* (L. f.) Kitam.	305
Dictamnus dasycarpus Turcz.	157	*Ficus heteromorpha* Hemsl.	031
Digitaria sanguinalis (L.) Scop.	346	*Flueggea suffruticosa* (Pall.) Baill.	150
Dioscorea zingiberensis C. H. Wright	336	*Forsythia viridissima* Lindl.	226
Diospyros kaki Thunb.	223	*Frangula crenata* (Sieb. et Zucc.) Miq.	175
Diospyros lotus L.	224		

G

Discocleidion rufescens (Franch.) Pax et Hoffm.	146	*Galium spurium* L.	236
Dryopteris lepidopoda Hayata	009	*Galium verum* L.	237
Duchesnea indica (Andr.) Focke	099	*Gardenia jasminoides* J. Ellis	238
Dysphania ambrosioides (L.) Mosyakin et Clemants	056	*Geranium carolinianum* L.	144
		Ginkgo biloba L.	014
		Glebionis coronaria (L.) Cass. ex Spach	306
		Gleditsia sinensis Lam.	124

E

Echinops grijsii Hance	302	*Glochidion puberum* (L.) Hutch.	151
Eclipta prostrata (L.) L.	303	*Glycine soja* Sieb. et Zucc.	125
Edgeworthia chrysantha Lindl.	187	*Goodyera schlechtendaliana* Rchb. F.	365
Ehretia dicksonii Hance	245	*Gossypium hirsutum* L.	183
Elaeagnus argyi Levl.	188	*Grewia biloba* G. Don	184
Eleusine indica (L.) Gaertn.	347	*Gueldenstaedtia verna* (Georgi) Boriss.	126

Gypsophila vaccaria Sm.   048

H

Hedera nepalensis K. Koch var. sinensis (Tobl.) Rehd.   207
Helianthus annuus L.   306
Helianthus tuberosus L.   307
Hemerocallis fulva (L.) L.   324
Hemisteptia lyrata (Bge.) Fisch et C. A. Mey.   308
Hibiscus syriacus L.   184
Hordeum vulgare L.   348
Houttuynia cordata Thunb.   076
Hovenia acerba Lindl.   176
Humulus scandens (Lour.) Merr.   032
Hydrangea macrophylla (Thunb.) Ser.   093
Hylodesmum podocarpum (DC.) H. Ohashi et R. R. Mill   127
Hypericum attenuatum Choisy   081
Hypericum monogynum L.   082

I

Ilex cornuta Lindl. et Paxt.   170
Impatiens balsamina L.   169
Imperata cylindrica (L.) P. Beauv.   348
Indigofera tinctoria L.   127
Inula japonica Thunb.   308
Ipomoea biflora (L.) Pers.   242
Ipomoea nil (L.) Roth   243
Ipomoea purpurea (L.) Roth   244
Iris lactea Pall.   338
Iris proantha Diels   339
Isatis tinctoria L.   090
Isotrema mollissimum (Hance) X. X. Zhu, S. Liao et J. S. Ma   079
Ixeridium sonchifolium (Maxim.) Shih   309

J

Jasminum sambac (L.) Ait.   227
Juglans regia L.   021
Juncus setchuensis Buchen. ex Diels   340
Justicia procumbens L.   276

K

Kalopanax septemlobus (Thunb.) Koidz.   208
Kerria japonica (L.) DC.   100
Koelreuteria bipinnata Franch.   168

L

Lablab purpureus (L.) Sweet   128
Lagerstroemia subcostata Koehne   199
Lagopsis supina (Steph.) Ik. -Gal.   251
Lamium amplexicaule L.   252
Leersia sayanuka Ohwi   349
Leonurus japonicus Houtt.   253
Leonurus pseudomacranthus Kitag.   254
Lespedeza cuneata (Dum. Cours.) G. Don   129
Lespedeza virgata (Thunb.) DC.   129
Ligustrum lucidum W. T. Ait.   228
Lilium brownii var. *viridulum* Baker   325
Lilium concolor Salisb.   326
Lindera glauca (Sieb. et Zucc.) Bl.   061
Linum usitatissimum L.   145
Liriodendron chinense (Hemsl.) Sargent.   057
Liriope spicata (Thunb.) Lour.   328
Lithospermum zollingeri A. DC.   245
Lolium multiflorum Lamk.   350
Lonicera japonica Thunb.   280
Lonicera maackii (Rupr.) Maxim.   281
Ludwigia prostrata Roxb.   203
Luffa aegyptiaca Mill.   196
Lycium chinense Mill.   266
Lycoris radiata (L'Hér.) Herb.   336
Lygodium japonicum (Thunb.) Sw.   003
Lysimachia clethroides Duby   220
Lysimachia melampyroides R. Knuth   221
Lysimachia pentapetala Bge.   221

Lysimachia pseudohenryi Pamp.	222	*Papaver somniferum* L.	085
Lythrum salicaria L.	200	*Parakmeria nitida* (W. W. Sm.) Y. W. Law	058
		Patrinia heterophylla Bge.	281

M

		Paulownia fortunei (Seem.) Hemsl.	272
Maclura tricuspidata Carr.	032	*Pennisetum alopecuroides* (L.) Spreng.	352
Mallotus apelta (Lour.) Muell. Arg.	151	*Penthorum chinense* Pursh	094
Malus spectabilis (Ait.) Borkh.	101	*Perilla frutescens* (L.) Britt.	256
Mazus stachydifolius (Turcz.) Maxim.	271	*Periploca sepium* Bge.	232
Medicago minima (L.) Grufb.	130	*Persicaria perfoliata* (L.) H. Gross	037
Medicago sativa L.	131	*Persicaria posumbu* (Buch. -Ham. ex D. Don)	
Melia azedarach L.	160	H. Gross	037
Melochia corchorifolia L.	185	*Persicaria viscosa* (Buch. -Ham. ex D. Don)	
Mentha canadensis L.	255	H. Gross ex Nakai	038
Mirabilis jalapa L.	043	*Peucedanum praeruptorum* Dunn	215
Momordica charantia L.	197	*Phaenosperma globosa* Munro ex Benth.	352
Morus alba L.	033	*Phedimus aizoon* (L.)'t Hart	092
Murdannia triquetra (Wall.) Bruckn.	342	*Photinia serratifolia* (Desf.) Kalkman.	102
		Phyllanthus ussuriensis Rupr. et Maxim.	152

N

		Phyllostachys glauca McClure	353
Nandina domestica Thunb.	071	*Physalis angulata* L.	267
Nerium oleander L.	231	*Phytolacca americana* L.	042
Nymphaea tetragona Georgi	075	*Pinellia pedatisecta* Schott	359
		Pinellia ternata (Thunb.) Ten. ex Breit.	360

O

		Pinus massoniana Lamb.	015
Oenanthe javanica (Bl.) DC.	215	*Pistacia chinensis* Bge.	164
Onychium moupinense Ching var.		*Pisum sativum* L.	132
ipii (Ching) Shing	005	*Pittosporum tobira* (Thunb.) W. T. Ait.	095
Ophiopogon bodinieri H. Lév.	328	*Pittosporum truncatum* Pritz.	095
Origanum vulgare L.	255	*Plantago asiatica* L.	277
Oryza sativa L.	350	*Platycarya strobilacea* Sieb. et Zucc.	022
Osmanthus fragrans (Thunb.) Lour.	228	*Platycodon grandiflorus* (Jacq.) A. DC.	286
Oxytropis hirta Bge.	131	*Pleuropterus multiflorus* (Thunb.) Nakai	039
		Polygala japonica Houtt.	161

P

		Polygala tenuifolia Willd.	162
Paeonia lactiflora Pall.	065	*Polygonatum odoratum* (Mill.) Druce	329
Paeonia ×suffruticosa Andr.	066	*Polygonatum sibiricum* Redouté	330
Panicum bisulcatum Thunb.	351	*Polygonum aviculare* L.	040
Papaver rhoeas L.	084	*Polystichum tsus-simense* (Hook.) J. Sm.	009

Portulaca oleracea L.	044		*Rosa cymosa* Tratt.	110
Potentilla chinensis Ser.	102		*Rosa laevigata* Michx.	111
Potentilla discolor Bge.	103		*Rosa multiflora* Thunb. var. *cathayensis* Rehd. et Wils.	112
Prunella vulgaris L.	257		*Rosa multiflora* Thunb.	112
Prunus glandulosa Thunb.	104		*Rubia cordifolia* L.	239
Prunus mume Sieb. et Zucc.	104		*Rubus coreanus* Miq. var. *coreanus*	*113*
Prunus persica (L.) Batsch	105		*Rubus parvifolius* L.	114
Prunus pseudocerasus Lindl.	*106*		*Rumex dentatus* L.	041
Prunus salicina Lindl.	106			
Pseudognaphalium affine (D. Don) Anderb.	310		**S**	
Pseudostellaria heterophylla (Miq.) Pax	049		*Saccharum arundinaceum* Retz.	354
Pteris multifida Poir.	004		*Sagittaria trifolia* L.	322
Pterocarya stenoptera C. DC.	023		*Salix babylonica* L.	024
Pueraria montana var. *lobata* (Ohwi) Maesen et S. M. Almeida	133		*Salvia miltiorrhiza* Bge.	258
Pulsatilla chinensis (Bge.) Regel	067		*Sambucus javanica* Reinw. ex Bl.	282
Punica granatum L.	201		*Sanguisorba officinalis* L.	114
Pyracantha fortuneana (Maxim.) H. L. Li	107		*Sanicula chinensis* Bge.	216
Pyrrosia lingua (Thunb.) Farwell	010		*Saururus chinensis* (Lour.) Baill.	077
Pyrus calleryana Decne.	108		*Schisandra propinqua* subsp. *sinensis* (Oliv.) R. M. K. Saunders	059
Q			*Schnabelia terniflora* (Maxim.) P. D. Cantino	259
Quercus aliena var. *acuteserrata* Maxim.	026		*Scutellaria barbata* D. Don	260
Quercus dentata Thunb.	026		*Scutellaria indica* L.	261
			Sedum bulbiferum Makino	092
R			*Semiaquilegia adoxoides* (DC.) Makino	070
Ranunculus chinensis Bge.	068		*Senecio scandens* Buch. -Ham. ex D. Don	312
Ranunculus sceleratus L.	068		*Senna sophera* (L.) Roxb.	134
Ranunculus ternatus Thunb.	069		*Senna tora* (L.) Roxb.	134
Reynoutria japonica Houtt.	040		*Serissa japonica* (Thunb.) Thunb.	239
Rhamnus globosa Bge.	176		*Setaria viridis* (L.) P. Beauv.	355
Rhaponticum uniflorum (L.) DC.	311		*Sigesbeckia glabrescens* Makino	313
Rhododendron simsii Planch.	218		*Silene aprica* Turcz.	050
Rhus chinensis Mill.	165		*Siphonostegia chinensis* Benth.	272
Ricinus communis L.	153		*Smilax china* L.	332
Rorippa indica (L.) Hiern	091		*Solanum aculeatissimum* auct. non Jacq. : C. C. Hsu	267
Rosa banksiae Ait.	109			
Rosa chinensis Jacq.	109		*Solanum lyratum* Thunb.	268

Solanum melongena L. 269
Solanum nigrum L. 270
Sonchus oleraceus L. 313
Sophora flavescens Ait. 135
Sorghum bicolor (L.) Moench 355
Speranskia tuberculata (Bge.) Baill. 154
Spinacia oleracea L. 057
Spiraea japonica L. f. 115
Stachys oblongifolia Benth. 262
Stemona tuberosa Lour. 333
Styphnolobium japonicum (L.) Schott 136
Symphyotrichum subulatum (Michx.)
    G. L. Nesom 314
Symplocos paniculata (Thunb.) Miq. 225
Syneilesis aconitifolia (Bge.) Maxim. 315
Syringa oblata Lindl. 229

T

Tagetes erecta L. 316
Takhtajaniantha austriaca (Willd.)
    Zaika, Sukhor. et N. Kilian 316
Taraxacum mongolicum Hand.-Mazz. 317
Tephroseris kirilowii (Turcz. ex DC.) Holub 318
Teucrium viscidum Bl. 263
Thalictrum aquilegiifolium var. *sibiricum*
    Regel et Tiling 070
Thesium chinense Turcz. 035
Thyrocarpus glochidiatus Maxim. 246
Torilis japonica (Houtt.) DC. 217
Trachelospermum jasminoides (Lindl.) Lem. 233
Triadica sebifera (L.) Small 154
Trichosanthes kirilowii Maxim. 198
Trifolium pratense L. 137
Trifolium repens L. 137
Trigastrotheca stricta (L.) Thulin 044

U

Ulmus parvifolia Jacq. 028

V

Verbena officinalis L. 248
Vernicia fordii (Hemsl.) Airy Shaw 155
Veronica polita Fries 278
Veronica undulata Wall. ex Jack 278
Veronicastrum axillare (Sieb. et Zucc.)
    T. Yamazaki 279
Viburnum glomeratum Maxim. 283
Viburnum odoratissimum Ker Gawl. 284
Viburnum utile Hemsl. 284
Vicia cracca L. 138
Vicia faba L. 139
Vicia hirsuta (L.) S. F. Gray. 139
Vicia kioshanica Bailey 140
Vicia unijuga A. Br. 141
Vigna radiata (L.) R. Wilczek 141
Vigna unguiculata (L.) Walp. 142
Vincetoxicum pycnostelma Kitag. 234
Viola acuminata Ledeb. 189
Viola collina Besser 190
Viola inconspicua Bl. 190
Viola philippica Cav. 192
Viola tricolor L. 191
Vitex negundo L. 264
Vitis bryoniifolia Bge. 181
Vitis heyneana Roem. et Schult. 181
Wahlenbergia marginata (Thunb.) A. DC. 287

W

Wisteria sinensis (Sims) Sweet 143

X

Xanthium strumarium L. 319

Y

Youngia japonica (L.) DC. 320
Yucca flaccida Haw. 331

Yulania denudata (Desr.) D. L. Fu	058	*Zea mays* L.	356
		Zingiber officinale Rosc.	363
Z		*Zinnia elegans* Jacq.	321
Zanthoxylum armatum DC.	158	*Ziziphus jujuba* var. *spinosa* (Bge.)	
Zanthoxylum bungeanum Maxim.	159	Hu ex H. F. Chow	177

主要参考文献

[1] 中国科学院中国植物志编辑委员会. 中国植物志 [M]. 北京：科学出版社，1979.

[2] 傅书遐. 湖北植物志 [M]. 武汉：湖北科学技术出版社，2002.

[3] 国家中医药管理局《中华本草》编委会. 中华本草 [M]. 上海：上海科学技术出版社，2002.

[4] 王国强. 全国中草药汇编 [M]. 3 版. 北京：人民卫生出版社，2014.

[5] 湖北省中药资源普查办公室，湖北省中药材公司. 湖北中药资源名录 [M]. 北京：科学出版社，1990.

第四次全国中药资源普查（宜城市）工作记录

（a）

（b）

普查队员合影

领导视察中药种植情况

样地作业

上山开路

采取药材标本

野外压制标本

拾垃圾带下山

走访中药种植户

野外用餐

腊叶标本分类（按科、属分类）

湖北中医药大学验收普查成果